EUL VERLAG

TECHNOLOGIEMANAGEMENT, INNOVATION UND BERATUNG

Herausgegeben von Prof. Dr. Dr. h. c. Norbert Szyperski, Köln, vBP StB Prof. Dr. Johannes Georg Bischoff, Wuppertal, und Prof. Dr. Heinz Klandt, Oestrich-Winkel

Band 21
Franz Feldmann
Betriebs- und regionalwirtschaftliche Effekte von Technologieparks
Lohmar – Köln 1999 • 252 S. • € 39,- (D) • ISBN 3-89012-693-6

Band 22
Thorsten Meis
Existenzgründung durch Kauf eines kleinen oder mittleren Unternehmens
Lohmar – Köln 2000 • 428 S. • € 51,- (D) • ISBN 3-89012-734-7

Band 23
Bernd Heitzer
Finanzierung junger innovativer Unternehmen durch Venture Capital-Gesellschaften
Lohmar – Köln 2000 • 280 S. • € 43,- (D) • ISBN 3-89012-795-9

Band 24
Andreas Stephan Beyer
Wertorientiertes Innovationsmanagement
Lohmar – Köln 2002 • 312 S. • € 48,- (D) • ISBN 3-89936-019-2

Band 25
Bettina Hoffmann-Ripken
Innovationsstrategien – Kognitionstheoretische Perspektive mit Fallbeispielen aus der Medienindustrie
Lohmar – Köln 2003 • 366 S. • € 53,- (D) • ISBN 3-89936-130-X

Band 26
Carsten Breckner
E-Innovationsmanagement in der Automobilindustrie
Lohmar – Köln 2004 • 288 S. • € 48,- (D) • ISBN 3-89936-216-0

Reihe: Technologiemanagement, Innovation und Beratung · Band 26
Herausgegeben von Prof. Dr. Dr. h. c. Norbert Szyperski, Köln, vBP StB Prof. Dr. Johannes Georg Bischoff, Wuppertal, und Prof. Dr. Heinz Klandt, Oestrich-Winkel

Dr. Carsten Breckner

E-Innovationsmanagement in der Automobilindustrie

EUL VERLAG

Bibliographische Information der Deutschen Bibliothek

Die Deutsche Bibliothek verzeichnet diese Publikation in der Deutschen Nationalbibliographie; detaillierte bibliographische Daten sind im Internet über <http://dnb.ddb.de> abrufbar.

Dissertation, Technische Universität Dresden, 2004

ISBN 3-89936-216-0
1. Auflage März 2004

Printed in Germany
Druck: RSP Köln

JOSEF EUL VERLAG GmbH
Brandsberg 6
D-53797 Lohmar
Tel.: +49 (0) 22 05 / 90 10 6-6
Fax: +49 (0) 22 05 / 90 10 6-88
http://www.eul-verlag.de
info@eul-verlag.de

Bei der Herstellung unserer Bücher möchten wir die Umwelt schonen. Dieses Buch ist daher auf säurefreiem, 100% chlorfrei gebleichtem, alterungsbeständigem Papier nach DIN 6738 gedruckt.

VORWORT

Die vorliegende Doktorarbeit befasst sich nicht nur mit Innovationen, sie stellt auch selbst ein Innovationsprojekt dar, das ohne die Unterstützung einer Reihe von Personen nicht denkbar gewesen wäre.

An erster Stelle möchte ich meinem Doktorvater, Herrn Prof. Dr. Sebastian Kummer, großen Dank und Respekt aussprechen. Während des gesamten Promotionsprojekts von der gemeinsamen Strategiefindung und dem Entwurf eines Projektablaufs über die Diskussion neuer Ideen und die Weiterentwicklung der Gedankengänge bis hin zur „Markteinführung" – der Veröffentlichung – war er mir immer ein wissenschaftlicher Mentor und ein kritischer und anregender Diskussionspartner.

Den Promotionsstudenten der Fakultät Verkehrswissenschaften „Friedrich List" an der TU Dresden gebührt Dank für zusätzliche Anregungen und fruchtbare Diskussionen.

Zahlreiche Führungskräfte aus der Automobilindustrie, die nicht alle namentlich genannt werden können, stellten sich freundlicherweise für Expertengespräche und eine kritische Auseinandersetzung mit dem Thema zur Verfügung. Mein ganz besonderer Dank gilt Herrn Jens Pohl und Herrn Markus Denzler, die das Promotionsprojekt als Mentoren aus der Unternehmenspraxis begleiteten und mir stets konstruktive, kenntnisreiche und kritische Ansprechpartner waren. Auch Herr Dr. Schlaich, Herr Klaus Borsch und Herr Eberhard Gloger gehören zu jenen, die der Arbeit wohlwollende Aufmerksamkeit schenkten.

Die Doktorarbeit wurde mit einem Promotionsstipendium der Deutschen Graduiertenförderung der Konrad-Adenauer-Stiftung gefördert, wofür ich sehr dankbar bin. Namentlich möchte ich Frau Dr. Daniela Tandecki, Leiterin der Deutschen Graduiertenförderung, für die stets gute und vertrauensvolle Zusammenarbeit hervorheben.

Mein Bruder Jochen Breckner, selbst vom Fach, hat sich viel Zeit für das Korrekturlesen der Dissertationsschrift genommen und mir wertvolle Anregungen gegeben.

Meinen Eltern Ingrid und Kurt Breckner verdanke ich viel. Sie haben meinen Werdegang begleitet und mich immer in allen Beziehungen unterstützt. Ihnen sei daher diese Arbeit gewidmet.

Carsten Breckner

INHALTSVERZEICHNIS

ABBILDUNGSVERZEICHNIS

Tabellenverzeichnis

ABKÜRZUNGSVERZEICHNIS

ABS	Antiblockiersystem
a.D.	außer Dienst
AG	Aktiengesellschaft
ARIS	Architektur integrierter Informationssysteme
ARPANET	Advanced Research Projects Agency Net
ASP	Application Service Providing
B2B	Business-to-Business
B2C	Business-to-Consumer
B2E	Business-to-Employee
BME	Bundesverband Materialwirtschaft, Einkauf und Logistik e.V.
BMW	Bayerische Motoren Werke
BTX	Bildschirmtext
C2C	Consumer-to-Consumer
CAD	Computer Aided Design
CAPS	Center for Advanced Purchasing Studies
CAVE	Computer Audio Visual Environment
CERN	Organisation Européenne pour la Recherche Nucléaire
CRM	Customer Relationship Management
CSCW	Computer Supported Cooperative Work
CVC	Corporate Venture Capital
DFG	Deutsche Forschungsgemeinschaft
DM	Deutsche Mark
DNS	Domain Name System
E_1	Effektivitätskriterium
E_2	Effizienzkriterium
EDI	Electronic Data Interchange
EDIFACT	Electronic Data Interchange for Administration, Commerce and Transport
EDV	Elektronische Datenverarbeitung
ESP	Elektronisches Stabilitätsprogramm
EU	Europäische Union
F&E	Forschung und Entwicklung
FAQ	Frequently Asked Questions

FIZ	Forschungs- und Innovationszentrum von BMW
GM	General Motors
GVO	Gruppenfreistellungsverordnung
HTML	HyperText Markup Language
HTTP	HyperText Transfer Protocol
ICQ	I Seek You
IETF	Internet Engineering Task Force
IP	Internet Protocol
IPO	Initial Public Offering
IT	Informationstechnologie
IuK-Technologien	Informations- und Kommunikationstechnologien
KFZ	Kraftfahrzeug
KMU	Kleine und mittelständische Unternehmen
KVP	Kontinuierlicher Verbesserungsprozess
LAN	Local Area Network
LKW	Lastkraftwagen
Mbit/s	Megabit pro Sekunde
MIT	Massachusetts Institute of Technology
M_n	Möglichkeiten praxisorientierter Aussagen in der Betriebswirtschaftslehre
MRO	Maintenance, Repair and Operations
MTC	Mercedes-Benz Technology Center
NCSA	National Center for Supercomputing Applications
NFZ	Nutzfahrzeug
ODETTE	Organisation for Data Exchange by Tele Transmission in Europe
OECD	Organisation for Economic Cooperation and Development
OEM	Original Equipment Manufacturer
OLAP	Online Analytical Processing
P2P	Peer-to-Peer
PC	Personal Computer
PEP	Produktentstehungsprozess
PIMS	Profit Impact of Market Strategies
PKW	Personenkraftwagen
PLZ	Produktlebenszyklus

R	Risikokriterium
SCM	Supply Chain Management
SMS	Short Message Service
SOM	Semantisches Objektmodell
TCO	Total Cost of Ownership
TCP/IP	Transmission Control Protocol/Internet Protocol
UMTS	Universal Mobile Telecommunications System
URL	Uniform Resource Locator
US	United States
USA	United States of America
VDA	Verband der Automobilindustrie e.V.
via	virtuelle innovations agentur
VPN	Virtual Private Network
VR	Virtual Reality
VW	Volkswagen
WAN	Wide Area Network
WAP	Wireless Application Protocol
WWW	World Wide Web
XML	Extensible Markup Language

KURZZUSAMMENFASSUNG

Problemstellung. Wandel und Neuerungen haben sich historisch als ständige Wegbegleiter und Wegbereiter in allen Formen des menschlichen Zusammenlebens, insbesondere aber in den modernen Industrie- und Dienstleistungsgesellschaften erwiesen. Die kontinuierliche Wandlungs- und Transformationsfähigkeit auf gesellschaftlicher, volks- und nicht zuletzt betriebswirtschaftlicher Ebene stellt eine unabdingbare Voraussetzung für das Bestehen im globalen Wettbewerb dar. Die vorliegende Arbeit will aus Sicht der Betriebswirtschaftslehre einen Beitrag zur Innovationsfähigkeit von Unternehmen leisten. Sie befasst sich mit der Genese von Produktinnovationen sowie deren Unterstützung durch e-Business. Als Betrachtungsobjekt wird die Automobilbranche herangezogen, die, wie gezeigt wird, eine Vielzahl von innovationsbezogenen Besonderheiten aufweist und einer besonders ausgeprägten Innovationsnotwendigkeit auf Produktseite unterliegt.

Ausgehend von der Schumpeterschen Erkenntnis der Schöpfungs- und Zerstörungskraft von Innovationen zeigt sich deren betriebswirtschaftliche Bedeutung für die Unternehmen, in denen der Prozess der Entstehung von Innovationen nicht dem Zufall überlassen, sondern gestaltet und gesteuert werden kann und muss (Innovationsmanagement). Von ähnlicher Relevanz ist das neue Feld e-Business, das die Handlungsoptionen von Unternehmen beträchtlich erweitert hat. In der Bearbeitung und Zusammenführung der recht jungen betriebswirtschaftlichen Disziplin des Innovationsmanagements mit der sehr jungen Disziplin e-Business zum neuen Feld e-Innovationsmanagement liegt ein bis dato nicht kompensiertes Forschungsdefizit. Die Anwendung und Verbindung von e-Business und Innovationsmanagement stellt deswegen ein nahezu vollständig unbearbeitetes Forschungsfeld dar, weil sich die bisherige e-Business-Forschung auf die Kosten- und Zeit-Dimension konzentriert, die Schaffung von Produktinnovationen jedoch weitgehend ignoriert. Es fehlt insbesondere ein systematischer Innovationsprozess für die Automobilbranche, der zur Innovationsgenese führt, und eine Betrachtung von dessen Unterstützung durch e-Business. Diese Lücke zu schließen, ist das Ziel der vorliegenden Arbeit.

Gang der Untersuchung. Die Arbeit widmet sich in drei Schritten, die den drei Hauptkapiteln (Kapitel zwei, drei und vier) entsprechen, dem e-Innovationsmanagement in der Automobilindustrie.

Im zweiten Kapitel werden die zentralen Säulen der Untersuchung – Innovationsmanagement, e-Business und Automobilindustrie – zunächst gesondert, aber gleichgewichtig aus grundlegender theoretischer Perspektive untersucht. Dabei finden verschiedene Zweige der

Innovationsforschung, die bis dato bestehenden wissenschaftlichen Erkenntnisse auf dem jungen Feld des e-Business sowie die spezifischen Charakteristika der Automobilbranche Berücksichtigung.

In Kapitel drei wird der erste Teil der Forschungslücke geschlossen, indem erstmalig ein durchgängiger, systematischer Innovationsprozess für die Automobilindustrie entwickelt wird. Das Vorgehen orientiert sich dabei an den Phasen des Innovationsprozesses, nämlich der Marktausrichtung, Strategiebildung, Ideengenerierung, Ideenauswahl und -management, Produktentwicklung sowie Markteinführung und -bearbeitung. Weiterhin erfolgt in diesem Kapitel eine Darstellung von Maßnahmen, die in prozessübergreifender Weise den Innovationsprozess unterstützen und so zur Förderung der Innovationsfähigkeit beitragen. Beides zusammen bildet eine Gesamtkonzeption für das Innovationsmanagement in der Automobilindustrie.

Diese Gesamtkonzeption dient gleichzeitig in Kapitel vier als Basis für die systematische, sukzessive und zu Kapitel drei analoge Vorgehensweise, mit der die Untersuchung auf e-Potenziale erfolgt, was den zweiten Teil der Forschungsfragestellung abdeckt. Kapitel vier baut also das Innovationsmanagement zum e-Innovationsmanagement aus. Eine solche Betrachtung des e-Innovationsmanagements liegt bis dato in der Literatur und auch in der Praxis m.W. nicht vor. Dabei ist zu betonen, dass e-Innovationsmanagement die Erkenntnisse des Innovationsmanagements nicht in Frage stellt, sondern vielmehr Innovationsprozesse und prozessübergreifende Maßnahmen unterstützt. Die Kriterien Effektivitäts- und Effizienzsteigerung sowie mögliche Risiken werden als Maßstab zur Beurteilung der Unterstützungsfunktion des e-Business definiert und eingeführt. Dabei wird es selbstverständlich im Sinne eines ergebnisoffenen Vorgehens zugelassen, dass einzelne Aspekte im Innovationsmanagement ggf. besser ohne e-Business-Unterstützung zu belassen sind.

Abschließend bewertet Kapitel fünf die Erkenntnisse nochmals ausführlich, gibt Anregungen zur Übertragbarkeit einiger Erkenntnisse auf andere Branchen und zeigt weiteren Forschungsbedarf auf.

Wesentliche Ergebnisse. Im Innovationsmanagement ist die Erkenntnis zentral, dass für Innovationen die Einführung und Bewährung am Markt konstitutiv ist, Technik und Anwendung also zusammenwirken müssen. Wie gezeigt wird, lässt sich Innovationsmanagement zunehmend nur noch in interdisziplinärer und in interorganisatorischer Zusammenarbeit betreiben. Die Existenz interorganisatorischer Innovationsprozesse wird mit transaktionskostentheoretischen Überlegungen begründet. Diese Erkenntnis deckt sich mit der Kompetenzverteilung und der Reduktion der Entwicklungs- und Fertigungstiefe in der

Automobilindustrie wie auch mit der durch niedrigere Transaktionskosten begründeten Move-to-the-Market-Hypothese, also der Zunahme marktlicher, organisationsübergreifender Koordinationsformen aufgrund des Internets. Die Erarbeitung innovationsbezogener Ziel- und Strategieoptionen führt zu einer Unterteilung in generische Strategien nach Porter und in Timing-Strategien und ferner zu der Erkenntnis, dass insbesondere bei OEMs und Automobilzulieferern in Hochlohnländern sowie bei Premiumherstellern Differenzierungs- und Innovationsführerstrategien überlegen sind. Ferner werden bestimmte Adoptorengruppen, die sich als besonders bedeutsam für die Marktakzeptanz der Innovation erweisen, identifiziert.

Eine terminologische Verhältnisbestimmung von e-Business und e-Commerce resultiert in der Übernahme eines synonymen Verständnisses der Termini. Von zentraler Bedeutung sind dann die Erkenntnisse, die aus einer umfassenden Synopse inhaltlicher Abgrenzungen von e-Business abgeleitet werden. Es zeigt sich, dass zunehmend umfassende Abgrenzungen dominieren, die nicht an einzelnen Transaktionen orientiert sind, so dass e-Business als die Unterstützung intra- und interorganisatorischer, endkundenorientierter Wertschöpfungsprozesse durch neuartige Anwendungen von IuK-Technologien definiert werden kann. E-Innovationsmanagement bezeichnet dann die Gestaltung und Steuerung intra- und interorganisatorischer, endkundenorientierter Innovationsprozesse, die durch neuartige Anwendungen von IuK-Technologien unterstützt werden. Als für die Arbeit relevante Segmente im e-Business werden B2B, B2C und auch P2P ausgewiesen. Ferner wird anhand eines technologischen Entwicklungspfads kurz gezeigt, dass gewisse grundlegende Eigenschaften neuer IuK-Technologien verstärkt kommerzielle Anwendungen ermöglichen. Es zeigt sich außerdem, dass innovationsbezogene Mehrwertdienste von Marktplätzen allenfalls in Ansätzen, noch am ausgeprägtesten bei der interorganisatorischen, verteilten Produktentwicklung, existieren.

Als grundlegende nutzenstiftende Eigenschaften des e-Business werden der direkte Kontakt zwischen Verkäufern und Käufern, die Digitalisierung von Informationen, die Reduzierung bzw. Außerkraftsetzung von Zeit- und Raumbarrieren, die Interaktivität und dynamische Anpassungsfähigkeit sowie die Aktualität bis hin zum Echtzeitcharakter identifiziert. Im Gegensatz zu vielen übertrieben euphorischen Darstellungen auch in der Wissenschaft erscheint es jedoch auch als wichtig, die Risiken des e-Business aufzuzeigen. Die wichtigste Erkenntnis ist die Einsicht, dass e-Business kein neues Paradigma darstellt und grundsätzliche Gesetze des Wirtschaftens nicht außer Kraft setzt. Die wenigsten rein virtuellen e-Business-Konzepte erweisen sich als tragfähig, vielmehr ergänzt und unterstützt e-Business physische Leistungserstellungsprozesse. Von großer Bedeutung ist mithin die Integration physischer und virtueller, traditioneller und internetgetriebener Prozesse, wie es dem Verständnis dieser Arbeit entspricht.

Die Diskussion der Branchenspezifika der Automobilindustrie gibt Einsicht in das ökonomische Gewicht der Branche und in die in ihr bestehende Innovationsnotwendigkeit. Es wird eine technisch-objektive sowie eine emotional-subjektive Eigenschaftsdimension des Endprodukts Automobil plausibilisiert. Während erstere das Automobil als hoch komplexes, hoch integriertes Produkt mit systemischem Charakter umfasst, zeigt letztere die zumeist vernachlässigten Elemente emotionaler Besetzung, subjektiver Assoziationen und persönlicher Selbstdarstellung auf, die über die technischen Eigenschaften hinaus von Produktinnovationen, insbesondere in deren Marktphase, bedient werden müssen, um Kundenakzeptanz zu erreichen.

Durch eine industrieökonomische Betrachtung der Automobilbranche anhand der fünf Triebkräfte des Wettbewerbs werden die Besonderheiten der Branche, die für das Innovationsmanagement maßgeblich sind, aufgezeigt. Die innovationsbezogene Rivalität der bestehenden Wettbewerber ist ausgeprägt und steigt weiter sowohl unter OEMs als auch Lieferanten; Produktoffensiven, Produktproliferation und Variantenvielfalt, die weltweite Ausdehnung von Produktions-, Absatz- und Wettbewerbsmöglichkeiten, eine weltweite Überkapazität sowie ausgeprägte Konsolidierungs- und Konzentrationstendenzen sind charakteristisch für die Branche. Die Triebkräfte Lieferantenmacht und Abnehmermacht sind vom gegenseitigen Interaktions- und Abhängigkeitsverhältnis von OEMs und Lieferanten mit Machtüberhängen auf Seiten der OEMs sowie von der weiter steigenden Abnehmermacht und dem Anspruchsniveau der Endkunden geprägt. Bedeutsam ist die drastische Reduktion von Entwicklungs- und Fertigungstiefen auf Seiten der OEMs, die das gegenseitige Abhängigkeitsverhältnis gerade im Innovationsprozess verstärkt. Ferner wird gezeigt, dass Substitutionsgefahr durch Ersatzprodukte für die OEMs aufgrund eines weiter steigenden Mobilitätsbedarfs nicht besteht, wobei jedoch weitere Innovationen zur Deckung des zukünftigen Bedarfs an nachhaltiger individueller Mobilität vonnöten sind. Lieferanten sind durch Substitutionstendenzen auf Produktseite bedroht und müssen ihr Kompetenz- und Innovationsportfolio entsprechend anpassen. Neue Konkurrenten ergeben sich für die OEMs aus der Globalisierung sowie dem gegenseitigen Vordringen in neue Fahrzeugsegmente im Rahmen von Produktoffensiven; eine Vorwärtsintegration von Megalieferanten in die Märkte der OEMs ist aufgrund verschiedener betriebswirtschaftlicher Gründe als unwahrscheinlich anzusehen.

Nach dieser Diskussion der Branchenstruktur gemäß dem Market-based View kann ergänzend anhand des Resource-based View eine begründete Abgrenzung der Kernkompetenzumfänge vorgenommen werden. Wie sich zeigt, umfassen diese auf Seiten der OEMs die Entwicklung und Abstimmung von Antriebstrang und Fahrverhalten, das Design des Automobils, die System- und Lieferantenintegration sowie die Regieführung im Absatzkanal, während alle anderen Kompetenzumfänge schwerpunktmäßig von den Zulieferern abgebildet werden.

Gestaltung und Steuerung des Innovationsprozesses in der Automobilindustrie beginnt mit der Ausrichtung auf den Markt. Es wird gezeigt, dass Marktorientierung, die sich in Kunden- und Wettbewerbsorientierung aufgliedert, für den Unternehmenserfolg, insbesondere aber für Produktinnovationen, deren Wirkung sich erst am Markt entscheidet, von entscheidender Bedeutung ist. Für den marktorientierten Innovationsprozess wird ein neues Phasenmodell vorgeschlagen. Ausgangspunkt ist eine an den Unternehmenszielen ausgerichtete strategische Innovationsplanung, deren Durchführung und Operationalisierung dargestellt wird. Eine ausführliche Synopse von Innovationsstrategien verschiedener OEMs sowie deren Gestaltung des innovationsbezogenen Interdependenzverhältnisses mit den Zulieferern liefert wertvolle Anregungen für die Umsetzung von Innovationsstrategien in der Automobilindustrie.

Gemäß der gewählten Innovationsstrategie sind dann Ideen zu generieren. Hierzu werden Kreativprozesse vorgestellt und Ideenquellen diskutiert, wobei aufgrund des interorganisatorischen Charakters des Innovationsmanagements besonderer Wert auf die Einbeziehung nicht nur unternehmensinterner Ideengeber, sondern ebenso externer Innovationspartner zu legen ist. Eine systematische Erschließung der Ideenquellen zeigt, dass insgesamt neun intraorganisatorische, aber auch interorganisatorische Ideenquellen sowie Ideenquellen unter Einbeziehung von Dritten existieren. Dies sind namentlich eigene F&E und Verbesserungsvorschläge, kollektive Ideengenerierung durch OEM und Lieferant, Anziehung von innovativen Lieferantenideen, Abwehr des Ideentransfers von Lieferanten zu Wettbewerbern, Einbeziehung von Endkunden, branchenfremde Unternehmen, Transfereinrichtungen (Entwicklungsdienstleister, Technologiescouts, Venture Capital-Einrichtungen), wissenschaftliche Einrichtungen sowie Kooperationen mit Konkurrenten im vorwettbewerblichen Umfeld (Coopetition).

Bezüglich der Ideenbewertung wird gezeigt, dass ein gleichberechtigter Wettbewerb unter den Innovationsideen, gleich aus welcher internen oder externen Quelle sie entstammen, das Not-invented-here-Syndrom zu vermeiden hilft, und eine Ideenbewertung anhand wirtschaftlicher und technischer Kriterien in interdisziplinären Teams zu erfolgen hat. Schließlich wird eine Systematik zum Ideenmanagement entwickelt, die Aspekte wie Baureihenzuordnung,

Lizenzvergabe, gemeinsame Umsetzung oder Abfindung von Lieferanten und Ideenspeicherung enthält.

Es folgt die Phase der Produktentstehung. Für die im gegenseitigen Interdependenzverhältnis von OEM und Lieferanten bedeutsame Festlegung der Entwicklungs- und Fertigungstiefe wird ein Portfoliomodell vorgeschlagen, das eine ressourcenorientierte Sichtweise gemäß der Chicagoer Schule mit dem marktorientierten Blickwinkel der Universität Harvard vereinigt.

Bezüglich der Phase der Markteinführung zeigt sich, dass das Timing der Markteinführung und glaubwürdige Produktvorankündigungen den Innovationserfolg beeinflussen können und dass das Ansprechen von Lead Usern und das Branding von Lieferantenmarken den Adoptions- und Diffusionsverlauf der Innovation im Markt fördert.

Nicht alle Gestaltungs- und Steuerungsoptionen des Innovationsmanagements sind jedoch Teil des Innovationsprozesses. Andere Optionen unterstützen den Innovationsprozess in prozessübergreifender Weise und fördern dadurch die Innovationsfähigkeit. Zunächst ist in diesem Zusammenhang die Förderung einer innovationsfreundlichen Unternehmenskultur zu nennen. Das Innovationsklima wird anhand der beiden Dimensionen Innovationsbereitschaft und Innovationsfähigkeit fassbar gemacht, wobei sich die Innovationsbereitschaft in den Facetten Motivation sowie Werte, Einstellungen und Normen manifestiert, die Innovationsfähigkeit in den Facetten Kreativität und Implementierungskompetenz. Es zeigt sich, dass Beharrungskräfte, also Barrieren des Nicht-Könnens, des Nicht-Wollens sowie administrative Barrieren der Innovationsbereitschaft und der Innovationsfähigkeit entgegenwirken. Ein Promotorenmodell, bestehend aus Fach-, Macht- und Prozesspromotoren kann diese Widerstände überwinden.

Neue Erkenntnisse werden auch im Kontext interdependenter Zulieferer-Abnehmer-Strukturen aufgezeigt. Um als attraktiver Abnehmer von lieferantenseitigen Innovationsideen zu gelten, wird in Abwandlung der Anreiz-Beitrags-Theorie ein System von Anreizen zur Anziehung von Lieferanteninnovationen und von Barrieren gegen deren Transfer zu Konkurrenten entwickelt. Aufbauend auf der Erkenntnis, dass große Stückzahlen innovationsanreizstiftende Wirkung entfalten, zeigt sich, dass eine innovationsbezogene Produktprogrammpolitik zur Nutzung von Stückzahleffekten nicht mehr alleine anhand der klassischen Innovationskaskade erfolgen sollte, nach der Innovationen von hochpreisigen zu niedriger positionierten Endprodukten weitergegeben werden, sondern auch Aufwärtskaskaden und Markensprünge zulassen muss. Zur Sicherung der Innovationsexklusivität wird schließlich neben vertraglichen Maßnahmen ein Entscheidungsmodell zur Diskussion gestellt, das der Bestimmung der optimalen Dauer der Exklusivitätsphase anhand eines Grenzkosten- und Grenznutzenkalküls dient.

Auch die Diskussion der e-Potenziale im Innovationsprozess und bei den prozessübergreifenden Maßnahmen führt zu vielfältigen neuen Erkenntnissen. Zunächst wird der Innovationsprozess auf e-Potenziale untersucht. Es zeigt sich, dass e-Business die Marktausrichtung durch neue Schnittstellen zum Kunden und zu den Wettbewerbern unterstützen kann. Das Internet ermöglicht einen verbesserten Kundenkontakt bis hin zum Customer Relationship Management, indem es Informationsdefizite und -asymmetrien abbaut und neue Screening- und Signaling-Aktivitäten ermöglicht. Auch die elektronische Sammlung von Wettbewerbsinformationen wird durch das Internet unterstützt. Die Analyse der strategischen Innovationsplanung zeigt, dass die innovationsbezogenen Strategieoptionen auch mit dem Internet weiterhin Gültigkeit haben und durch dieses ergänzt werden. Die Kommunikation von Top-down-Planungen und die Einbindung der Organisation in Bottom-up-Planungen und damit die Demokratisierung des Strategieprozesses ist internetbasiert besser möglich.

Besondere e-Potenziale können bei der Generierung von Innovationsideen identifiziert werden. Gerade bei der Suche nach Innovationsideen, also in einer Phase des Innovationsprozesses, in der in der Regel noch nicht physische Produkte involviert sind, kommen die Vorteile des Internets besonders gut zur Geltung. Da das Internet die Informations-, Such- und Anbahnungskosten sowie die Hemmschwelle der Kontaktaufnahme reduziert, können mit Innovationsportalen mehr Ideengeber auch außerhalb der Organisation erreicht werden (Move-to-the-Market-Hypothese). Die Funktionalität des Internets als Plattform für eine erweiterte Ideensuche zeigt sich in Innovationsportalen, mit deren Hilfe eine Vielzahl von unternehmensinternen und -externen Wirtschaftssubjekten in die Ideensammlung eingebunden werden kann. Dagegen ist die Rolle neuer IuK-Technologien in Kreativprozessen und bei der Ideenbewertung, die beide auf menschlicher Interaktion und auf Erfahrungswissen beruhen, als eher untergeordnet einzuschätzen.

E-Potenziale in der Produktentwicklung beginnen mit dem elektronischen Datenaustausch. Auf die Automobilindustrie zugeschnittene elektronische Marktplätze wie Covisint und SupplyOn eignen sich bis dato nur bedingt für die kollaborative Produktentwicklung. Die interdisziplinäre, interorganisatorische Zusammenarbeit im Innovationsprozess, die auf die Nutzung kollektiven Wissens angewiesen ist, kann jedoch effektiv durch Wissensdatenbanken und ähnliche IT-basierte Instrumente des Wissensmanagements unterstützt werden. Simulation und Virtual Reality-Anwendungen tragen durch Digitalisierung dazu bei, eine höhere Anzahl innovativer Produktkonzepte früher erproben und so Fehler vermeiden zu können. Verteilte Produktentwicklung wird allerdings durch die Vielfalt bestehender IT-Systeme erschwert. Ferner wird diskutiert, wie die industrielle Produktentwicklung von neuartigen Prinzipien (Iteration, Partizipation und Evolution) der verteilten, internetgetriebenen Softwareentwicklung lernen kann. Schließlich zeigt sich, dass die Substitution von mechanischen durch elektrische und elektronische Produktinnovationen zu e-Potenzialen wie etwa internetbasierten Softwareupdates führt.

Als letzte Phase des Innovationsprozesses wird die Marktphase auf e-Potenziale untersucht. So stellt das Internet ein hervorragendes Medium für die zielgruppenorientierte, offizielle Kommunikation von Innovationen bei der Markteinführung und während der weiteren Diffusion dar. Virtuelle Gemeinschaften unter Nutzern von eigenen oder von Wettbewerbsinnovationen sind ein Forum für die Meinungsbildung und eine wertvolle Informationsquelle. Unter Umständen ist eine Beteiligung des Unternehmens an den virtuellen Gemeinschaften, z.B. durch Sponsoring, zu erwägen. Durch das Internet kann außerdem die Vernetzung von Lieferanten- und OEM-Produkten und -marken unterstützt werden. Es zeigt sich ferner, dass die Adoptionsentscheidung des Endkunden für eine Innovation durch internetgestützte Individualisierung der Leistung, z.B. über Konfigurationsprogramme und Nutzung von persönlichen Nutzerdaten, erleichtert werden kann. Außerdem wird auf mehrere internetbasierte Maßnahmen, mit deren Hilfe sich der Endkunde in der Nachkaufphase umfassend begleiten lässt, hingewiesen.

Schließlich werden e-Potenziale, die den Innovationsprozess als Ganzes betreffen, also als innovationsprozessübergreifend zu verstehen sind, zur Diskussion gestellt. Zunächst erfolgt die Erörterung der webbasierten Abbildung und Anwendung des Innovationsprozesses. Die Notwendigkeit hierzu wird aus den Gefahren der Ineffizienz im Innovationsprozess aufgrund seines interdisziplinären und interorganisatorischen Charakters, der eine Vielzahl an beteiligten Disziplinen, Akteuren, Unternehmen, Schnittstellen und Unterprozessen impliziert, abgeleitet. Ausgangspunkt der Betrachtung sind unternehmenskulturelle Voraussetzungen für webbasierte Prozesse wie den Innovationsprozess. Dann wird auf die Notwendigkeit zur umfassenden Bestandsaufnahme und Definition von Sollprozessen eingegangen, bevor aufgezeigt wird, wie rechnergestützte Prozessmodellierung und die anschließende Umsetzung in Web-Browsern erfolgen kann. Eine Erörterung der Anwendungsbedingungen und Risiken des webbasierten Innovationsprozesses schließen diesen Abschnitt ab. Insgesamt zeigt sich, dass die Abbildung des Innovationsprozesses als Online-Geschäftsprozess die Prozesssicherheit und -stabilität erhöht, aber ein sehr aufwändiges Unterfangen darstellt, das hohe Anfangsinvestitionen in Prozessmodellierung, Programmierung, IT-Infrastruktur und Schulung der Prozessakteure erfordert.

Neben der webbasierten Umsetzung des Innovationsprozesses als Ganzes wird als weiterer innovationsprozessübergreifender Aspekt kritisch hinterfragt, welche Rolle die physisch-persönliche Zusammenarbeit im e-Innovationsmanagement noch hat. Unter Rückgriff auf verschiedene empirische Studien und theoretische Überlegungen kann gezeigt werden, dass e-Innovationsprozesse menschliche Interaktion und persönliche Zusammenarbeit nicht ersetzen, sondern ergänzen werden. Zur Veranschaulichung der Umsetzungen von Intralokalität, Standort- und Humanressourcenspezialisierung in der Automobilindustrie werden schließlich im Rahmen von Anwendungsbeispielen interdisziplinäre und interorganisatorische Entwicklungszentren zur Betrachtung herangezogen.

Als Essenz der Arbeit bleibt festzuhalten, dass e-Innovationsmanagement nicht bedeutet, dass physisch-persönliche Interaktion und räumliche Nähe obsolet werden; diese behalten weiterhin ihre Bedeutung. Auf der anderen Seite stellen die diskutierten Ansätze des e-Business eine Ergänzung, Unterstützung und Bereicherung in der innovationsbezogenen, interdisziplinären und interorganisatorischen Zusammenarbeit dar.

1 Einleitung

Wandel und Neuerungen haben sich historisch als ständige Wegbegleiter und Wegbereiter in allen Formen des menschlichen Zusammenlebens, insbesondere aber in den modernen Industrie- und Dienstleistungsgesellschaften erwiesen.[1] Die kontinuierliche Wandlungs- und Transformationsfähigkeit auf gesellschaftlicher, volks- und betriebswirtschaftlicher sowie individueller Ebene stellt eine unabdingbare Voraussetzung für das Bestehen im globalen Wettbewerb dar.[2] Gerade auch in Deutschland wird die Fähigkeit und Bereitschaft, tradierte und eingespielte Strukturen, Verhaltensmuster und Produkte immer wieder zu revidieren und zu erneuern, verstärkt angemahnt.[3] Im Zentrum der Erneuerungsdebatte steht also das Bemühen um Innovationen und Innovationsfähigkeit. Hierzu will die vorliegende Untersuchung auf betriebswirtschaftlicher Ebene einen Beitrag leisten.

1.1 e-Innovationsmanagement als betriebswirtschaftliche Problemstellung

„Innovation" stellt einen Terminus dar, der in der wissenschaftlichen wie auch in der sonstigen Literatur ubiquitär Verwendung findet.[4] Dies zeigt, dass dieser Begriffsbezeichnung verschiedene Vorstellungsinhalte und Verwendungskontexte zugrunde liegen, die trotz bestehender Interdependenzen sorgfältig zu unterscheiden sind. Innovation tritt in gesellschaftlichen, volkswirtschaftlichen, regionalen und betriebswirtschaftlichen Zusammenhängen auf. Dabei impliziert Innovation in allen Fällen einen Veränderungsprozess zum Neuen hin. Neuartigkeit stellt damit ein konstitutives Merkmal von Innovation dar.[5]

Die gesellschaftliche Bereitschaft zum Neuen hängt maßgeblich vom zugrunde liegenden Welt- und Menschenbild ab. Beispielsweise haben in Europa Aufklärung und Renaissance, verbunden mit dem Glauben an die Gestaltbarkeit der Welt durch den vernunftbegabten Menschen, zu ungeahnten Fortschritten in Wissenschaft und Technik geführt, die letztlich zu den Grundlagen der modernen Industrie- und Dienstleistungsgesellschaften geworden sind. [6] Die Hinwendung zu rationalen, vernunft- und verstandbasierten Erklärungs- und Verhaltensmustern, von Max Weber als „Entzauberung der Welt" bezeichnet, ebnet

[1] Vgl. **NEFIODOW (Kondratieff, 1999, zuerst: 1996)**, Vorwort.
[2] Vgl. **ARMBRECHT U. KRAMHÖLLER (Innovation, 2001)**, S. 1047.
[3] Vgl. **HERZOG (Berliner Rede, 1997)**, S. 3; ebd., S. 11; **MÜLLER-MERBACH (Wettbewerbsposition Deutschlands, 1987)**, S. 247ff; **NECKER (Automobilstandort, 1997)**, S. 77; **REINHART (Aufschwung, 1997)**, S. 12f; **STAUDT U. KOTTMANN (Innovatoren, 2001)**, S. 9; **WALTER (Industriestandort Deutschland, 2002)**, S. 1f.
[4] Vgl. **ARMBRECHT U. KRAMHÖLLER (Innovation, 2001)**, S. 1046; **STAUDT U. KOTTMANN (Innovatoren, 2001)**, S. 9.
[5] Vgl. **HAUSCHILDT (Innovationsmanagement, 1997, zuerst: 1993)**, S. 3ff. Eine umfassende definitorische Abgrenzung des Innovationsbegriffs erfolgt zweckmäßigerweise erst in Kapitel 2.
[6] Vgl. **MINX U.A. (Produktfolgenabschätzung, 1998)**, S. 9; **NEFIODOW (Kondratieff, 1999, zuerst: 1996)**, S. 180ff.

Fortschritt und Innovationen bis hinein ins 21. Jahrhundert den Weg.[7] Die entstehende vorbehaltlose Technikgläubigkeit wird jedoch durch singuläre Ereignisse wie den Untergang der als unsinkbar geltenden Titanic 1912, die Explosion des Luftschiffs Hindenburg 1937 oder später die Reaktorkatastrophe von Tschernobyl 1986 ernsthaft in Frage gestellt. Auch das Bild der geschlossenen, deterministischen und eindeutigen Erklärbarkeit der Welt durch die Wissenschaften, insbesondere die Naturwissenschaften, kann seit Entdeckungen wie der Heisenbergschen Unschärferelation nicht mehr uneingeschränkt vertreten werden. Nicht zuletzt wenden sich in der zweiten Hälfte des 20. Jahrhunderts starke gesellschaftliche Strömungen aufgrund des immer stärker zu Tage tretenden militärischen, umweltgefährdenden sowie ethisch oftmals zweifelhaften Potenzials vieler neuer Technologien und Produkte gegen den wissenschaftlich-technischen Fortschritt.[8] In jüngerer Zeit ist jedoch wieder eine aufgeschlossenere Einstellung gegenüber dem Neuen festzustellen, die Fortschritt unter der Maxime eines kritischen Beobachters bejaht, nicht ohne über Technik- und Produktfolgenabschätzung zu einer ganzheitlichen, risikoadjustierten Sichtweise neuer Produkte und Verfahren zu kommen.[9]

Auf volkswirtschaftlicher Ebene gelten bestimmte maßgebliche technisch-wirtschaftliche Innovationen, so genannte Basisinnovationen, als Auslöser jeweils 45-60 Jahre währender langer Konjunkturwellen, den Kondratieff-Zyklen. So beginnt der erste Kondratieff-Zyklus um 1800 mit der Erfindung der Dampfmaschine und der Baumwollnutzung, der zweite fünfzig Jahre später mit Stahl und Eisenbahn. Es folgen um 1900 Elektrotechnik und Chemie (z.B. Kunstdünger), ab 1950 Petrochemie und Automobil sowie ab 1990 die Informations- und Kommunikationstechnologien als zyklusauslösende und -bestimmende Basisinnovationen.[10] Innovationen tragen somit entscheidend zum volkswirtschaftlichen Strukturwandel bei, wie bereits Schumpeter feststellte.[11] In einem Prozess der „schöpferischen Zerstörung" stellen Innovationen die treibende Kraft dar, die bestehende Strukturen im Zuge der Veränderung zu neuen obsolet macht.[12] Dieses Denkmodell ist heute anerkannter und aktueller denn je, so dass von einer Schumpeter-Renaissance gesprochen und Schumpeter mitunter als „Ökonom der neunziger Jahre" bezeichnet wird.[13] Die Innovationskraft wird oftmals als entscheidendes Kriterium für die Wettbewerbsfähigkeit von Nationalökonomien

[7] Vgl. **Rosenburg (Leidenschaft, 1998)**, S. 62.

[8] Vgl. **Armbrecht u. Kramhöller (Innovation, 2001)**, S. 1046f; **Rapp (Kritik der Technik, 1986)**, S. 25f.

[9] Vgl. **Armbrecht u. Kramhöller (Innovation, 2001)**, S. 1047; **Minx u.a. (Produktfolgenabschätzung, 1998)**, S. 8ff; **Minx u. DaimlerChrysler AG (Hrsg.) (Delta-Report, 2001)**, S. 140.

[10] Vgl. **Nefiodow (Kondratieff, 1999, zuerst: 1996)**, S. 2f; **Vahs u. Burmester (Innovationsmanagement, 1999)**, S. 5f.

[11] Vgl. **Mütze (Schumpeter, 1990)**, S. 8ff; **Schumpeter (Wirtschaftliche Entwicklung, 1964, zuerst: 1912)**, S. 88ff.

[12] Vgl. **Schumpeter (Kapitalismus, Sozialismus und Demokratie, 1993, zuerst: 1942)**, S. 138.

[13] Vgl. **Müller (Schumpeter, 1990)**, S. 9f; ebd., S. 117ff.

herangezogen.[14] Auf einem weltweiten Innovationsfähigkeits-Index von Porter und Stern wird Deutschland beispielsweise im Jahr 1999 auf Platz fünf gesehen, 2005 auf Platz sieben.[15] Einer Studie der OECD zufolge schneidet Deutschland, auf Rang 17 liegend, gar nur durchschnittlich ab.[16] Es gibt jedoch zahlreiche Initiativen, die auf ein innovationsfreundlicheres Geschäftsklima, auf innovative Unternehmensgründungen, Ideengenerierung, Deregulierung und auf eine verbesserte Zusammenarbeit des öffentlichen und privaten Sektors zielen.[17] Als Beispiel sei hier nur die Kampagne „Deutschland packt's an" der deutschen Medien und Wirtschaft unter der Schirmherrschaft von Bundespräsident a.D. Roman Herzog erwähnt.[18]

Auch regionalen bzw. wirtschaftsgeografischen Faktoren kommt innovationsinduzierende Bedeutung zu. Regionalnetzwerke oder Cluster integrieren kollozierte Unternehmen und Institutionen zum Zwecke des Wissensaustauschs und gemeinsamer Wertschöpfung.[19] Regionalnetzwerke haben einen branchen- oder technologiespezifischen Charakter und zeichnen sich durch geringe Transaktionskosten, eine Konzentration von Humankapital und Wissen sowie besondere Innovationskraft aus, so dass sie verstärkt zum Objekt wirtschaftspolitischer Bemühungen werden.[20] Ferner wird in jüngeren Forschungsarbeiten diskutiert, wie sich Unternehmen aktiv an der Clusterbildung beteiligen und sich die Vorteile von Clustern gezielt zunutze machen können.[21] Silicon Valley und das Gebiet um die Bucht von San Francisco im IT-Bereich, das AutoVision Projekt in Wolfsburg oder der Zuliefersektor in Graz im Automobilbereich, die IT- und Mikrotechnikindustrie in Dresden, die optische Industrie in Jena sowie die Biotech- und Softwarecluster um München und Cambridge stellen prominente Beispiele für Regionalnetzwerke dar.[22]

Trotz der kurz dargelegten, unbestrittenen Bedeutsamkeit gesellschaftlicher, volkswirtschaftlicher und regionaler Innovationskraft, die sich als Umweltfaktoren selbstverständlich auch auf die Innovationsfähigkeit von Unternehmen auswirken, konzentriert sich die vorliegende Arbeit als betriebswirtschaftliche Untersuchung vornehmlich auf die Ebene der Unternehmung selbst. Schon Schumpeter, der Nestor der Innovationsforschung, stellt den

[14] Vgl. **Chandler (Introduction, 1996)**, S. IX.
[15] Vgl. **Porter u. Stern, Council on Competitiveness (Hrsg.) (Innovation Index, 1999)**, S. 36.
[16] Vgl. **Walter (Industriestandort Deutschland, 2002)**, S. 2.
[17] Vgl. **Kluge u.a. (Can Germany Innovate, 1996)**, S. 149ff; **Kluge u.a. (German Innovation, 2000)**, S. 100ff.
[18] Vgl. **o.V. (Deutschland, 2002)**, o.S.
[19] Vgl. **Stuchtey (Clusters, 2001)**, S. XV; **Zu Knyphausen-Aufseß (Regionalnetzwerke, 1999)**, S. 594.
[20] Vgl. **Dodt u.a. (Silicon Valley, 1999)**, S. 61f; **Heuser u.a. (Job Creation, 2000)**, S. 16f; **Hotz-Hart (Innovations-Netzwerke, 2001)**, S. 157; **Stuchtey (Clusters, 2001)**, S. XV.
[21] Vgl. **Stuchtey (Clusters, 2001)**, S. XVII.
[22] Vgl. **Fuller u.a. (Bay Area, 1998)**, S. 1ff; **Heuser u.a. (Job Creation, 2000)**, S. 18; **Stuchtey (Clusters, 2001)**, S. Appendix V; **Zu Knyphausen-Aufseß (Regionalnetzwerke, 1999)**, S. 594.

dynamischen Unternehmer in den Mittelpunkt seiner Betrachtungen zu Innovationen.[23] Geleitet von der Aussicht auf obgleich nur temporäre, so doch beträchtliche Monopolgewinne, die durch neue Produkte mit Alleinstellungsmerkmalen erzielt werden können, gründet er Unternehmen, entwickelt neue Produkte und treibt so den Wandel voran, bis der Markteintritt von die Innovation imitierenden Wettbewerbern erneut Innovationen erforderlich macht.[24] Auch in jüngerer Zeit erfahren Innovationen als eine Hauptvoraussetzung für die Sicherung des Unternehmenserfolgs im verschärften, globalen Wettbewerb verstärkt Aufmerksamkeit.[25] Im Sinne der schöpferischen Zerstörung ist die Existenz bzw. Absenz von Innovationen also Grundvoraussetzung für die Entstehung, den Fortbestand und den Untergang von Unternehmen. Dabei hat sich die Innovationsdynamik deutlich verstärkt: Während zur Gründungszeit des Standard and Poor's-Index bedeutsamer US-Unternehmen in den 1920er Jahren die darin geführten Unternehmen im Schnitt 65 Jahre lang auf der Liste verblieben, beträgt diese Zeitspanne im Jahr 1998 nur noch zehn Jahre.[26] Schumpeters Arbeiten legen den Grundstein für die heute herrschende Überzeugung, dass der Prozess der Entstehung von Innovationen in Unternehmen kein Zufallsprodukt ist, sondern gestaltet und gesteuert werden kann.[27] Damit kommt dem Innovationsmanagement als betriebswirtschaftlichem Forschungsfeld eine bedeutsame, gar existenzielle Stellung zu.

Der Terminus des zweiten zentralen Untersuchungsgegenstands dieser Arbeit, des electronic Business, e-Business oder elektronischen Geschäftsverkehrs, hat mit dem der Innovation die Ubiquität gemein.[28] Auch dieser Begriff ist oftmals mit verschiedenen, teils widersprüchlichen Bedeutungsinhalten hinterlegt. Eine Vorab-Klassifizierung nach gesellschaftlichen, volkswirtschaftlichen, regionalen und betriebswirtschaftlichen Verwendungszusammenhängen erscheint erneut sinnvoll.

Dem Hauptmedium des e-Business, dem Internet, wird gesellschaftsveränderndes Potenzial zugeschrieben.[29] Hierbei sind zwei scheinbar widersprüchliche Tendenzen hervorzuheben:

---

[23] Vgl. **ALBERS U.A. (Technologie und Innovation, 2000)**, S. 6; **MÜLLER (Schumpeter, 1990)**, S. 10.
[24] Vgl. **SCHUMPETER (Creative Response, 1988, zuerst: 1951)**, S. 227; **WOOD (Commentary, 1991)**, S. 2f.
[25] Vgl. **DRUCKER (Discipline of Innovation, 1998, zuerst: 1985)**, S. 149; **KIM U. MAUBORGNE (Value Innovation, 1999)**, S. 42f; **MERRIFIELD (Innovation Management, 1999)**, S. 10.
[26] Vgl. **FOSTER U. KAPLAN (Creative Destruction, 2001)**, S. 41.
[27] Vgl. **ALBERS U.A. (Technologie und Innovation, 2000)**, S. 129; **BULLINGER (Technologiemanagement, 1994)**, S. 39f; **DAMANPOUR U. GOPALAKRISHNAN (Organizational Adaptation, 1999)**, S. 57; **DRUCKER (Discipline of Innovation, 1998, zuerst: 1985)**, S. 149; **HAUSCHILDT (Innovationsmanagement, 1997, zuerst: 1993)**, S. 25f; **KLUGE U.A. (German Innovation, 2000)**, S. 103; ebd., S. 105; **KUPSCH U.A. (Innovationswirtschaft, 1991, zuerst: 1972)**, S. 1073; **TWISS (Technological Innovation, 1992, zuerst: 1974)**, S. XIIIf.
[28] Eine umfassende definitorische Abgrenzung des e-Business-Begriffs erfolgt zweckmäßigerweise erst in Abschnitt 2.2.1. Zu seiner Ubiquität vgl. **HERMANNS U. SAUTER (Grundlagen, 2001, zuerst: 1999)**, S. 16; **KALAKOTA U. WHINSTON (Electronic Commerce, 1997)**, S. 1f; **SCHÄFFER U. WEBER (e-Business Controlling, 2001)**, S. 5; **WAMSER (Electronic Commerce, 2000)**, S. 6.
[29] Vgl. **THOME U. SCHINZER (Anwendungsbereiche, 2000, zuerst: 1997)**, S. 2.

Zum einen verfügt trotz enormer Wachstumsraten immer noch lediglich ein Teil der Weltbevölkerung über einen Zugang zum Internet. Internet-Anschlüsse sind kostspielig (Netzinfrastruktur, Hardware, Zugangsgebühren) und erfordern ein gewisses technisches Grundwissen des Benutzers.[30] Somit fördert das Internet Ungleichgewichte zwischen wohlhabenden und armen Bevölkerungsschichten bzw. Ländern, Stadt und Land, jung und alt sowie gebildeten und ungebildeten Gesellschaftsschichten. Zum anderen stellt das Internet eine ungeheure Informationsvielfalt an potenziell jedem Ort der Welt zur Verfügung.[31] Somit wirkt es Informationsasymmetrien entgegen, schafft Transparenz, verbreitet Wissen und trägt damit zur Meinungsbildung sowie zur wirtschaftlichen, politischen und sozialen Teilhabe und Chancengleichheit bei, weshalb es beispielsweise von totalitären Regimes mit Misstrauen betrachtet wird.[32] Ob das Internet insgesamt eher zur Gleichheit oder zur Ungleichheit zwischen gesellschaftlichen Schichten beiträgt, bleibt abzuwarten.

Auf volkswirtschaftlicher Ebene stellen IuK-Technologien wie das Internet oder schnurlose Telefon- und Endgeräte die Basisinnovation im derzeitigen fünften Kondratieff-Zyklus dar.[33] Informations- und Kommunikationstechnologien lagen in den 1990er Jahren der längsten Wachstumsperiode der amerikanischen Wirtschaftsgeschichte zugrunde.[34] Die Tatsache, dass sich dieses Wachstum bei weitgehend unkritischen Preissteigerungsraten verwirklichen ließ, wird häufig auf die Senkung von Transaktionskosten und die Steigerung der Produktivität durch IuK-Technologien zurückgeführt. Wie sich gezeigt hat, gehorcht jedoch auch die proklamierte „New Economy", die Wachstum ad infinitum verheißen sollte, volkswirtschaftlichen Grundsätzen und dem Konjunkturzyklus.

IuK-Technologien sind auf regionaler Ebene die Kerntechnologien, die den bekanntesten Beispielen für Clusterbildung zugrunde liegen, wie etwa Silicon Valley oder dem IuK- und Multimediagürtel um München.[35] Sie werden auch gezielt genutzt, um den Strukturwandel voranzutreiben. So wird im von der Automobilindustrie geprägten Stuttgart versucht, die „Autostadt" zusätzlich zu einer „vernetzten Stadt" zu machen.[36]

Eingebettet in ihre durch IuK-Technologien veränderte gesellschaftliche, volkswirtschaftliche und regionale Umwelt, haben sich für Unternehmen mit den Möglichkeiten des e-Business neue Handlungsfelder eröffnet. Informationsbeschaffung und -verarbeitung, Transaktionen

---

[30] Vgl. THOME U. SCHINZER **(Anwendungsbereiche, 2000, zuerst: 1997)**, S. 1f.
[31] Vgl. **BRACZYK U.A. (Introduction, 1999)**, S. 4; **CRONIN (Internet, 1995, zuerst: 1994)**, S. 1f.
[32] Vgl. **BRACZYK U.A. (Introduction, 1999)**, S. 1.
[33] Vgl. **NEFIODOW (Kondratieff, 1999, zuerst: 1996)**, S. 14f.
[34] Vgl. **BRACZYK U.A. (Introduction, 1999)**, S. 2.
[35] Vgl. **FULLER U.A. (Bay Area, 1998)**, S. 1ff; **HEUSER U.A. (Job Creation, 2000)**, S. 18.
[36] Vgl. **FUCHS U. WOLF (Net City Stuttgart, 1999)**, S. 301ff.

und Interaktionen mit Geschäftspartnern und Endkunden lassen sich nunmehr neu gestalten.[37] Die entstehenden Handlungsoptionen von Unternehmen werden in dieser Arbeit einer betriebswirtschaftlichen Betrachtung unterzogen. Dabei wird aus funktionaler Sicht eine Managementperspektive eingenommen, d.h. es werden Gestaltungs- und Steuerungsmöglichkeiten aufgezeigt.

Nachdem kurz die Relevanz von Innovation, e-Business und Management als betriebswirtschaftlicher Problemstellung aufgezeigt wurde, sollen diese zum Terminus „e-Innovationsmanagement“ zusammengeführt werden. Wie im folgenden Abschnitt gezeigt wird, beschreibt er eine Schnittmenge, die bisher noch kaum wissenschaftliche Aufmerksamkeit gefunden hat.

1.2 Forschungsdefizit und Ziel der Betrachtung

Innovationsmanagement stellt eine Querschnittsaufgabe dar, die nahezu alle betriebswirtschaftlichen Funktionen umspannt.[38] Wenn, wie in dieser Arbeit, Produktinnovationen Gegenstand der Betrachtung sind, so deckt ein noch genauer zu entwickelnder Innovationsprozess, der zur Genese von Produktinnovationen führt, mehrere Wertschöpfungsaktivitäten ab. Innovationsmanagement als vergleichsweise junge betriebswirtschaftliche Forschungsdisziplin nähert sich dem Untersuchungsgegenstand daher aus verschiedenen Blickwinkeln.[39] Maßgebliche Impulse liefern in den 1970er und 1980er Jahren Forscher der „MIT-Schule“, der u.a. Allen, Utterback und von Hippel zuzurechnen sind. Während Allen noch eine traditionell forschungs- und entwicklungsorientierte Sichtweise einnimmt und Kommunikationswege, Aufbauorganisation und räumliche Anordnungen von F&E-Bereichen untersucht, zeigen Utterback und Abernathy Abgrenzungskriterien und Interaktionsmechanismen von Produkt- und Prozessinnovationen auf.[40] Sie fragen dabei nach den Stimuli und Barrieren für Innovationen und analysieren Innovationsprozesse. Von Hippel greift marktseitige Stimuli auf, untersucht mögliche Quellen von Innovationen und entwickelt insbesondere die Lead User-Theorie.[41] Die Untersuchung von Innovationsprozessen wäre nicht vollständig ohne die Arbeiten von Rogers zur Innovationsadoption und -diffusion im Markt.[42]

[37] Vgl. **KALAKOTA U. WHINSTON (Electronic Commerce, 1997)**, S. IIIf; **MATTES (Business-to-Business, 1999)**, S. 3f; **SCHÄFFER U. WEBER (e-Business Controlling, 2001)**, S. 5.

[38] Vgl. **MACHARZINA (Unternehmensführung, 1995, zuerst: 1993)**, S. 599ff.

[39] Vgl. **ALBACH (Ansprache, 1991)**, S. 4.

[40] Vgl. **ALLEN (Flow of Technology, 1984, zuerst: 1977)**, S. 9; ders. **(Technology Management, 1998)**, S. 9ff; **ABERNATHY U. UTTERBACK (Process and Product Innovation, 1975)**, S. 645ff; **UTTERBACK (Innovation in Industry, 1974)**, S. 658f.

[41] Vgl. **VON HIPPEL (Sources of Innovation, 1988)**, S. 3ff; ebd., S. 102ff; ders. **(Lead Users, 1984)**, S. 7ff.

[42] Vgl. **ROGERS (Diffusion of Innovations, 1962)**, S. 161ff.

Als ein prominenter deutscher Wissenschaftler vertritt Bullinger eine technologieorientierte Denkschule an der Schnittstelle der Ingenieur- und Wirtschaftswissenschaften, die sich Fragen wie der Entwicklung von Zukunftstechnologien, neuen Werkstoffen und neuen Formen der Arbeitsorganisation sowie der Technikfolgenabschätzung und Technologiepolitik widmet.[43] Derartige Fragestellungen werden vornehmlich an Fraunhofer-Instituten untersucht. Forscher wie Albers, Brockhoff, Gemünden und Hauschildt haben das Innovationsmanagement jedoch auch als Disziplin innerhalb der Betriebswirtschaftslehre etabliert. Unter der Leitfrage „Was kann die Betriebswirtschaftslehre für die Entwicklung neuer Technologien und Innovationen leisten?“ wurden beispielsweise in den 1980er und 1990er Jahren das neunjährige DFG-Graduiertenkolleg „Betriebswirtschaftslehre für Technologie und Innovation“ mit ca. 50 Forschenden und 270 Publikationen an der Universität zu Kiel eingerichtet, neue Ausbildungsgänge, Stiftungsprofessuren und Institute zum Innovationsmanagement ins Leben gerufen.[44] Heute gehört Technologie- und/oder Innovationsmanagement zum Forschungs- und Lehrkanon an vielen deutschen Universitäten, was sich in Lehrstühlen zum Innovationsmanagement, technologieorientierten Unternehmensgründungen oder Entrepreneurship manifestiert.[45] Während Brockhoff Schwerpunkte bei der Innovationstätigkeit in F&E-Bereichen setzt und unter dem Stichwort des „Schnittstellen-Managements“ insbesondere Abstimmungsprobleme mit anderen Unternehmensbereichen untersucht, widmet sich Hauschildt der prozessualen, aber auch strukturellen Sicht des Innovationsmanagements, analysiert Widerstände gegen Innovationen und entwickelt, aufbauend auf Witte, das Promotoren-Konzept zur intraorganisatorischen Durchsetzung von Innovationen.[46]

Während also Innovationsmanagement ein zwar noch junges, aber schon sehr vielschichtiges und recht ausdifferenziertes Forschungsfeld innerhalb der Betriebswirtschaftslehre darstellt, ist e-Business aufgrund seiner Neuartigkeit – von regelrechter betriebswirtschaftlicher e-Business-Forschung kann man erst seit ca. Mitte der 1990er Jahre sprechen – immer noch ein Experimentierfeld verschiedener Forschungsansätze und -philosophien. Uneinigkeit herrscht insbesondere über die Frage, ob e-Business als neu dem Grunde oder der Anwendung nach zu betrachten ist. Ist e-Business also ein neues wirtschaftliches Paradigma, das, ganz im Wortsinne einer New Economy, bestehende Gesetze des Wirtschaftens revolutionär außer

[43] Vgl. **Bullinger (Technologiemanagement, 1994)**, S. 1ff.
[44] Vgl. **Albers u.a. (Technologie und Innovation, 2000)**, S. 3ff.
[45] Vgl. **Brockhoff (Forschung und Entwicklung, 1999, zuerst: o.J.)**, S. V.
[46] Vgl. **Albers u.a. (Technologie und Innovation, 2000)**, S. 7; **Brockhoff (Forschung und Entwicklung, 1999, zuerst: o.J.)**, S. 1ff; ders. **(Schnittstellen, 1994)**, S. 21; ders. **(Schnittstellenmanagement, 1989)**, S. 1; ebd., S. 71f; **Albers u.a. (Technologie und Innovation, 2000)**, S. 129ff; **Hauschildt (Widerstand, 1999)**, S. 1ff; ders. **(Innovationsmanagement, 1997, zuerst: 1993)**, S. 153ff.

Kraft setzt, da es Netzwerkstrukturen schafft, die völlig anderen Gesetzmäßigkeiten gehorchen? Oder ermöglicht es vielmehr neue, innovative Anwendungschancen und Adaptionsmöglichkeiten für Wettbewerbsstrategien, Geschäftsmodelle und Geschäftsprozesse, ohne jedoch deren prinzipielle Gültigkeit in Frage zu stellen? Beide Denkschulen werden von Wissenschaftlern und Praktikern vertreten. So treten Kalakota, Kelly, Shaw und Whinston wie auch Protagonisten der New Economy, etwa der erfolgreiche Unternehmensgründer Siebel, für erstgenannte Auffassung ein, letztere findet sich u.a. bei Shapiro und Varian.[47] Auch Picot, Reichwald und Wigand argumentieren, dass die New Economy zwar die vormals klaren Grenzen von Markt und Unternehmung auflöst sowie neue Organisationsformen schafft, nicht jedoch wirtschaftliche Phänomene wie Knappheit, Tausch, Arbeitsteilung, Märkte, Unternehmen oder Wettbewerb außer Kraft setzt.[48] Die seit dem Jahr 2000 einsetzende Auslese- und Konsolidierungsphase bei Unternehmen der New Economy, deren Ursache in aller Regel in traditionellen betriebswirtschaftlichen Tatbeständen wie mangelnder Genauigkeit und Realismus von Prognosen, mangelnder Zahlungsbereitschaft von Endkunden sowie unzureichender Profitabilität zu suchen ist, hat viele übertriebene Erwartungen gedämpft und scheint der zweiten Sichtweise empirische Unterstützung zu verleihen.[49]

Auch der vorliegenden Arbeit liegt die Auffassung zugrunde, dass e-Business weniger einen grundständigen betriebswirtschaftlichen Forschungszweig per se darstellt, sondern vielmehr erst in der Anwendung auf bestehende betriebswirtschaftliche Funktionen wie Beschaffung, Produktion oder Absatzwirtschaft und Querschnittsfunktionen wie Logistik oder Innovationsmanagement Nutzen stiftet. Die Untersuchung befasst sich also mit der Klärung der Frage, wie Innovationsmanagement mit Hilfe von e-Business effektiver und effizienter gestaltet werden kann, um so Wettbewerbsvorteile zu erlangen. Diese Fragestellung spiegelt sich semantisch in der Verwendung des zusammengesetzten Terminus „e-Innovationsmanagement“ wider.[50]

Genau in der Anwendung und Verbindung des e-Business mit Innovationsmanagement liegt ein noch nahezu vollständig unbearbeitetes Forschungsfeld. Zur Verdeutlichung dieser nach umfassender Literaturanalyse und Expertengesprächen gewonnenen Aussage mag Abbildung

[47] Vgl. **Choi u. Whinston (Digital Economy, 2000)**, S. 25; **Kalakota u. Whinston (Electronic Commerce, 1997)**, S. 1f; **Kelly (NetEconomy, 1999)**, S. 9f; **Shaw (Electronic Commerce, 2000)**, S. 3f; **Siebel u. House (Cyber Rules, 2000)**, S. 11; **Shapiro u. Varian (Internet-Business, 1999)**, S. 11f.
[48] Vgl. **Picot u.a. (Grenzenlose Unternehmung, 2001, zuerst: 1996)**, S. 23; ebd., S. 73f.
[49] Vgl. **Weiber (Electronic Business, 2000)**, S. 12f.
[50] Diese Schreibweise hat sich auch bei Arbeiten auf anderen Forschungsfeldern, die klassische betriebswirtschaftliche Fragestellungen mit e-Business-Forschung verbinden, eingebürgert. Vgl. hierzu z.B. **Enders u.a. (e-CRM, 2000)**, o.S.; **Ernst u.a. (e-Alliances, 2001)**, o.S.; **Horváth u.a. (e-Controlling, 2001)**, o.S.; **Kipferler (e-Beschaffung, 2000)**, o.S.; **Stojek u. Ulbrich (e-Loyalty, 2001)**, o.S.

1 dienen. Die Genese von Produktinnovationen erfolgt in einem Produktentstehungs- und Innovationsprozess. Dieser muss die drei Zieldimensionen Produkteigenschaften, Zeit und Kosten in Einklang bringen, zwischen denen vielfältige Zielkonflikte bestehen. So kann eine zu schnelle Markteinführung beispielsweise zu Reifegrad- und Qualitätsproblemen führen, verursacht ein durch Leichtbauwerkstoffe zu erreichendes niedriges Gewicht zusätzliche Kosten oder konfligieren Kostenziele mit oftmals teuren neuen Produktmerkmalen und Innovationen.

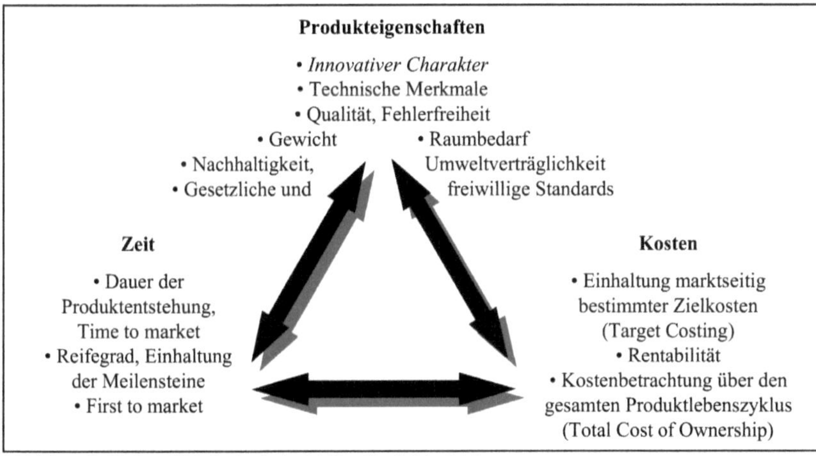

Abbildung 1: Zielkonflikte in der industriellen Produktentstehung.

Die bisherige e-Business-Forschung deckt nur zwei Zieldimensionen ab, nämlich Kosten und Zeit. Online-Auktionen tragen z.B. zur Reduktion der Kosten von Produktionsmaterial oder zur Restwertrückgewinnung von auszumusternden Investitionsgütern bei; Online-Katalogbeschaffung insbesondere für C-Teile reduziert die Durchlaufzeiten von Bestellaufträgen um bis zu 85% und reduziert die Prozesskosten.[51] Viele e-Business-Geschäftsmodelle basieren auf schnellerer und einfacherer Informationsbeschaffung und auf der Senkung von Transaktions- und Interaktionskosten. Die Dimension Produkteigenschaften und hier insbesondere die Schaffung von Produktinnovationen ist jedoch in der e-Business-Forschung weitgehend unberücksichtigt geblieben. Diese Lücke zu schließen, ist das Ziel dieser Arbeit. Konkret sind dabei also folgende zwei Forschungsfragen zu beantworten:

- Wie ist ein umfassender, interorganisatorischer Innovationsprozess in der Automobilindustrie zu definieren und welche Gestaltungsfelder weist er auf (vgl. Kapitel drei)?

[51] Vgl. **Bauer (BMW Marktplatz, 2000)**, S. 18; **DaimlerChrysler AG (Hrsg.) (eCAPS, 2000)**, S. 4; **Källenius (Online Bidding, 2001)**, S. 7ff; **Poestges (e-Procurement, 2000)**, S. 15; ebd., S. 53.

- Welche Möglichkeiten der Unterstützung des Innovationsprozesses bieten neue Methoden des elektronischen Geschäftsverkehrs (vgl. Kapitel vier)?

Im Folgenden soll nun eine kurze Einordnung der Betriebswirtschaftslehre in die Wissenschaftstheorie vorgenommen und das dieser Abhandlung zugrunde liegende Wissenschaftsverständnis sowie das verwendete Forschungsdesign erläutert werden.

1.3 Epistemologischer Ansatz und Forschungsdesign

1.3.1 Epistemologischer Ansatz

Trotz der mitunter kritisierten Gefahr der Verselbständigung epistemologischer Debatten[52] erscheint eine kurze Einordnung der Betriebswirtschaftslehre in das Wissenschaftssystem angebracht, um darauf aufbauend das Wissenschaftsverständnis und die Forschungsmethodik dieser Arbeit zu erläutern (vgl. Abbildung 2).

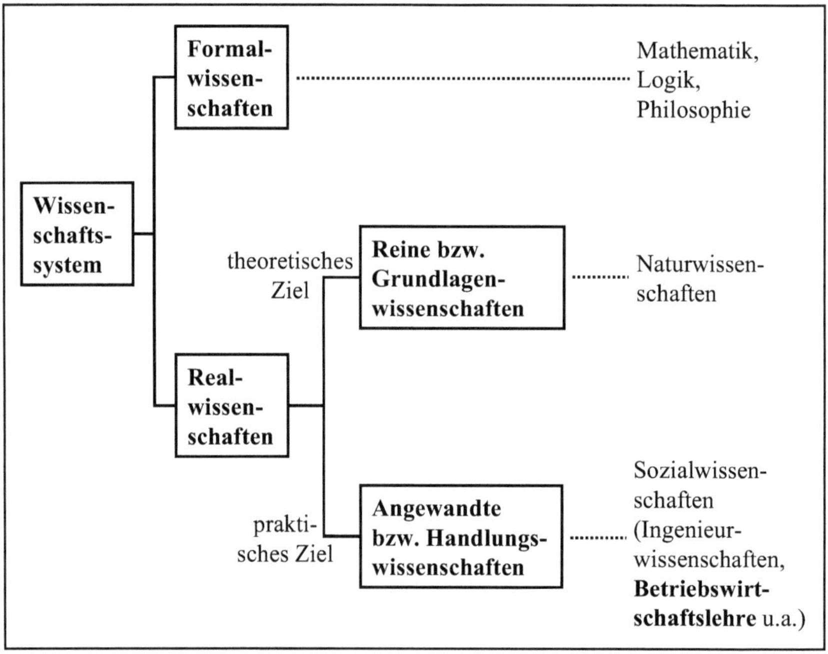

Abbildung 2: Wissenschaftssystematik.

Quelle: In Anlehnung an Ulrich u. Hill (Wissenschaftstheoretische Grundlagen, 1979), S. 163.

Der Charakter der Betriebswirtschaftslehre als eigenständiger wissenschaftlicher Disziplin ist mittlerweile unumstritten.[53] Im Gegensatz zu den Formalwissenschaften (Mathematik, Logik,

[52] Vgl. **WALTER-BUSCH (Selbstverständnis, 1985)**, S. 113f.
[53] Vgl. **GUTENBERG (Betriebswirtschaftslehre als Wissenschaft, 2000, zuerst: 1957)**, S. 11.

Philosophie), die Sprachen bzw. Zeichensysteme und Regeln zu ihrer Verwendung entwickeln, strebt die Betriebswirtschaftslehre als Realwissenschaft (Erfahrungswissenschaft) nach der Beschreibung, Erklärung und Gestaltung empirischer Wirklichkeitsausschnitte.[54] Innerhalb der Realwissenschaften ist die Betriebswirtschaftslehre den angewandten oder Handlungswissenschaften zuzuordnen.

Nach vorherrschender Auffassung stellt Anwendungsorientierung eine zentrale Forderung an die Betriebswirtschaftslehre dar. Diese wird als anwendungsorientierte Wissenschaft mit eigenständigem Charakter gesehen, die reale Handlungs- und Problemlösungsmöglichkeiten aufzeigen soll.[55] Bereits Schmalenbach versteht die Betriebswirtschaftslehre als angewandte Disziplin („Kunstlehre"), deren Erkenntnisse unmittelbar der betrieblichen Praxis zu dienen haben.[56] Selbst Gutenberg fordert eine erfahrungswissenschaftliche Fundierung und lehnt rein theoretische Modellbildungen im Sinne einer „l'Art pour l'Art" ab.[57] In der Kontroverse zwischen Anhängern des Konstruktivismus auf der einen und des Kritischen Rationalismus auf der anderen Seite, die in der Betriebswirtschaftslehre hauptsächlich in den 1970er Jahren im Kreise der „Kommission Wissenschaftstheorie" des Verbands der Hochschullehrer für Betriebswirtschaft geführt wurde, ist die Notwendigkeit des Praxisbezugs der Betriebswirtschaftslehre weitgehend unbestritten.[58] Auch wenn das Ausmaß des Praxisbezugs durchaus kontrovers diskutiert wird, besteht Konsens, dass die Aussagen der Betriebswirtschaftslehre einen Bezug zur Praxis aufweisen und zu praktisch nützlichen Erkenntnissen führen sollen.[59] Diese pragmatische, anwendungsorientierte Auffassung liegt auch der vorliegenden Arbeit zugrunde.

Ulrich unterscheidet vier Möglichkeiten praxisorientierter Aussagen in der Betriebswirtschaftslehre:[60]

- Erarbeitung inhaltlicher Lösungen für konkrete Probleme der Praxis (Möglichkeit M_1),
- Erarbeitung von Lösungsverfahren für konkrete Probleme der Praxis (M_2),
- Entwerfen von Gestaltungsmodellen für die Veränderung der sozialen Wirklichkeit (M_3),

---

[54] Vgl. **Raffée (Gegenstand, 1993, zuerst: 1984)**, S. 4; **Schweitzer (Gegenstand, 1997, zuerst: 1983)**, S. 27; **Ulrich u. Hill (Wissenschaftstheoretische Grundlagen, 1979)**, S. 163.

[55] Vgl. **Siegwart (Anwendungsorientierung, 1985)**, S. 95; **Ulrich u.a. (Praxisbezug, 1976)**, S. 135f.

[56] Vgl. **Steinmann u.a. (Praxis, 1976)**, S. 52.

[57] Vgl. **Gutenberg (Betriebswirtschaftslehre als Wissenschaft, 2000, zuerst: 1957)**, S. 27f; **Lücke (Gutenberg, 1997)**, S. 1247; **Steinmann u.a. (Praxis, 1976)**, S. 51.

[58] Vgl. **Chmielewicz (Wissenschaftstheorie, 1978)**, S. 150; **Steinmann (Handlungswissenschaft, 1978)**, S. 73; **Walter-Busch (Selbstverständnis, 1985)**, S. 113.

[59] Vgl. **Brockhoff (Ergebnisse, 1996)**, S. 138; **Meffert (Betriebswirtschaftliche Ausbildung, 1996)**, S. 25f; **Ulrich (Management, 1984)**, S. 169; **Weber u. Kummer (Logistikmanagement, 1998, zuerst: 1994)**, S. 7.

[60] Vgl. **Ulrich (Management, 1984)**, S. 179f.

- Entwerfen von Regeln für die Entwicklung solcher Gestaltungsmodelle (M_4).

In dieser Arbeit kommen M_1 bis M_3 unmittelbar, M_4 implizit zur Anwendung. So stellt beispielsweise die Entwicklung eines durchgängigen Innovations-Sollprozesses den Entwurf eines Gestaltungsmodells nach M_3 dar. Dabei werden u.a. mehrere inhaltliche Antworten auf die Frage gegeben, welche geeigneten Quellen von Innovationsideen genutzt werden können (M_1). Ferner werden Verfahren vorgeschlagen, die konkrete Praxisprobleme lösen, so z.B. ein Bewertungsverfahren für Innovationsideen gleich welchen materiellen Inhalts (M_2). Der Entwurf eines umfassenden Innovationsprozesses und seine anschließende sukzessive Überprüfung auf e-Business-Fähigkeit ist schließlich eine hier erstmals vorgestellte Vorgehensweise, die sich per Analogieschluss auch auf die kritische Beleuchtung anderer Ausschnitte der betriebswirtschaftlichen Wirklichkeit in Hinblick auf ihr e-Business-Potenzial fruchtbringend übertragen lässt und somit auf Meta-Ebene ein Regelwerk zur Entwicklung neuer Gestaltungsmodelle darstellt (M_4).

1.3.2 Forschungsdesign

Ausgehend vom skizzierten anwendungsorientierten Wissenschaftsverständnis der Betriebswirtschaftslehre liegt der vorliegenden Untersuchung im Wesentlichen ein fünf Verfahrensweisen und Methoden umfassendes Forschungsdesign zugrunde, das im Folgenden genauer erläutert wird:

- Verwendung des flussorientierten Management-Paradigmas aus der neueren Logistik als Leitidee,
- umfassende Literaturanalyse in herkömmlichen und neuen Medien,
- theoriegeleitetes, deduktives Vorgehen,
- branchenspezifische Betrachtung anhand der Automobilindustrie,
- induktive Schlüsse aus Praxisbeobachtungen und Expertengesprächen.

Der funktionsübergreifende Charakter des e-Innovationsmanagements und der schon per definitionem prozessuale Charakter von Innovationsprozessen lässt das Flussprinzip als geeignete Leitidee der Untersuchung erscheinen. Das Flussprinzip ist Kernbestandteil der klassischen Material- und Warenflusslogistik und wurde von Weber und Kummer zu einem umfassenden Management-Paradigma ausgebaut, das Flussorientierung als strategische Fähigkeit der Unternehmensführung versteht.[61] Diese Erkenntnis wird mittlerweile von der

[61] Vgl. **Weber u. Kummer (Logistikmanagement, 1998, zuerst: 1994)**, S. 21ff; **Weber (Flußprinzip, 1994)**, S. 46. Albach begrüßt umfassende, ganzheitliche Ansätze dieser Art, da sie einen Beitrag zu einer allgemeinen Theorie der Unternehmung leisten. Vgl. **Albach (Gutenberg, 1997)**, S. 1264.

Mehrheit der im Bereich der Logistik Forschenden geteilt.[62] So definiert Wildemann Logistik als „querschnittsorientierte Grundhaltung zur zeiteffizienten, kunden- und prozeßorientierten (sic!) Koordination von Wertschöpfungsaktivitäten.“[63] Zeiteffizienz, Kundenorientierung und Prozessorientierung sind nun aber auch, wie noch zu zeigen sein wird, zentrale Anforderungen an das e-Innovationsmanagement, was die Sinnhaftigkeit der Verwendung des logistischen Flussprinzips im neueren Sinne als Leitidee dieser Arbeit unterstreicht. Weber und Kummer konstatieren, dass „Logistik als Durchsetzung des Flußprinzips (sic!) ... nicht auf einen bestimmten Leistungstyp als Gestaltungsobjekt beschränkt“ ist.[64] Flussobjekte sind also nicht nur Material, Waren, Dienstleistungen und Informationen, sondern beispielsweise auch Innovationen. Die von Pfohl genannten Grundgedanken der Logistik, nämlich Systemorientierung, Fluss- bzw. Prozessorientierung und Querschnittsfunktionsorientierung, sind für das Management von Innovationen, ob mit oder ohne e-Business-Unterstützung, charakteristisch.[65] Auch die Unternehmenspraxis fordert, „vom Denken in Funktionen hin zum Denken in Prozessen, das heißt Denken in vernetzten Funktionen und Tätigkeiten“ zu gelangen.[66]

Ferner liegt eine umfangreiche Literaturanalyse zu den beiden Themenkomplexen Innovationsmanagement und e-Business der Beschäftigung mit e-Innovationsmanagement zugrunde. Dabei erscheint es gerade in Anbetracht der Themenstellung als selbstverständlich, dass nicht nur Druck-, sondern auch elektronische Medien wie das Internet bei der Literaturrecherche Verwendung finden. Aufgrund der kurzen Halbwertszeit des gültigen Wissens kommen insbesondere im schnelllebigen e-Business-Bereich vornehmlich Quellen jüngeren Datums in Betracht. Die Suche nach den Schlagwörtern Innovation respektive e-Business oder verwandten Ausdrücken führt in jedem wirtschaftswissenschaftlichen Literaturindex, in jeder Datenbank oder Suchmaschine zu mehreren tausend Ergebnissen. Hiervon wurden weit über 1.000 Quellen gesichtet und erfasst, von denen schließlich mehrere hundert als relevant erachtet und in diese Untersuchung aufgenommen wurden. Wie in Abschnitt 1.2 ausgeführt, ergab die Literaturanalyse jedoch keine Hinweise auf Arbeiten, die das kombinierte Forschungsfeld e-Innovationsmanagement einer fundierten Analyse unterziehen.

---

[62] Vgl. z.B. **GÖPFERT (Entwicklung der Logistik, 1999)**, o.S.; dies. **(Zukunftsforschung Logistik, 2000, zuerst: 1999)**, S. 53ff; **KLAUS (Prozeßansatz, 1998, zuerst: 1994)**, S. 70; **ZÄPFEL U. WASNER (Logistikketten, 2000)**, S. 285.

[63] **WILDEMANN (Logistik-Prozeßmanagement, 1997)**, S. 5.

[64] **WEBER U. KUMMER (Logistikmanagement, 1998, zuerst: 1994)**, S. 22.

[65] Vgl. **PFOHL (Logistikkette, 1994)**, S. 203.

[66] **IFFLAND (Einkauf im Wandel, 1997)**, S. 142.

Somit wird mit dem Forschungsfeld e-Innovationsmanagement Neuland betreten, das es mit Hilfe von deduktiven Gedankenschritten und Analogieschlüssen aus bestehenden Theorien des Innovationsmanagements respektive des e-Business zu erschließen gilt. Denn das anwendungsorientierte Wissenschaftsverständnis der Betriebswirtschaftslehre impliziert selbstverständlich nicht eine Ablehnung des theoriegeleiteten Vorgehens.[67] Als Theorie soll hier „ein als empirisch hinreichend bestätigt betrachtetes Erklärungsmodell, das allgemeine Aussagen enthält und somit eine größere Anzahl von Fällen erklären kann", bezeichnet werden.[68] Zunächst ist es im Wege eines terminologisch-deskriptiven Vorgehens erforderlich, Begriffe zu definieren, zu operationalisieren und zu klassifizieren, was hauptsächlich in Kapitel zwei geschieht. Daran anschließend werden per analytisch-deduktivem Vorgehen Modellbildungen vorgenommen und daraus Aussagen sowie situationsspezifische Handlungsanweisungen generiert.[69] Als ein Beispiel mag etwa die in dieser Arbeit vorgenommene Herleitung und Anwendung eines umfassenden Innovationsprozesses dienen.

Ein weiterer wesentlicher Aspekt des Forschungsansatzes liegt in der Branchenspezifität der Untersuchung. Es gibt mehrere Gründe, die die Automobilindustrie als Gegenstand eines branchenspezifischen Ansatzes prädestinieren. Sie wird deutschland- und europaweit als bedeutendste Einzelindustrie angesehen und in einer Vielzahl von wissenschaftlichen Publikationen beleuchtet.[70] In Deutschland existieren bereits mehrere betriebswirtschaftliche Lehrstühle zur Automobilwirtschaft, die im Begriff ist, sich als Wirtschaftszweiglehre zu etablieren.[71] Die Automobilindustrie zählt zu den traditions-, aber auch innovationsreichsten Industriebranchen.[72] Sie gilt als Vorreiter in der Konzeption und Implementierung einer Vielzahl neuer, zumeist flussorientierter Management-Konzepte.[73] So bereitete Henry Ford 1913 mit der Einführung standardisierter Bauteile und des Fließbands den Boden für die Massenproduktion und damit für die so genannte erste automobilwirtschaftliche Revolution.[74] Die zweite Revolution in der Automobilindustrie begann um 1990, als das ab den 1950er Jahren von Toyota entwickelte „schlanke" Produktions- und Beschaffungskonzept nach Veröffentlichung einer bedeutenden MIT-Studie von Womack u.a. auch von westlichen

---

[67] Vgl. **Ulrich u.a. (Praxisbezug, 1976)**, S. 136.

[68] **Ulrich u. Hill (Wissenschaftstheoretische Grundlagen, 1979)**, S. 185.

[69] Ebd., S. 182ff.

[70] Vgl. **Göpfert u.a. (Fließsyteme, 2000, zuerst: 1999)**, S. 244f. Eine definitorische Abgrenzung und eine ausführliche Branchenstrukturanalyse der Automobilindustrie nach Porter wird in Abschnitt 2.3.1 bzw. in Abschnitt 2.3.3.2 vorgenommen.

[71] Vgl. **Meinig u. Heß (Wirtschaftszweiglehre Automobilwirtschaft, 1998)**, S. 1ff.

[72] Vgl. **Rexrodt (Industriestandort, 1997)**, S. 1.

[73] Vgl. **Göpfert u.a. (Fließsyteme, 2000, zuerst: 1999)**, S. 245; **Weber u. Kummer (Logistikmanagement, 1998, zuerst: 1994)**, S. 3.

[74] Vgl. **Womack u.a. (Machine that Changed, 1990)**, S. 26ff.

Automobilproduzenten eingesetzt wurde.[75] Innovative interorganisatorische Logistikkonzepte, z.B. Gebietsspediteursysteme, vertikale Just-in-Time- und Just-in-Sequence-Kooperationen, entstammen der Automobilindustrie.[76] Simultaneous Engineering und vertikale Entwicklungs- und Fertigungspartnerschaften in der Produktentstehung und -herstellung sowie Electronic Data Interchange (EDI), der interorganisatorische elektronische Datenaustausch, wurden maßgeblich von der Automobilindustrie entwickelt.[77] Bedenkt man ferner, dass in der oftmals in Hochlohnländern angesiedelten Automobilindustrie einerseits eine starke Innovationsnotwendigkeit auf der Produktseite besteht,[78] die Branche andererseits aber bereits heute als Vorreiter in der Anwendung von e-Business gilt,[79] so liegt es nahe, sie auch zur Betrachtung des kombinierten Forschungsfelds e-Innovationsmanagement heranzuziehen. Am Ende dieser Arbeit werden aus den gewonnenen Erkenntnissen jedoch auch Rückschlüsse auf andere Branchen gezogen, soweit dies möglich und zweckmäßig erscheint.

Neben dem oben ausgeführten deduktiven Ableiten von Erkenntnissen aus Theorien kommt in dieser Arbeit auch induktiven Schlüssen eine besondere Bedeutung zu. Ein empirisch-induktives Vorgehen kann die statistisch-empirische Untersuchung von Zusammenhängen (Korrelationen), die Generalisierung von Einzelbeobachtungen, wie auch empirische Realisierungsversuche, also aktive Gestaltungsempfehlungen und Handlungsanweisungen in Unternehmungen, beinhalten.[80] Auf statistisch-empirische Untersuchungen der Korrelationen einzelner Variablen wird hier bewusst zugunsten eines ganzheitlichen Forschungsansatzes verzichtet. Allerdings kommt der Generalisierung von Einzelbeobachtungen Bedeutung zu. Grundlage hierfür ist eine mehr als zweijährige Beschäftigung mit dem Themenkomplex e-Innovationsmanagement in einem führenden Unternehmen der Automobilindustrie. Durch Benchmarkuntersuchungen wurden weitere Unternehmen der Automobilindustrie und auch ausgewählter anderer Branchen mit einbezogen.[81] Zahlreiche Gespräche mit Führungskräften und Experten aus der Automobilindustrie dienten ebenfalls der Erkenntnisgenese für diese Arbeit. Ulrich u.a. konstatieren hierzu: „Ein beträchtlicher Teil dieses [empirischen und methodischen, d. Verf.] Wissens stammt zunächst unmittelbar aus Erfahrungen der Führungskräfte in der Praxis. Da Hunderttausende von Führungskräften täglich mit der

[75] Vgl. **Sobek u.a. (Toyota's Principles, 1999)**, S. 67; **Womack u.a. (Machine that Changed, 1990)**, S. 49ff.
[76] Vgl. **Diruf (Innovative Logistikstrategien, 1998, zuerst: 1994)**, S. 187f; **Pfohl (Logistiksysteme, 1996, zuerst: 1985)**, S. 177f.
[77] Vgl. **Meinig (Simultaneous Engineering, 1998)**, S. 60; **Reekers (EDI Use, 1994)**, S. 5f.
[78] Vgl. **Atzler (Automobilhersteller und Zulieferer, 1997)**, S. 3; **Panke (Automobilindustrie, 1999)**, S. 30f.
[79] Vgl. **Hirn (Vorbild Autoindustrie, 2002)**, S. 16; **o.V. (Autoindustrie im Internet, 2002)**, S. 23.
[80] Vgl. **Ulrich u. Hill (Wissenschaftstheoretische Grundlagen, 1979)**, S. 181ff.
[81] Zur Methodik von Benchmarkuntersuchungen in der Automobilindustrie vgl. **Schlaich (Benchmarking, 1998)**, S. 14ff.

Lösung von ... Problemen beschäftigt sind, wäre es sinnlos, diese unmittelbare Quelle von Wissen unbeachtet zu lassen. Diese Erfahrungen ... müssen kritisch auf Aussagekraft und Geltungsbereich hin überprüft werden.“[82] In dieser Arbeit werden konsequenterweise niemals die Einzelbeobachtungen und -gespräche selbst, sondern immer nur ihre generell gültigen Aspekte auf der Abstraktionsebene diskutiert. Des Weiteren profitiert diese Arbeit auch von den Erfahrungen, die bei empirischen Realisierungsversuchen in der Praxis gewonnen wurden. Viele der diskutierten Ansätze und Ideen konnten angewandt und in die Ablauf-, teilweise auch Aufbauorganisation eingebracht werden. Es erscheint jedoch wichtig, zu betonen, dass diese Realisierungsversuche nicht nur einem praxeologischen Ziel, sondern im Wege des Induktionsschlusses auch der Theoriebildung dienlich sind.[83]

Nachdem das dieser Arbeit zugrunde liegende Wissenschaftsverständnis der Betriebswirtschaftslehre und das Forschungsdesign erläutert wurden, zeigt der folgende Abschnitt den Gang der Untersuchung auf.

1.4 Gang der Untersuchung

Im ersten Kapitel erfolgt eine Einführung in die Problematik. Zunächst wird in Abschnitt 1.1 e-Innovationsmanagement in Abgrenzung zu gesellschaftlichen, volkswirtschaftlichen und regionalen Ansätzen als betriebswirtschaftliche Problemstellung erörtert. Gegenstand von Abschnitt 1.2 ist die Darlegung des Forschungsdefizits und des Ziels der Betrachtung. In Abschnitt 1.3 werden das der Untersuchung zugrunde liegende Wissenschaftsverständnis und das Forschungsdesign erläutert. Abschnitt 1.4 zeigt den Gang der Untersuchung auf, der in Abbildung 3 dargestellt ist.

Kapitel zwei entwickelt den theoretischen Bezugsrahmen des e-Innovationsmanagements in der Automobilindustrie. Hier werden die drei zentralen Säulen der Untersuchung – Innovationsmanagement, e-Business und Automobilindustrie – zunächst gesondert, aber gleichgewichtig untersucht. Während sich Abschnitt 2.1 mit Innovationsmanagement und Abschnitt 2.2 mit e-Business befasst, erfolgt in Abschnitt 2.3 die Darstellung der Branchenspezifika der Automobilindustrie.

Die Kernkapitel drei und vier sind bewusst in analoger Weise aufgebaut. Nachdem in Kapitel drei eine Gesamtkonzeption für Innovationsmanagement in der Automobilindustrie entwickelt wurde, werden in Kapitel vier die zentralen Elemente dieser Konzeption aufgegriffen und sukzessive auf e-Business-Potenziale hin untersucht. Die strukturelle Entsprechung von Kapitel drei und vier findet sich auf Kapitel-, Abschnitts- sowie teilweise auch

[82] **ULRICH U.A. (Praxisbezug, 1976)**, S. 136.
[83] Vgl. **ULRICH U. HILL (Wissenschaftstheoretische Grundlagen, 1979)**, S. 185.

Unterabschnittsebene wieder, wird jedoch nicht bei jedem Teilabschnitt der unteren Gliederungsebenen angewandt, um Gruppierungs- und Priorisierungsfreiräume aufrechtzuerhalten und die innere Logik von Gedankengängen nicht einzuschränken.

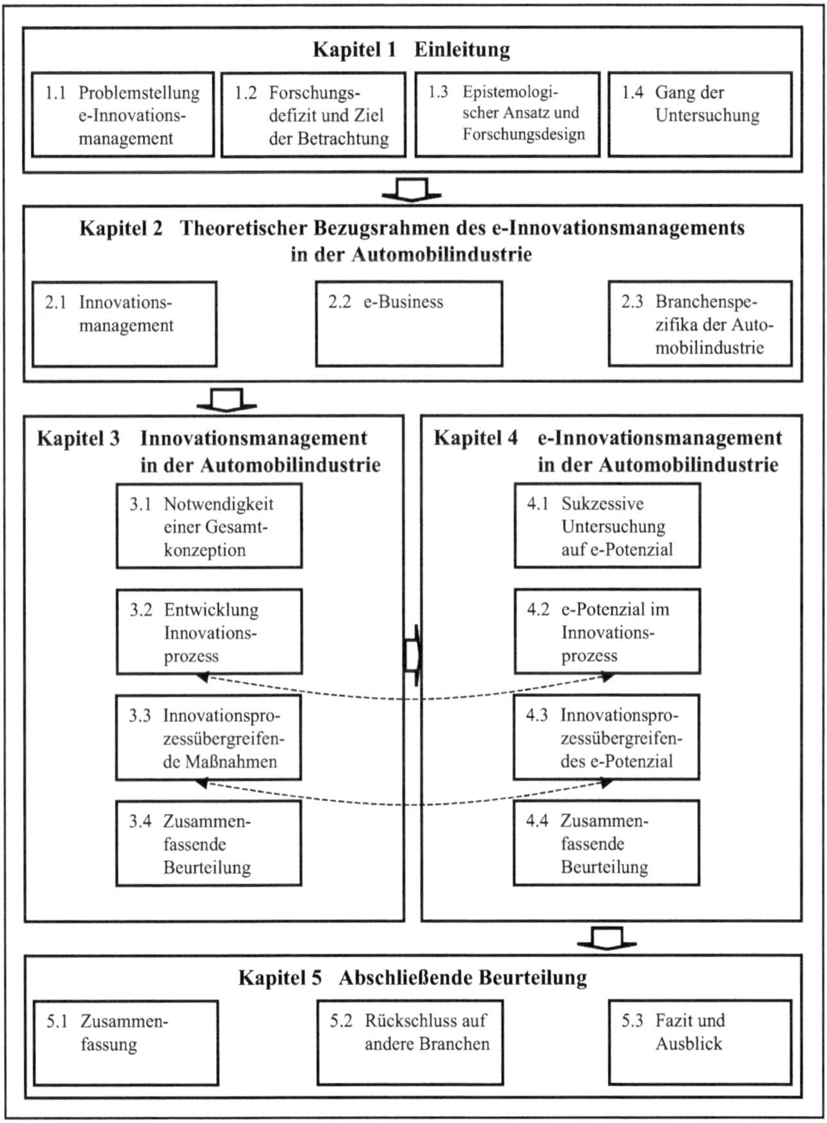

Abbildung 3: Gang der Untersuchung und Gliederungslogik.

In Abschnitt 3.1 wird zunächst die Notwendigkeit einer gesamthaften Konzeption des Innovationsmanagements aufgezeigt. Diese umfasst insbesondere die Entwicklung eines durchgängigen Innovationsprozesses, die in Abschnitt 3.2 erfolgt, sowie die Gestaltung innovationsprozessübergreifender Maßnahmen zur Förderung der Innovationsfähigkeit, denen sich Abschnitt 3.3 widmet, bevor in Abschnitt 3.4 eine zusammenfassende Bewertung des Kapitels vorgenommen wird.

Kapitel vier beginnt mit der Darlegung der sukzessiv-analogen Vorgehensweise in Abschnitt 4.1. Sodann wird in Abschnitt 4.2 eine Untersuchung der einzelnen Phasen des Innovationsprozesses auf ihr e-Business-Potenzial hin vorgenommen. Ebenso erfolgt in Abschnitt 4.3 eine Darstellung der innovationsprozessübergreifenden e-Potenziale. Abschnitt 4.4 bewertet nochmals die Ergebnisse des Kapitels.

Gegenstand von Kapitel fünf ist eine abschließende Beurteilung der gewonnenen Erkenntnisse. In Abschnitt 5.1 erfolgt zunächst eine zusammenfassende Bewertung der Ergebnisse und es wird ein Fazit gezogen. In Abschnitt 5.2 werden im Wege von Analogieschlüssen und Verallgemeinerungen Rückschlüsse auf andere Branchen hergeleitet, bevor in Abschnitt 5.3 ein Ausblick auf weiteren Forschungsbedarf gegeben wird.

2 Theoretischer Bezugsrahmen des e-Innovationsmanagements in der Automobilindustrie

2.1 Theoretischer Bezugsrahmen des Innovationsmanagements

2.1.1 Begriff und Charakterisierung des Innovationsmanagements

Der Terminus „Innovationsmanagement" umfasst semantisch und inhaltlich die Elemente „Innovation" und „Management". Auf beide, wie auch auf ihre Synthese, soll nun eingegangen werden.

2.1.1.1 Begriff und Charakterisierung der Innovation

Auf die ubiquitäre Verwendung des Innovationsbegriffs wurde bereits hingewiesen. Selbst bei Eingrenzung der Diskussion auf betriebswirtschaftliche Sachverhalte und der damit verbundenen weitgehenden Außerachtlassung der gesellschaftlichen, volkswirtschaftlichen und regionalwirtschaftlichen Begriffsinhalte wird der Innovationsbegriff vielfach unterschiedlich gefasst. Zunächst erscheint eine Abgrenzung gegenüber den oftmals fälschlicherweise synonym verwendeten Begriffen Technik und Technologie zweckmäßig.[84] Technologie kann als Wissenschaft von der Technik, als Kunstlehre von Techniken definitorisch abgegrenzt werden. Sie erarbeitet generalisierende Aussagen über Ziel-Mittel-Relationen und kann recht allgemein mit Popper als „Lehre vom zielgerichteten Gestalten" gefasst werden. Damit bezeichnet sie das Wissen über die Lösung technischer Probleme und entspricht insoweit dem Know-how-Begriff. Die konkrete Anwendung von Technologien, das materielle Ergebnis, wird als Technik bezeichnet.[85] Damit kann die Technologie im Sinne einer bestehenden Wissensbasis auch als Input eines Problemlösungsprozesses beschrieben werden, der im Wege der Transformation und Anwendung des Wissens zu einem materiellen Output, also einer in technischen Artefakten manifestierten Problemlösung gelangt.[86]

Durch Technologieanwendung realisierte neue Techniken haben sich damit noch nicht im Unternehmen und im Markt durchgesetzt. Dieser Durchsetzungsaspekt unterscheidet sie von Innovationen.[87] Ähnlich sind auch Inventionen (Erfindungen) von Innovationen abzugrenzen. Invention als eine der notwendigen Vorstufen der Innovation bezeichnet die erstmalige naturwissenschaftlich-technische Realisierung einer Problemlösung. Sie kann sowohl geplant, d.h. anhand festgelegter Forschungsziele, als auch ungeplant (Serendipität) erfolgen.

[84] Vgl. **Bullinger (Technologiemanagement, 1994)**, S. 33; **Pleschak u. Sabisch (Innovationsmanagement, 1996)**, S. 7; **Twiss (Technological Innovation, 1992, zuerst: 1974)**, S. XIX.
[85] Vgl. **Brockhoff (Forschung und Entwicklung, 1999, zuerst: o.J.)**, S. 27; **Bullinger (Technologiemanagement, 1994)**, S. 32ff; **Twiss (Technological Innovation, 1992, zuerst: 1974)**, S. XIX.
[86] Vgl. **Bullinger (Technologiemanagement, 1994)**, S. 34. Vgl. abweichend hiervon **Pfeiffer u.a. (Technologie-Portfolio, 1991, zuerst: 1982)**, S. 13, die den Technologiebegriff outputorientiert umschreiben.
[87] Vgl. **Hauschildt (Innovationsmanagement, 1997, zuerst: 1993)**, S. 29.

Inventionen mit ausreichender Erfindungshöhe und einer potenziellen wirtschaftlichen Verwertungsmöglichkeit können durch Patente vor unautorisierter Nachahmung geschützt werden. Innovation stellt demgegenüber die erstmalige wirtschaftliche Anwendung einer neuen Problemlösung dar und umfasst damit als weiteres Element die Markteinführung und, je nach Strenge der Definition, auch die Marktdurchsetzung der Neuerung. Innovation bedeutet die Kombination von neuen Mitteln und Zwecken, also das Zusammenwirken von Technik und Anwendung.[88]

Die Erstmaligkeit der Verwendung, die Neuartigkeit, stellt ein Charakteristikum der Innovation dar, das der Vielzahl der Definitionsversuche gemein ist.[89] Dabei muss zunächst das Objekt der Neuheit bestimmt werden. Neben den hier nicht betrachteten sozialen und volkswirtschaftlichen Innovationen, wie etwa der erstmaligen Einführung von Sozialversicherungssystemen durch Bismarck, kommen aus betriebswirtschaftlicher Sicht geschäftsbezogene bzw. Managementinnovationen (Erneuerung der Branchen- oder Marktstruktur, Strategieinnovationen, neue Geschäftsmodelle, neue Strukturen oder Systeme), Dienstleistungsinnovationen sowie Produkt- und Prozessinnovationen, die beide zu den technischen Innovationen gerechnet werden, in Betracht.[90] Zwar werden in dieser Arbeit mehrere konzeptionelle Managementinnovationen aufgezeigt, diese dienen jedoch der effektiveren und effizienteren Genese von Produktinnovationen, die der eigentliche Gegenstand dieser Abhandlung ist. Dienstleistungsinnovationen werden nur insoweit betrachtet, als sie mit Produktinnovationen interagieren.[91] So erfordern Produktinnovationen in der Automobilindustrie oftmals Schulungsmaßnahmen für das Servicepersonal in den Autohäusern.

Im weltweiten Innovationswettbewerb, der in vielen Branchen vorherrscht, sind Innovationen vonnöten, die einen dem Kunden direkt vermittelbaren Zusatznutzen induzieren. Dies ist vornehmlich bei Produktinnovationen der Fall.[92] Sie führen zu neuen Erzeugnissen oder neuen Merkmalen von Erzeugnissen, die die Leistungsfähigkeit, die Funktionalität oder das Image der Produkte aus Kundensicht steigern, und erhöhen damit die Effektivität. Prozessinnovationen, die sich sowohl auf materielle Produktionsprozesse als auch auf informationelle Prozesse beziehen können, tragen im Wege von Kostensenkungen,

---

[88] Vgl. **BULLINGER (Technologiemanagement, 1994)**, S. 35; **HAUSCHILDT (Innovationsmanagement, 1997, zuerst: 1993)**, S. 7; ebd., S. 13; **PLESCHAK U. SABISCH (Innovationsmanagement, 1996)**, S. 6; **VAHS U. BURMESTER (Innovationsmanagement, 1999)**, S. 42.
[89] Vgl. **HAUSCHILDT (Innovationsmanagement, 1997, zuerst: 1993)**, S. 3ff.
[90] Ebd., S. 11; **ZAHN (Strategische Innovationen, 2000)**, S. 166f; **ZAHN (Strategieinnovation, 2001)**, S. 414.
[91] Vgl. **HAUSCHILDT (Innovationsmanagement, 1997, zuerst: 1993)**, S. 11.
[92] Vgl. **ADAM (Produktionsmanagement, 1997, zuerst: 1976)**, S. 147.

Produktivitätserhöhungen und Qualitätsverbesserungen zu mehr Effizienz bei.[93] Produkt- und Prozessinnovationen sind oftmals eng verflochten, wie Utterback und Abernathy in einer grundlegenden Studie erstmals zeigten.[94] Danach schwächt sich nach Einführung einer neuen Produktgeneration im weiteren Zeitverlauf die Produktinnovationsrate ab und wird durch Prozessinnovationen überlagert, die Rationalisierungsmaßnahmen in der Produktion dienen. Spätestens sobald auch der Kostenreduktionseffekt der Prozessinnovationen nachlässt, ist eine neue Produktgeneration erforderlich. Dies lässt erkennen, dass Produktinnovationen den eigentlichen Innovationstreiber darstellen, weshalb auch Utterback und Abernathy vor einer Vernachlässigung von Produkt- gegenüber Prozessinnovationen warnen. Es ist jedoch auch der umgekehrte Fall denkbar, dass Prozessinnovationen erst Produktinnovationen ermöglichen.[95] Beispielsweise ist der wirtschaftliche Einsatz der Brennstoffzelle in Fahrzeugen als Produktinnovation nicht ohne weitere wesentliche Verbesserungen in den Produktionsprozessen zur Herstellung der Brennstoffzelle, insbesondere den Beschichtungsverfahren für die Oberflächen, an denen der chemische Austausch stattfindet, denkbar. Ebenso können Hochleistungs-Zündkerzen der Firma Bosch nicht ohne ausgereifte Präzisions-Produktionsprozesse wie Laserschweißen oder Kaltfließpressen hergestellt werden.[96] Heute hat sich die parallele statt sequenzielle Entwicklung von Produkt und dazugehörigem Produktionsprozess (Simultaneous Engineering) als Mittel zur Verkürzung des Produktentwicklungszeitraums bewährt.[97] Trotz der unbestrittenen Verflechtung von Produkt- und Prozessinnovationen ist der Kundennutzen von Produktinnovationen jedoch unmittelbarer und das Differenzierungspotenzial im Wettbewerb größer.[98] Diese Arbeit widmet sich daher der Schaffung von Produktinnovationen und berücksichtigt Prozessinnovationen nur insoweit sie diesem Ziel dienlich sind.

Es gilt jedoch auch, das Subjekt der Neuheit zu definieren, also die Frage zu beantworten, für wen die Innovation Neuheitscharakter hat. Hauschildt schlägt eine Klassifikation in fünf Stufen vor, nämlich erstens neu für ein Individuum (ggf. einen Experten), zweitens neu für eine Unternehmung, drittens neu innerhalb einer Branche, viertens neu innerhalb einer Nationalökonomie (diese Auffassung wird von den nationalen Patentämtern angewandt) oder

---

[93] Vgl. **ADAM (Produktionsmanagement, 1997, zuerst: 1976)**, S. 147f; **PLESCHAK U. SABISCH (Innovationsmanagement, 1996)**, S. 20ff; **VAHS U. BURMESTER (Innovationsmanagement, 1999)**, S. 5.

[94] Vgl. **ABERNATHY U. UTTERBACK (Process and Product Innovation, 1975)**, S. 645ff.

[95] Vgl. **PLESCHAK U. SABISCH (Innovationsmanagement, 1996)**, S. 22; vgl. ähnlich **BUNGARD U. HOFMANN (Innovationsmanagement, 1995)**, S. 18.

[96] Vgl. **MEYER (Zündkerze, 2001)**, S. III.

[97] Vgl. **GERPOTT U. WINZER (Simultaneous Engineering, 2000)**, S. 263; **MEINIG (Simultaneous Engineering, 1998)**, S. 60; **SEITZ (Produktzyklen, 1995)**, S. 109.

[98] Vgl. **ADAM (Produktionsmanagement, 1997, zuerst: 1976)**, S. 147; **PLESCHAK U. SABISCH (Innovationsmanagement, 1996)**, S. 15.

fünftens neu im Sinne einer Welt- und Menschheitsneuheit.[99] Für die vorliegende Arbeit erweist sich eindeutig die dritte, industrieökonomische Sichtweise als relevant, nach der die Neuheit in einer Branche im Vergleich zu Wettbewerbern oder Lieferanten zu beurteilen ist. Denn in der globalen Automobilindustrie als technologisch und absatzwirtschaftlich vergleichbarer Gruppe von Unternehmen werden Innovationen vom Kunden, d.h. vom Automobilhersteller als Abnehmer von Lieferanteninnovationen oder vom Endkunden, nur dann als solche erkannt, wenn sie weltweit bisher im Produkt keines anderen Automobilherstellers verwendet werden. Somit greift sowohl die zweite, unternehmensspezifische als auch die vierte, nationalökonomische Sichtweise zu kurz. Die fünfte Sichtweise einer Erstmaligkeit der Innovation in der Geschichte der Menschheit hingegen wäre ein zu strenger Maßstab, da, wie noch zu zeigen sein wird, z.B. Neuheiten aus branchenfremden Unternehmen sehr wohl als eine mögliche Innovationsquelle der Automobilindustrie anzusehen sind.

Insgesamt ist zu subsumieren, dass sich diese Arbeit mit Produktinnovationen als Innovationsobjekt befasst, wobei eine industrieökonomische Sicht des Innovationssubjekts angewandt wird, das technische und anwendungsbezogene Neuheitskriterium also auf die zugrunde gelegte Branche (Automobilindustrie) bezogen wird.

2.1.1.2 Begriff und Charakterisierung des Managements und des Innovationsmanagements

Der Managementbegriff, der weitgehend mit Unternehmensführung gleichgesetzt wird, ist ähnlich schillernd wie der Innovationsbegriff besetzt und wird ebenso vielfältig verwendet.[100] Übereinstimmung besteht jedoch darin, dass Institution und Funktion des Managements zu unterscheiden sind.[101] In der institutionellen Sichtweise bezeichnet Management formal die organisatorisch zuständigen, inhaltlich die faktischen Träger von Führungsaufgaben und Entscheidungsmacht. Je nach Breite der Definition umfassen diese lediglich die obersten Führungskräfte, also z.B. in Kapitalgesellschaften den Vorstand/die Geschäftsführung und den Aufsichtsrat,[102] oder aber alle Führungskräfte in der Unternehmenshierarchie.[103] Der

[99] Vgl. **HAUSCHILDT (Innovationsmanagement, 1997, zuerst: 1993)**, S. 16ff; vgl. auch **VAHS U. BURMESTER (Innovationsmanagement, 1999)**, S. 43.

[100] Vgl. **HAUSCHILDT (Innovationsmanagement, 1997, zuerst: 1993)**, S. 25; **MACHARZINA (Unternehmensführung, 1995, zuerst: 1993)**, S. 34f.

[101] Vgl. **HAUSCHILDT (Innovationsmanagement, 1997, zuerst: 1993)**, S. 25; **MACHARZINA (Unternehmensführung, 1995, zuerst: 1993)**, S. 35; **STEINMANN U. SCHREYÖGG (Management, 1991, zuerst: 1990)**, S. 5; **VAHS U. BURMESTER (Innovationsmanagement, 1999)**, S. 45; **WÖHE U. DÖRING (Betriebswirtschaftslehre, 1996, zuerst: 1960)**, S. 97.

[102] Vgl. **MACHARZINA (Unternehmensführung, 1995, zuerst: 1993)**, S. 35f; ebd., S. 42.

[103] Vgl. **STEINMANN U. SCHREYÖGG (Management, 1991, zuerst: 1990)**, S. 6; **VAHS U. BURMESTER (Innovationsmanagement, 1999)**, S. 45.

institutionelle Managementbegriff spiegelt sich damit in unternehmensstrukturellen Tatbeständen wider.[104] Diese sind jedoch, der – zwar umstrittenen – These Chandlers folgend, der Strategie nachgeordnet.[105] In einer weiter gefassten, der vorliegenden Arbeit zugrunde liegenden normativen Auffassung sind strukturelle Maßnahmen stets nur aus strategischen und prozessualen Vorgaben abzuleiten.

Eine prozessuale Sichtweise ist jedoch für das funktionale Managementverständnis kennzeichnend, welches hier verwendet wird.[106] Danach bezeichnet Management die Aufgaben- und Tätigkeitsinhalte der Aufgabenträger in der Unternehmensführung. Diese Aufgaben sind per definitionem dispositiver und nicht ausführender Natur.[107] Sie werden meist in einer logischen Abfolge, dem Management-Prozess, dargestellt, wobei die Teilaufgaben je nach Definition variieren. So finden sich z.B. die Einteilungen Planung, Organisation, Kontrolle;[108] Planung, Durchführung (i.S.v. Durchsetzung), Steuerung, Kontrolle;[109] Planung, Organisation, Personaleinsatz, Führung, Kontrolle;[110] Zielsetzung, Planung, Entscheidung, Realisierung, Kontrolle.[111] Für diese Arbeit bleibt festzuhalten, dass das funktionale Managementverständnis eine prozessuale Sichtweise impliziert und dispositive Elemente des Gestaltens und Steuerns beinhaltet.

Führt man die bisherigen Überlegungen zusammen, so lässt sich der für diese Arbeit relevante Begriff des Innovationsmanagements in Erweiterung einer Definition von Hauschildt wie folgt definitorisch abgrenzen:[112]

Innovationsmanagement bezeichnet die dispositive Gestaltung und Steuerung von Innovationsprozessen, die der Genese von Produktinnovationen dienen.

In den folgenden beiden Abschnitten werden zwei bedeutsame Aspekte des Innovationsmanagements, dessen interdisziplinärer und interorganisatorischer Charakter, diskutiert.

---

[104] Vgl. **MACHARZINA (Unternehmensführung, 1995, zuerst: 1993)**, S. 35.

[105] Vgl. **CHANDLER (Strategy and Structure, 1962)**, S. 14; **SCHEWE U. SACHSE (Organisatorische Umsetzung, 1999)**, S. 1138.

[106] Vgl. **HAUSCHILDT (Innovationsmanagement, 1997, zuerst: 1993)**, S. 25; abweichend hiervon definiert **MACHARZINA (Unternehmensführung, 1995, zuerst: 1993)**, S. 35f das prozessuale Managementverständnis als dritte, gesonderte Kategorie.

[107] Vgl. **HAUSCHILDT (Innovationsmanagement, 1997, zuerst: 1993)**, S. 25; **VAHS U. BURMESTER (Innovationsmanagement, 1999)**, S. 45.

[108] Vgl. **MACHARZINA (Unternehmensführung, 1995, zuerst: 1993)**, S. 35.

[109] Vgl. **VAHS U. BURMESTER (Innovationsmanagement, 1999)**, S. 45.

[110] Vgl. **STEINMANN U. SCHREYÖGG (Management, 1991, zuerst: 1990)**, S. 8ff.

[111] Vgl. **BULLINGER (Technologiemanagement, 1994)**, S. 38; **WÖHE U. DÖRING (Betriebswirtschaftslehre, 1996, zuerst: 1960)**, S. 99.

[112] Vgl. **HAUSCHILDT (Innovationsmanagement, 1997, zuerst: 1993)**, S. 25.

2.1.2 Innovationsmanagement als interdisziplinäre Aufgabe

Innovationsmanagement wird als betriebswirtschaftliche Querschnittsfunktion angesehen, d.h. es weist einen funktions- und bereichsübergreifenden, interdisziplinären Charakter auf.[113] Dieses allgemein akzeptierte, umfassende Verständnis kommt deutlich in Abgrenzung zum Technologiemanagement sowie zum Forschungs- und Entwicklungsmanagement zum Ausdruck. Technologiemanagement ist der am engsten gefasste Begriff, ein breiteres Verständnis liegt dem F&E-Management zugrunde. Beide stellen jedoch nur einen Teilbereich des Innovationsmanagements dar.

In funktionaler Sicht bezeichnet Forschung und Entwicklung die Kombination von Produktionsfaktoren, die auf die Gewinnung neuen Wissens abzielt.[114] F&E-Aktivitäten sind betrieblich meist in F&E-Bereichen und Forschungslaboratorien institutionalisiert.[115] Dies birgt die Gefahr einer überwiegenden Technikorientierung und einer Vernachlässigung von Markterfordernissen und Kundenbedürfnissen.[116] Der größte Handlungsbedarf für die organisierte F&E besteht nach einer Studie von Arthur D. Little folgerichtig auch in der Ankopplung der F&E-Prozesse an den weiteren Innovationsprozess, der insbesondere die betriebswirtschaftliche Sichtweise hinzufügt.[117] Einer allgemein akzeptierten Definition der OECD folgend, kann Forschung und Entwicklung in Grundlagenforschung, angewandte Forschung und Entwicklung unterteilt werden.[118] Grundlagenforschung dient der Gewinnung neuen Wissens über die Grundlagen beobachtbarer Phänomene ohne Anwendungsorientierung. Angewandte Forschung ist dagegen Wissensgenese mit praktischen Zielen. Entwicklung schließlich baut auf den beiden vorgenannten auf, um durch systematische, erfahrungsgeleitete Arbeit zu neuen oder wesentlich verbesserten Produkten oder Dienstleistungen zu gelangen, umfasst jedoch nicht deren Serienproduktion und Vermarktung.[119] Während Grundlagenforschung vornehmlich in öffentlichen Institutionen stattfindet, so z.B. in Deutschland in den Max-Planck-Instituten, wird angewandte Forschung im öffentlichen (z.B. Fraunhofer-Institute) und privatwirtschaftlichen Sektor betrieben, Entwicklung meist nur in Unternehmen.[120] Selbst global agierende Großunternehmen wie

[113] Vgl. **Heyde u.a. (Innovationen, 1991)**, S. 1; **Macharzina (Unternehmensführung, 1995, zuerst: 1993)**, S. 599f; **Pleschak u. Sabisch (Innovationsmanagement, 1996)**, S. 7; ebd., S. 126.

[114] Vgl. **Brockhoff (Forschung und Entwicklung, 1999, zuerst: o.J.)**, S. 48; ders. **(Research, 1999)**, S. 54.

[115] Vgl. **Allen (Flow of Technology, 1984, zuerst: 1977)**, S. 126.

[116] Vgl. **Brockhoff (Forschung und Entwicklung, 1999, zuerst: o.J.)**, S. 6ff.

[117] Vgl. **Boutellier u.a. (Managing Innovation, 1999)**, S. 4.

[118] Vgl. **Organisation for Economic Co-operation and Development (OECD) (Hrsg.) (Frascati Manual, 1993, zuerst: 1963)**, S. 29ff.

[119] Ebd., S. 68ff; **Brockhoff (Forschung und Entwicklung, 1999, zuerst: o.J.)**, S. 52; **Bürgel u.a. (F&E-Management, 1996)**, S. 9ff; **Roussel u.a., Arthur D. Little, Inc. (Hrsg.) (Third Generation R&D, 1991)**, S. 14.

[120] Vgl. **Neumann (Automobil, 1999)**, S. 10.

beispielsweise DaimlerChrysler, die über eigenständige Forschungs- respektive Entwicklungsbereiche verfügen, überlassen die Grundlagenforschung erklärtermaßen den Universitäten und Instituten und konzentrieren sich auf die angewandte Forschung und auf die Entwicklung.[121]

F&E-Management geht über reines Technologiemanagement, welches sich mit der Weiterführung bestehender oder der Generierung neuer Technologien im Rahmen der angewandten Forschung und der Vorentwicklung befasst, hinaus.[122] Noch mehr als dem F&E-Management fehlt dem Technologiemanagement im Vergleich zum Innovationsmanagement die Ausrichtung auf Innovationsprozesse.[123] Porters Begriff der Technologieentwicklung, die eine unterstützende Aktivität in der Wertschöpfungskette darstellt und F&E-, Fertigungs- sowie Marketingaufgaben wahrnimmt, kommt dagegen schon unserem Verständnis von Innovationsmanagement nahe.[124] Innovationsmanagement als interdisziplinäre Querschnittsfunktion umfasst neben den Aufgaben des Technologie- und F&E-Managements auch vor- und nachgelagerte Aktivitäten wie Strategische Planung, Produktionsanlauf und Produktion, Marketingaktivitäten sowie Erfolgskontrolle. Dies wird in Abbildung 4 anhand eines vereinfachten Produktentstehungsprozesses (PEP) verdeutlicht.

Abbildung 4: Reichweite des Innovationsmanagements.

Quelle: In Anlehnung an Macharzina (Unternehmensführung, 1995, zuerst: 1993), S. 600; Pleschak u. Sabisch (Innovationsmanagement, 1996), S. 7; eigene Erweiterung.

Somit wird klar, dass es ein Trugschluss wäre, Innovationsmanagement ausschließlich F&E-Managern zu überlassen; vielmehr sollten Manager aller Funktionsbereiche ein ausgeprägtes Verständnis von Innovationsprozessen haben.[125] Auch die lange diskutierte Frage, ob Innovationen eher technologiegetrieben von der Angebotsseite her initiiert werden sollten

[121] Vgl. **von Zedtwitz (Knowledge Sourcing, 1999)**, S. 455.
[122] Vgl. **Vahs u. Burmester (Innovationsmanagement, 1999)**, S. 47. Abweichende Auffassungen vertreten **Allen (Technology Management, 1998)**, S. 10f; **Brockhoff (Forschung und Entwicklung, 1999, zuerst: o.J.)**, S. 70f.
[123] Vgl. **Hauschildt (Innovationsmanagement, 1997, zuerst: 1993)**, S. 29.
[124] Vgl. **Porter (Wettbewerbsvorteile, 1986)**, S. 62; ebd., S. 90f.
[125] Vgl. **Twiss (Technological Innovation, 1992, zuerst: 1974)**, S. XIX.

(„Technology Push“) oder eine (u.U. latente) Kundenbedürfnisse erforschende, nachfrageinduzierte Vorgehensweise („Market Pull“, „Demand Pull“) erfolgversprechender sei, wurde im Sinne eines interdisziplinären Verständnisses gelöst: Heute wird davon ausgegangen, dass ein Zusammenspiel von Technology Push und Demand Pull zu erfolgreichen Innovationen führt, d.h. eine isolierte Zuordnung der Innovationsfunktion beispielsweise auf den F&E-Bereich oder den Marketingbereich nicht als zielführend anzusehen ist.[126]

2.1.3 Innovationsmanagement als interorganisatorische Aufgabe

Nach den in den 1980er Jahren dominanten Diversifikationsbemühungen und der resultierenden Konglomeratbildung konzentrieren sich heute Unternehmen in vielen Branchen auf ihre Kernkompetenzen.[127] Als Folge davon sinken Entwicklungstiefen und Fertigungstiefen. Dieser Trend ist bei den Automobilherstellern, die heute Entwicklungstiefen von 67% und Fertigungstiefen zwischen 30% und 40% bei weiter fallender Tendenz aufweisen, am ausgeprägtesten.[128] Die Konzentration auf Kernkompetenzen impliziert jedoch auch unmittelbar eine verstärkte interorganisatorische Arbeitsteilung und Abhängigkeit, die von der Transaktionskostentheorie analysiert werden. Maßgeblich geschaffen durch die Werke von Coase und Williamson, begründet die Transaktionskostentheorie als Teil der Neuen Institutionenökonomie Existenz und Größe von Unternehmen sowie Austauschbeziehungen zwischen Organisationen über Märkte.[129] Markt und Hierarchie (d.h. Unternehmen) werden als alternative Organisationsformen angesehen.[130] Beim Abschluss von Verträgen, die Transaktionen zugrunde liegen, wird das Menschenbild des Homo Oeconomicus, des rationalen Nutzenmaximierers, aufgegeben und durch die realistischeren Verhaltensannahmen der begrenzten Rationalität und des Opportunismus ersetzt.[131] Die Tatsache, dass der Preismechanismus, also die Allokation über den Markt, mit Kosten, insbesondere Kosten der Preisbestimmung, der Verhandlung und des Abschlusses von Verträgen verbunden ist, begründet die Existenz von Unternehmen: „The main reason why it is profitable to establish a firm would seem to be that there is a cost of using the price mechanism.“[132] Steigende

[126] Vgl. **Boutellier u.a. (Managing Innovation, 1999)**, S. 117ff; **Hauschildt (Innovationsmanagement, 1997, zuerst: 1993)**, S. 8; **Macharzina (Unternehmensführung, 1995, zuerst: 1993)**, S. 599.

[127] Vgl. **Prahalad u. Hamel (Core Competence, 1990)**, S. 79; ebd., S. 81.

[128] Vgl. **Scholz (Zulieferkooperationen, 2000)**, S. 13; **VDA (Hrsg.) (Auto 2000, 2000)**, S. 52.

[129] Vgl. die Hauptwerke **Coase (Firm, 1937)**; **Williamson (Markets and Hierarchies, 1975)**; ders. **(Economic Institutions, 1987, zuerst: 1985)**.

[130] Vgl. **Coase (Firm, 1937)**, S. 388.

[131] Vgl. **Williamson (Transaktionskostenökonomik, 1996, zuerst: 1989)**, S. 5ff.

[132] **Coase (Firm, 1937)**, S. 390.

intraorganisatorische Komplexitäts- und Koordinationskosten setzen der Integration von Austauschbeziehungen in Unternehmen und damit der Unternehmensgröße eine Grenze.[133]

Markt und Hierarchie stellen jedoch nur die Antipoden eines Kontinuums an möglichen Organisationsformen dar, die eine Vielzahl an Ausgestaltungsvarianten annehmen können.[134] So werden von Williamson interorganisatorische Austauschbeziehungen beschrieben, die auf einer Mischung aus Vertrauen einerseits und Kontrolle durch Verträge andererseits basieren.[135] Im Falle so genannter relationaler Verträge ergänzen implizite, auf Vertrauen und gemeinsamen Werten beruhende Vereinbarungen explizite Verträge.[136] Eine solche partnerschaftliche und doch vertraglich abgesicherte Geschäftsbeziehung ist gerade für die Zulieferer-Abnehmer-Beziehung in der Automobilindustrie symptomatisch.[137] Der interorganisatorische Austausch stellt dabei einen wichtigen Weg der Genese von Produktinnovationen dar. Im Sinne eines von Hinterhuber und Stuhec vorgeschlagenen strategischen In-/Outsourcing-Begriffs handelt es sich hierbei nicht nur um eine Abfolge einzelner Transaktionen, wie beispielsweise einmaliger Entwicklungsaufträge, sondern idealerweise um die netzwerkartige, fortwährende Verbindung von (Innovations-) Kompetenzen.[138]

Wie Picot u.a. feststellen, reduzieren neue IuK-Technologien wie das Internet die Transaktionskosten und verschieben damit die theoretisch optimale Koordinationsform weiter in Richtung Markt („Move-to-the-Market-Hypothese").[139] Diese Tendenz wirkt auch verstärkend auf den interorganisatorischen Charakter des Innovationsmanagements in der Automobilindustrie.[140] So haben Automobilproduzenten beispielsweise aufgrund der größeren Transparenz des Beschaffungsmarkts die Möglichkeit, neue, innovative Lieferanten zu finden. Allgemein verbessern IuK-Technologien die Möglichkeiten, neue Quellen der Innovation im Beschaffungsmarkt zu entdecken bzw. den Beschaffungsmarkt, etwa in seiner räumlichen Dimension, zu erweitern. Ferner erleichtern sinkende Marktzutrittsbarrieren die Vermarktung neuer Produkte und Produktmerkmale.

---

[133] Vgl. **BAUR (Make-or-Buy, 1990)**, S. 42; **COASE (Firm, 1937)**, S. 393ff.
[134] Vgl. **WILLIAMSON (Economic Institutions, 1987, zuerst: 1985)**, S. 16.
[135] Ders. **(Markets and Hierarchies, 1975)**, S. 106ff.
[136] Vgl. **PICOT U.A. (Grenzenlose Unternehmung, 2001, zuerst: 1996)**, S. 44.
[137] Vgl. **VDA (HRSG.) (Partnerschaft, 2001)**, S. 9.
[138] Vgl. **HINTERHUBER U. STUHEC (Kernkompetenzen, 1997)**, S. 17; vgl. auch **OSSADNIK U.A. (Zulieferbeziehungen, 2001)**, S. 884.
[139] Vgl. **PICOT U.A. (Grenzenlose Unternehmung, 2001, zuerst: 1996)**, S. 71f.
[140] Vgl. auch **THEUVSEN (Transaktionskostenansatz, 1997)**, S. 990, der auf die Tendenz zur marktorientierten Dezentralisation in der Automobilindustrie verweist.

Es bleibt also festzuhalten, dass das Innovationsmanagement einen stark interdisziplinären und interorganisatorischen Charakter aufweist. Diesem tragen einige der nun vorgestellten Phasenmodelle in verschiedenem Ausmaß Rechnung.

2.1.4 Phasenmodelle zur Beschreibung des Innovationsprozesses

Es herrscht weitgehende Einigkeit darüber, dass die Genese von Produktinnovationen in einem Prozess abläuft. Dies gilt für evolutionäre, etwa im Wege eines Kontinuierlichen Verbesserungsprozesses (KVP) entstandene, aber auch für revolutionär-radikale Innovationen.[141] Um bewusste und zielgerichtete Eingriffe vornehmen, also Innovationsmanagement betreiben zu können, ist eine Analyse des Prozesses vonnöten.[142] Die Mehrzahl der Innovationsforscher beschreiben den Innovationsprozess mit Hilfe von Phasenmodellen, die jedoch bezüglich ihres Umfangs (Frage nach Beginn und Ende des Innovationsprozesses) sowie bezüglich der Phaseneinteilung (Anzahl, Abgrenzung und Bezeichnung der Phasen) deutlich differieren.[143] Oftmals wird eine Einteilung in die Grundphasen Ideengenerierung (kreative Phase), Ideenauswahl (Entscheidungsphase) und Ideenverwirklichung (Realisierungsphase) vorgenommen.[144] Obgleich diese Phasen unstrittig Teil jedes Innovationsprozesses sind, sind sie unter dem Begriff Ideenmanagement subsumierbar und vernachlässigen weitere vorgelagerte Aspekte wie Strategiebildung sowie nachgelagerte Marktprozesse. Ferner nehmen diese Ansätze mitunter eine rein intraorganisatorische Sichtweise ein, die, wie oben gezeigt, eindeutig zu kurz greift.[145] Von Hippel nimmt eine auf Innovationsquellen basierende Einteilung in hersteller- vs. nutzerdominierte Phasen vor und vernachlässigt dabei doch weitere mögliche Ideengeber.[146] Andere Ansätze greifen einzelne Phasen des Innovationsprozesses, wie z.B. F&E, heraus und entwickeln in einem zweiten Analyseschritt für diese Einzelphasen weiter differenzierte Ablaufmodelle.[147] Eine solch tiefgreifende Analyse trägt zur Lösung von Einzelfragen bei, läuft jedoch Gefahr, den Bezug zu anderen Phasen des Gesamtprozesses, wie etwa der Marktphase, einzubüßen und sich in einer Vielfalt von mehreren Dutzend Subphasen zu verlieren.[148]

---

[141] Vgl. **LYNN U.A. (Produktinnovationen, 1997)**, S. 9f.
[142] Vgl. **THOM (Innovationsprozesse, 1976)**, S. 55.
[143] Ebd., S. 55f; **BROCKHOFF (Forschung und Entwicklung, 1999, zuerst: o.J.)**, S. 38.
[144] Vgl. **HUXOLD (Produktinnovationen, 1990)**, S. 11f; **TEBBE (Produktinnovationsprozesse, 1990)**, S. 18; **SCHMID (Innovationsprozeß, 1999)**, S. 105; ähnlich **GIERSCHNER (Innovationsprozesse, 1991)**, S. 32f.
[145] Vgl. **TEBBE (Produktinnovationsprozesse, 1990)**, S. 18.
[146] Vgl. **VON HIPPEL (Sources of Innovation, 1988)**, S. 19; **BROCKHOFF (Forschung und Entwicklung, 1999, zuerst: o.J.)**, S. 39.
[147] Vgl. **BÜRGEL U.A. (F&E-Prozess, 1995)**, S. 13f; **STAUCH (Phasen, 1991)**, S. 138ff.
[148] Vgl. **TEBBE (Produktinnovationsprozesse, 1990)**, S. 18.

Allen Phasenmodellen ist ein gewisser idealtypischer Charakter gemein. Die Grenzen zwischen den Phasen können daher fließend sein, Überlappungen und Rückkopplungsbeziehungen sind möglich.[149] Auch wird der Innovationsprozess aufgrund von unternehmensinternen Abbruchentscheidungen oder mangelnder Marktakzeptanz nicht immer ganz durchlaufen. Dies liegt in der inhärenten Unsicherheit, Dynamik und Kompliziertheit aller Innovationsprozesse begründet, die schon per definitionem dem Neuheitscharakter der Innovation geschuldet sind.[150] In der Literatur findet sich eine Vielzahl von Studien, die Misserfolgsraten im Innovationsprozess zwischen 20% und 85% ausweisen.[151]

Trotz der Vielfalt der Modellansätze ist der Innovationsprozess weiterhin von Komplexität gekennzeichnet und noch immer nicht vollständig erklärt.[152] Den meisten Ansätzen zur Planung des Innovationsprozesses fehlt es an einer systematischen und übergreifenden Sichtweise.[153] Ferner sind sie zumeist kaum für eine praktische Anwendung geeignet.[154] Diese Aussagen gelten in verschärfter Form in der Automobilindustrie, für die keine geschlossenen Ansätze zur Schaffung von Produktinnovationen durch einen systematischen Innovationsprozess bestehen. Die vorliegende Arbeit schließt diese Lücke in Kapitel drei.

Nachdem die grundlegenden Eigenschaften der in der Literatur vorgeschlagenen Phasenmodelle kritisch diskutiert wurden, werden in den folgenden Abschnitten grundsätzliche Überlegungen zu den zumeist vernachlässigten Phasen der Strategiebildung sowie der Marktakzeptanz und -ausbreitung angestellt.

2.1.5 Innovationsbezogene Ziel- und Strategieoptionen

Wie jedes Managementhandeln muss sich auch die Gestaltung und Steuerung des Innovationsprozesses an geeigneten Zielen ausrichten. Auch unter Berücksichtigung des Interessen- und Zielpluralismus, der aus dem Einwirken verschiedener interner und externer Einfluss- und Interessensgruppen („Stakeholder“) auf das Unternehmen resultiert, ist in den hier betrachteten erwerbswirtschaftlichen Unternehmen die Steigerung von absolutem Gewinn bzw. relativem Gewinn (Rentabilität) als vorherrschendes Ziel in der Zielhierarchie zu betrachten.[155] Versteht man Strategie als „globalen Weg zur Erreichung vorgelagerter Ziele“,[156] so müssen Strategien über die Erreichung von Zwischenzielen letztlich dem

[149] Vgl. **Gentsch (Innovationsprozesse, 2001)**, S. 23; **Milling u. Maier (Diffusion, 1996)**, S. 19; **Sabisch (Produktinnovationen, 1991)**, S. 17.

[150] Vgl. **Vahs u. Burmester (Innovationsmanagement, 1999)**, S. 50f.

[151] Für eine Zusammenstellung von diesbezüglicher Literatur und Empirie vgl. **Eichhorn (Innovationsprozeß, 1996)**, S. 7; ebd., S. 16ff.

[152] Vgl. **Wilhelm (Innovationsprozess, 2000)**, S. 15.

[153] Vgl. **Huxold (Produktinnovationen, 1990)**, S. 12.

[154] Vgl. **Sabisch (Produktinnovationen, 1991)**, S. 17.

[155] Vgl. **Heinen (Industriebetriebslehre, 1991, zuerst: 1972)**, S. 16f.

[156] Ebd., S. 64.

Oberziel des Gewinnstrebens dienen. Bezogen auf den Innovationsprozess wird in Übereinstimmung mit dessen interdisziplinären und interorganisatorischen Charakter gefordert, eine unternehmensweite Innovationsstrategie als Metastrategie zu etablieren, statt die Innovationsstrategie als reine Funktionalstrategie, die dann z.B. nur auf F&E beschränkt wäre, zu definieren.[157] Als Optionen der übergreifenden, innovationsbezogenen Strategieformulierung und -implementierung kommen insbesondere generische Strategien nach Porter sowie Timing-Strategien in Betracht.

2.1.5.1 Generische Strategien nach Porter

Nach der industrieökonomischen Sicht Porters beruht die Erzielung überdurchschnittlicher Erträge auf Wettbewerbsvorteilen, die sich nachhaltig verteidigen lassen.[158] Unternehmen können über zwei Grundtypen von Wettbewerbsvorteilen, nämlich niedrige Kosten oder Differenzierung, verfügen. Wettbewerbsvorteile wiederum ergeben sich aus der Branchenstruktur. Aus diesem Grunde erfolgt in Abschnitt 2.3.3.2 eine Branchenstrukturanalyse der Automobilindustrie. Nach Porter führen drei Strategietypen zu Wettbewerbsvorteilen: Kostenführerschaft, Differenzierung sowie Konzentration auf Kosten- bzw. Differenzierungsschwerpunkte in einzelnen Segmenten einer Branche. Die letztere, segmentspezifische Sicht wird hier nicht weiter betrachtet, da sie einen zu engen Blickwinkel einnimmt und auch in der ansonsten breiten Rezeption von Porter in der Literatur am wenigsten Anklang findet.

Der Strategietyp der Differenzierung fußt auf der Einmaligkeit eines Unternehmens aus Kundensicht, die aus verschiedenen Quellen resultieren kann. Auch wenn Porter statt von Innovationen meist von Produkten als Differenzierungsauslösern spricht, sind Produktinnovationen eindeutig als Quellen der Einmaligkeit zu betrachten, da sie die genannten Kriterien erfüllen: Sie sprechen idealerweise unbefriedigte Kundenbedürfnisse an und offerieren gleichzeitig exklusiv die Möglichkeit, diese Bedürfnisse zu befriedigen. Da kein anderes Unternehmen über die vorliegende Produktinnovation verfügt, sind die Abnehmer bereit, höhere Preise zu bezahlen. Jedoch darf auch bei der Differenzierung über Produktinnovationen die Kostenposition des Unternehmens nicht außer Acht geraten.[159] Schließlich dürfen die Zusatzkosten der Einmaligkeit, die im Falle der Produktinnovation beispielsweise in höheren Kosten im Bereich der Ideensuche, der Produktentwicklung, der Kompensation von Entwicklungspartnern und der Abschreibung von Misserfolgen zu sehen

[157] Vgl. **Vahs u. Burmester (Innovationsmanagement, 1999)**, S. 107f.
[158] Vgl. zu diesem Absatz **Porter (Wettbewerbsvorteile, 1986)**, S. 31ff.
[159] Vgl. **Porter (Wettbewerbsvorteile, 1986)**, S. 35; **Rosenkranz (Innovation und Kooperation, 1993)**, S. 4f.

sind, die Zusatzrenten aus der Monopolstellung nicht übersteigen. Daher wird die Situation in der Automobilindustrie auch durch eine Notwendigkeit zur Differenzierung durch Innovation bei gleichzeitigem Kostenfokus charakterisiert.[160] Ferner beschränkt sich Differenzierung durch Innovation nicht auf reine Produkteigenschaften, sondern schließt im Sinne einer „strategischen Differenzierung“ auch Merkmale wie Markenwahrnehmung und Kommunikation der Innovation ein.[161]

Auch wenn Differenzierung durch Innovation als ein wirkungsvoller Mechanismus zur Erlangung von Wettbewerbsvorteilen anzusehen ist, sind auf Kostenführerschaft basierende Innovationsstrategien ebenfalls denkbar. Beispielsweise können innovative Produktmerkmale, die zunächst in hochpreisigen Marktsegmenten angeboten werden, schnell auf die gesamte Produktpalette ausgedehnt und in mehreren Segmenten angeboten werden. Durch die damit einhergehenden hohen Ausbringungsmengen sinken aufgrund von Erfahrungskurven- und Lerneffekten die Stückkosten. Ebenso ist es möglich, Produktinnovationen von Wettbewerbern, die einem im Innovationsprozess zuvorgekommen sind, schnell und kostengünstig zu imitieren, beispielsweise durch das oft von japanischen Unternehmen angewandte Reverse Engineering.[162]

Insgesamt ist jedoch vor allem in Hochlohnländern der Differenzierungsstrategie im Bereich der Innovationen eine höhere Erfolgswahrscheinlichkeit beizumessen als der Strategie der Kostenführerschaft. So entwickelt sich beispielsweise in der Automobilzulieferindustrie nach der Kostensenkungswelle der frühen 1990er Jahre nunmehr Innovationskraft und Entwicklungs-Know-how zum differenzierenden Wettbewerbsfaktor.[163] Nach einer anderen empirischen Studie des Fraunhofer-Instituts für Systemtechnik und Innovationsforschung benennt nur eine Minderheit von 8% der deutschen Investitionsgüterhersteller Kostenführerschaft als strategische Ausrichtung, 52% setzen dagegen auf Innovation und Qualität. Die entsprechenden Zahlen im Teilsegment der Automobilzulieferer belaufen sich auf 11% bzw. 63%.[164] Damit wird auch bereits klar, dass die Automobilzulieferer die Automobilhersteller in ihren Innovationsbestrebungen in starkem Maße unterstützen.

2.1.5.2 Timing-Strategien

Ein wesentlicher Meilenstein im Innovationsprozess ist die Markteinführung des innovativen Produkts. Gemäß dem hier zugrunde gelegten Innovationsbegriff, der Neuheit industrieökonomisch als Branchenneuheit versteht, wird der Zeitpunkt des Markteintritts zum

[160] Vgl. **Atzler (Automobilhersteller und Zulieferer, 1997)**, S. 2.
[161] Vgl. **Nattermann (Strategy, 2000)**, S. 26; **Porter (Wettbewerbsvorteile, 1986)**, S. 164.
[162] Vgl. **Johansson u. Nonaka (Japanese Way, 1996)**, S. 94.
[163] Vgl. **Dudenhöffer (Wertstrategien, 2000)**, S. 12.
[164] Vgl. **Lay u. Wallmeier (Automobilzulieferindustrie, 2000)**, S. 8.

dispositiven Faktor. Markteintritts- oder Timing-Strategien haben das Erreichen eines gesetzten Markteintrittszeitpunkts zum Ziel, der weniger absolut als vielmehr in Relation zur Einführung des Wettbewerbsprodukts auf dem Markt definiert wird.[165] In der Regel werden drei strategische Alternativen genannt: die Innovationsführerstrategie, die Strategie der frühen Nachfolge und die Nachzüglerstrategie.[166] Dabei sei erwähnt, dass eine Führerstrategie in der Produktentwicklung nicht zwangsläufig mit einer Führerstrategie bei der Markteinführung korrespondiert – Überholphänomene an der Schnittstelle von Produktentwicklung und Markteinführung sind also möglich.[167]

2.1.5.2.1 Strategie der Innovationsführerschaft

Die Strategie der Innovationsführerschaft (auch Pionierstrategie, Leaderstrategie, First-to-market-Strategie) beinhaltet die Einführung eines innovativen Produkts vor den Wettbewerbern der jeweiligen Branche (vgl. Abbildung 5).

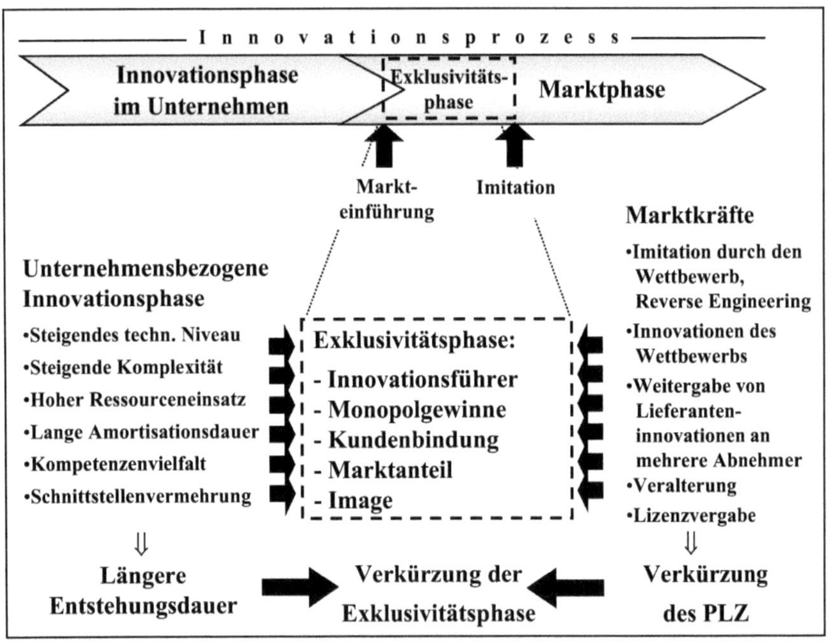

Abbildung 5: „Zeitfalle“ aufgrund der Expansion von Produktentstehungszyklen und Kontraktion von Marktzyklen.

165 Vgl. VOIGT **(Zeitwettbewerb, 1998)**, S. 347; ebd., S. 393.

166 Vgl. VAHS U. BURMESTER **(Innovationsmanagement, 1999)**, S. 109; VOIGT **(Zeitwettbewerb, 1998)**, S. 92f.

167 Ders. **(Zeitwettbewerb, 2000)**, S. 204f.

Eine solche Strategie wird vor dem Hintergrund der Expansion von Produktentstehungszyklen und der Kontraktion von Marktzyklen zunehmend als erfolgversprechend, teilweise sogar als notwendig beschrieben.[168] Denn erhöhte Produktentstehungskosten müssen in einem verkürzten marktseitigen Produktlebenszyklus (PLZ) mit immer schneller aufeinander folgenden Phasen von Einführung, Wachstum, Reife und Degeneration amortisiert werden.[169] Abbildung 5 verdeutlicht die Gründe für diese „Zeitfalle", welcher der Innovationsführer durch eine vergleichsweise lange Marktphase und durch Monopolgewinne, die auf Exklusivität basieren, noch am ehesten entrinnen kann.

Allgemein lassen sich angebotsseitige und nachfrageseitige Pioniervorteile unterscheiden.[170] Angebotsseitig ist zunächst der Schumpetersche Anreiz zu Monopolgewinnen zu nennen, die sich aus patentgeschützten Innovationen ableiten lassen. Durch präventive Patente können ferner potenzielle Nachahmer von der Imitation abgehalten werden. Zum zweiten kann der Innovationsführer nach Bains Limit-Preis-Modell aus Betriebsgrößenersparnissen resultierende, zunehmende Skalenerträge als Markteintrittsbarriere nutzen sowie drittens technische de facto-Standards setzen. Schließlich ergeben sich auch aus dem Erfahrungskurvenkonzept, das vom Gründer der Boston Consulting Group, Henderson, formuliert wurde, angebotsseitige Pioniervorteile. Nach diesem Konzept gehen die inflationsbereinigten Wertschöpfungskosten pro Stück mit jeder Verdopplung der kumulierten Produktionsmenge potenziell um 20% bis 30% zurück.[171] Für Pfeiffer u.a. stellt die Möglichkeit der strategischen Preisgestaltung zur Abschreckung von Konkurrenten, basierend auf der Nutzung von Erfahrungskurveneffekten, den Vorteil des Innovationsführers gegenüber Nachfolgern schlechthin dar.[172]

Nachfrageseitige Pioniervorteile bestehen z.B. in Käuferpräferenzen für einen etablierten Anbieter mit hoher Reputation bei ex ante bestehender Qualitätsunsicherheit. Auch können durch Produktdifferenzierung schnell verschiedene Marktsegmente abgedeckt und ein hoher Marktanteil geschaffen werden. Ferner prägt der Innovationsführer idealerweise die Erwartungen an eine Produktkategorie und formt dabei Konsumentenwahrnehmungen, was im besten Falle bis zu einer Gleichsetzung der Kategorie mit dem Pionierprodukt bzw. der Pioniermarke führen kann.

---

[168] Vgl. **Buscher (Time to Market, 2000)**, S. 224; **Pfeiffer u.a. (Technologie-Portfolio, 1991, zuerst: 1982)**, S. 44f.

[169] Vgl. **Backhaus u. Gruner (Produktlebenszyklen, 1997)**, S. 158.

[170] Vgl. hierzu und zum Folgenden **Vidal (Pioniervorteile, 1995)**, S. 45ff; **Voigt (Zeitwettbewerb, 1998)**, S. 104ff.

[171] Vgl. **Pfeiffer u.a. (Technologie-Portfolio, 1991, zuerst: 1982)**, S. 36.

[172] Ebd., S. 48f.

Nachteile der Strategie der Innovationsführerschaft sind zunächst in der ex ante bestehenden Ungewissheit bezüglich der F&E- und Markterschließungskosten sowie dem unsicheren Nachfragepotenzial zu sehen.[173] Die im Innovationsprozess getätigten spezifischen Investitionen sind oft nicht anderweitig verwendbar und haben damit den Charakter von Sunk Costs. Eine solche Bindung von Ressourcen verleitet nun dazu, auch erfolglose Innovationsvorhaben durch weiteren Mitteleinsatz weiterzutreiben, ungeachtet der Möglichkeit des endgültigen Scheiterns und der damit einhergehenden Fehlallokation von Ressourcen. Die Erhöhung des Engagements für ein fehlgeleitetes Innovationsprojekt wird in der angelsächsischen Literatur als „Escalating Commitment" bezeichnet und stellt eine weitere Gefahr dar, der sich insbesondere der Innovationsführer ausgesetzt sieht.[174] Schließlich besteht das Risiko, dass exogene Einflüsse, wie etwa regulatorische Eingriffe, den Innovationserfolg nachträglich schmälern. So bevorzugen manche Wettbewerbspolitiker den Nachahmungs- gegenüber dem Innovationswettbewerb, um die Diffusion des öffentlichen Wissens zu verbessern. Beispielsweise können Systemimitatoren die Lieferung von Originalkomponenten einklagen und Zweitanmelder auf die Testergebnisse von Erstanmeldern Bezug nehmen.[175]

Insgesamt ist nach herrschender Literaturmeinung und nach der Mehrzahl der empirischen Studien, so auch der „Profit Impact of Market Strategies"-Studie (PIMS), die Innovationsführerstrategie den Folgerstrategien in Bezug auf das Renditeziel meist überlegen.[176] Damit ist sie als Timing-Strategie ähnlich erfolgversprechend wie die Strategie der Differenzierung durch Innovation als generische Strategie. Insofern erscheint eine komplementäre Anwendung der Strategie der Innovationsführerschaft und der Strategie der Differenzierung durch Innovation als sinnvoll.

2.1.5.2.2 Strategie der frühen Nachfolge

Die Strategie der frühen Nachfolge (Second-to-market-Strategie, Early-follower-Strategie) versucht, durch einen Markteintritt kurz nach dem Pionier mit vergleichbaren Produkten die Vorteile der Pionierstrategie weitgehend zu erhalten und ihre Risiken zu reduzieren.[177] Der frühe Folger hat die Möglichkeit, das Produkt des Pioniers eingehend auf Produktmerkmale, aber auch auf Schwachstellen hin zu untersuchen und reduziert damit seinen eigenen Entwicklungsaufwand. So meint beispielsweise Siemens, durch eine „gewisse Bedächtigkeit"

[173] Vgl. BATES U.A. **(Fast, 2001)**, S. 54; DÖRR U. TEBARTZ **(Neuproduktanlauf, 1999)**, S. 24; VAHS U. BURMESTER **(Innovationsmanagement, 1999)**, S. 109.

[174] Vgl. JENNER **(Markteinführung von Innovationen, 2001)**, S. 146f.

[175] Vgl. ALBACH **(Zeit und Wettbewerb, 1993)**, S. 42.

[176] Vgl. den Literaturüberblick bei VOIGT **(Zeitwettbewerb, 1998)**, S. 93ff; ebd., S. 133f.

[177] Vgl. hierzu und zum Folgenden VAHS U. BURMESTER **(Innovationsmanagement, 1999)**, S. 109; VOIGT **(Zeitwettbewerb, 1998)**, S. 179ff.

bei der Einführung von neuen e-Business-Projekten größere Fehlinvestitionen vermieden zu haben.[178] Auch profitiert der frühe Folger von den Erfahrungen des Pioniers im Markt, kann das Käuferverhalten realiter anhand der Pionierprodukte beobachten und ist nicht auf künstliche Testumgebungen wie beispielsweise Produktkliniken angewiesen, d.h. er sieht sich in der Lage, seine Markterschließungskosten zu senken.

Dem steht eine im Vergleich zum Pionier kürzere Marktphase gegenüber. Ferner ist mit Verteidigungsmaßnahmen des Innovationsführers, wie etwa präventiver Patentierung, prohibitiv niedrigen Preisen, dem Aufbau eines das Konsumentenverhalten prägenden Images und anderen Markteintrittsbarrieren zu rechnen. Diese Risiken können dazu führen, dass der frühe Folger seine (obschon geringeren) F&E- sowie Markterschließungsaufwendungen nicht amortisieren kann, also den Break-even-Punkt während des PLZ nicht erreicht und damit auch keine finanziellen Ressourcen für nachfolgende Produktgenerationen erwirtschaftet. Auf der anderen Seite ist der frühe Folger relativ zu den weiteren Imitatoren als quasi-Innovator positioniert und kann auf bestimmten Produktmärkten zusammen mit dem originären Innovator u.U. ein wettbewerbsverhinderndes Duopol bilden.

2.1.5.2.3 Nachzüglerstrategie

Die dritte Timing-Strategie, die Nachzüglerstrategie, die auch als Late-follower-Strategie, Late-mover-Strategie oder Strategie des späten Folgers bezeichnet wird, weist im Vergleich zur Innovationsführerstrategie weitgehend reziproke Vor- und Nachteilseigenschaften auf.[179] Nachzügler treten mitunter erst Jahre nach dem Pionier in den Markt ein, sobald die Marktrisiken weitgehend eliminiert sind. Zu diesem Zeitpunkt besteht jedoch auch keine Aussicht mehr auf Imagegewinn oder auf die Beeinflussung der materiellen Kundenpräferenzen. Zumeist verfolgen Nachzügler eine Imitationsstrategie (auch Me-too-Strategie), d.h. die Spezifikationen und Eigenschaften von Pionier- und frühen Folgeprodukten werden ohne großen eigenen F&E-Aufwand nachgeahmt und im Wege einer Penetrationspreispolitik deutlich günstiger angeboten.[180] Auch in diesem Falle werden Innovationsführer den Markteintritt durch die Errichtung geeigneter Barrieren zu verhindern suchen.

Es ist evident, dass eine Nachzüglerstrategie mangels differenzierender Produktmerkmale stets mit einer generischen Strategie der Kostenführerschaft einhergehen muss, um überhaupt Aussicht auf Erfolg zu haben. Potenzielle negative Auswirkungen einer Wettbewerbs-

[178] Vgl. **KROKER U. SCHAUDWET (e-Business, 2001)**, S. 52.

[179] Vgl. hierzu und zum Folgenden **VAHS U. BURMESTER (Innovationsmanagement, 1999)**, S. 109f; **VOIGT (Zeitwettbewerb, 1998)**, S. 181ff.

[180] Der anders gelagerte Fall einer Nachzüglerstrategie mit dem Ziel der Besetzung von Nischen, die für Pionier und frühen Folger nicht lohnend sind, soll hier nicht näher betrachtet werden. Vgl. hierzu **VOIGT (Zeitwettbewerb, 1998)**, S. 181.

positionierung über den Preis sind in Preiskämpfen bei erodierenden Gewinnmargen und in der Substituierbarkeit des Leistungsangebots zu sehen. Ferner wurde empirisch bestätigt, dass Late-follower-Produkte zwar eine nur kurze Wachstumsphase im PLZ-Konzept benötigen, jedoch auch schneller in die Reife- und Degenerationsphase gelangen. So erreichen Pionierprodukte im Pharmabereich aufgrund des wahrgenommenen erhöhten Erstanwendungsrisikos erst nach acht Jahren ihr Maximum im PLZ, während Imitationsprodukte (Generika) typischerweise bereits nach zwei bis drei Jahren, also wesentlich schneller, das Reifestadium erreichen.[181]

Nach einer empirischen Studie von Schewe ist eine Nachzügler-/Imitationsstrategie insgesamt um so erfolgversprechender, je

- ähnlicher die Imitation der Innovation hinsichtlich der verwendeten Technologie und der Anwendungsmöglichkeiten ist,
- besser es dem Imitator durch Wahrnehmung von Markteintrittssignalen gelingt, den richtigen Zeitpunkt der Imitation zu bestimmen,
- stärker er die innovationsbedingte technische Komplexität des Pionierprodukts reduzieren kann,
- besser er das absatzpolitische Instrumentarium, insbesondere die Preispolitik und das Vertriebssystem, auf breite Nachfrageströme ausrichten und die stimulierte Nachfrage produktionstechnisch auch zu niedrigen Kosten bewältigen kann.[182]

Zusammenfassend lässt sich festhalten, dass insbesondere die Innovationsführerstrategie, kombiniert mit der generischen Differenzierungsstrategie, der Schaffung von Innovationserfolgen und damit der Abhebung vom Wettbewerb sowie der Erreichung des Gewinnziels dienlich ist. Eine Nachzüglerstrategie ist dann erfolgversprechend, wenn sie auf einer verteidigungsfähigen Strategie der Kostenführerschaft beruht. Die Strategie der frühen Nachfolge stellt den Versuch dar, die Vorteile der beiden anderen Konzepte zu vereinigen.

2.1.6 Diffusionstheorie zur Erklärung der Marktphase von Innovationen

Abgesehen von der Formulierung von innovationsbezogenen Strategieoptionen, die am Anfang des Innovationsprozesses steht, wird auch seiner letzten Phase, der Marktakzeptanz und -ausbreitung der Innovationen, oft zu wenig Beachtung geschenkt. Hiermit befasst sich die maßgeblich von Rogers geprägte Diffusionstheorie.[183] Bevor näher auf die marktseitige

[181] Vgl. BAUER U. FISCHER **(Markteintrittsreihenfolge, 2000)**, S. 949ff.
[182] Vgl. SCHEWE **(Imitationsmanagement, 1992)**, S. 334ff; VOIGT **(Zeitwettbewerb, 1998)**, S. 181f.
[183] Vgl. das Hauptwerk ROGERS **(Diffusion of Innovations, 1962)**.

Diffusion von Innovationen eingegangen wird, ist diese grundsätzlich von einer anderen, anbieterseitigen Deutung des Diffusionsbegriffs abzugrenzen.

Die anbieterseitige Interpretation des Diffusionsbegriffs bezeichnet die Verbreitung von Innovationen oder, allgemeiner formuliert, technologischem Wissen unter leistungserstellenden Wirtschaftssubjekten. Letztere können in einem weiteren Sinne ganze Nationalökonomien umfassen, so z.B. im Falle von China, das die Übertragung technologischen Wissens zur expliziten oder impliziten Bedingung bei der Beteiligung ausländischer Unternehmen an Joint Ventures macht. In der Regel vollzieht sich der Technologietransfer jedoch zwischen öffentlichen Forschungseinrichtungen und Unternehmen[184] sowie zwischen Unternehmen untereinander.[185] Dabei steht die Wettbewerbspolitik im Spannungsfeld zwischen der Schaffung von Innovationsanreizen und der Respektierung der berechtigten Gewinninteressen innovierender Unternehmen auf der einen Seite sowie dem öffentlichen Interesse, neue Produkte durch Weiterverbreitung der technologischen Grundlagen unter allen Unternehmen zu wettbewerbsbasierten, niedrigen Preisen breit verfügbar zu machen, auf der anderen Seite.[186] Die weltweite Vernetzung von Unternehmenstätigkeiten, die Verlagerung von Kompetenzen an Zulieferer, die ihrerseits mehrere Abnehmer bedienen, sowie Konzentrationsprozesse tragen zur Verbreitung von Know-how unter Unternehmen bei und „synchronisieren den technischen Fortschritt".[187]

In der hier vorrangig zu betrachtenden Diffusionstheorie nach Rogers werden dagegen marktseitige Diffusionsprozesse behandelt. Die Diffusion von Innovationen kann dabei als deren Ausbreitung im relevanten Markt definitorisch abgegrenzt werden.[188] Die ebenfalls von Rogers entwickelte Adoptionstheorie als Teilbereich der Diffusionstheorie befasst sich mit den intrapersonellen Vorgängen im Entscheidungsprozess für oder gegen die Übernahme einer Innovation.[189] Nach der vorgeschlagenen idealtypischen Phaseneinteilung des Adoptionsprozesses, der als spezieller Kaufentscheidungsprozess mit Produktinnovationen als Kaufobjekt betrachtet werden kann,[190] beginnt der Entscheidungsprozess mit der bewussten Wahrnehmung der Innovation (Knowledge). Sodann nimmt der potenzielle Kunde eine zustimmende oder ablehnende Haltung gegenüber der Innovation ein, die von ihren wahrgenommenen Eigenschaften abhängt (Persuasion). Es folgt eine positive oder negative

---

[184] Vgl. **Bräunling u. Maas (Öffentliche Forschung, 1989)**, S. 14; **Neumann (Automobil, 1999)**, S. 10ff.
[185] Vgl. **Milling u. Maier (Diffusion, 1996)**, S. 18f; **Schalk u. Täger (Innovierende und imitierende Unternehmen, 1999)**, S. 5f.
[186] Vgl. **Albach (Zeit und Wettbewerb, 1993)**, S. 42; **Wilhelm (Innovationsprozess, 2000)**, S. 84.
[187] **Atzler (Automobilhersteller und Zulieferer, 1997)**, S. 3.
[188] Vgl. **Vahs u. Burmester (Innovationsmanagement, 1999)**, S. 257.
[189] Vgl. **Helm (Innovationen, 2001)**, S. 111f.
[190] Ebd., S. 107.

Kaufentscheidung (Decision), an die sich erste Erfahrungen mit der Innovation anschließen (Implementation). In der letzten Phase der Nutzung sucht der Kunde nach Bestätigung seiner Entscheidung, will also Kognitive Dissonanz vermeiden (Confirmation).[191] Jüngere Forschungsarbeiten weisen ferner auf die Möglichkeit hin, dass der Kunde seine Kaufentscheidung für eine Innovation, insbesondere bei zu schneller Abfolge von PLZ, bewusst auf eine nachfolgende Produktgeneration verschiebt („nachfragerseitiges Leapfrogging“).[192]

In einem weiteren Schritt stellt Rogers fest, dass sich Adoptoren in fünf verschiedene Grundtypen einteilen lassen, die eine Innovation zu verschiedenen Zeitpunkten übernehmen und damit idealtypisch einen normalverteilten Diffusionsverlauf induzieren (vgl. Abbildung 6).

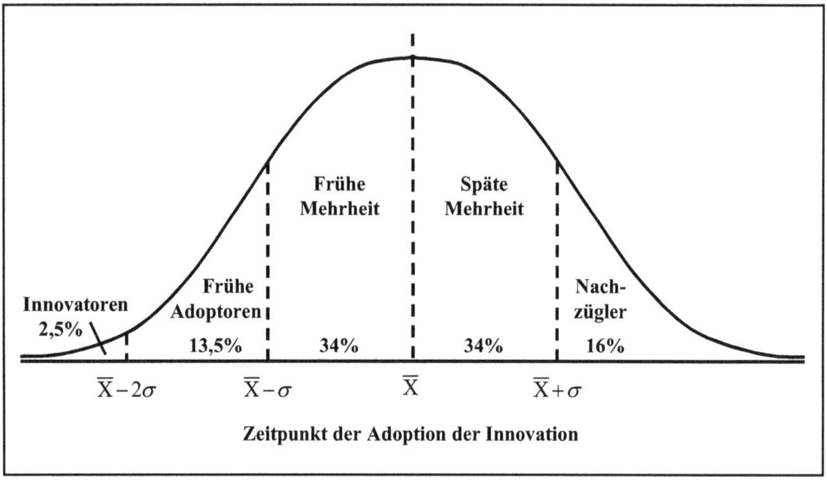

Abbildung 6: Diffusionsverlauf von Innovationen auf Basis von Adoptorengruppen.

Quelle: Rogers (Diffusion of Innovations, 1962), S. 162.

Die kleine, aber wichtige Gruppe der Innovatoren öffnet der Innovation den Markt und ist daher gezielt anzusprechen.[193] Diese marktöffnenden Meinungsbildner sind „Kosmopoliten“, nonkonformistisch und an neuen Trends interessiert, tauschen sich untereinander aus und sind bereit, das dem neuen Produkt anhaftende hohe Risiko zu tragen. Im Gegensatz dazu ist die folgende Gruppe der frühen Adoptoren eher ortsgebunden, hat aber Vorbildfunktion innerhalb ihrer Bezugsgruppe („Peer Group“) und dient nachfolgenden Adoptoren als Meinungsführer. Die frühe Mehrheit schließt sich den frühen Adoptoren an, nachdem sich die Innovation als

[191] Vgl. **Rogers (Diffusion of Innovations, 1983, zuerst: 1962)**, S. 164f.

[192] Vgl. **Gierl (Leapfrogging, 1997)**, S. 1074ff; **Weiber u. Pohl (Leapfrogging, 1996)**, S. 1204f.

[193] Vgl. hierzu und zum Folgenden **Rogers (Diffusion of Innovations, 1962)**, S. 161f; ebd., S. 169ff.

hinreichend nützlich und sicher erwiesen hat. Die späte Mehrheit verhält sich weitgehend reaktiv und nimmt die Innovation, oftmals unter Gruppen- oder faktischen Handlungszwängen, erst nach dem durchschnittlichen Benutzer an.[194] Nachzügler schließlich, die oft im fortgeschrittenen Alter und mitunter sozial isoliert sind, stehen Innovationen äußerst kritisch gegenüber, was zu langen Adoptionszeiten oder zur Ablehnung der Innovation führt.

Der Diffusionsprozess wird durch effektive Kommunikation durch das innovierende Unternehmen, aber auch durch imitierende Wettbewerber beschleunigt.[195] Eine Vorhersage der absoluten Ausbreitungsgeschwindigkeit im Markt ist jedoch kaum möglich; ebensowenig darf Rogers' Diffusionskurve dahingehend missverstanden werden, dass immer eine hundertprozentige Verbreitung der Innovation stattfindet.[196] Ein recht zögerlich verlaufender Diffusionsprozess, bei dem noch nicht abzusehen ist, ob er vom Gros der Adoptoren, der frühen und späten Mehrheit, angenommen wird, ist beispielsweise bei der Innovation „Online-Veröffentlichung von Dissertationen" zu beobachten.[197]

2.1.7 Zusammenfassende Bewertung des theoretischen Bezugsrahmens des Innovationsmanagements

Ausgangspunkt der Betrachtungen zum theoretischen Bezugsrahmen des Innovationsmanagements waren zunächst notwendige Begriffsklärungen, die um so dringlicher erscheinen, als sowohl der Innovations- wie auch der Managementbegriff mit sehr vielfältigen Bedeutungsinhalten und -konnotationen besetzt sind. Nach der Erklärung und Unterteilung des Innovationsbegriffs wurden Produktinnovationen (Objekt der Innovation), die Neuheitscharakter für eine Branche (Subjekt der Innovation) haben, als für diese Arbeit relevant identifiziert und näher beschrieben. Innovationsmanagement in funktionaler Sicht bezeichnet dann die dispositive Gestaltung und Steuerung von Innovationsprozessen, die der Schaffung von Produktinnovationen dienen. Innovationsprozesse involvieren eine Vielzahl betrieblicher Funktionen und überschreiten Unternehmensgrenzen. Die Existenz interorganisatorischer Innovationsprozesse wurde mit transaktionskostentheoretischen Überlegungen begründet. Innovationsmanagement ist also als interdisziplinäre und interorganisatorische Aufgabe zu verstehen. Daher erscheint es als sinnvoll, das

---

194 So ist es beispielsweise nicht überraschend, dass seit dem Jahr 2001, in dem bei einer deutschlandweiten Mobiltelefon-Penetrationsquote von ca. 67% (vgl. **O.V. (Handy-Nutzer, 2002)**, o.S.) hauptsächlich Adoptoren der späten Mehrheit ihre Kaufentscheidung für Mobiltelefone getroffen haben, rückläufige Wachstumsraten bei den Herstellern von Mobiltelefonen zu verzeichnen sind.

195 Vgl. **BOBROWSKI U. BRETSCHNEIDER (Adoption, 1994)**, S. 197.

196 Vgl. **HELM (Innovationen, 2001)**, S. 113f. Eine Auflistung von möglichen Diffusionshemmnissen bzw. Marktwiderständen findet sich bei **WEIBER (Diffusion, 1992)**, S. 78.

197 Vgl. **KNOLMAYER (Online-Veröffentlichung, 2000)**, S.339ff; vgl. auch **LUDWIG (Präsenz im Netz, 2001)**, S. 8.

flussorientierte Management-Paradigma aus der neueren Logistik dem Management von Innovationsprozessen zugrunde zu legen, was m.E. hier erstmalig geschieht. Innovationsprozesse können zweckmäßigerweise mit Phasenmodellen beschrieben werden, wobei jedoch die in der Literatur vorgestellten Modelle kritisch zu beleuchten sind. Insbesondere fehlt es oft an einer systematischen Zielherleitung und Strategieformulierung für das Innovationsmanagement. Diese Lücke konnte geschlossen werden, indem generische und markteintrittsbezogene Strategieoptionen aufgezeigt, bewertet und zueinander in Beziehung gesetzt wurden. Abschließend erfolgte eine Diskussion von Adoptions- und Diffusionsphänomenen, um die letztlich erfolgsentscheidende Marktphase von Innovationen besser zu verstehen.

Die Innovationsforschung vernachlässigt bisher weitgehend die Auswirkungen des IuK-basierten e-Business auf das Innovationsmanagement.[198] Daher soll im Folgenden zunächst ein theoretischer Bezugsrahmen des e-Business entwickelt werden.

2.2 Theoretischer Bezugsrahmen des e-Business

2.2.1 Begriff und Charakterisierung des e-Business

Wie eingangs erwähnt, hat der electronic Business- oder e-Business-Begriff mit dem Innovationsbegriff eine ubiquitäre Verwendung in Wissenschaft und Praxis gemein, die mitunter nicht zu Unrecht als „inflationär" bezeichnet wird.[199] Um mehr Klarheit zu schaffen, ist zunächst eine terminologische Verhältnisbestimmung von e-Business und dem ebenfalls häufig verwendeten Begriff e-Commerce (electronic Commerce) vorzunehmen. Hier finden sich drei Einschätzungen. Zum einen wird e-Commerce oftmals als Teilmenge von e-Business verstanden. Während e-Commerce dann transaktionsorientiert ausschließlich den elektronischen Handel von Gütern und Dienstleistungen meint, schließt e-Business im umfassenderen Sinne jegliche Form von IuK-basierter Geschäftstätigkeit ein.[200] Umgekehrt wird e-Commerce mitunter als Oberbegriff für e-Business und weitere Begriffe verstanden.[201] Mehrheitlich werden jedoch e-Business und e-Commerce als synonym zu verwendende, umfassende Begriffe interpretiert.[202] Dieses Verständnis liegt auch der vorliegenden Arbeit zugrunde. In ihr wird einheitlich der Terminus e-Business gebraucht, für den man aber auch e-Commerce oder elektronischer Geschäftsverkehr setzen könnte. Die Kurzform

[198] Vgl. KNOLMAYER **(Online-Veröffentlichung, 2000)**, S. 347.

[199] Vgl. HERMANNS U. SAUTER **(Grundlagen, 2001, zuerst: 1999)**, S. 16; WAMSER **(Electronic Commerce, 2000)**, S. 6.

[200] Vgl. CLARKE **(Definitions, 2000)**, S. 1ff; SCHODER **(Electronic Business, 2001)**, S. 41; WEIBER **(Electronic Business, 2000)**, S. 11f.

[201] Vgl. BOGASCHEWSKY U. KRACKE **(Internet – Intranets – Extranets, 1999)**, S. 86.

[202] Vgl. CLARKE **(Definitions, 2000)**, S. 2; HERMANNS U. SAUTER **(Grundlagen, 2001, zuerst: 1999)**, S. 16; WAMSER **(Electronic Commerce, 2000)**, S. 7.

e-Innovationsmanagement ist dann immer im Sinne eines e-Business-gestützten Innovationsmanagements zu verstehen.

Wofür steht aber nun der hier verwendete e-Business-Begriff inhaltlich? Generell fällt eine Abgrenzung dahingehend, was unter e-Business zu subsumieren ist, schwer.[203] Einigkeit herrscht nur darüber, dass eine einheitliche Definition nicht existiert.[204] Unter den Definitionsversuchen[205] unterschiedlicher Breite und Tiefe fällt jedoch auf, dass zunehmend umfassendere, nicht an einzelnen Transaktionen orientierte Abgrenzungen vorgeschlagen werden. So beschreibt die Europäische Kommission e-Business schlicht als „doing business electronically".[206] Für Thome und Schinzer umfasst es nach einer „breiten Definition ... alle Formen der digitalen Abwicklung von Geschäftsprozessen zwischen Unternehmen und zu deren Kunden über globale öffentliche und private Netze"; sie verweisen ausdrücklich auf die Vernetzung in einer „logistischen Kette ... auch über Unternehmensgrenzen hinweg" und schlagen deshalb Begriffe wie „Integrated Commerce" oder „Digital Business" vor.[207] Hermanns und Sauter verwenden „aus einer allgemeinen Perspektive" die Formulierung „alle Formen der elektronischen Geschäftsabwicklung über öffentliche oder private Computer-Netzwerke".[208] Timmers nennt eine Reihe von Anwendungsfeldern und konstatiert: „The wide range of business activities illustrates that it makes little sense to come up with a restrictive definition."[209] In Erweiterung seiner engeren Definition, die „die elektronisch realisierte Anbahnung, Vereinbarung und Abwicklung von ökonomischen Transaktionen zwischen Wirtschaftssubjekten über Computernetzwerke" umfasst, bezieht Wamser zusätzlich „die Unterstützung der verschiedenen unternehmensinternen oder -übergreifenden Wertschöpfungsprozesse durch die innovative Nutzung von Computernetzwerken" in eine weitere Definition ein.[210] Für Picot u.a. ist der Begriff ebenfalls weit zu fassen. Sie sprechen von „jeder Art von wirtschaftlicher Tätigkeit auf der Basis elektronischer Verbindungen".[211] Kalakota und Whinston stellen u.a. auf die Fluss- und Prozessperspektive ab: e-Business ist „from a business process perspective ... the application of technology toward the automation

[203] Vgl. **HERMANNS U. SAUTER (Grundlagen, 2001, zuerst: 1999)**, S. 16.

[204] Ebd., S. 16; **KALAKOTA U. WHINSTON (Electronic Commerce, 1997)**, S. 3; **SCHÄFFER U. WEBER (e-Business Controlling, 2001)**, S. 5; **SCHODER (Electronic Business, 2001)**, S. 38.

[205] Sammlungen von verschiedenen Definitionsansätzen finden sich z.B. bei **DEUTSCH (Electronic Commerce, 1999, zuerst: 1998)**, S. 6ff; **HERMANNS U. SAUTER (Grundlagen, 2001, zuerst: 1999)**, S. 17; **KALAKOTA U. WHINSTON (Electronic Commerce, 1997)**, S. 3f; **SCHODER (Electronic Business, 2001)**, S. 38.

[206] Vgl. **CON MOTO STRATEGIE & REALISIERUNG UNTERNEHMENSBERATUNG GMBH (HRSG.) (Electronic Procurement, 2000)**, S. 7; **DEUTSCH (Electronic Commerce, 1999, zuerst: 1998)**, S. 6; **HERMANNS U. SAUTER (Grundlagen, 2001, zuerst: 1999)**, S. 17; **MATTES (Business-to-Business, 1999)**, S. 15.

[207] **THOME U. SCHINZER (Anwendungsbereiche, 2000, zuerst: 1997)**, S. 1.

[208] **HERMANNS U. SAUTER (Grundlagen, 2001, zuerst: 1999)**, S. 16.

[209] **TIMMERS (Electronic Commerce, 1999)**, S. 4.

[210] **WAMSER (Electronic Commerce, 2000)**, S. 6f.

[211] **PICOT U.A. (Grenzenlose Unternehmung, 2001, zuerst: 1996)**, S. 337.

of business transactions and workflows".[212] Auch Schoder betont die Wichtigkeit der „Koordination von inner- wie auch überbetrieblichen Leistungserstellungsprozessen ... durch IuK-Technik" sowie der „Berücksichtigung einer (über-)betrieblichen Prozeßorientierung (sic!)".[213] Schubert formuliert: „e-Business umfasst die Unterstützung der Prozesse und Beziehungen zwischen Geschäftspartnern, Mitarbeitern und Kunden durch elektronische Medien."[214] Shaw schließlich entwickelt ebenfalls ein umfassendes Verständnis des e-Commerce/e-Business. „The scope of electronic commerce includes linking with suppliers and distributors; it also includes the interface with consumers and the management within the enterprise. Finally, electronic commerce also addresses the infrastructure issues".[215]

Eruiert man aus dieser Synopse die konstitutiven Elemente der Definitionen, so ergeben sich folgende Punkte:

- Umfassendes Verständnis von e-Business,
- Fluss- bzw. Prozessorientierung,
- Vereinigung der intra- mit der interorganisatorischen sowie der Endkunden-Sichtweise,[216]
- Transaktionsabwicklung nur ein Teilaspekt von e-Business-gestützten Wertschöpfungsprozessen,
- IuK-Technologien als notwendige, aber nicht hinreichende Bedingung für e-Business.

Diese fünf Elemente können sinnvollerweise auch einer Definition von e-Business für die Zwecke der vorliegenden Arbeit zugrunde gelegt werden, denn:

- Ein umfassendes Verständnis von e-Business korrespondiert mit dem interdisziplinären Charakter des Innovationsmanagements und funktions- und organisationsübergreifenden Innovationsprozessen,
- Fluss- bzw. Prozessorientierung ist der Kernbestandteil des hier angewandten neuen Logistikmanagement-Paradigmas wie auch der Innovationsprozesse,
- der Innovationsprozess im Allgemeinen sowie die Quellen der Innovation im Besonderen schließen intra- und interorganisatorische sowie endkundenorientierte Aspekte ein,

[212] **Kalakota u. Whinston (Electronic Commerce, 1997)**, S. 3.
[213] **Schoder (Electronic Business, 2001)**, S. 41.
[214] **Schubert (e-Business-Begriffswelt, 2000)**, S. 3.
[215] **Shaw (Electronic Commerce, 2000)**, S. 7.
[216] Vgl. auch **Wamser (Electronic Commerce, 2000)**, S. 6, der das per se interorganisatorische beschaffungsseitige e-Business (electronic procurement) vom absatzseitigen e-Business (electronic marketing) unterscheidet. Letzteres bezieht sich bei Herstellern von Gebrauchs- und Verbrauchsgütern i.d.R. auf Endkunden, im Falle von Investitionsgüterherstellern auf Organisationen. Vgl. **Backhaus (Investitionsgütermarketing, 1990, zuerst 1982)**, S. 3.

- einzelne Transaktionen wie etwa die Entwicklung und Lieferung innovativer Komponenten oder der erstmalige Verkauf innovativer Produkte sind nur Teiletappen im Innovationsprozess,
- IuK-Technologien stellen notwendige Enabler dar, sind aber alleine nicht hinreichend für die Konstitution von e-Innovationsmanagement.

Insgesamt kann e-Business für unsere Zwecke damit als die Unterstützung intra- und interorganisatorischer, endkundenorientierter Wertschöpfungsprozesse durch neuartige Anwendungen von IuK-Technologien definiert werden.

E-Innovationsmanagement ist dann die Gestaltung und Steuerung intra- und interorganisatorischer, endkundenorientierter Innovationsprozesse, die durch neuartige Anwendungen von IuK-Technologien unterstützt werden.

Eine Unterteilung des e-Business in Segmente folgt üblicherweise einem „X2Y"-Schema.[217]

Anbieter der Leistung \ *Nachfrager der Leistung*	**Consumer**	**Business**	**Administration**
Consumer	**C2C** bzw. P2P (Peer-to-Peer) z.B. Internet-Kleinanzeigenmarkt	**C2B** z.B. Anfrage zur Abgabe eines Produktangebots (Reverse Auction)	**C2A** z.B. Online-Steuerabwicklung von Privatpersonen
Business	**B2C** z.B. Angebote in Internet-Shopping Malls	**B2B** z.B. Geschäfte zw. Zulieferern u. Unternehmen / **B2E** (Business-to-Employee) z.B. Online-Verbesserungsvorschläge	**B2A** z.B. Online-Steuerabwicklung von Unternehmen
Administration	**A2C** z.B. Abwicklung von Unterstützungsleistungen	**A2B** z.B. Beschaffungs-maßnahmen öffentlicher Institutionen im Internet	**A2A** z.B. Transaktionen zw. öffentlichen Institutionen im In- und Ausland

grau: für diese Arbeit relevant

Abbildung 7: Segmente im e-Business.

Quelle: In Anlehnung an Hermanns u. Sauter (Grundlagen, 2001, zuerst: 1999), S. 25; eigene Erweiterung.

[217] Vgl. **SCHODER (Electronic Business, 2001)**, S. 39; für ein Anwendungsbeispiel aus der Automobilindustrie vgl. **DAIMLERCHRYSLER AG (HRSG.) (e-Business, 2000)**, S. 11.

So steht beispielsweise B2C für das Business-to-Consumer-Segment, das Geschäfts- und Wertschöpfungsprozesse zwischen Unternehmen und Endkunden umfasst. In Erweiterung einer häufig verwendeten Einteilung von Hermanns und Sauter stellt Abbildung 7 eine Klassifizierung solcher Segmente vor. Die für diese Arbeit relevanten Segmente, die auf mindestens einer Seite Unternehmen der Automobilindustrie und/oder Endkunden involvieren, sind grau hinterlegt. Ferner kann ein Unternehmen das C2C- bzw. P2P-Segment zumindest mittelbar über Kommunikation beeinflussen.

Nachdem e-Business charakterisiert sowie seine konstitutiven Elemente herausgearbeitet und zu einer Definition verdichtet wurden, soll nun auf die technologischen Grundlagen des e-Business eingegangen werden.

2.2.2 Technologische Grundlagen des e-Business

Die Gestaltung von technischen Systemen und Computerprogrammen für das e-Business fällt in die Domäne der (Wirtschafts-)Informatik und der Ingenieurwissenschaften und kann nicht Gegenstand dieser Arbeit sein. Da sie aber den Ausgangspunkt für eine Vielzahl neuer Anwendungen und Geschäftsprozesse bilden, erscheint jedoch an dieser Stelle eine kurze Diskussion der technologischen Grundlagen als sinnvoll.

2.2.2.1 Schichtenmodelle von IuK-Technologien und -Anwendungen

Dem e-Business liegt ein neuartiges Verständnis von IuK-Technologie zugrunde. Während IuK-Technologie früher hauptsächlich als Lösungsinstrument für bestehende Geschäftsprobleme angesehen wurde, ermöglicht sie heute erst eine Vielzahl neuer Anwendungen, Methoden und Geschäftsmodelle (Enabler-Funktion).[218] Es muss aber dennoch davor gewarnt werden, Technologie als „Selbstläufer“ oder „Heilsbringer“ zu missverstehen, denn ohne ein tiefes Verständnis von Geschäftsprozessen und Anwendungsbedingungen läuft ihr Einsatz ins Leere.[219] Dies kommt in der Verwendung von Schichtenmodellen zum Ausdruck, die immer von der Technologiebasis ausgehen, auf der dann Dienste und Anwendungen aufbauen. So unterscheiden Kalakota und Whinston in aufsteigender Reihenfolge Netzwerkbasis (z.B. Internet, Telekommunikationsnetze, Kabelfernsehnetze, Mobilfunknetze), Darstellungswerkzeuge (z.B. HTML, Java, WWW), Infrastruktur zur Verteilung von Nachrichten und Informationen (z.B. EDI, e-Mail, HTTP), Basisdienste-Infrastruktur für Geschäftstransaktionen (z.B. Authentifizierung, Verschlüsselung, elektronische Bezahlung, Kataloge) sowie Anwendungen (z.B. Bestellsysteme, Supply Chain Management (SCM), Video on Demand, Online-Marketing,

---

[218] Vgl. **Deutsche Bank AG (Hrsg.) (New Economy, 2000)**, S. 8.

[219] Vgl. auch **Schöpf (Ideen umsetzen, 2002)**, S. 36.

Home Shopping, Online-Banking).[220] Eine andere, dreistufige Einteilung fügt zwischen Netzen und e-Business-Anwendungen so genannte e-Business-Werkzeuge als Zwischenstufe ein: Netze (Telekommunikationsnetze, Internet), Werkzeuge (e-Mail-Systeme, WWW, Java, Intranet/Extranet, EDI-Systeme, Datenbanken, Filetransfer, Terminalemulation, Video Conferencing, Virtual Reality, Sicherheit/Firewall, Gopher, Direct Data Link), Anwendungen (Bestellsysteme, Electronic Publishing, Informationssysteme, Online-Datenbanken, elektronische Bezahlung, Verzeichnissysteme, Systemintegration, Marktplätze, EDI-Gemeinschaften, EDI-Clearing, e-Mail, Support/Help Desk, Simultaneous Engineering, Data Warehouse, Tracking- und Tracing-Systeme).[221] Interessant an diesen beiden Einteilungen, die beispielhaft für viele andere stehen, ist einmal mehr, dass e-Innovationsmanagement selbst auf der Anwendungsebene nicht oder nur in Teilaspekten (z.B. Produktentwicklung mit Simultaneous Engineering, Virtual Reality) vorkommt.

2.2.2.2 Technologieentwicklung und -beschreibung des Internets

Electronic Business im Wortsinne ist im Grunde so alt wie die elektronische Datenverarbeitung, also etwa 40 Jahre.[222] Entscheidende Impulse für seine Entwicklung gingen von der Verfügbarkeit von PCs zu günstigen Preisen (ab ca. 1983), von LANs und Client/Server-Systemen (ab ca. 1989), vor allem aber vom Internet aus.[223] Das Internet stellt ein Netz der Netze, einen weltweiten Verbund von Millionen von Rechnern dar, die über das standardisierte Netzwerkprotokoll TCP/IP miteinander verbunden sind.[224] Ein Protokoll ist eine Menge von Konventionen, die eine gemeinsame Sprache für den Austausch von Daten zur Verfügung stellt. Das Grundprinzip von TCP/IP besteht in der Aufteilung der zu übertragenden Daten in kleine „Pakete“, die eindeutig identifizierbar sind, die Zieladresse beinhalten und vom empfangenden Computer wieder zusammengesetzt werden. Der Weg der Daten ist dabei ex ante nicht festgelegt. Wenn z.B. eine Leitung überlastet oder defekt ist, wird das Datenpaket über eine andere Leitung zum nächsten Netzknoten (Router) weitergeleitet, bis es nach einer Vielzahl von Zwischenstationen seinen Empfänger erreicht hat. Fehlerhafte oder verlorene Datenpakete werden festgestellt und erneut versendet. Zentrale Erfolgsfaktoren des Internets sind seine Offenheit, d.h. der für jedermann mögliche Zugang

---

[220] Vgl. **Kalakota u. Whinston (Electronic Commerce, 1997)**, S. 12ff.
[221] Vgl. **Deutsch (Electronic Commerce, 1999, zuerst: 1998)**, S. 11.
[222] Vgl. **Leister (e-Business, 2001)**, S. 496.
[223] Vgl. **Kalakota u. Whinston (Electronic Commerce, 1997)**, S. 2.
[224] Vgl. hierzu und zur folgenden Darstellung des Internets und seiner Geschichte **Bogaschewsky u. Kracke (Internet – Intranets – Extranets, 1999)**, S. 49ff; **CERN (Hrsg.) (WWW, 2002)**, S. 1; **Deutsche Bank AG (Hrsg.) (New Economy, 2000)**, S. 8ff; **Horn (Internet – Intranet – Extranet, 1999)**, S. 11ff; ebd., S. 313f; **Leister (e-Business, 2001)**, S. 496.

zum Netz mit einem einheitlichen, nichtproprietären Übertragungsstandard, und sein verteilter, nichtzentralisierter Charakter.

Die Technologiegeschichte des Internets nimmt im Jahr 1969 ihren Anfang, als vier amerikanische Universitäten aufgrund eines Militärauftrags ihre Computer zum ARPANET zusammenschließen (vgl. Abbildung 8).

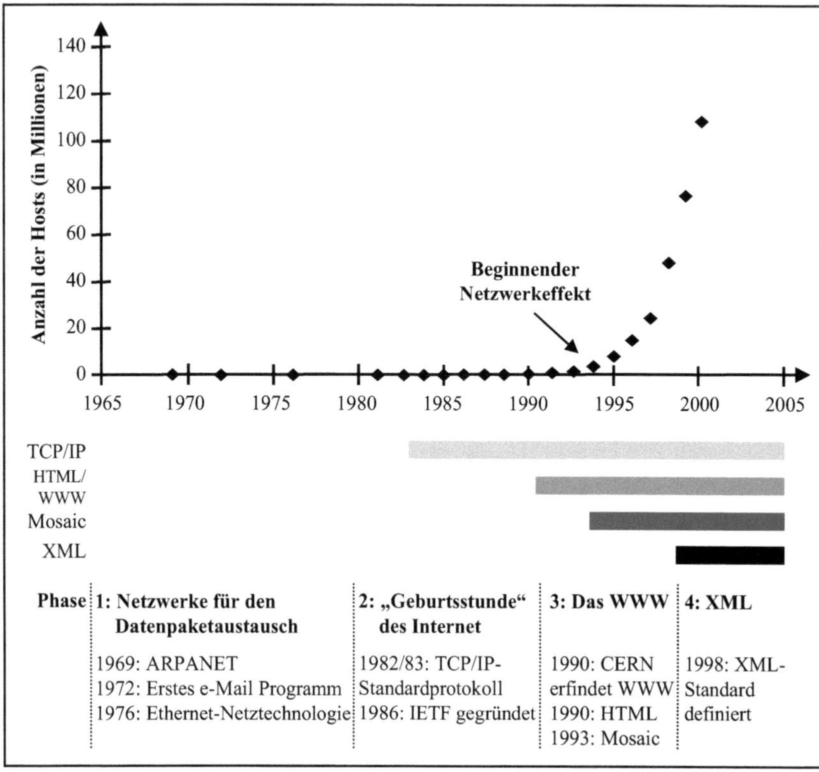

Abbildung 8: Technologieentwicklung des Internets.

Quelle: In Anlehnung an Bogaschewsky u. Kracke (Internet – Intranets – Extranets, 1999), S. 51; Deutsche Bank AG (Hrsg.) (New Economy, 2000), S. 10; Horn (Internet – Intranet – Extranet, 1999), S. 11; eigene Erweiterung.

Es folgen erste e-Mail Systeme auf Großrechnerbasis und die Ethernet-Netztechnologie mit Übertragungsraten von 10 Mbit/s, später 100 Mbit/s. 1982/1983 wird das Standardprotokoll TCP/IP eingeführt – die „Geburtsstunde“ des Internets. Die 1986 gegründete Internet Engineering Task Force (IETF) wird zum wichtigsten Internet-Standardisierungsorgan. 1990 wird die HyperText Markup Language (HTML) geschaffen. Sie stellt eine Beschreibungssprache dar, in der Web-Seiten kodiert werden. Das Übertragungsprotokoll für HTML-Seiten ist das HyperText Transfer Protocol (HTTP). 1990 erfinden Forscher des europäischen Kernforschungszentrums CERN in Genf das World Wide Web (WWW), das zum grafisch orientierten Multimedia-Teil des Internets wird und die Übertragung von Texten, Bildern, Tönen und Videos ermöglicht. Der entscheidende Durchbruch gelingt mit der Schaffung von Betrachterprogrammen, so genannten Web-Browsern. Hier sind Mosaic, der Vorläufer des Netscape Navigator, und der Microsoft Internet Explorer zu erwähnen.[225] Ihre bedienerfreundlichen, grafischen Benutzer-Interfaces, die auch Laien die Nutzung des Webs ermöglichen, führen zu einer explosionsartigen Diffusion der Internet-Technologie und verstärken damit den auf einer Positiv-Rückkopplung beruhenden Netzwerkeffekt, der unter dem Namen „Metcalfes Gesetz" bekannt geworden ist: „Der Wert eines Netzwerks ist gleich der Quadratzahl der Knoten (Benutzer)".[226] Je mehr Benutzer zum Netzwerk gehören, desto attraktiver wird es, was wiederum zu steigenden Benutzerzahlen führt usw. Sobald eine kritische Masse überwunden ist, steigt damit die Nutzerzahl sehr schnell.

Auch wenn Zahlen über Internet-Nutzer und das e-Business-Volumen im stetigen Wandel begriffen sind und je nach Quelle stark divergieren, ist eine rasante Aufwärtsentwicklung unverkennbar. Die Innovation Internet ist eines der prominentesten Beispiele für die Verkürzung von PLZ und schnelle Diffusionsraten: Während das Radio erst nach 38 Jahren 50 Millionen Nutzer erreichte, beträgt diese Zeitspanne beim Fernsehen 13 Jahre, beim Kabelfernsehen 10 Jahre und beim Internet nur 4-5 Jahre.[227] Weltweit nutzen im Jahr 1995 45 Millionen Menschen das Internet, 1997 sind es 100 Millionen. Die Nutzerzahlen steigen weiter bis auf 150 Millionen (1999), 230-250 Millionen (2000), dann 307 Millionen (2001), 398 Millionen (2002), 513 Millionen (2003) und schließlich 640 Millionen (2004). Manche Quellen prognostizieren eine Milliarde Nutzer im Jahr 2005.[228] Ferner sind 2001 ca. 86% der deutschen Unternehmen im Internet vertreten.[229] Das Internet ist also schon heute zu einem Massenmedium geworden.[230] Der Schwerpunkt der Nutzung hat sich von wissenschaftlichen auf kommerzielle Zwecke verlagert.[231] Für das B2B-Teilsegment des e-Business, das 80% bis 90% des Geschäftsvolumens im e-Business ausmacht,[232] divergieren die Schätzungen des

[225] Eine Fallstudie zur Entwicklung von Mosaic, Netscape Navigator und dem Konkurrenzprodukt Microsoft Internet Explorer findet sich bei **PICOT U.A. (Grenzenlose Unternehmung, 2001, zuerst: 1996)**, S. 22f.

[226] Vgl. **ELECTRONIC MARKET CENTER, INC. (HRSG.) (B2B Exchanges, 2000)**, S. 3; **GOLDMAN, SACHS & CO. (HRSG.) (Internet Portals, 1999)**, S. 11.

[227] Vgl. **HERMANNS U. SAUTER (Grundlagen, 2001, zuerst: 1999)**, S. 23; **SHAW (Electronic Commerce, 2000)**, S. 5.

[228] Vgl. **HERMANNS U. SAUTER (Grundlagen, 2001, zuerst: 1999)**, S. 20; **MEFFERT (Interaktive elektronische Medien, 2000)**, S. 1; **SCHODER (Electronic Business, 2001)**, S. 17; **SHAW (Electronic Commerce, 2000)**, S. 5.

[229] Vgl. **STRAUß U. SCHODER (e-Reality 2000, 2000)**, S. 7.

[230] Vgl. **MEFFERT (Interaktive elektronische Medien, 2000)**, S. 1.

[231] Vgl. **BOGASCHEWSKY U. KRACKE (Internet – Intranets – Extranets, 1999)**, S. 51; **HERTLING (Wirtschaftsfaktor Internet, 1999)**, S. 16ff.

[232] Vgl. **SCHEFFLER U.A. (Entwicklungsperspektiven, 2000)**, S. 7; **SHAW (Electronic Commerce, 2000)**, S. 5.

weltweiten Umsatzvolumens für das Jahr 2002 zwischen 543 Milliarden US Dollar und 2180 Milliarden US Dollar, für das Jahr 2004 zwischen 1400 Milliarden US Dollar und 7290 Milliarden US Dollar.[233]

Zum Internet gehörende Rechner mit eigener IP-Adresse werden als Hosts bezeichnet.[234] Internet-Seiten können über die Eingabe der IP-Adresse, die aus einer Ziffernabfolge besteht, oder über den Uniform Resource Locator (URL) aufgesucht werden. Beide sind eindeutig zugeordnet. Der URL ist eine Text-Syntax, die u.a. eine nach dem Domain Name System (DNS) kodierte Domain umfasst. Die Textzeile endet mit der Top-Level-Domain (z.B. länderspezifische wie .de oder .com für Unternehmen), vor der die Second-Level-Domain (z.B. der Firmenname) und ggf. weitere geführt werden.

Das Internet ist ferner von Intranets und Extranets abzugrenzen.[235] Auch Intra- und Extranets verwenden übliche Internet-Techniken wie etwa das TCP/IP-Protokoll. Im Gegensatz zum öffentlichen Internet stellt das Intranet jedoch ein proprietäres, internes Firmennetzwerk dar. Dieses kann technisch in einem lokalen Netzwerk (LAN) realisiert werden, oder bei größeren örtlichen Distanzen in einem Wide Area Network (WAN), das entweder auf Standleitungen basiert oder auf einer durch zusätzliche Sicherheitsmaßnahmen abgeschirmten Übertragung über das Internet. Im letzteren Fall spricht man von einem Virtual Private Network (VPN). Das Extranet ist auf einem Kontinuum zwischen offenem und proprietärem Charakter zwischen Internet und Intranet angesiedelt. Es steht nur autorisierten Teilnehmern, wie etwa einem Unternehmen und einem ausgewählten Teil seiner Geschäftspartner zur Verfügung. So können Lieferanten über das Extranet z.B. Programmzahlen oder Lagerstände einsehen oder per EDI ihre Warenwirtschaftssysteme aneinander koppeln.

Die technologische Zukunft des Internets wird vielfach in der Extensible Markup Language (XML) gesehen, die HTML ablösen könnte.[236] Während HTML der Formatierung bzw. syntaktischen Beschreibung von Web-Seiten dient, erlaubt der seit 1998 definierte Standard XML die Hinterlegung von Bedeutungen, also semantische Beschreibungen der Informationsart, wie z.B. die Festlegung einer Kategorie „Stückpreis in Euro“. XML ist als Metasprache konzipiert, d.h. es gibt Grundregeln für die Entwicklung anderer, beispielsweise branchenspezifischer Sprachen vor. Ferner hat es sich die XML/EDI-Arbeitsgruppe zur

---

[233] Vgl. **EMARKETER, INC. (HRSG) (B2B Report, 2001)**, S. 12.

[234] Vgl. zum Folgenden **BOGASCHEWSKY U. KRACKE (Internet – Intranets – Extranets, 1999)**, S. 54ff; **HORN (Internet – Intranet – Extranet, 1999)**, S. 12.

[235] Vgl. zum Folgenden **BOGASCHEWSKY U. KRACKE (Internet – Intranets – Extranets, 1999)**, S. 74ff; **HORN (Internet – Intranet – Extranet, 1999)**, S. 14.

[236] Vgl. zum Folgenden **BOGASCHEWSKY U. KRACKE (Internet – Intranets – Extranets, 1999)**, S. 91ff; **DEUTSCHE BANK AG (HRSG.) (New Economy, 2000)**, S. 11ff; **HORN (Internet – Intranet – Extranet, 1999)**, S. 110f.

Aufgabe gemacht, XML und EDI zu integrieren. Damit hofft man, die spezifischen Nachteile von EDI, das eine standardisierte und automatisierte, aber recht unflexible und kostspielige Methode zum Austausch von großen Datenmengen, etwa zwischen einem Automobilhersteller und seinen größten Lieferanten darstellt, zu überwinden. So sollen, anders als bei EDI, die Beschreibung komplexer Logikstrukturen und Grafikunterstützung möglich werden. Mit XML könnte also dem Internet-EDI, das deutlich kostengünstiger ist als das über proprietäre Verbindungen betriebene EDI und damit auch von einem um kleine und mittlere Unternehmen erweiterten Anwenderkreis genutzt werden kann, zum Durchbruch verholfen werden. Allerdings nutzten noch im Jahr 2000 zwei Drittel der amerikanischen Fortune 1.000 Unternehmen das klassische EDI, während nur ein gutes Drittel erste XML-basierte Anwendungen verwendete.[237]

Bereits in diesem Abschnitt wurde anhand der Technologieentwicklung des Internets aufgezeigt, wie die Schaffung von offenen Standards und die innovative IT-Weiterentwicklung einer breiten Adoption des Internets und seiner schnell wachsenden kommerziellen Bedeutung Vorschub leistete. Da dem B2B-Teilsegment des e-Business die mit Abstand größte kommerzielle Bedeutung zugeschrieben wird, sollen nun elektronische Marktplätze als wichtige Instrumente des B2B betrachtet werden.

2.2.3 Elektronische Marktplätze als Instrumente des interorganisatorischen e-Business

2.2.3.1 Begriff und Charakterisierung von elektronischen Marktplätzen

„Märkte sind ökonomische Orte des Austauschs, an denen sich Angebot und Nachfrage treffen.“[238] Sie haben, ob elektronisch oder konventionell, nach Bakos die folgenden Funktionen:[239]

- Zusammenführen von Käufern und Verkäufern (Information über das Produktangebot; Abgleich des Angebots der Verkäufer mit den Käuferpräferenzen; Preisfindung),
- Durchführung von Transaktionen (Schaffung von Vertrauen; Logistik: Lieferung eines Produkts, einer Dienstleistung oder Information an den Käufer; Zahlungstransfer zum Verkäufer),
- Verfügbarmachung der institutionellen Infrastruktur (gesetzliche und regulatorische Rahmenbedingungen, z.B. Konfliktlösung, Kartellrecht).[240]

---

[237] Vgl. **Goldman, Sachs & Co. (Hrsg.) (B2B: 2B or not 2B?, 2000)**, S. 10f.
[238] **Picot u.a. (Grenzenlose Unternehmung, 2001, zuerst: 1996)**, S. 338.
[239] Vgl. **Bakos (Friction-free Markets, 1998)**, S. 2.
[240] Für eine ausführliche Darstellung der möglichen wettbewerbsrechtlichen Auswirkungen von elektronischen Marktplätzen vgl. **Deloitte Consulting, Deloitte & Touche, LLP (Hrsg.) (B2B Antitrust, 2000)**, S. 1ff.

Bogaschewsky und Müller wie auch Picot u.a. unterscheiden Informationsphase, Vereinbarungsphase, Abwicklungsphase und Servicephase.[241] Konstitutiv für einen elektronischen Markt ist dann die Unterstützung einzelner oder aller Phasen der Markttransaktion durch IuK-Technologien.[242] Oftmals wird unterstellt, dass elektronische Märkte aufgrund niedrigerer Suchkosten und daraus resultierenden niedrigeren Informationsasymmetrien effizienter sind als herkömmliche Märkte. Dann müsste das Preisniveau im Internet allgemein niedriger, die Preiselastizität der Nachfrage höher und die Spanne zwischen Höchst- und Tiefstpreisen kleiner als auf konventionellen Märkten sein.[243] Obwohl theoretisch einsichtig, können empirische Studien die Effizienzhypothese jedoch nur teilweise stützen.[244]

Ohne Märkte müssten n Verkäufer und m Käufer $n \cdot m$ Interaktionsbeziehungen (Relationen) eingehen, um sicherzustellen, dass das Preisoptimum gefunden wird. Bei Zwischenschaltung eines elektronischen Markts reduziert sich die Zahl der Relationen auf $n+m$, nämlich n Relationen zwischen Verkäufern und Marktplatz und m Relationen zwischen Marktplatz und Käufern.[245] Da jede Relation in der physischen Welt mit hohen Kosten (z.B. Suchkosten, Reisekosten, Opportunitätskosten für entgangene Zeit) verbunden ist, wird versucht, diese etwa durch Bündelung auf physischen Marktplätzen (z.B. Messen) oder durch Überbrückung von örtlichen Distanzen (z.B. durch Videokonferenzen) zu senken. Elektronische Märkte können dabei ein entscheidendes Hilfsmittel sein, da durch sie räumliche Entfernungen zwischen Anbietern und Nachfragern irrelevant, Prozesse neu gestaltet und beschleunigt sowie physische Produkte zumindest teilweise virtualisiert werden, so z.B. beim Austausch von Konstruktionsdaten anstelle von physischen Prototypen.[246] Elektronische Marktplätze sind jedoch nur lebensfähig, wenn sie sowohl den Verkäufern als auch den Käufern genug Liquidität bieten können, also ein gewisses kritisches Transaktionsvolumen überschreiten.[247] Viele der weltweit über 1.000 Internet-Marktplätze[248] scheiterten an dieser Hürde oder wurden von etablierten Firmen der „Old Economy" übernommen. Diese bilden oftmals so

---

[241] Vgl. **Bogaschewsky u. Müller, BME (Hrsg.) (b2b-Marktplatzüberblick, 2001)**, S. 8; **Picot u.a. (Grenzenlose Unternehmung, 2001, zuerst: 1996)**, S. 338. Ähnlich **Mummert + Partner Unternehmensberatung AG (Hrsg.) (Virtuelle Marktplätze, 2000)**, S. 17.

[242] Vgl. **Picot u.a. (Grenzenlose Unternehmung, 2001, zuerst: 1996)**, S. 338f; **Schmid (Elektronische Märkte, 2000)**, S. 57ff.

[243] Vgl. **Smith u.a. (Digital Markets, 1999)**, S. 2.

[244] Für einen Überblick über die Empirie zur Effizienz von elektronischen Märkten vgl. **Smith u.a. (Digital Markets, 1999)**, S. 7.

[245] Vgl. **Deutsche Bank AG (Hrsg.) (B2B, 2000)**, S. 9.

[246] Vgl. **Kaplan u. Garicano (B2B e-Commerce, 2000)**, S. 1f; **MarketScience (Hrsg.) (Marketplace, 2000)**, S. 4f.

[247] Vgl. **A. T. Kearney, Inc. (Hrsg.) (B2B Foundation, 2000)**, S. 2; **Berryman u. Heck (B2B, 2001)**, S. 19; **Deutsche Bank AG (Hrsg.) (B2B, 2000)**, S. 9f; **Hansell (Online Exchanges, 2000)**, o.S.

[248] Vgl. **Berlecon Research GmbH (Hrsg.) (B2B-Marktplätze, 2000)**, S. 2; **Berryman u. Heck (B2B, 2001)**, S. 19; **Bogaschewsky u. Müller, BME (Hrsg.) (b2b-Marktplatzüberblick, 2001)**, S. 8.

genannte Consortia, also Marktplätze mit Branchenfokus, an denen mehrere, sogar konkurrierende Unternehmen der Branche beteiligt sind. Das bekannteste Beispiel ist wohl Covisint, der Marktplatz der Automobilbranche, an dem DaimlerChrysler, Ford, General Motors (GM), Renault-Nissan, Peugeot-Citroën sowie einige Zulieferer- und Technologiepartner beteiligt sind.[249]

2.2.3.2 Klassifizierung von elektronischen Marktplätzen

Elektronische Marktplätze lassen sich nach mehreren Kriterien klassifizieren. Untersucht man die Anbieter-Nachfrager-Konstellation, lassen sich 1:1, n:1, 1:m oder n:m-Marktplatzlösungen unterscheiden. 1:1-Lösungen in Form von EDI oder Extranets stellen die älteste Variante dar. n:1-Modelle sind meistens käuferzentrische Beschaffungsmarktplätze mit mehreren Lieferanten, die u.a. der Schaffung von Preiswettbewerb dienen, so etwa mit Hilfe von Rückwärtsauktionen. Ferner fallen Marktplätze für Katalogbeschaffung, die deutlich reduzierte Prozesszeiten und -kosten versprechen, in diese Kategorie. Umgekehrt versucht ein Anbieter mit einer verkäuferzentrischen 1:m-Lösung möglichst viele Nachfrager zu erreichen, z.B. über eine klassische Auktion. n:m-Marktplätze (Börsen) verbinden viele Anbieter von und Nachfrager nach fungiblen Gütern zu einem idealerweise vollkommenen Markt und werden in der angelsächsischen Literatur als „Exchange" im engeren Sinne bezeichnet.[250]

Nach dem Kriterium der Branchenausrichtung ist eine Unterscheidung in vertikale und horizontale Marktplätze zu treffen.[251] Während erstere auf den Bedarf einer bestimmten Branche spezialisiert sind, bieten letztere ihre Dienste, etwa Katalogbeschaffung oder Versteigerung von Überschussbeständen und ausgemusterten Maschinen, über mehrere Branchen hinweg an. Klassifiziert man nach der Zugangsberechtigung, so finden sich offene/öffentliche oder ausschließlich für einen bestimmten Nutzerkreis vorgesehene, geschlossene Marktplätze. Ähnlich kann man nach den Eigentumsverhältnissen sich im Besitz einer dritten Partei befindliche, neutrale Marktplätze von privaten Marktplätzen und von Consortia unterscheiden. Eine Klassifikation nach der Produktart trennt direkte Inputs, also Produktionsmaterial, von indirekten Inputs, die nicht in das Endprodukt eingehen, wie etwa Bürobedarf oder MRO-Artikel (Maintenance, Repair and Operations). Nach Art der Transaktion werden sofortige Transaktionen („Spot") von längerfristigen Geschäftsbe-

[249] Vgl. **Berryman u. Heck (B2B, 2001)**, S. 19.

[250] Vgl. **Deutsche Bank AG (Hrsg.) (B2B, 2000)**, S. 8; **Electronic Market Center, Inc. (Hrsg.) (B2B Exchanges, 2000)**, S. 7ff; **MarketScience (Hrsg.) (Marketplace, 2000)**, S. 4.

[251] Vgl. zu den folgenden Klassifikationen **A. T. Kearney, Inc. (Hrsg.) (B2B Exchanges, 2000)**, S. 7; **Bogaschewsky u. Müller, BME (Hrsg.) (b2b-Marktplatzüberblick, 2001)**, S. 12ff; **Crimson Consulting Group, Inc. (Hrsg.) (Online Exchanges, 2000)**, S. 4ff; **Goldman, Sachs & Co. (Hrsg.) (B2B: 2B or not 2B?, 1999)**, S. 3; **Roland Berger & Partner GmbH (Hrsg.) (B2B Platforms, 2000)**, S. 19; **Stephens, Inc. (Hrsg.) (e-Procurement, 1999)**, S. 23.

ziehungen unterschieden. Die Preisfindung kann sich dabei statisch, also nach vorher festgelegten Preisen wie etwa im Falle der Katalogbeschaffung, dynamisch, wie bei Auktionen, oder aufgrund von gesonderten Verhandlungen vollziehen. Schließlich lassen sich elektronische Marktplätze im Hinblick auf ihr Erlösmodell unterscheiden. Hier kommen Provisionen als Anteil am Transaktionsvolumen, wertunabhängige Gebühren je Transaktion, Nutzungspauschalen z.B. in Form von monatlichen Mitgliedsgebühren, Werbeeinnahmen sowie Handelsgewinne aus der Ankaufs-Verkaufs-Spanne in Frage. Im Jahr 2001 finanzierten sich 42% der deutschen Marktplätze aus Provisionen, bei fallender Tendenz.[252]

Einige Quellen bieten sehr umfassende Marktplatzübersichten, die nach einem oder mehreren der genannten Kriterien gegliedert sind.[253] Solche Übersichten können jedoch kaum aktuell bleiben, da viele elektronische Marktplätze aufgrund fehlender Liquidität nicht längerfristig existenzfähig sind. Konsequenterweise wird heute von elektronischen Märkten gefordert, über das Zusammenführen von Angebot und Nachfrage und die Transaktionsabwicklung hinaus Mehrwertdienste, etwa im Bereich der Logistik oder der Finanzierung, anzubieten.[254] Ein wichtiger denkbarer Mehrwert ist die Unterstützung des Innovationsprozesses oder zumindest einiger Phasen des Innovationsprozesses. Hier existieren bisher kaum Ansätze, so dass es sinnvoll erscheint, in dieser Arbeit entsprechende Vorschläge zu entwickeln, was eine Teilaufgabe des Kapitels vier darstellt. Immerhin wird jedoch mitunter recht allgemein darauf hingewiesen, dass für den erfolgreichen Einsatz von e-Business-Werkzeugen die Kenntnis und Integration von zugrunde liegenden Geschäftsprozessen, mithin auch von Innovationsprozessen, vonnöten ist.[255] Am ehesten werden noch Geschäftsmodelle von elektronischen Marktplätzen genannt, die die gemeinschaftliche, interorganisatorische Produktentwicklung und damit einen wichtigen Teil des Innovationsprozesses unterstützen.[256]

Als Abschluss der Diskussion des theoretischen Bezugsrahmens des e-Business werden im Folgenden die grundlegenden Nutzenpotenziale, aber auch Risiken des e-Business erörtert.

---

[252] Vgl. **Bogaschewsky u. Müller, BME (Hrsg.) (b2b-Marktplatzüberblick, 2001)**, S. 24.

[253] Vgl. **Broadview International, LLC (Hrsg.) (Market Maps of B2B, 2000)**, S. 2f; **Deutsche Bank AG (Hrsg.) (New Economy, 2000)**, S. 51ff; **Goldman, Sachs & Co. (Hrsg.) (B2B: 2B or not 2B?, 1999)**, S. 64ff; **Roland Berger & Partner GmbH (Hrsg.) (B2B Platforms, 2000)**, S. 20f; die fundierteste Analyse in Deutschland aktiver elektronischer Marktplätze bieten **Bogaschewsky u. Müller, BME (Hrsg.) (b2b-Marktplatzüberblick, 2001)**, S. 19ff.

[254] Vgl. **Andrew u.a. (Electronic Marketplaces, 2000)**, S. 4; **Raisch (eMarketplace, 2001)**, S. 2.

[255] Vgl. **Bear, Stearns & Co., Inc. (Hrsg.) (Internet, 2000)**, S. 7.

[256] Vgl. **Frazer (B2B Relationship, 2001)**, S. 2; **Hansen u.a. (Buyer's Guide to B2B, 2001)**, S. 35; **Hoffman (e-Commerce, 2001)**, S. 1; **McKinsey & Company, Inc. – Purchasing and Supply Management Practice, Center for Advanced Purchasing Studies (CAPS) Research (Hrsg.) (B2B e-Marketplaces, 2000)**, S. 7; **Soellner u. Markham (Procurement, 2000)**, S. 12.

2.2.4 Generische Nutzenpotenziale und Risiken des e-Business

Wie jede betriebswirtschaftliche Investitionsentscheidung muss auch der Entschluss, Ressourcen für e-Business-Projekte einzusetzen, von einer Abwägung der Chancen und Risiken abhängig gemacht werden. Letztlich wird e-Business an seinem Beitrag zur Erreichung der Zielhierarchie eines Unternehmens und insbesondere des Gewinnziels gemessen.

2.2.4.1 Generische Nutzenpotenziale des e-Business

E-Business kann auf vielfältige Weise zur Schaffung von Wettbewerbsvorteilen und damit zum Unternehmenserfolg beitragen. Grundlegende nutzenstiftende Eigenschaften des e-Business, auf denen die meisten seiner Geschäftschancen beruhen, sind der direkte Kontakt zwischen Verkäufern und Käufern, die Digitalisierung von Informationen, die Reduzierung bzw. Außerkraftsetzung von Zeit- und Raumbarrieren, die Interaktivität und dynamische Anpassungsfähigkeit sowie die Aktualität bis hin zum Echtzeitcharakter.[257] Die Nutzenpotenziale von e-Business sollen nun anhand der Einteilungen von Mattes sowie von Bloch u.a. diskutiert werden. Mattes unterscheidet sechs betriebswirtschaftliche Gründe für e-Business:[258]

- Eröffnung des „vierten Vertriebskanals“,
- Erschließung neuer Geschäftsfelder und verbesserte Kundenbeziehung,
- Effizienzsteigerung im Support,
- Optimierung der Beschaffungsseite,
- Erschließung neuer Geschäftsmöglichkeiten und Gestaltung neuer Produkte,
- Konzentration auf Kernkompetenzen, Outsourcing, Bildung virtueller Unternehmen.

Nach Mattes stellt das Internet neben der persönlichen Kundenansprache über den Außendienst, dem postalischen bzw. Telefax-basierten sowie dem telefonischen Vertriebsweg einen vierten Vertriebskanal zwischen Anbieter und Käufer bzw. Absatzmittler dar. Pioniere in diesem Bereich, wie etwa der Computerhersteller Dell, der die internetbasierte Konfiguration und Bestellabwicklung von Computern durch den Kunden (Mass Customization) praktiziert, berichten von einer fünfzig- bis hundertprozentigen Steigerung der Vertriebsproduktivität. Diese basiert auf der Reduzierung von Prozesskosten und -zeiten (papierlose Bestellannahme, Information und Bestellannahme rund um die Uhr) sowie der

[257] Vgl. **Bloch u.a. (Business Value, 1996)**, S. 2f.
[258] Vgl. hierzu **Mattes (Business-to-Business, 1999)**, S. 27ff.

Entlastung des Vertriebspersonals von Routinetätigkeiten. Organisatorische Schlüsselkunden können ferner durch Extranets besser eingebunden werden. Im e-Innovationsmanagement ermöglicht der vierte Vertiebskanal z.B. neue Formen der Endkundenansprache bei der Vorbereitung der Markteinführung der Innovation.

Durch die internetbasierte Ansprache eines erweiterten Kreises von Geschäftspartnern, etwa im Bereich kleiner und mittelständischer Unternehmen (KMU), können neue Geschäftsfelder erschlossen werden. Ferner ermöglichen die digitale Verarbeitung und Auswertung großer Datenmengen sowie Interaktionsmaßnahmen eine bessere Kundenbindung bis hin zum One-to-one-Marketing. Hieraus resultieren für das e-Innovationsmanagement Ansätze zur Identifikation und Einbindung neuer Ideengeber im Firmenbereich sowie zur Ansprache und Einbindung von Endkunden in den Innovationsprozess.

Internetbasierte Effizienzsteigerungen im Support basieren auf der Nutzung von Internet-Seiten und (ggf. automatisierten) e-Mails, die eine Entlastung des Kundendiensts versprechen. Im e-Innovationsmanagement sind hier After Sales-Maßnahmen für neu in den Markt eingeführte Innovationen denkbar, so z.B. begleitende Newsletter oder die Beantwortung von Frequently Asked Questions (FAQ) auf Internet-Seiten.

Elektronische Beschaffung, z.B. über Internet-Ausschreibungen, (Rückwärts-)Auktionen oder elektronischen Dokumentenaustausch ist eine weitere Quelle von Wettbewerbsvorteilen, insbesondere kostenseitigen. Die Optimierung der Beschaffungsseite schließt jedoch eine verbesserte Zusammenarbeit mit Lieferanten, z.B. über elektronischen Datenaustausch, sowie SCM z.B. durch Programm- und Bestandsübermittlungen an das gesamte Lieferanten-netzwerk in Echtzeit, ein. Letztere Maßnahmen tragen auch zur Verbesserung der Leistungs-seite bei. Gestaltungsfelder für das e-Innovationsmanagement liegen in der verbesserten Identifikation von und Kommunikation mit Lieferanten sowie in verteilter, gemeinschaftlicher Produktentwicklung.

E-Business trägt zur Erschließung neuer Geschäftsmöglichkeiten bei. Mattes nennt neue Geschäftsmodelle etwa im Logistik- und Finanzdienstleistungsbereich. So bietet Federal Express neue Produkte zum Auftragsmanagement und zur Sendungsverfolgung an. Im Bereich des e-Innovationsmanagements sind beispielsweise Innovationsmarktplätze und -portale als bisher kaum existierende Geschäftsmöglichkeiten zu diskutieren.

Schließlich nennt Mattes die Konzentration auf Kernkompetenzen, Outsourcing und Bildung virtueller Unternehmen als Nutzenpotenzial von e-Business. Im Sinne der Move-to-the-Market-Hypothese ermöglichen die aufgrund neuer IuK-Technologien gesunkenen Transaktionskosten in der Tat neue Formen der gemeinsamen Wertschöpfung, interorganisatorischen Projektarbeit und verteilten Produktentwicklung, die einen wichtigen Bestandteil des elektronisch unterstützten Innovationsprozesses darstellen.

Bloch u.a. bieten eine noch detailliertere Einteilung der Nutzenpotenziale des e-Business:[259]

- Produktpromotion (Direkter, interaktiver Kundenkontakt, Mass Customization),
- Neue Vertriebswege (Information über und Bestellung von physischen Produkten, zusätzlich Lieferung von elektronischen Produkten wie Software über das Internet),
- Kostenreduzierungen (durch Digitalisierung, Virtualisierung und Automatisierung),
- Time to Market (gemeinsame Produktentwicklung, verringerte Durchlaufzeit),
- Kundendienst (Online-Abfrage von Problemlösungen, Abrufen des Kundendiensts),
- Marken- und Unternehmensimage (Internet-Auftritt, Ansprache von Zielgruppen),
- Technologisches und organisatorisches Lernen (Implementierung von e-Business als Prototyp für Transformationsmanagement),
- Kundenbeziehungsmanagement (verbesserte und personalisierte Kundeninformation),
- Fähigkeit zur Neuproduktgestaltung (Schaffung neuer Produkte, Anpassung existierender Produkte an Kundenwünsche),
- Neue Geschäftsmodelle (beispielsweise Informationsbroker).

Die meisten dieser Nutzenpotenziale haben im Speziellen auch Auswirkungen auf das e-Innovationsmanagement und werden daher an verschiedenen Stellen in Kapitel vier aufgegriffen.

2.2.4.2 Risiken des e-Business

Wie eingangs erwähnt, wird in dieser Arbeit die Auffassung vertreten, dass e-Business grundsätzliche Gesetze des Wirtschaftens nicht außer Kraft setzt. Insbesondere in der Euphoriephase der Jahre 1998 bis 2000 versäumten es jedoch sowohl Investoren als auch Manager von e-Business-Unternehmen und -Projekten, wichtige Kenngrößen wie Zahlungsbereitschaft der Kunden und Profitabilität der Geschäftsidee vorsichtig-realistisch einzuschätzen. Stattdessen bestand das vorherrschende Kalkül in der Betonung von Geschwindigkeit und Wachstum, d.h. einem schnellen Markteintritt mit dem Geschäftskonzept sowie dem Erreichen von kritischer Masse und einem dominanten Marktanteil. Genaue Untersuchungen der Branchen- und Wettbewerbsstruktur und eine fundierte Strategieentwicklung, vor allem aber Profitabilität, hatten zu einem unbestimmten,

[259] Vgl. hierzu **Bloch u.a. (Business Value, 1996)**, S. 4ff.

zukünftigen Zeitpunkt zu folgen.[260] Firmen wie Amazon.com verschoben in Geschäftsprognosen immer wieder den Zeitpunkt, an dem das Erreichen der Gewinnschwelle in Aussicht gestellt wurde.[261] Als eines der wenigen Beispiele eines e-Business-Start-Ups, bei dem sich die Strategie, zuerst einen dominanten Marktanteil und einen etablierten Markennamen[262] zu schaffen, um dann das Geschäftssegment zu beherrschen, als erfolgreich erwies, mag das Internet-Auktionshaus eBay gelten.[263] Neueren Studien zufolge hat sich jedoch eine hohe Geschwindigkeit nur für 10% der Internet-Firmen ausgezahlt, für die anderen stellt sie keinen Vorteil oder sogar ein Risiko dar.[264]

Ein weiteres Risiko ist in dem oft anzutreffenden, grundlegenden Missverständnis zu sehen, Investitionen in IT mit einem e-Business-Konzept gleichzusetzen. Während solche Investitionen zweifellos eine notwendige Bedingung für e-Business darstellen, sind sie keinesfalls hinreichend. Vielmehr müssen sie um massive Geldmittel sowie Managementanstrengungen für organisations- und mitarbeiterbezogene Integrationskonzepte, wie etwa Prozessanalysen und Schulungen, ergänzt werden.[265] Ohne letztere Investitionen werden erstere keine Früchte tragen und stellen dann eine Fehlallokation von knappen Ressourcen dar.

Wie viele Internet-Start-Ups, die im Wesentlichen nur über eine Geschäftsidee und eine Homepage verfügten, schmerzlich erfahren mussten, sind die wenigsten rein virtuellen e-Business-Konzepte tragfähig. Vielmehr ergänzt und unterstützt e-Business physische Leistungserstellungsprozesse. Beispielsweise erfordern C2C-Konzepte wie der Online-Buch- und Warenhändler Amazon.com oder vernetzte Wertschöpfungsstrukturen im B2B eine leistungsfähige Waren- und Informationslogistik, weshalb der Logistik eine Schlüsselrolle in der New Economy zugeschrieben wird.[266] Die Vernachlässigung physischer Leistungskomponenten stellt also ebenfalls ein Risiko im e-Business dar. Unternehmen, die dieses erkennen, werden zu den langfristigen Gewinnern im e-Business gerechnet. In Anspielung auf den Begriff „Brick-and-Mortar“-Firmen für traditionelle Unternehmen werden Unternehmen, die virtuelle und physische Prozesse integrieren, bezeichnenderweise

[260] Vgl. **Bates u.a. (Fast, 2001)**, S. 52.
[261] In den ersten drei Quartalen des Jahrs 1998, vier Jahre nach seiner Gründung, wies Amazon.com bei einem Umsatz von 153,7 Millionen US$ Verluste von 45,2 Millionen US$ aus. Vgl. **A. T. Kearney, Inc. (Hrsg.) (Role of Brands, 1998)**, S. 14.
[262] So kannten bereits im Jahr 1999, also im vierten Jahr ihres Bestehens, 91 Millionen erwachsene US-Bürger die Marke eBay. Vgl. **Dayal u.a. (Digital Brands, 2000)**, S. 44f.
[263] Vgl. **o.V. (Zukunft, 2001)**, S. 62.
[264] Vgl. **Bates u.a. (Fast, 2001)**, S. 54.
[265] Vgl. **Bloch u.a. (Business Value, 1996)**, S. 16; **Schöpf (Ideen umsetzen, 2002)**, S. 36; **Weiber (Electronic Business, 2000)**, S. 12.
[266] Vgl. **HypoVereinsbank AG (Hrsg.) (Logistik, 2000)**, S. 6ff; **Klaus (Materielles Internet, 2000)**, S. 136.

auch als „Brick-and-Click"- oder „Click-and-Mortar"-Firmen umschrieben.[267] Als Beispiel für mangelnde Integration mag ein Online-Auftragsannahmesystem dienen, dessen Daten manuell in die bestehenden Warenwirtschaftssysteme („Legacy Systems") übertragen werden müssen (mangelnde Integration von „Front End" und „Back End").[268]

Allgemein ist festzustellen, dass die im vorhergehenden Abschnitt angeführten Chancen von e-Business Potenzialcharakter haben. Undifferenzierte Betrachtungen, überhöhte Erwartungen, mangelnde Integration sowie eine kurzfristige Sichtweise und Investitionsplanung lassen e-Business zwangsläufig zum Risiko werden. Dies spiegelt sich in Abbildung 9 wider, die die Gartner Group in seltener kritischer Voraussicht bereits im Jahr 1999 veröffentlichte und die in jüngerer Zeit auch oft in der wissenschaftlichen Literatur wiedergegeben wird.[269]

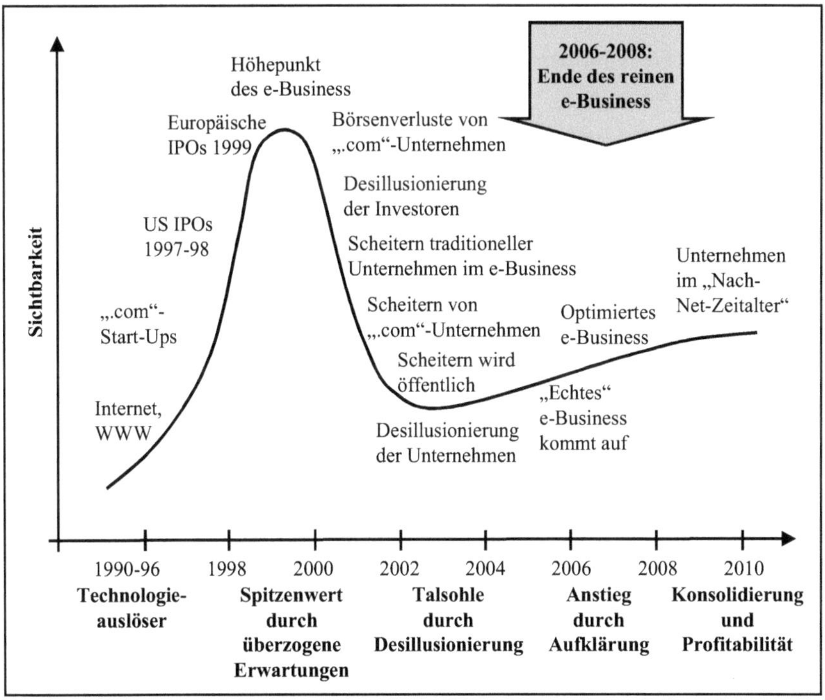

Abbildung 9: Entwicklungsphasen des e-Business.

Quelle: Gartner Group, Inc. (Hrsg.) (Speed of Hype, 1999), S. 1.

[267] Vgl. **Gartner Group, Inc. (Hrsg.) (Speed of Hype, 1999)**, S. 1f.
[268] Vgl. **Bloch u.a. (Business Value, 1996)**, S. 16.
[269] Vgl. z.B. **Schoder (Electronic Business, 2001)**, S. 14; **Weiber (Electronic Business, 2000)**, S. 13.

Danach erfüllen 75% der e-Business-Projekte, seien sie nun von traditionellen oder von „.com"-Unternehmen initiiert, die in sie gesetzten Erwartungen nicht. Nach einer Phase weit überzogener Erwartungen kommt es zu Kursverlusten von e-Business-Unternehmen von oftmals 90% und mehr.[270] Derzeit herrscht weitgehende Desillusionierung über die Potenziale des e-Business. Die Zukunft wird durch eine sorgfältigere Bewertung und Vorbereitung von e-Business-Initiativen geprägt sein – ganz im Sinne der vorliegenden Arbeit, die dazu einen Beitrag leisten will. Ca. ab 2006 bis 2008 wird etwas plakativ ein Ende des e-Business prognostiziert. Es wird jedoch betont, dass hiermit kein Rückschritt in die Zeit vor Aufkommen des e-Business gemeint ist, sondern vielmehr die erfolgreiche Integration von e-Business in die Geschäftsprozesse von „Click-and-Mortar"-Unternehmen.[271]

2.2.5 Zusammenfassende Bewertung des theoretischen Bezugsrahmens des e-Business

Abschnitt 2.2 hatte die Schaffung eines theoretischen Bezugsrahmens für das e-Business zum Ziel. Zunächst wurden e-Business und e-Commerce zueinander in Beziehung gesetzt und als in dieser Arbeit synonym zu verwendende Begriffe erkannt. Anhand von bestehenden Definitionsansätzen des e-Business konnten dann deduktiv charakteristische Merkmale herausgearbeitet und zu einer hier relevanten Definition verdichtet werden. Danach ist e-Business die Unterstützung intra- und interorganisatorischer, endkundenorientierter Wertschöpfungsprozesse durch neuartige Anwendungen von IuK-Technologien. E-Innovationsmanagement bezeichnet dann die Gestaltung und Steuerung intra- und interorganisatorischer, endkundenorientierter Innovationsprozesse, die durch neuartige Anwendungen von IuK-Technologien unterstützt werden. Sodann erfolgte eine Erläuterung des X2Y-Schemas zur Klassifizierung von e-Business-Segmenten. Ausgangspunkt einer kurzen Betrachtung der technologischen Grundlagen des e-Business waren Schichtenmodelle von IuK-Technologien und -Anwendungen. Eine Einführung in die grundlegende Terminologie und eine kurze Darlegung der Technologieentwicklung des Internets einschließlich seiner Kommerzialisierung schließen die Technologiediskussion ab. Anschließend wurden elektronische Marktplätze als wichtige Instrumente des B2B herausgestellt, charakterisiert und entlang verschiedener Dimensionen klassifiziert, bevor eine kritische Diskussion der Nutzenpotenziale und Risiken des e-Business erfolgte. Die gewonnenen Erkenntnisse dienen im weiteren Verlauf dieser Arbeit einer offenen und kritischen Auseinandersetzung mit den Chancen und Risiken des e-Innovationsmanagements.

Nach der Erarbeitung eines theoretischen Bezugsrahmens des Innovationsmanagements sowie des e-Business werden nun die Branchenspezifika der Automobilindustrie diskutiert.

---

[270] Vgl. **MORGAN (Wisdom, 2001)**, S. 1.
[271] Vgl. **GARTNER GROUP, INC. (HRSG.) (Speed of Hype, 1999)**, S. 1f.

2.3 Branchenspezifika der Automobilindustrie

2.3.1 Begriff und Charakterisierung der Automobilindustrie

Die Automobilindustrie umfasst die Hersteller von Kraftwagen und -motoren, von Anhängern, Aufbauten und Containern sowie die Kraftfahrzeugteile- und -zubehörindustrie.[272] Diese Abgrenzung des Verbands der Automobilindustrie (VDA) verdeutlicht bereits, dass in dieser Branche zwei wesentliche Akteure in Erscheinung treten: Automobilproduzenten und ihre Lieferanten.

Lieferanten (oder synonym Zulieferer) treten im klassischen Konzept der Lieferkette („Supply Chain") entweder auf der obersten Lieferstufe direkt in Geschäftsbeziehungen mit den Automobilproduzenten („Tier 1-Lieferanten") oder sie betätigen sich als Vorlieferanten auf flussaufwärts gelagerten Stufen der interorganisatorischen Wertschöpfungskette („Tier n").[273] In der Regel erbringen Lieferanten einerseits innovative Forschungs- und Entwicklungsleistungen und müssen andererseits in der Lage sein, ihre Produkte in Großserienstückzahlen zu fertigen und zu liefern. Tier 1-Lieferanten weisen vornehmlich, aber nicht ausschließlich größere, oftmals multinationale Betriebsformen auf und folgen mit ihren Produktionsstätten ggf. den Automobilproduzenten.[274] Sie entwickeln und fertigen Module und Systeme, wobei sie Know-how und Leistungen von Tier n-Lieferanten integrieren.[275] Die eher mittelständisch geprägten Tier n-Lieferanten dagegen liefern hauptsächlich Teile und Submodule.

Automobilproduzenten hingegen integrieren teils selbst entwickelte und gefertigte, teils zugelieferte Bauteile, Module und Systeme konzeptionell zum Gesamtsystem Automobil, stellen das Endprodukt Automobil her und vermarkten dieses Endprodukt als Systemführer im Absatzkanal.[276] Eine synonyme Verwendung finden auch die Termini Automobilhersteller und Original Equipment Manufacturer (OEM).[277]

---

[272] Vgl. **VDA (Hrsg.) (Standort Deutschland, 1996)**, S. 2. Der weitere Begriff der Automobilwirtschaft schließt hingegen die Absatzseite mit ein: „Die Automobilwirtschaft umfaßt (sic!) die Gesamtheit aller an der Produktion, der Distribution, der Aufrechterhaltung der Nutzungsfähigkeit und der letztendlichen Verwertung von Automobilen beteiligten Wirtschaftssubjekte." Vgl. **Meinig (Automobilwirtschaft, 1995)**, S. 59.

[273] Vgl. **Spöttl u. Becker (Know-How-Verlagerungen, 1999)**, S. 45; **Strecker (Wertschöpfungspartnerschaft, 1999)**, S. 6.

[274] Vgl. **Bleyer (Globalisierung, 2000)**, S. 23; ebd., S. 27.

[275] Vgl. **Spöttl u. Becker (Know-How-Verlagerungen, 1999)**, S. 45. Nach **Iffland (Einkauf im Wandel, 1997)**, S. 132 werden unter Systemen „funktionale Einheiten verstanden, deren Elemente ... in Relation zueinander stehen, aber nicht unbedingt physisch zusammenhängen. Beispiel hierfür [ist] das Bremssystem." Unter Modulen werden „verbaupunktorientierte Liefereinheiten verstanden, die aus logistischer und produktionstechnischer Sicht sinnvolle Einheiten bilden und geprüft in einem Vorgang in ein Fahrzeug eingebaut werden. Beispiele hierfür sind Sitze, Cockpits oder komplette Türen."

[276] Vgl. **Gottschalk (Marktveränderungen, 2001)**, S. 6; **Lamming (Beyond Partnership, 1993)**, S. 1; ebd., S. 30.

[277] Vgl. **Freiling (Abhängigkeit der Zulieferer, 1995)**, S. 4.

Die Automobilindustrie ist weltweit eine der wichtigsten Branchen und insbesondere in Deutschland aufgrund „ihrer Innovationskraft und ihres ökonomischen Gewichts ... eine Schlüsselbranche“.[278] Besonders die meist mittelständischen Betriebe der Zulieferindustrie prägen die regionale Wirtschaftsstruktur in weiten Teilen Deutschlands.[279] Mit 369 Milliarden DM Umsatz oder 17% des Gesamtumsatzes der deutschen Industrie stellt die Automobilindustrie den wichtigsten deutschen Wirtschaftszweig dar.[280] Dabei werden 59% des Umsatzes und die höchsten Wachstumsraten im Auslandsgeschäft erzielt. Im Jahr 2000 verzeichnete der Industriezweig in Deutschland 752.000 Beschäftigte, davon 55% bei OEMs, 40% in der Zulieferindustrie und 5% bei Herstellern von Anhängern und Aufbauten. 1980 waren noch ca. 61% der Arbeitnehmer bei OEMs und 34% bei Zulieferern beschäftigt, was durch seitdem erfolgte Outsourcingmaßnahmen der Automobilproduzenten zu erklären ist. Über die direkt in der Automobilbranche Beschäftigten hinaus sind im Jahr 2000 weitere 4,3 Millionen Menschen indirekt bei Herstellern von Vormaterialien, in Vertrieb, Nutzung und Wartung des Automobils tätig, so dass insgesamt über fünf Millionen Menschen, also jeder siebte Arbeitsplatz, direkt oder indirekt wirtschaftlich von der Automobilindustrie abhängen.

Auf die Pionierrolle der Automobilindustrie bei der Entwicklung und Einführung neuer, zumeist flussorientierter Management-Konzepte wie etwa dem Fließband, Lean Production, interorganisatorischen Beschaffungs- und Logistikkonzepten (Just-in-Time, Just-in-Sequence), Simultaneous Engineering, EDI u.a. wurde bereits in Abschnit 1.3.2 hingewiesen. Die Automobilindustrie nutzt ferner die Chancen der Globalisierung, indem sowohl OEMs als auch Zulieferer weltweite Produktions- und Logistikverbünde aufbauen. So stieg der Anteil der im Ausland von deutschen OEMs hergestellten PKW von 26% im Jahr 1990 auf 42% der Gesamtproduktion im Jahr 2000 und beträgt absolut 3,7 Millionen Stück versus 5,1 Millionen Stück Inlandsproduktion.[281]

Mit 26 Milliarden DM stellte die Automobilindustrie im Jahr 2000 knapp ein Drittel der deutschen F&E-Aufwendungen. Zuletzt 4.557 Patentanmeldungen (2000) im Bereich Fahrzeuge bedeuten zudem den Spitzenplatz der deutschen Patentstatistik, der seit 1995 von der Branche eingenommen wird. Mit einer Strategie der Differenzierung durch Innovation konnte die deutsche Automobilindustrie ihre Stellung im Weltmarkt deutlich ausbauen.[282] Auch in einer Expertenpanel-Befragung des Fraunhofer-Instituts für Systemtechnik und Innovationsforschung wird Deutschland beim internationalen Stand der F&E im Themenfeld

[278] **VDA (Hrsg.) (Standort Deutschland, 1996)**, S. 2.
[279] Ebd., S. 3.
[280] Vgl. zu diesen und den folgenden Zahlen **VDA (Hrsg.) (Auto 2001, 2001)**, S. 198f.
[281] Ebd., S. 28; ebd., S. 53ff.
[282] Ebd., S. 14; ebd., S. 202.

„Mobilität und Transport", das neben dem Automobil allerdings noch weitere Verkehrsträger umfasst, eine weltweite Vorreiterrolle vor den USA und Japan zugeschrieben.[283] Mithin eignet sich gerade die deutsche Automobilindustrie einerseits für die Gewinnung praxisrelevanter wissenschaftlicher Erkenntnisse im Bereich des e-Innovationsmanagements, andererseits wird sie von der Anwendung dieser Erkenntnisse auch besonders profitieren.

2.3.2 Spezifika des Produkts Automobil

Das Endprodukt des Wertschöpfungsprozesses in der Automobilindustrie, das Automobil, weist sowohl entlang einer technisch-objektiven Dimension als auch entlang einer nicht zu unterschätzenden emotional-subjektiven Dimension spezifische Eigenschaften auf, die für das e-Innovationsmanagement relevant sind.

2.3.2.1 Technisch-objektive Spezifika

In technisch-objektiver Hinsicht ist das Automobil als hoch komplexes, hoch integriertes Produkt mit systemischem Charakter zu beschreiben. Als Produkt mit einer über hundertjährigen Geschichte befindet es sich zwar insbesondere in den Industrieländern in der Reifephase der PLZ, erfüllt jedoch nach wie vor in idealer Weise das grundlegende Bedürfnis des Menschen nach individueller Mobilität. Stets ein Spiegelbild des technologischen Stands seiner Zeit, hat es umfangreiche technologische Veränderungen angestoßen und aufgenommen.[284] Daher kann die Hypothese formuliert werden, dass auch langfristig ein Bedarf an einem Produkt bestehen wird, das selbst beweglich, also auto-mobil ist, auch wenn veränderte Rahmenbedingungen wie etwa strengere Umweltschutzauflagen oder eine Überlastung der Verkehrsinfrastruktur neue technische Konzepte (z.B. alternative Antriebskonzepte, Verkehrstelematik) erfordern werden. Die Fähigkeit, das Automobil mit technisch und wirtschaftlich tragfähigen Produktinnovationen zu versehen, wird daher eher an Bedeutung zu- als abnehmen. Ebenso steigt die technische Komplexität des Produkts weiter, das schon heute die verschiedensten Komponenten und Technologien aus allen industriellen Sektoren integriert. So erfordert der Automobilbau, um nur wenige Beispiele zu nennen, Materialien und Kompetenzen aus so verschiedenen Gebieten wie dem Werkzeugbau, der Kunststoff- und Lederverarbeitung, dem Leichtbau, der Sensorik und Aktuatorik, der Software-Programmierung und dem Modellbau. Die „große Zahl der höchst unterschiedlichen Funktionen und Systeme in einem Automobil"[285] sind zu einem abgestimmten Ganzen, einem System aus harmonisch interagierenden Elementen zu integrieren. So ist es nicht

[283] Vgl. **FRAUNHOFER-INSTITUT FÜR SYSTEMTECHNIK UND INNOVATIONSFORSCHUNG IM AUFTRAG DES BUNDESMINISTERIUMS FÜR BILDUNG, WISSENSCHAFT, FORSCHUNG UND TECHNOLOGIE (HRSG.) (Delphi Ergebnisse, 1998)**, S. 111.

[284] Vgl. **PANKE (Automobilindustrie, 1999)**, S. 30.

[285] Ebd., S. 31.

verwunderlich, dass Ulrich und Probst in ihrer Diskussion des ganzheitlichen, systemischen Denkens das Automobil als Paradebeispiel für ein komplexes technisches System heranziehen.[286] Zu Recht weisen sie aber auch darauf hin, dass dieses System zusammen mit seinem Fahrer Teil eines umfassenderen Systems mit Beteiligung von Menschen ist, was uns zur zweiten, emotional-subjektiven Eigenschaftsdimension des Automobils führt.

2.3.2.2 Emotional-subjektive Spezifika

Die Eigenschaften des Automobils, die zur Beurteilung durch den Endkunden und letztlich zur Kaufentscheidung herangezogen werden, beschränken sich bei weitem nicht auf den technischen Bereich. Vielmehr ist das Produkt wie kaum ein anderes emotional besetzt und subjektiven Eindrücken unterlegen.[287] Objektive technische Eigenschaften werden zwar in dem ausgiebigen Kaufentscheidungsprozess, dem das Automobil als langlebiges Gebrauchsgut unterzogen wird, zweifellos mit berücksichtigt, doch werden sie mit emotional besetzten Faktoren wie Design, Lebensgefühl, Mobilitäts- und Fahrverhalten, Image und Markenbild zu einem komplexen Wahrnehmungsgeflecht verbunden. „Die Differenzierung des Automobils entsteht über die Kombination von Produktsubstanz mit Emotionalität und dem Persönlichkeitsausdruck, den die Marke bietet".[288] Dadurch erklärt sich auch die emotionale Besetzung von Debatten z.B. zum Thema Tempolimit[289] oder die Verquickung von Marken mit unterstellten Persönlichkeitsmerkmalen des Fahrers.[290] Nahezu jedes Automobil erfüllt heute den Grundnutzen, sicher und zuverlässig von A nach B zu kommen. Darüber hinaus dient es aber auch der Vermittlung von Prestige, der Darstellung einer tatsächlichen oder angestrebten sozialen Stellung, dem Spaß an der Bewegung, dem Ausleben von Freiheit und gerät zum „Supersymbol" seines Besitzers, zum Mittel der „sozialen Selbstdarstellung mittels technischer Artefakte".[291] Im Extremfall ist es alleine dieser emotionale und soziale Zusatznutzen, der zur Kauf- und Nutzungsentscheidung führt.[292] Hieraus folgt, dass das e-Innovationsmanagement gerade in der Automobilbranche neben dem PEP auch Faktoren wie Kundenansprache und -einbindung, Markteinführung der Innovation und Markenführung umfassen muss.

Im Folgenden wird eine Abgrenzung der Automobilindustrie von anderen Branchen vorgenommen, bevor sie einer Branchenstrukturanalyse nach Porter unterzogen wird.

---

[286] Vgl. **ULRICH U. PROBST (Ganzheitliches Denken, 1995, zuerst: 1988)**, S. 31ff.
[287] Vgl. **KOCKS (Öffentlichkeitsarbeit, 1998)**, S. 62; **SPIEGEL (Ganzheitliches Produkterlebnis, 1998)**, S. 62.
[288] **HEITMANN (Markenstrategien, 2000)**, S. 51.
[289] Vgl. **BECKER (Faszination Automobil, 1997)**, S. 217.
[290] Man denke an Äußerungen wie „der typische BMW-Fahrer ist dynamisch; verhält sich rücksichtslos" o.ä.
[291] Vgl. **LAMMING (Beyond Partnership, 1993)**, S. 1; **ROSENBURG (Leidenschaft, 1998)**, S. 61.
[292] Die Dominanz des Zusatz- über den Grundnutzen verdeutlicht z.B. der Leiter des Deutschland-Vertriebs der Porsche AG mit den Worten „Kein Mensch der Welt braucht einen Porsche", wobei „brauchen" im Sinne des Grundnutzens verwendet wird. Vgl. **CÜRTEN (Porsche, 1999)**, S. 43.

2.3.3 Industrieökonomische Analyse der Branche Automobilindustrie

2.3.3.1 Abgrenzung der Automobilindustrie zu anderen Branchen

Die Spezifität der Automobilindustrie zeigt sich auch in ihrer innovationsbezogenen Unterschiedlichkeit im Vergleich zu anderen Branchen. Da es hier verständlicherweise nicht Ziel sein kann, die Eigenheiten aller Branchen in vollständiger Breite und Tiefe herauszuarbeiten, soll eine Auswahl mit exemplarischem Charakter genügen.

So weist beispielsweise die Konsumgüterindustrie (hier im Sinne der Hersteller von Verbrauchs-, nicht Gebrauchsgütern) innovationsbezogene Besonderheiten auf. Während in der Automobilindustrie die Produktentwicklungs-, Produktions- sowie Vermarktungsseite von ähnlichem Stellenwert sind und aus Sicht der OEMs die flussaufwärts-Integration des Lieferantennetzwerks die Fähigkeit zur Produktinnovation maßgeblich bestimmt, wird Innovation in der Konsumgüterindustrie stärker als in jeder anderen Branche durch Marketinginnovationen bestimmt. Auch wenn die Produktsubstanz, etwa bei Waschmitteln, durchaus immer wieder verändert und verbessert wird, entscheidet sich der Geschäftserfolg flussabwärts, bei der Anwendung des Marketing-Mix, beim Distributionssytem,[293] der Kundenansprache und ganz besonders durch die Markenführung.[294] Während das Markenportfolio eines Automobilherstellers zwischen einer und wenigen Marken umfasst, erfordern die oft Dutzende von Marken eines Konsumgüterherstellers ein effektives Mehrmarkenmanagement.[295]

Die Pharmaindustrie ist in besonderem Maße von Produktinnovationen, also neuen und wirksamen Medikamenten, abhängig. Sie sieht sich noch stärker als die Automobilindustrie von regulatorischen Rahmenbedingungen beeinflusst, was sich insbesondere im vorgeschriebenen aufwändigen Test- und Zulassungsprozess für neue Arzneimittel manifestiert.[296] Der PEP weist das Spezifikum einer extrem hohen Ausscheiderate und sehr hohen Unsicherheit bezüglich des Markterfolgs auf. So müssen tausende mögliche Wirkstoffkombinationen untersucht werden, um nur ein einziges neues Medikament zur Marktreife und Zulassung zu bringen. Aufgrund der kostspieligen und zeitaufwändigen Produktentwicklung gewinnt die Lizenzierung und Herstellung von Generika in der Pharmabranche stark an Bedeutung.[297] Trotz verstärkter, aber von zweifelhaftem Erfolg

[293] Ähnlich weisen auch Weber und Kummer darauf hin, dass innovative Logistikkonzepte auf der Distributionsseite vornehmlich in der Konsumgüterindustrie ihren Ursprung haben, während beschaffungsseitige Flusskonzepte typischerweise der Automobilindustrie entstammen. Vgl. **WEBER U. KUMMER (Logistikmanagement, 1998, zuerst: 1994)**, S. 3f.
[294] Vgl. **EALEY U. TROYANO-BERMÚDEZ (Commodity, 1996)**, S. 63.
[295] Vgl. **NIESCHLAG U.A. (Marketing, 1991, zuerst: o.J.)**, S. 185f.
[296] Vgl. **BHANDARI U.A. (Health Care, 1999)**, S. 63f.
[297] Vgl. **AITKEN U.A. (License, 2000)**, S. 80ff.

gekrönter Bemühungen, neue Arzneimittel durch direkte Endkunden-, also Patientenansprache zu vermarkten, gründet sich die Vermarktung neuer Produkte im Gegensatz zur Automobilindustrie hauptsächlich auf Zwischenstufen im Absatzkanal, so etwa Kliniken und Ärzte.[298]

Investitionsgüterindustrien wie etwa große Teile der chemischen und elektrotechnischen Industrie oder des Maschinen- und Anlagenbaus weisen ebenfalls innovationsbezogene Spezifika auf.[299] So sind Neuentwicklungen stark technologie- und ingenieurgetrieben (Technology Push),[300] während in der Automobilindustrie nicht zuletzt aufgrund des Dualismus von technisch-objektiven und emotional-subjektiven Eigenschaften des Produkts eine Integration von Technology Push und Market Pull-Innovationen als notwendig erscheint. Ferner unterscheiden sich die Zweige der Investitionsgüterindustrie durch Besonderheiten wie den abgeleiteten Bedarf, einen kollektiven, formalisierten und von vergleichsweise hoher Rationalität geprägten Kaufentscheidungsprozess, der auf direkter Interaktion und Verhandlungen beruht, eine geringe Anzahl und hohe Konzentration von Bedarfsträgern u.a. von der Automobilindustrie.[301]

Dienstleistungsbranchen wie etwa Finanzdienstleistungen oder die Versicherungswirtschaft schließlich entwickeln ebenfalls neue Produkte, wie z.B. neue Finanzderivate („Financial Engineering"). Aufgrund des nichtphysischen Charakters ihrer Produkte sind die Anforderungen an das Produktinnovationsmanagement jedoch gänzlich andere.[302]

Es konnte gezeigt werden, dass sich die Automobilbranche von anderen Branchen in Bezug auf das Innovationsmanagement unterscheidet. Zur Schaffung eines tieferen Verständnisses der Automobilindustrie erscheint es als zweckmäßig, nun eine Branchenstrukturanalyse nach Porter vorzunehmen.

2.3.3.2 Branchenstrukturanalyse der Automobilindustrie nach Porter

Porter identifiziert fünf Triebkräfte des Wettbewerbs, die die Struktur einer Branche bestimmen und aus denen nachhaltige Wettbewerbsvorteile resultieren können.[303] Diese

---

[298] Vgl. **Aitken u. Holt (Direct Drug Marketing, 2000)**, S. 83f.

[299] Es sei aber darauf hingewiesen, dass auch das Automobil nicht nur als langlebiges Konsumgut (Gebrauchsgut), sondern bei gewerblicher Verwendung (z.B. als Firmen- oder Lieferwagen) auch als Investitions- oder Produktionsgut gelten kann. Vgl. **Nieschlag u.a. (Marketing, 1991, zuerst: o.J.)**, S. 100f.

[300] Vgl. **Backhaus (Investitionsgütermarketing, 1990, zuerst 1982)**, S. 8; **Meffert (Marketing, 1986, zuerst: 1977)**, S. 42.

[301] Vgl. **Meffert (Marketing, 1986, zuerst: 1977)**, S. 42f.

[302] So können z.B. aufgrund der vollkommenen Transparenz auf den Märkten für Finanzprodukte Pioniervorteile aus Neuproduktinnovationen nicht lange gehalten werden und können daher kaum als Quelle von erhaltbaren Wettbewerbsvorteilen dienen. Vgl. **Bongartz (Strategische Ressourcen, 1997)**, S. 22; ebd., S. 34.

[303] Vgl. **Porter (Wettbewerbsvorteile, 1986)**, S. 22ff.

Wettbewerbskräfte, nämlich Rivalität der bestehenden Wettbewerber, Abnehmerstärke, Lieferantenmacht, Substitutionsgefahr durch Ersatzprodukte sowie Bedrohung durch potenzielle neue Konkurrenten, stellen keine Konstanten dar, sondern können von Unternehmen beeinflusst werden.[304]

2.3.3.2.1 Rivalität der bestehenden Wettbewerber

Die Rivalität der bestehenden Wettbewerber in der Automobilindustrie stellt sich sowohl auf der Lieferanten- als auch auf der Abnehmerseite bei weiter steigender Tendenz als sehr ausgeprägt dar.[305] Die Felder der notwendigen Wettbewerbsfähigkeit für die Unternehmen der Automobilindustrie sind Technologie und Innovation, aber auch Kosten, Qualität, Zeit und Prozessvernetzung.[306] Um den Endkunden am Markt ein wettbewerbsfähiges Produktangebot zur Verfügung zu stellen, sind daher Kosten-, Zeit-, Qualitäts- und Prozesssicherheitsvorgaben trotz auftretender Zielkonflikte mit innovationsbezogenen Zielen in Einklang zu bringen.

Für das Verständnis der Rivalität zwischen den OEMs ist ferner die Unterscheidung von Volumen- und Premiumherstellern vonnöten. Volumenhersteller produzieren nach traditionellem Verständnis „große Stückzahlen von Fahrzeugen für untere bis mittlere Preissegmente".[307] Als Beispiele sind etwa Fiat, Ford oder Opel zu nennen. Premiumhersteller bzw. -marken wie etwa BMW, Jaguar, Mercedes-Benz oder Porsche bedienten noch bis vor wenigen Jahren größtenteils die obersten Preissegmente in der automobilen Oberklasse mit vergleichsweise geringen Absatzzahlen. Da aber gerade sie in jüngerer Zeit durch eine erfolgreiche, auf Innovation und Markenbewusstsein[308] gegründete Differenzierungsstrategie ein hohes Stückzahlwachstum vorweisen können,[309] greift eine rein stückzahlbezogene Abgrenzung von Volumen- und Premiumherstellern nicht mehr. So bieten viele Premiumhersteller nun in mehreren, auch kleineren Fahrzeugklassen neue Modelle an und definieren ihren Premiumanspruch nach aktueller Sprachregelung für alle jeweils bedienten Klassen,[310] während frühere Volumenanbieter ihr Angebot in Oberklassesegmenten erweitern

[304] Vgl. **PORTER (Wettbewerbsvorteile, 1986)**, S. 25.

[305] Vgl. **GOTTSCHALK (Marktveränderungen, 2001)**, S. 7.

[306] Vgl. **WENDT (Basistrends, 2001)**, S. 14.

[307] **BAUR (Make-or-Buy, 1990)**, S. 5.

[308] **MILBERG (Premium-Hersteller, 2001)**, S. 3 führt dazu aus: „Premium bedeutet ‚Mehrwert'. Dieser besteht in einer exzellenten Produktsubstanz und einem herausragenden Markenimage."

[309] So erreichte die Marke Mercedes-Benz im Jahr 1999 erstmals einen Absatz von einer Million Stück, im Jahr 2000 verzeichnete der Absatz mit 1.053.000 Stück (davon 198.000 im für die Marke jungen Segment der A-Klasse) einen erneuten Höchststand. Vgl. **DAIMLERCHRYSLER AG (HRSG.) (Geschäftsbericht 2000, 2001)**, S. 28f. BMW setzte 2000 bereits 820.000 Automobile ab und visiert ebenfalls eine Million abgesetzte Stück an. Vgl. **MILBERG (Premium-Hersteller, 2001)**, S. 1.

[310] Vgl. z.B. für BMW **BECKER (Produktentstehungsprozess, 2001)**, S. 4f; für Mercedes-Benz **HUBBERT (Automobilindustrie und Innovation, 1998)**, S. 46; **SCHREMPP (Brief des Vorstandsvorsitzenden, 2001)**, S. 6.

und die gesamte Modellpalette mit einer Premiumwahrnehmung versehen wollen.[311] Die Grenzen verwischen sich also, und der vormals in getrennten Volumen- oder Premiumsegmenten geführte Wettbewerb wird zunehmend zu einer Auseinandersetzung aller OEMs in allen Fahrzeugsegmenten.

Einen verwandten Trend stellt die allgemeine Produktproliferation und Variantenvielfalt bei den Automobilherstellern und dadurch auch bei den Zulieferern dar. Abbildung 10 zeigt dies beispielhaft anhand des Geschäftsfelds Mercedes-Benz/smart der Firma DaimlerChrysler.

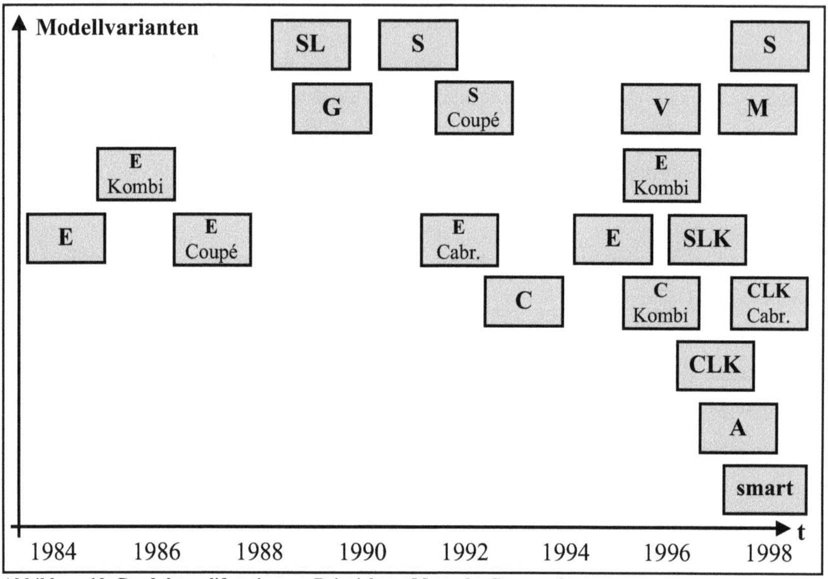

Abbildung 10: Produktproliferation am Beispiel von Mercedes-Benz und smart.

Quelle: In Anlehnung an Hubbert (Automobilindustrie und Innovation, 1998), S. 46.

In so genannten Produktoffensiven haben viele Automobilproduzenten die Anzahl der bedienten Fahrzeugsegmente und -klassen sowohl horizontal (in verschiedenen Aufbauformen wie Limousine, Kombi, Roadster, Cabriolet, Coupé, Off-road, Van u.a.) als auch vertikal (in den verschiedenen Preisklassen vom Mini und Kleinwagen über die Mittel- bis hin zur Ober- und Luxusklasse) mitunter dramatisch erhöht und decken damit einen Großteil des Gesamtmarkts einschließlich vielerlei Nischensegmente ab.[312] Derzeit wird die

[311] Ein Beispiel für die Erweiterung des Angebots eines Premiumanbieters in kleinere Klassen stellt die Mercedes-Benz A-Klasse dar, für die Erweiterung des Angebots eines Volumenherstellers in die Oberklasse der VW Phaeton. Die Wandlung einer kompletten Marke hin zu einem Premiumhersteller kann beispielsweise bei Audi als erfolgreich bezeichnet werden und wird derzeit auch von VW betrieben.

[312] Vgl. **DIEZ (Plattform-Strategien, 1999)**, S. 4f; ebd., S. 8.

Zahl der PKW-Modelle weltweit mit ca. 1700 angegeben.[313] Die Modellproliferation verschärft den Wettbewerb[314] und verursacht zusammen mit kürzeren PLZ höhere variantenabhängige Kosten, Komplexitätssteigerungen sowie eine Belastung des Produktentwicklungsbereichs, denen allerdings durch Plattform- oder Baukastenstrategien entgegengewirkt werden kann.[315]

Ferner verschärft sich die Konkurrenzsituation durch die weltweite Ausdehnung von Produktions-, Absatz- und Wettbewerbsmöglichkeiten (Globalisierung), aber auch durch ein verlangsamtes Marktwachstum in den Triade-Märkten Nordamerika, Westeuropa und Japan-Korea, in denen immer noch 75% der weltweiten Jahresproduktion von ca. 55 Millionen Einheiten abgesetzt wird, eine mitunter enttäuschende Marktentwicklung in den Schwellenländern, eine sich beschleunigende technologische Entwicklung sowie nicht zuletzt durch beträchtliche Überkapazitäten.[316] Als Faustregel kann gelten, dass eine weltweite Überkapazität besteht (ca. 20 Millionen Einheiten im Jahr 2000), die die Höhe der europäischen Jahresproduktion an Automobilen (ca. 16 Millionen Einheiten) sogar noch übertrifft.[317] Da die Branche einen ausgesprochen zyklischen Charakter aufweist, unterliegen Automobilzulieferer und -hersteller insbesondere in Rezessionsphasen einem großen, oftmals existenziellen wirtschaftlichen Druck.[318] Zudem verschieben sich Machtstrukturen aufgrund von ausgeprägten Konsolidierungs- und Konzentrationstendenzen.[319] So existieren heute nur noch ca. ein Dutzend unabhängige OEMs mit zumeist mehreren Automobilmarken. Im Jahr 1960 waren es 42, im Jahr 1980 betrug die Zahl 29 und bis 2010 sollen noch sechs bis zehn verblieben sein.[320] Auf der Zuliefererseite bilden sich vermehrt so genannte Megalieferanten. Abbildung 11 gibt einen Überblick über die Beteiligungs-, Akquisitions- und Fusionsaktivitäten auf Zulieferer- und auf OEM-Seite.

---

313 Vgl. **DAIMLERCHRYSLER AG (HRSG.) (Segmentierung, 2002)**, S. 5.
314 Ders. **(Geschäftsbericht 2001, 2002)**, S. 11.
315 Vgl. **DIEZ (Plattform-Strategien, 1999)**, S. 12ff.
316 Ebd., S. 4; **DUDENHÖFFER (Konzentrationsprozesse, 2001)**, S. 394; **EALEY U. TROYANO-BERMÚDEZ (Commodity, 1996)**, S. 63; **FREILING (Abhängigkeit der Zulieferer, 1995)**, S. 4f; **LOEBERT (Systemlieferantenstrategie, 1998)**, S. 1; **REEG (Liefer- und Leistungsbeziehungen, 1998)**, S. 18f.
317 Vgl. **MÜLLER (Globalisierung, 1997)**, S. 3; ebd., S. 10.
318 Vgl. **EALEY U. TROYANO-BERMÚDEZ (Automotive Industry, 2000)**, S. 72.
319 Vgl. **GOTTSCHALK (Marktveränderungen, 2001)**, S. 5; **RUDNITZKI (Automobilhersteller, 2001)**, S. 2ff.
320 Vgl. **HYPOVEREINSBANK AG U. MERCER MANAGEMENT CONSULTING (HRSG.) (Automobiltechnologie 2010 Überblick, 2001)**, S. 6; **PREISSLER U. RESKE, DAIMLERCHRYSLER AG (HRSG.) (OEM/Zulieferer, 2000)**, S. 18.

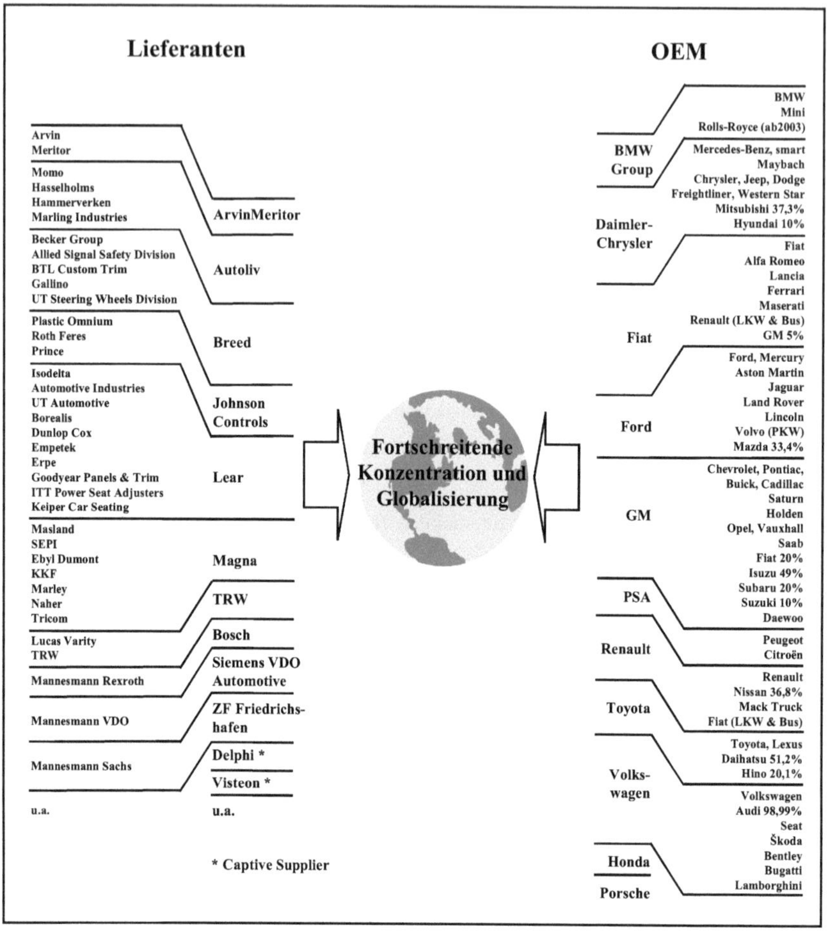

Abbildung 11: Konsolidierungstendenzen in der Automobilindustrie (Überblick).

2.3.3.2.2 Lieferantenmacht und Abnehmermacht

Es erscheint zweckmäßig, die Porterschen Dimensionen der Lieferantenmacht und der Abnehmerstärke in der Automobilindustrie gemeinsam zu behandeln. Schließlich befinden sich Zulieferer und OEMs in einem gemeinsamen Interaktionsverhältnis. Dabei können Zulieferer sowohl Abnehmer der Güter von Vorlieferanten als auch Lieferanten an andere Zulieferer oder an OEMs sein. OEMs sind Abnehmer von Lieferantenerzeugnissen und Lieferanten für den Endkunden. Die Abnehmermacht und das Anspruchsniveau der Endkunden ist gestiegen, was die Marktsituation insbesondere für Automobilhersteller, die nicht über herausragende Produkte und Marken verfügen, erschwert.[321] Letztlich spiegelt sich die Marktmacht der Endkunden im Interaktionsverhältnis von Herstellern und Lieferanten wider, das nun genauer untersucht wird.

Die Konzentrationsprozesse auf OEM-Seite werden mit dem Streben nach global besten Kostenstrukturen und Synergieeffekten begründet: Fixe Entwicklungs- und Produktionsvorbereitungskosten in Höhe von bis zu 1,5 Milliarden Euro pro Modellplattform können durch mehrfache Verwendung von Plattformen oder Gleichteilen in den Marken eines Konzerns auf größere Stückzahlen verteilt und damit schneller amortisiert werden; Vertriebsnetze können zumindest im vom Kunden nicht sichtbaren Teil von mehreren Marken gemeinsam genutzt werden.[322] Durch die Konzentration auf OEM-Seite ist deren Abnehmermacht gestiegen, da sie durch Volumenbündelung niedrigere Beschaffungspreise durchsetzen können. Lieferanten sehen sich zwar in der Lage, durch einen Auftrag über die Belieferung einer Großserie ihre Kapazität über Jahre hinweg auszulasten, sind jedoch ebenso in hohem Maße abhängig von den großen Stückzahlen weniger oder gar nur eines Kunden.[323] Durch Global Sourcing, also die Erschließung des weltweiten Beschaffungsmarkts, erhöht sich die Abnehmermacht der OEMs weiter.[324]

Den Automobilherstellern ist jedoch aus Gründen der Reduktion von Kosten und Komplexität auch daran gelegen, die Zahl der Lieferanten im Direktkontakt zu reduzieren, was die Einquellenbeschaffung (Single Sourcing) sinnvoll erscheinen lässt.[325] So decken lediglich 8% der 1.000 Lieferanten von Mercedes-Benz 80% des Beschaffungsvolumens ab. Die Zahl der Lieferanten für die 1998 in den Markt eingeführte Mercedes-Benz S-Klasse beträgt 300, während sie beim Vorgängermodell noch bei 550 lag.[326] Single Sourcing erhöht jedoch die Abhängigkeit der OEMs und die Stärke der Lieferanten, insbesondere der großen First Tier-Lieferanten, die ihrerseits durch Akquisitions- und Konsolidierungsbemühungen nach dem Aufbau größerer Machtpositionen streben.[327] So sind nach einer empirischen Studie in der amerikanischen Automobilindustrie 42% der Beziehungskonstellationen zwischen Zulieferern und Abnehmern durch eine asymmetrische Abhängigkeitssituation zu Lasten der Abnehmer gekennzeichnet.[328]

---

[321] Vgl. **EALEY U. TROYANO-BERMÚDEZ (Automotive Industry, 2000)**, S. 72ff; dies. **(Commodity, 1996)**, S. 64.
[322] Vgl. **DUDENHÖFFER (Konzentrationsprozesse, 2001)**, S. 396ff.
[323] Vgl. **GOTTSCHALK (Marktveränderungen, 2001)**, S. 3.
[324] Vgl. **PETERS (Market Power, 1998)**, S. 3.
[325] Vgl. **RIFFNER U. WEIDELICH (Lieferantenmanagement, 2001)**, S. 104f.
[326] Vgl. **O.V. (Mega-Supplier, 1999)**, S. 10.
[327] Vgl. **PETERS (Market Power, 1998)**, S. 3.
[328] Vgl. **BENSAOU (Buyer-Supplier Relationships, 1999)**, S. 36f.

Das Abhängigkeitsgeflecht in der Automobilindustrie wird zudem durch den grundlegenden Trend der Reduktion der Fertigungstiefe verstärkt. Während Alfred Sloan, der Gründer von GM, und Henry Ford in den 1920er Jahren nahezu vollständig vertikal integrierte Automobilhersteller schufen, die vom Kleinteil bis zum fertigen Fahrzeug den Großteil der Wertschöpfung selbst erbrachten, hat sich dieses Verständnis mittlerweile so grundlegend umgekehrt, dass diese beiden Firmen ab 1999 ihre Teiledivisionen als eigenständige Zulieferunternehmen, nämlich Delphi bzw. Visteon, herauslösten.[329] Diese als Captive Supplier bezeichneten Lieferanten streben nun erklärtermaßen danach, verstärkt auch andere OEMs als ihre ehemaligen Konzernmütter zu beliefern.[330] Die Automobilhersteller haben ihre Fertigungstiefe von 50% im Jahr 1993 auf 30%-40% im Jahr 2000 reduziert, wobei bis 2005 und 2010 eine Reduzierung um jeweils weitere fünf Prozentpunkte prognostiziert wird.[331] Die Fertigungstiefe von Mercedes-Benz und von BMW beträgt derzeit beispielsweise 30%-35%, bei smart, wo neue Logistik- und Wertschöpfungskonzepte angewandt werden,[332] liegt sie bei 20%.[333]

Bedeutsamer noch erscheint die Tatsache, dass auch die Entwicklungsanteile der OEMs im Fallen begriffen sind. Während sie 2000 noch bei 67% liegen, wird ein Absinken auf 57% in 2005 und auf 49% in 2010 prognostiziert.[334] Dies offenbart unmittelbar ein interorganisatorisches Abhängigkeitsverhältnis im Innovationsbereich. Die Automobilproduzenten versuchen, „über eine frühzeitige Einbindung technologisch führender Zulieferer in die eigene Fahrzeugentwicklung ... externe Innovationspotenziale gezielt für sich nutzbar machen zu können. Das technologische Know-how der Zulieferer soll dazu beitragen, die eigene Innovations- und Wettbewerbsfähigkeit zu steigern. Die Bedeutung der Zulieferbetriebe für den Markterfolg der Automobilhersteller nimmt dadurch zu."[335]

Insgesamt lässt sich also ein auf mehrere Faktoren gegründetes, weitreichendes gegenseitiges Abhängigkeitsverhältnis zwischen (Vor-)Lieferanten und OEMs gerade auch im Innovationsbereich feststellen. Die Einbindung von Lieferanten in den Produktentwicklungsprozess ist dabei in der Automobilindustrie von entscheidender Bedeutung.[336] Oftmals wird dabei in Wissenschaft und Praxis das Modell einer Partnerschaft zwischen

[329] Vgl. **DUDENHÖFFER (Konzentrationsprozesse, 2001)**, S. 394.
[330] Vgl. **PETER (Partnerschaft, 1999)**, S. 8.
[331] Vgl. **PETERS (Technologische Leistungsfähigkeit, 1997)**, S. 16; **VDA (HRSG.) (Auto 2000, 2000)**, S. 52. Zu früheren Daten vgl. **BAUR (Make-or-Buy, 1990)**, S. 135; **WOLLSEIFFEN (Fertigungstiefenplanung, 1999)**, S. 5.
[332] Vgl. **DUDENHÖFFER (Konzentrationsprozesse, 2001)**, S. 394.
[333] Vgl. zu Mercedes-Benz und smart **O.V. (Mega-Supplier, 1999)**, S. 10; zu BMW **ZIEBART (Gemeinsam entwickeln, 1998)**, S. 9.
[334] Vgl. **VDA (HRSG.) (Auto 2000, 2000)**, S. 52.
[335] **PETERS U. BECKER (Betriebliche Innovationsaktivitäten, 1999)**, S. 1294.
[336] Vgl. **WERTZ (Lieferanten-Produzenten, 2000)**, S. 28.

Lieferant und Abnehmer, das sich durch langfristige Beziehungen, gegenseitiges Vertrauen und umfassende Zusammenarbeit auszeichnet, als erfolgversprechend herausgestellt.[337] Es kann daher nicht verwundern, dass alle maßgeblichen Automobilhersteller partnerschaftliche Lieferantenprogramme definiert haben.[338] Andererseits sieht sich gerade die herrschende Beschaffungspraxis und Zusammenarbeit in der Automobilindustrie heftiger Kritik ausgesetzt, da die OEMs oft der Versuchung nachgeben, die asymmetrischen Marktkonzentrations- und -machtverhältnisse (ein Dutzend OEMs versus 80.000 Lieferanten) zum Drücken von Preisen, zur mangelnden Kompensation von F&E-Aufwendungen der Lieferanten und zu weiteren Zugeständnissen auszunutzen.[339] Nach einer empirischen Studie zur Zufriedenheit deutscher Lieferanten mit ihren OEM-Kunden wäre aus Sicht der Lieferanten eine langfristige, partnerschaftliche und vertrauensvolle Geschäftsbeziehung für den Betriebserfolg zwar am wichtigsten (Platz 1, 2 und 3 von 24 angebotenen Kriterien), doch zeigen sie sich im Ergebnis nur unterdurchschnittlich zufrieden mit dem Interesse des Abnehmers an ihrem wirtschaftlichen Erfolg und mit dem Einsatz der Abnehmermacht des OEMs.[340]

2.3.3.2.3 Substitutionsgefahr durch Ersatzprodukte

Die Substitutionsgefahr durch Ersatzprodukte in der Automobilindustrie ist auf der OEM- und auf der Lieferantenseite zu untersuchen. Auf der OEM-Seite kann Substitutionsgefahr zum einen aus der Veränderung des Mobilitätsbedarfs und der Mobilitätsstruktur, etwa hin zu öffentlichen statt individuellen Verkehrsmitteln, zum anderen aus der direkten Substitution des Automobils in seiner heutigen Form durch alternative individuelle Verkehrsmittel resultieren. Erstere Gefahr ist als gering einzuschätzen, da der Mobilitätsbedarf insgesamt und insbesondere der Bedarf an individueller Mobilität, also am Automobil, weiter im Steigen begriffen ist.[341] Letztere Gefahr ist angesichts der Endlichkeit fossiler Energieträger mittelfristig durchaus realistisch, weshalb auch alle OEMs an alternativen Antriebskonzepten, so z.B. der direkten Verbrennung von Wasserstoff oder der elektrochemischen Erzeugung von Antriebsenergie in Brennstoffzellen, arbeiten. Durch die frühzeitige Einbindung von

---

[337] Vgl. BENSAOU **(Buyer-Supplier Relationships, 1999)**, S. 36; LARGE **(Partnerschaftliche Beziehungen, 1999)**, S. 256; **VDA (HRSG.) (Partnerschaft, 2001)**, S. 9.

[338] Beispiele sind bei GM/Opel das Programm PICOS – Purchased Input Concept Optimization with Suppliers (Startjahr 1991), bei Ford DFL – Drive for Leadership (1992), bei BMW POZ – Prozessoptimierung Zulieferteile (1992), bei VW/Audi KVP (1993), bei Mercedes-Benz Tandem/Extended Enterprise (1993) und bei Porsche POLE – Prozessoptimierung durch Lieferanteneinbindung (1994). Vgl. BACKHAUS U. BÜSCHKEN **(Unsatisfying Relationships, 1999)**, S. 249; IFFLAND **(Einkauf im Wandel, 1997)**, S. 130f.

[339] Vgl. CHATTERJEE U.A. **(Hand, 2001)**, S. 28f; LARGE **(Partnerschaftliche Beziehungen, 1999)**, S. 256.

[340] Vgl. MEINIG U. FORSCHUNGSSTELLE AUTOMOBILWIRTSCHAFT BAMBERG (HRSG.) **(Supplier Satisfaction, 2001)**, S. 35; ebd., S. 38.

[341] Vgl. HYPOVEREINSBANK AG U. MERCER MANAGEMENT CONSULTING (HRSG.) **(Automobiltechnologie 2010 Überblick, 2001)**, S. 4; WENDT **(Basistrends, 2001)**, S. 14.

Anbietern potenzieller Substitute, wie etwa im Falle der Allianz zwischen DaimlerChrylser, Ford und Ballard, dem kanadischen Brennstoffzellenhersteller, scheinen die OEMs der Substitutionsgefahr wirksam zu begegnen.[342] Auch zukünftige alternative Verkehrsmittel, beispielsweise Brennstoffzellenautos, werden jedoch weiterhin die Grundfunktionalität eines selbst beweglichen, individuellen Fortbewegungsmittels erfüllen.

Auf der Lieferantenseite besteht Gefahr durch Ersatzprodukte vor allem durch zwei grundlegende Trends, der Substitution von Mechanik durch Elektrik und Elektronik sowie der Substitution von herkömmlichen Materialien durch Leichtbauwerkstoffe. Produktinnovationen im Automobilbau zielen zumeist auf eine Verbesserung der Sicherheit, der Umweltverträglichkeit und des Komforts.[343] Für alle diese Felder ist ein verstärkter Einsatz von Elektrik, Elektronik und Software erforderlich, der rein mechanische und hydraulische Systeme entweder obsolet macht oder eine Integration von Mechanik und Elektronik (Mechatronik) erfordert.[344] Heute ist fast keine neue Funktion ohne Elektronikanteil denkbar, so dass geschätzt wird, dass bis zu 90% aller Produktinnovationen im Automobilbau mit oder durch Elektronik zustande kommen.[345] Der Wertanteil von Elektrik und Elektronik im PKW wird von heute 22%-25% (durchschnittlich 2.250 Euro pro Fahrzeug) auf 35% (3.870 Euro) in 2010 steigen[346] und weist damit die höchsten Wachstumsraten unter allen Produktinnovationen auf.[347] Neben den verschiedenen technischen Eigenschaften unterscheidet sich Elektronik im Vergleich zu Mechanik auch durch wirtschaftliche Charakteristika wie etwa einen sehr schnellen Preisverfall[348] und kurze Entwicklungs- und Marktzyklen.[349] Zulieferer aus dem Mechanikbereich sehen sich also gezwungen, durch Aufbau von Elektronikkompetenz bzw. die Integration von Elektronik in mechanische Systeme ihr Produktportfolio den geänderten Anforderungen anzupassen und so der Substitutionsgefahr zu begegnen.

In ähnlicher Weise sehen sich Lieferanten herkömmlicher Werkstoffe durch den Trend zum Leichtbau bedroht. Da Produktinnovationen für Sicherheit, Komfort, Umweltschutz und Fahrdynamik oftmals mit einer Erhöhung der Fahrzeugmasse verbunden sind, muss gleichzeitig nach Lösungen zur Massenreduktion gesucht werden. Schließlich verbraucht ein

[342] Vgl. **DaimlerChrysler AG (Hrsg.) (Hightech, 2000)**, S. 5.
[343] Vgl. **Diez (Plattform-Strategien, 1999)**, S. 6.
[344] Vgl. **Pribyl (Elektronik, 2001)**, S. 43.
[345] Vgl. **Gresch (Elektronik im Kfz, 2002)**, S. 4; **Scholz (Zulieferkooperationen, 2000)**, S. 17; vgl. auch **Mayer (Systemintegration, 1999)**, S. 205.
[346] Vgl. **Diez (Plattform-Strategien, 1999)**, S. 6; **HypoVereinsbank AG u. Mercer Management Consulting (Hrsg.) (Automobiltechnologie 2010 Überblick, 2001)**, S. 5.
[347] Vgl. **Roland Berger & Partner GmbH (Hrsg.) (Automotive Supplier Industry, 2000)**, S. 22.
[348] Vgl. **Scholz (Zulieferkooperationen, 2000)**, S. 16.
[349] Vgl. **Gresch (Elektronik im Kfz, 2002)**, S. 3.

um 100 kg leichteres Fahrzeug mit Otto-Motor etwa 0,6 l/100km weniger Kraftstoff.[350] Es hat sich zwar gezeigt, dass komplette Fahrzeugkarosserien aus Aluminium, eine 1994 im Audi A8 eingeführte Innovation,[351] eher die Ausnahme bleiben werden, doch kommen innovative Werkstoffkonzepte wie etwa Metallschäume, Aluminium-, Magnesium- oder Kunststoffteile und hochfeste Stähle[352] an verschiedenen Stellen im ganzen Fahrzeug zum Einsatz. Auch hier ist eine Kompetenz- und Produktanpassung auf Lieferantenseite erforderlich.

2.3.3.2.4 Markteintritt neuer Konkurrenten

Die Substitutionsgefahr durch Elektrik und Elektronik sowie durch Leichtbau induziert unmittelbar eine höhere Wahrscheinlichkeit des Markteintritts neuer Konkurrenten aus selbigen Bereichen. „Wettbewerber treten auf allen Ebenen hinzu ... [so etwa] Quereinsteiger aus anderen Industriebereichen, insbesondere aus der Elektronik.“[353] Allerdings sehen sich neue Anbieter Markteintrittsbarrieren und Abwehrmaßnahmen der bestehenden Anbieter, wie etwa Umstellungskosten, Kapitalbedarf, Zugang zur Distribution, Vergeltungsmaßnahmen oder Markenidentität, ausgesetzt.[354] So verfügen die bestehenden Anbieter auf Lieferantenseite bereits über ausgereifte Geschäftsbeziehungen mit den OEMs, über die erforderliche installierte Kapazität zur Belieferung der Großserien im Automobilbau und über fundierte Branchenkenntnisse. Letztlich wird für die zukünftige Marktstruktur entscheidend sein, ob bestehende Lieferanten Markteintrittsbarrieren und Abwehrmaßnahmen lange genug aufrechterhalten können, um ihr Produktangebot rechtzeitig den neuen Anforderungen anzupassen, oder ob neue Marktteilnehmer schnell genug Branchenexpertise aufbauen können, um ihre Produkte in der Automobilindustrie zu etablieren.

Potenzielle neue Konkurrenten ergeben sich auch zwangsläufig aus der Globalisierung der Automobilindustrie und aus der Ausgliederung der Komponentenbereiche von Fahrzeugherstellern (Captive Supplier).[355] Sowohl OEMs als auch Lieferanten treten in weltweit allen Märkten in Wettbewerb zueinander. Weltweit vertretene Automobilhersteller nutzen den globalen Beschaffungsmarkt, was regional begrenzte Zulieferer bedroht. Auf der anderen Seite decken die Megalieferanten auf der Zulieferseite mittlerweile ein solch großes Produktspektrum ab, dass sie technisch durchaus in der Lage wären, selbst ein Fahrzeug herzustellen, also im Wege der Vorwärtsintegration die Märkte der OEMs zu bedrohen. Der Grund dafür, warum eine solche Offensive bisher nicht stattgefunden hat, ist vornehmlich in

---

[350] Vgl. **Seiffert (Elektrik im Automobil, 1998)**, S. 55.
[351] Vgl. **Diez (Plattform-Strategien, 1999)**, S. 7.
[352] Vgl. **HypoVereinsbank AG u. Mercer Management Consulting (Hrsg.) (Automobiltechnologie 2010 Überblick, 2001)**, S. 5.
[353] **Gottschalk (Marktveränderungen, 2001)**, S. 9.
[354] Vgl. **Porter (Wettbewerbsvorteile, 1986)**, S. 26.
[355] Vgl. **Gottschalk (Marktveränderungen, 2001)**, S. 9.

zu erwartenden Vergeltungsmaßnahmen der OEMs, in der mangelnden Markenidentität der Megalieferanten sowie in den hohen Kosten für den Aufbau eines Vertriebsnetzes zu sehen.

Insgesamt zeigt die Branchenstrukturanalyse, dass die Automobilindustrie von hoher Wettbewerbsintensität, einem ausgeprägten gegenseitigen Abhängigkeitsverhältnis von Lieferanten und OEMs mit Machtüberhängen der OEMs, einer dynamischen Veränderung der Produktsubstanz sowie durch Anbieter auf neuen Kompetenzfeldern gekennzeichnet ist.

2.3.4 Ressourcenorientierte Analyse der in der Automobilindustrie erforderlichen Kernkompetenzen

Die Branchenstrukturanalyse stellt ein Werkzeug des in den 1980er Jahren maßgeblich von der Universität Harvard entwickelten Market-based View dar, der den Erfolg einer Unternehmung mit den Branchencharakteristika (Industry Structure) erklärt, die wiederum das unternehmerische Verhalten (Conduct) und die Wertentwicklung (Performance) maßgeblich beeinflussen (Structure-Conduct-Performance-Paradigma). Als Gegenpol kann der von der Chicagoer Schule vertretene Resource-based View verstanden werden, der die Unternehmung selbst und ihre Ressourcen in den Mittelpunkt der Betrachtung stellt.[356] Beide Sichtweisen können zum Verständnis von erhaltbaren Wettbewerbsvorteilen beitragen, weshalb nun auch eine Analyse der in der Automobilindustrie erforderlichen Ressourcen und Kompetenzen vorgenommen werden soll.

Der ressourcenbasierte Ansatz wurde erstmals von Wernerfelt vorgestellt,[357] von verschiedenen Wissenschaftlern wie etwa Barney weiter ausgearbeitet,[358] fand jedoch, wie Wernerfelt später selbst betont,[359] erst seit einer Veröffentlichung von Prahalad und Hamel[360] ein breites Forum in Wissenschaft und Praxis. Im Gegensatz zum Market-based View, der externe Chancen und Bedrohungen, also Bedingungen im Wettbewerbsumfeld, analysiert, werden im Resource-based View unternehmensinterne Ressourcen als Stärken und Schwächen bedingende grundlegende Einsatzfaktoren in den Blickpunkt gerückt.[361] Mit Wernerfelt meint der Begriff Ressource „anything which could be thought of as a strength or weakness of a given firm“.[362] Barney definiert: „Firm resources include all assets, capabilities, organizational processes, firm attributes, information, knowledge, etc. controlled by a firm that enable the firm to conceive of and implement strategies that improve its

[356] Vgl. **Hinterhuber u. Stuhec (Kernkompetenzen, 1997)**, S. 2f. Vgl. zum Structure-Conduct-Performance-Paradigma aber auch **Bain (Industrial Organization, 1968, zuerst: 1959)**, S. 3.
[357] Vgl. **Wernerfelt (Resource-based View, 1984)**, S. 171ff.
[358] Vgl. **Barney (Firm Resources, 1991)**, S. 99ff.
[359] Vgl. **Wernerfelt (Resource-based View, 1995)**, S. 171.
[360] Vgl. **Prahalad u. Hamel (Core Competence, 1990)**, S. 79ff.
[361] Vgl. **Barney (Firm Resources, 1991)**, S. 100f; **Bouncken (Kernkompetenzen, 2000)**, S. 866.
[362] **Wernerfelt (Resource-based View, 1984)**, S. 172.

efficiency and effectiveness.“[363] Im Gegensatz zum marktbasierten Ansatz nimmt der ressourcenorientierte Ansatz nicht an, dass Ressourcen hoch mobil sind (z.B. auf Faktormärkten gekauft werden können), sondern geht von den Annahmen einer heterogenen Ressourcenverteilung unter den Firmen einer Branche sowie einer unvollständigen Mobilität der Ressourcen aus.[364] Weisen Ressourcen nun noch die vier spezifischen Eigenschaften Werthaltigkeit, Knappheit, unvollständige Imitierbarkeit durch Wettbewerber sowie unvollständige Substituierbarkeit durch andere wertvolle und knappe Ressourcen auf, stellen sie Quellen erhaltbarer Wettbewerbsvorteile dar.[365] Der von Prahalad und Hamel vorgestellte Begriff der Kernkompetenz beinhaltet die systematische Bündelung und Kombination von Ressourcen, wie z.B. Technologien und Produktionskompetenzen, zur Erlangung von Wettbewerbsvorteilen.[366]

In der Automobilindustrie lassen sich Wettbewerbsvorteile nicht nur durch angemessene Reaktionen auf die Branchenstruktur, sondern auch durch Ressourcen begründen. Angesichts der Reduktion der Entwicklungs- und Fertigungstiefe, der Konzentration auf Kernkompetenzen und der daraus resultierenden arbeitsteiligen gegenseitigen Abhängigkeit von OEMs und Lieferanten verfügen die Automobilhersteller nur noch über bestimmte Kompetenzumfänge. Diese sind namentlich die Entwicklung und Abstimmung von Antriebstrang und Fahrverhalten, das Design des Automobils, die System- und Lieferantenintegration sowie die Regieführung im Absatzkanal. Alle anderen Kompetenzumfänge werden schwerpunktmäßig von den Zulieferern abgebildet.

Antriebstrang und Fahrverhalten sollten zur unveräußerlichen Kernkompetenz des OEMs gehören, da sie die Produkteigenschaften des Automobils in der Kundenwahrnehmung maßgeblich bestimmen. So würde z.B. ein Produkt aus dem Hause BMW mit einem fremdentwickelten und zugekauften Motor an Glaubwürdigkeit verlieren. Es verwundert also nicht, dass schon Prahalad und Hamel fordern, dass eine Kernkompetenz einen bedeutenden Beitrag zum wahrgenommenen Kundennutzen des Endprodukts erbringen soll, und ein Beispiel aus der Automobilindustrie, nämlich Hondas Motorenexpertise, als Beleg anführen.[367] Allerdings wird die Bestimmung der Kompetenzverteilung schon beim Getriebe, neben dem Motor wichtigster Bestandteil des Antriebstrangs, schwieriger. So verwendet Mercedes-Benz z.B. selbst entwickelte, meist hoch gelobte Getriebeautomaten, liefert diese jedoch auch an andere OEMs wie etwa Jaguar und trägt damit prekärerweise zur

[363] **Barney (Firm Resources, 1991)**, S. 101.
[364] Ebd., S. 100f.
[365] Ebd., S. 105ff.
[366] Vgl. **Becker (Strategisches Management, 1998, zuerst: o.J.)**, S. 115; **Hinterhuber u. Stuhec (Kernkompetenzen, 1997)**, S. 2f; **Prahalad u. Hamel (Core Competence, 1990)**, S. 81.
[367] Vgl. **Prahalad u. Hamel (Core Competence, 1990)**, S. 84.

Ressourcenmobilität und -imitation bei. Im Spitzenprodukt von BMW, der 7er-Baureihe, werden Getriebeautomaten von ZF Friedrichshafen eingesetzt.[368] Beim OEM muss jedoch die Kompetenz verbleiben, Motor, Getriebe und weitere ggf. zugelieferte Komponenten wie etwa die Motorsteuerung in das Fahrzeug zu integrieren und eine Abstimmung des Fahrverhaltens vorzunehmen, die den geforderten Eigenschaften des Endprodukts und dem Image der Marke entspricht.

Dem Design als Kernkompetenz, insbesondere dem Außen-, aber auch dem Innenraumdesign, kommt in stetig steigendem Maße eine produktdifferenzierende und Wettbewerbsvorteile induzierende Bedeutung zu.[369] So wird das Markenbild von smart maßgeblich durch das Design bestimmt.[370] Auch etablierte Marken wie Mercedes-Benz sehen Designkompetenz als erfolgsauslösend: „Das Design [stellt] inzwischen ein bestimmendes Kaufargument für Mercedes-Benz PKW dar."[371] Designfehlgriffe, bezüglich derer natürlich intersubjektiver Dissens herrschen kann, führen zu medialer Kritik und schlimmstenfalls Kaufzurückhaltung der Kunden, wie sich an vielen Beispielen, so etwa dem Vorgängermodell der aktuellen S-Klasse von Mercedes-Benz, der neuen 7er-Baureihe von BMW oder dem Fiat Multipla, zeigen lässt.[372] Mit durchdachtem Design, das direkt auf das Markenimage einwirkt, lassen sich dagegen positive Produkteigenschaften und -assoziationen wie Sportlichkeit, Jugendlichkeit, Dynamik, Solidität oder Eleganz transportieren, die wiederum der Außendarstellung des Käufers dienen. Innovatives Design erfordert allerdings materielle Ressourcen, wie etwa abgeschirmte Entwicklungsgebäude, vor allem aber personelle Ressourcen (Modellbauer, kreative Designer, die eine für den Kunden wohlgefällige Formensprache entwickeln und dabei die Anforderungen des Produkts geschickt integrieren,[373] Vertretungen in Designclustern wie etwa in Norditalien) und die integrative Verwendung idiomatischer oder historischer Designelemente der Marke. Die Designhistorie dient dabei als Quelle unvollständiger Ressourcenimitierbarkeit.[374]

Wie schon ausgeführt, stellt schließlich die Einbindung von Lieferanten, die Koordination und Integration eigener und fremder Produktentwicklungen und Innovationen, die Auflösung von Zielkonflikten aus Produkteigenschaften, Zeit und Kosten (vgl. Abbildung 1) sowie die Herstellung des Endprodukts Automobil, mit einem Wort also die vollständige Systemintegration der Wertschöpfungskette und des Endprodukts, eine nur bei den OEMs

[368] Vgl. **PRIEMER (BMW, 2001)**, S. 17.
[369] Vgl. **CHATTERJEE U.A. (Auto Branding, 2002)**, S. 135.
[370] Vgl. **SCHIEMER (Markenetablierung, 2002)**, S. 2.
[371] **DAIMLERCHRYSLER AG (HRSG.) (Geschäftsbericht 2000, 2001)**, S. 27.
[372] Vgl. **PRIEMER (BMW, 2001)**, S. 17.
[373] Vgl. **SCHMID (Digital Economy, 2001)**, S. 47.
[374] Vgl. **BARNEY (Firm Resources, 1991)**, S. 107f.

vorhandene Kernkompetenz dar. Sie wird ferner ergänzt um die Markenführung und die Gestaltung des Vertriebskanals, der zumeist aus unternehmenseigenen Verkaufsniederlassungen, Ländergesellschaften und vertragsgebundenen Händlern als Absatzmittlern[375] besteht.

2.3.5 Zusammenfassende Bewertung der Branchenspezifika in der Automobilindustrie

Ausgangspunkt der Analyse der Branchenspezifika der Automobilindustrie war zunächst eine definitorische Abgrenzung der Begriffe Automobilindustrie, -hersteller und -zulieferer. Die Charakterisierung der Automobilindustrie als weltweit bedeutende Branche und Schlüsselindustrie in Deutschland wurde mit ihrem Beitrag zur volkswirtschaftlichen Wertschöpfung, regionalen Wirtschaftsstruktur, F&E und Innovationskraft, ihrer Rolle als Arbeitgeber und als Pionier bei der Einführung neuer Management-Konzepte begründet. Für die weitere Diskussion des e-Innovationsmanagements erschien es auch als wichtig, den Dualismus von technisch-objektiven und emotional-subjektiven Eigenschaften des Produkts Automobil herauszuarbeiten. Danach erfolgte eine industrieökonomische Analyse der Branche, die zunächst anhand verschiedener innovationsbezogener Eigenschaften von ausgewählten anderen bedeutenden Industriezweigen abgegrenzt wurde. Anhand einer Branchenstrukturanalyse nach Porter konnten Ausprägungen von Rivalität, Abnehmerstärke, Lieferantenmacht, Substitutionsgefahr durch Ersatzprodukte sowie Bedrohung durch potenzielle neue Konkurrenten in der Automobilindustrie aufgezeigt werden. Demnach lässt sich die Automobilindustrie durch eine hohe Wettbewerbsintensität, ein ausgeprägtes Interdependenzverhältnis von Lieferanten und OEMs mit Machtüberhängen auf Seiten der letzteren, eine dynamische Veränderung der Produktsubstanz sowie durch Anbieter auf neuen Kompetenzfeldern kennzeichnen. Diese branchenspezifische Analyse wurde um eine auf dem ressourcenorientierten Ansatz basierende Diskussion der in der Automobilindustrie erforderlichen Kernkompetenzen ergänzt. Danach liegen die Kernkompetenzen der OEMs auf den Feldern Antriebstrang/Fahreigenschaften, Design, Systemintegration der Wertschöpfungskette und des Endprodukts sowie Steuerung des Absatzkanals, während die verbleibenden Kompetenzfelder hauptsächlich von Zulieferern auszufüllen sind.

Nach der in Kapitel zwei erfolgten Ausarbeitung eines theoretischen Bezugsrahmens des e-Innovationsmanagements in der Automobilindustrie, der die drei Bereiche Innovationsmanagement, e-Business und Branchenspezifika der Automobilindustrie umfasste, widmet sich das folgende Kapitel drei einer Gesamtkonzeption für das Innovationsmanagement in der Automobilindustrie, die dann in Kapitel vier zum e-Innovationsmanagement ausgebaut wird.

---

[375] Vgl. **JENSEN (Vertikale Absatzsysteme, 2001)**, S. 1ff.

3 Entwicklung einer Gesamtkonzeption für das Innovationsmanagement in der Automobilindustrie

3.1 Notwendigkeit der Entwicklung einer Gesamtkonzeption für das Innovationsmanagement in der Automobilindustrie

Aus der in der Innovationsforschung geteilten Überzeugung, dass die Genese von Innovationen gestaltet und gesteuert werden kann, und aus der oben dargestellten Innovationsnotwendigkeit in der Automobilindustrie folgt, dass eine betriebswirtschaftliche Konzeption zum Innovationsmanagement in der Automobilindustrie nutzenstiftenden Charakter haben und die Innovationsbestrebungen in der Branche systematisch unterstützen kann. Bisher vorliegende Konzepte decken jedoch bestenfalls Teilaspekte des Innovationsmanagements in der Automobilindustrie ab. Dem flussorientierten Management-Paradigma folgend, gilt es daher, zunächst einen umfassenden und durchgängigen Innovationsprozess zu entwickeln, der mehrere wertschöpfende Aktivitäten, wie z.B. Strategieformulierung, Ideengenerierung, Produktentstehung oder Markteinführung umfasst. Der interdisziplinäre und interorganisatorische Charakter des Innovationsmanagements wie auch der Automobilindustrie hat dabei besondere Berücksichtigung zu finden. In jeder der aufgezeigten Phasen sind konkrete Gestaltungsmöglichkeiten zu entwickeln und dabei die Spezifika der Automobilbranche zu berücksichtigen. In einem weiteren Denkschritt werden dann quasi auf einer Meta-Ebene prozessübergreifende Maßnahmen diskutiert, durch die der Innovationsprozess als Ganzes effektiver und effizienter gemacht und Innovationswiderstände überwunden werden können. Die entwickelte Gesamtkonzeption, die aus dem umfassenden Innovationsprozess sowie aus den innovationsprozessübergreifenden Maßnahmen besteht, bildet die notwendige Basis für die in Kapitel vier vorzunehmende Diskussion des e-Innovationsmanagements.

3.2 Entwicklung eines durchgängigen Innovationsprozesses

3.2.1 Überlegungen zur Marktorientierung

Die nun folgende Erörterung der Markt-, Kunden- und Wettbewerbsperspektive steht bewusst am Anfang der Entwicklung der Gesamtkonzeption für das Innovationsmanagement in der Automobilindustrie.

Die Hypothese, dass eine grundsätzliche Marktorientierung den unternehmerischen Erfolg erhöht, kann als empirisch gesichert bezeichnet werden.[376] Bezogen auf das Innovationsmanagement, ist die Forderung, Innovationsprozesse an den Bedürfnissen des

[376] Vgl. **JAWORSKI U. KOHLI (Market Orientation, 1993)**, S. 63f.

Markts auszurichten, die unmittelbare Konsequenz aus der Erkenntnis, dass bei aller Notwendigkeit von Technologiekompetenz eine positive Reaktion auf der Nachfrageseite unabdingbar für den Erfolg von Innovationen ist. Diese Erkenntnis kann als Quintessenz der Technology Push versus Market Pull-Diskussion festgehalten werden.[377] In einer Metaanalyse empirischer Studien fand etwa Utterback, dass zwischen 60% und 80% der Innovationen als Antwort auf Marktnachfrage und -bedürfnisse entstehen.[378] Auch Innovationsführer und Eigentümer neuer Technologien können auf eine Marktorientierung nicht verzichten.[379] Konkrete Maßnahmen zur Erreichung von Marktorientierung sind beispielsweise Trend- und Bedürfnisanalysen im Markt[380] oder die Einbeziehung der Kundenzufriedenheitsziele von Führungskräften in das unternehmensinterne Vergütungssystem.[381] Marktorientierung und die oft geforderte Kundenorientierung sind aber nicht als synonym zu bezeichnen, vielmehr stellt Marktorientierung den umfassenderen Begriff dar. Er beinhaltet sowohl die Ausrichtung der Unternehmung an Kundenerwartungen und -bedürfnissen als auch an den Marktfaktoren, die die Kundenwahrnehmungen und -erwartungen beeinflussen, vor allem aber an den Wettbewerbern.[382] Daher soll den weiteren Überlegungen die Diskussion der Kunden- und Wettbewerbsperspektive vorangestellt werden.

3.2.1.1 Kundenorientierung

Schon Porter warnt davor, nur auf die Differenzierung des physischen Produkts zu bauen. Wirkliche Differenzierung gelingt nur, wenn sie auch für den Käufer Wert besitzt.[383] Kim und Mauborgne empfehlen als Schluss aus ihrer Untersuchung besonders erfolgreicher Unternehmen eine Strategie der „Value Innovation", die den Kundenwert ins Zentrum stellt.[384] Dabei kann das Wertversprechen rationale, aber auch emotionale Elemente enthalten,[385] was für das Produkt Automobil, das sich durch eben diese beiden Eigenschaften auszeichnet, von besonderer Bedeutung ist. Zahn formuliert profan, aber prägnant: „Innovation ist erreicht, wenn der Kunde ‚hurra' schreit!"[386] Die Beurteilung der Innovation erfolgt also aus subjektiver Kundensicht. Nicht die technisch-objektive Erfindungshöhe alleine ist ausschlaggebend, sondern die Wahrnehmung des innovativen Charakters durch den

---

[377] Vgl. **Chidamber u. Kon (Technology-Push, Demand-Pull, 1994)**, o.S.; **Hauschildt (Innovationsmanagement, 1997, zuerst: 1993)**, S. 203f.
[378] Vgl. **Utterback (Innovation in Industry, 1974)**, S. 658ff.
[379] Vgl. **Jaworski u. Kohli (Market Orientation, 1993)**, S. 57.
[380] Vgl. **Büchner (Marktorientiertes Management, 1999)**, S. 106.
[381] Vgl. **Homburg u. Jensen (Kundenorientierte Vergütungssysteme, 2000)**, S. 56.
[382] Ebd., S. 57.
[383] Vgl. **Porter (Wettbewerbsvorteile, 1986)**, S. 164.
[384] Vgl. **Kim u. Mauborgne (Value Innovation, 1999)**, S. 43.
[385] Vgl. **Riesenbeck (Kundenorientierung, 1999)**, S. 5.
[386] **Zahn (Strategische Innovationen, 2000)**, S. 163.

Kunden.[387] Als ein anschauliches Beispiel für die Subjektivität der Kundenwahrnehmung mag ein Experiment dienen, bei dem das Gaspedal eines Fahrzeugs leicht- oder schwergängiger ausgelegt wird, was trotz ansonsten vollkommen gleicher Motorleistung zu einer signifikant unterschiedlichen Einschätzung der Beschleunigungsfähigkeit führt.[388] Aus der Erfahrung von obersten Führungskräften in der Automobilbranche gilt: „... nur der Kunde entscheidet darüber, ob eine Innovation ihm Nutzen bringt oder nicht, und von ihm allein wird das Urteil über eine Innovation gefällt."[389] Autos aus der Innensicht des OEMs zu entwickeln, wird als „Kardinalfehler schlechthin" bezeichnet.[390] Folglich muss im gesamten Innovationsprozess, insbesondere aber in der Marktphase, nach Möglichkeiten gesucht werden, das innovative Produkt in der Wahrnehmungssphäre des Kunden zu positionieren.[391] Schmid geht in diesem Zusammenhang sogar so weit, auf die Notwendigkeit eines „programming of brains" der Kunden hinzuweisen.[392]

Die Kundenwahrnehmung von Innovationen und ihr Wandel im Zeitverlauf wird im oft zitierten Modell von Kano zum Ausdruck gebracht (vgl. Abbildung 12).

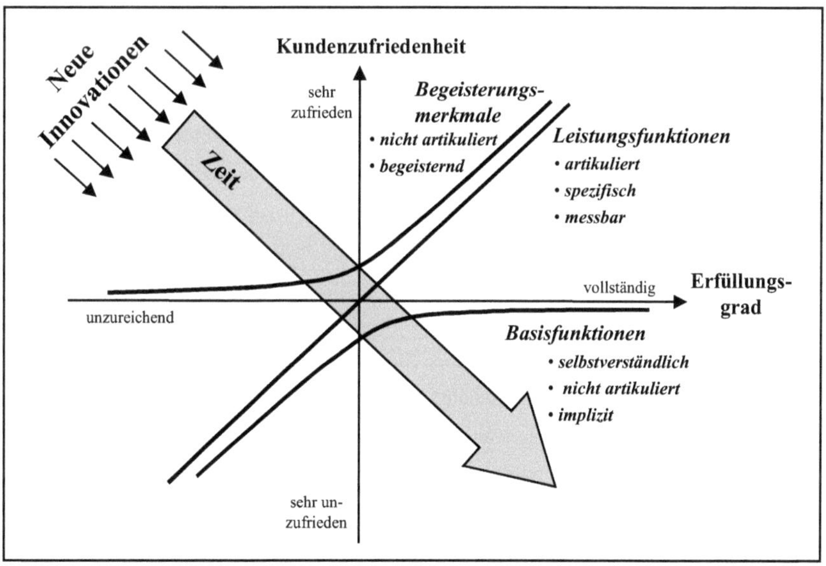

Abbildung 12: Eigenschaften innovativer Produktmerkmale aus Kundensicht und Notwendigkeit von Innovationen.

Quelle: In Anlehnung an Kano (Quality, 1984), S. 39ff; eigene Erweiterung.

[387] Vgl. **Böcker (Innovationspolitik, 1991)**, S. 375.
[388] Vgl. **Spiegel (Ganzheitliches Produkterlebnis, 1998)**, S. 59.
[389] **Hubbert (Automobilindustrie und Innovation, 1998)**, S. 45.
[390] Ebd., S. 47.
[391] Vgl. **Ries u. Trout (Positioning, 1986, zuerst: 1982)**, S. 8.
[392] Vgl. **Schmid (Digital Economy, 2001)**, S. 48.

Nach Kano lassen sich Produkteigenschaften in Basisfunktionen, Leistungsfunktionen und Begeisterungsmerkmale unterscheiden. Basisfunktionen werden vom Kunden als selbstverständlich vorausgesetzt und auch nicht artikuliert. Ihr Vorhandensein verhindert zwar Unzufriedenheit, kann aber keinesfalls Kundenzufriedenheit bedingen. Allerdings führt die Absenz von Basisfunktionen sofort zu Unverständnis und Unzufriedenheit. Beispielsweise gilt es in der Automobilindustrie heute als selbstverständlich, dass Fahrzeuge mit Sicherheitsgurten ausgestattet sind. Dieses Produktmerkmal wird daher in vielen Produktbeschreibungen und Bedienungsanleitungen nicht mehr aufgeführt; es ist ein implizit vorausgesetztes Element des Automobils, das auch keine Differenzierung erlaubt.[393] Ein Automobil ohne Sicherheitsgurte würde jedoch offensichtlich sofort zu Kritik und Negativdifferenzierung führen.

Leistungsfunktionen werden dagegen explizit als Kundenwunsch artikuliert und sind oftmals messbar. Wie bei Basisfunktionen führt ein unzureichender Erfüllungsgrad zu negativer Kundenwahrnehmung, ein hoher Erfüllungsgrad bedingt dagegen hohe Kundenzufriedenheit. Als Beispiel mag das Kriterium eines niedrigen Fahrzeugverbrauchs dienen. Hier werden sowohl negative als auch positive Extrema in der Ausprägung des Kriteriums registriert und sanktioniert bzw. honoriert.

Begeisterungsmerkmale werden nicht artikuliert, da sich der Kunde zunächst gar nicht ihrer möglichen Existenz bewusst ist. „New features now tend to address latent or hidden customer issues."[394] Daher erfährt ihre Absenz auch keine negative Bewertung, sondern Gleichgültigkeit. Ihr Vorhandensein löst jedoch eine sehr hohe Kundenzufriedenheit bis hin zur Begeisterung aus und birgt die größte Differenzierungsmöglichkeit. Beispielsweise wurde das erste vollautomatische Cabriolet-Verdeck aus Metall des Mercedes-Benz SLK, das funktionalen, vor allem aber auch ästhetischen Mehrwert vermittelt, begeistert aufgenommen. Begeisterungsmerkmale, die oft emotionalen Charakter haben, werden vom Kunden um so mehr honoriert, je stärker sich die eher im funktionalen Bereich angesiedelten Basis- und Leistungsfunktionen unter Wettbewerbsprodukten angleichen.[395]

Insgesamt stellen also Basisfunktionen und zunehmend auch Leistungsfunktionen die notwendigen Bedingungen für eine innovative Kundenwahrnehmung dar, Begeisterungsmerkmale jedoch die hinreichende Bedingung. Hinzu kommt, dass die Wahrnehmung von Innovationen aufgrund von Gewöhnungseffekten einer Degeneration im Zeitverlauf unterliegt, was unmittelbar die Notwendigkeit immer neuer Innovationen aufzeigt. Produkteigenschaften

[393] Differenzierung kann aber durch ergänzende Merkmale wie Gurtstraffer oder Gurtreicher erreicht werden.
[394] **Ealey u. Troyano-Bermúdez (Commodity, 1996)**, S. 64.
[395] Vgl. **Chatterjee u.a. (Auto Branding, 2002)**, S. 136.

wie etwa ABS, die noch vor zwanzig Jahren Begeisterung auslösen konnten, werden immer selbstverständlicher und befinden sich heute in der Kundenwahrnehmung im Bereich zwischen Leistungs- und Basisfunktionen. Neue Fahrdynamiksysteme, z.B. ESP, kamen später hinzu und lösten erneute Kundenwahrnehmung aus, werden jedoch auch degenerieren und wiederum andere Innovationen nach sich ziehen. Die Zeitdynamik von Produktmerkmalen lässt sich ebenso mit dem Beschleunigungsverhalten von Fahrzeugen beispielhaft belegen. So erreicht ein Standardauto des Modelljahrs 1995 (Plymouth Neon Sport) um 7% bis 24% bessere Beschleunigungswerte als einige der besten und hochpreisigsten Sportfahrzeuge aus den Jahren 1974/75 (Maserati Merak, Mercedes-Benz 450 SL, BMW 5301 und Lotus Elite).[396] „Performance that ten years ago would have been deemed the best in its class is required today just to stay in the game."[397]

3.2.1.2 Wettbewerbsorientierung

Das zweite Element der Marktorientierung ist die Wettbewerbsperspektive. Die Wettbewerbsvorteile, die sich unstrittig durch Innovationen erzielen lassen, erschließen sich zwar schon per definitionem nur gegenüber Konkurrenten, also stets in relativer Sicht.[398] Es erscheint jedoch wichtig, auf die Determinanten einer solchen relativen Sichtweise hinzuweisen (vgl Abbildung 13).

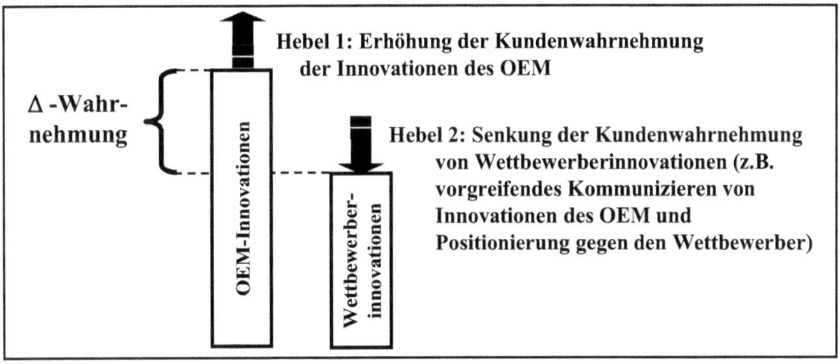

Abbildung 13: Erhöhung des relativen Innovationsvorsprungs in der Kundenwahrnehmung.

Ein Unterschied gegenüber dem Wettbewerber kann entsprechend den beiden Eigenschaftsdimensionen des Produkts Automobil auf zwei Ebenen geltend gemacht werden, auf der technisch-objektiven und der emotional-subjektiven. In beiden Fällen ist für die Höhe des Wettbewerbsvorsprungs die Wahrnehmung des Kunden maßgeblich, woraus sich Chancen und Risiken für die Positionierung des Unternehmens gegenüber dem Wettbewerb

[396] Vgl. **Ealey u. Troyano-Bermúdez (Commodity, 1996)**, S. 65.
[397] Ebd., S. 66.
[398] Vgl. **Pleschak u. Sabisch (Innovationsmanagement, 1996)**, S. 8.

ergeben. So wäre es ein Fehler, alleine die der unternehmensinternen Kontrolle zugänglichen eigenen technischen Produktinnovationen voranzutreiben. Dies ist zwar notwendig, aber nicht hinreichend. Darüber hinaus sind die innovationsbezogenen Wettbewerbsaktivitäten mindestens zu beobachten, zum Beispiel durch Maßnahmen der Competitive Intelligence, besser noch zu beeinflussen. Da sich die technische Produktsubstanz von Wettbewerberinnovationen ex ante dem Zugriff entzieht (ex post ist Reverse Engineering möglich), liegen Möglichkeiten der Beeinflussung auf der emotional-subjektiven Ebene der Kundenwahrnehmung. So kann etwa durch geschickte Kommunikation und Vorankündigungen einer eigenen Innovation der Vorsprung vor dem Wettbewerb in der Kundenwahrnehmung vergrößert werden, obwohl das Konkurrenzunternehmen zeitgleich oder gar früher mit dem gleichen innovativen Produktmerkmal auf den Markt tritt. Produktvorankündigungen (Preannouncements) als Aspekt der Markteinführung von Innovationen werden ausführlich in Abschnitt 3.2.7.1 erörtert.

Es bleibt also festzuhalten, dass Marktorientierung die Erfolgsaussichten von Innovationen deutlich verbessert. Dabei gilt es, Innovationen in der Kundenwahrnehmung zu positionieren und weniger die absolute Erfindungshöhe, als vielmehr den relativen Innovationsvorsprung vor dem Wettbewerb als ausschlaggebend zu erkennen und zu beeinflussen.

3.2.2 Gesamthafte Darstellung des durchgängigen Innovationsprozesses

Im Folgenden wird ein Phasenmodell des Innovationsprozesses in der Automobilindustrie vorgeschlagen, das sich zur Strukturierung des Innovationsmanagements und zur Einordnung der weiteren Diskussion in Abschnitt 3.2 eignet. Die in Abschnitt 2.1.4 herausgearbeiteten Kritikpunkte an bisherigen Phasenmodellen werden dabei berücksichtigt und behoben. So trägt das hier vorgestellte Phasenmodell erstmals dem umfassenden Charakter des Innovationsprozesses Rechnung. Statt sich auf Ideenmanagement oder andere Einzelphasen zu beschränken, bietet es Ansatzpunkte zur vollständigen Gestaltung des Innovationsprozesses von der Strategiebildung bis zur Marktdurchsetzung und Diffusionsunterstützung. Auch werden nicht nur unternehmensinterne Ideengeber, sondern ebenso externe Innovationspartner einbezogen. Eine Zergliederung in zu viele Unterphasen wird vermieden; vielmehr werden die Inhalte der Phasen im weiteren Verlauf von Abschnitt 3.2 erörtert. Dennoch stellt auch dieser Innovationsprozess insofern eine modellhafte Abstraktion dar, als die Phasen idealtypischen Charakter haben, d.h. in praxi ineinander übergehen, übersprungen, wiederholt durchlaufen oder abgebrochen werden können.

Abbildung 14 zeigt den Innovationsprozess in der Automobilindustrie. Sämtliche Innovationsaktivitäten und der Innovationsprozess als Ganzes sind nach unserem Verständnis auf den Markt ausgerichtet. Der Endkunde ist Ziel der Innovationsbemühungen des Automobilherstellers und seiner zugehörigen Wertschöpfungskette; ebenso steht er aber auch im Fokus von Innovationen des Wettbewerbs. Der Innovationsprozess muss also darauf zielen, in den Augen des Kunden einen Innovationsvorsprung relativ zum Wettbewerb zu erzielen.

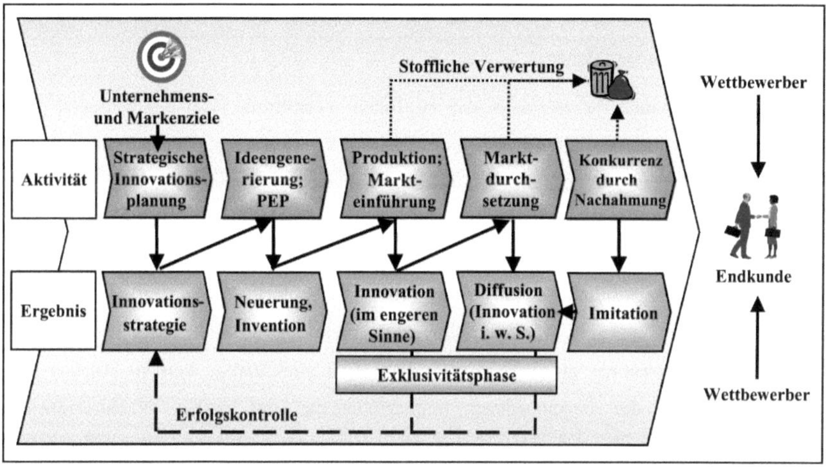

Abbildung 14: Phasenmodell des Innovationsprozesses in der Automobilindustrie.

Quelle: Umfassende Erweiterung eines Phasenmodells von Brockhoff (Forschung und Entwicklung, 1999, zuerst: o.J.), S. 38.

Der Innovationsprozess selbst lässt sich in Aktivitäten und deren Ergebnisse unterteilen. Er sollte im Sinne der Zielhierarchie stets von den Unternehmenszielen bzw. bei OEMs mit mehreren Marken auch von den Markenzielen ausgehen, die Eingangsgrößen für die strategische Innovationsplanung sind. Deren Output ist eine Innovationsstrategie, die das Ergebnis einer Abwägungs- und Wahlhandlung aus generischen Strategieoptionen sowie aus Timing-Strategieoptionen enthält. Je innovationsbetonter die Strategiewahl, also insbesondere bei einer Differenzierungsstrategie mit Anspruch auf Innovationsführerschaft, desto intensivere Anstrengungen müssen der Generierung von Innovationsideen gewidmet werden. Die Suche nach Innovationsideen ist intraorganisatorisch, interorganisatorisch (im Lieferantennetzwerk) und unter Einbeziehung von Dritten, z.B. Endkunden oder branchenfremden Partnern möglich. Innovationsideen sind dann zu bewerten, auszuwählen und im PEP bis zur prinzipiellen Marktreife weiterzuentwickeln. Bis vor der Markteinführung haben sie nur Inventions- und noch keinen Innovationscharakter. Erst mit erfolgtem Anlauf der Serienproduktion und der Markteinführung kann von einer Innovation im engeren Sinne gesprochen werden. Eine Innovation im weiteren Sinne ist im Ergebnis jedoch erst mit der erfolgreichen Marktdurchsetzung, also der Diffusion erreicht. Die Zeitspanne von der Markteinführung bis zur erstmaligen Nachahmung der Innovation durch die Konkurrenz soll als Exklusivitätsphase bezeichnet werden, in der dem Innovationsführer Monopolgewinne sowie ein Zugewinn an innovativem Image zugute kommen. Mit den Erfahrungen der Marktphase, die mit dem Zeitpunkt der Markteinführung beginnt, wird eine Erfolgskontrolle der Innovation möglich, deren Erkenntnisse ggf. zur Revision der Innovationsstrategie oder deren Umsetzung dienen können.

In der Automobilindustrie ist auch die stoffliche Verwertung von Innovationen von besonderer Bedeutung. Die Verantwortung der Branche für nachhaltiges Wirtschaften und die immer restriktiveren gesetzlichen Rahmenbedingungen wie zuletzt die in der EU-Altfahrzeugrichtlinie festgeschriebene Rücknahmepflicht der OEMs für Altautos, die stufenweise eingeführt werden wird,[399] lassen eine ganzheitliche Betrachtungsweise des gesamten Entstehungs- und Lebenszyklus von innovativen Produktmerkmalen nötig erscheinen.[400] Recycling- und Entsorgungskosten müssen daher im Sinne eines Total Cost of Ownership (TCO)-Prinzips in der Innovationsplanung berücksichtigt werden. Dabei sehen sich gerade zwei der bedeutendsten Innovationsfelder mit großen Nachhaltigkeits-Herausforderungen konfrontiert: Elektrik und Elektronikbestandteile sind schwer zu recyclen („Elektronikschrott"), und die Materialvielfalt und -verschmelzung im Leichtbau erfordert eindeutige Kennzeichnungen und verstärkte Maßnahmen zur Aufrechterhaltung der späteren Möglichkeit der Materialtrennung.

Im Folgenden wird auf den ersten Schritt im Innovationsprozess, die strategische Innovationsplanung, eingegangen.

3.2.3 Strategische Innovationsplanung

Zunächst ist zu fordern, dass die Innovationsstrategie als zentraler Bestandteil der Unternehmens- bzw. Markenstrategie erkannt und vom obersten Management mit einer entsprechend hohen Priorität behandelt wird. Die strategische Innovationsplanung ist dann Bestandteil der allgemeinen strategischen Planung des Unternehmens, die aus einer kombinierten Unternehmens- und Umweltanalyse besteht.[401] In der Automobilindustrie zeigt

[399] Der Umweltschutzgedanke in der Abfallpolitik wurde in Deutschland allgemein im Kreislaufwirtschafts- und Abfallgesetz von 1994 und in Bezug auf Automobile in der Altautoverordnung (1998 in Kraft) festgeschrieben. Vgl. WALLAU **(Altautoentsorgung, 1996)**, S. 98; ebd., S. 103. Nach der neuen EU-Altfahrzeugrichtlinie, die im Oktober 2000 Rechtsgültigkeit erlangte, müssen die OEMs ab Juli 2002 neu zugelassene Fahrzeuge kostenlos zurücknehmen, ab Juli 2003 sind verschiedene Schwermetalle in Neufahrzeugen verboten, ab Januar 2005 ist der Nachweis der 95%igen Verwertbarkeit für die Typzulassung erforderlich und ab Januar 2007 gilt die Pflicht zur kostenlosen Rücknahme und Verwertung rückwirkend für alle Altfahrzeuge. Vgl. VON BELOW **(Altauto-Richtlinie, 2001)**, S. 5.

[400] Vgl. ADAM **(Produktionsmanagement, 1997, zuerst: 1976)**, S. 160.

[401] Vgl. HEINEN **(Industriebetriebslehre, 1991, zuerst: 1972)**, S. 65.

die Analyse des Branchenumfelds die Notwendigkeit der Innovation auf, während die Analyse der unternehmensinternen Ressourcen und Kernkompetenzen Stärken, Schwächen sowie Felder aufzeigt, auf denen die Innovationskraft externer Partner mit integriert werden muss. Da die strategische Innovationsplanung auf die Zukunft ausgerichtet ist, gilt es, schwache Signale nach Ansoff zu erkennen und ggf. Trendänderungen zu antizipieren. Das Ergebnis der strategischen Planung wird in strategischen Plänen festgehalten, die z.B. die zu verfolgende Wettbewerbsstrategie festschreiben.[402] In Bezug auf Innovationen kann sich dabei die gewählte Strategie durchaus auf Unternehmens- und Markenebene unterscheiden. So ist etwa bei einem Mehrmarken-OEM eine Unternehmensstrategie der Differenzierung denkbar, bei der einzelne Marken, die ggf. in Geschäftsfeldern oder als strategische Geschäftseinheiten organisiert sind, als Innovationsführer agieren, während andere Marken als frühe Folger auftreten und so von der unternehmenseigenen Erfahrung der führenden Marke profitieren.

Strategische Pläne auf Unternehmens- und Markenebene sind jedoch in der Regel notwendigerweise noch recht allgemein gehalten und müssen im Rahmen einer taktischen und/oder operativen Planung durch Maßnahmenkataloge oder konkrete Handlungsanweisungen weiter operationalisiert werden.[403] In der Automobilindustrie kommen beispielsweise so genannte Innovationskalender zum Einsatz, in denen die Innovationen des Wettbewerbs auf konkreten Feldern (z.B. Sicherheit, Umweltschutz, Fahrdynamik etc.) den eigenen gegenübergestellt und konkrete Entwicklungs- und Zeitplanungen für zukünftige Innovationen aufgestellt werden. Ein weiteres Beispiel stellen Zielvorgaben bezüglich Anzahl und Art der zur Differenzierung von Wettbewerbsmodellen erforderlichen Innovationen in einem bestimmten, neu zu entwickelnden Fahrzeug (Neuproduktprojekt) dar.

In normativer Sicht scheint für das von Homogenisierungstendenzen[404] bedrohte Produkt Automobil insbesondere in Hochlohnländern eine Differenzierungsstrategie durch kundenrelevante Innovationen erfolgversprechender als eine Strategie der Kostenführerschaft zu sein. Dies ist ein Grund, wenn auch nicht der einzige, warum Unternehmen, die ihre Aufwendungen im Bereich der Produktentwicklung und bei neuen Modellen reduzierten, so etwa Fiat[405] und Opel, in den letzten Jahren mit sinkenden Marktanteilen und Imageproblemen zu kämpfen hatten. Hingegen konnte die Mehrheit der deutschen Zulieferer und Fahrzeughersteller in der vergangenen Dekade aufgrund ihrer Innovationsfähigkeit hohe

402 Vgl. Heinen (**Industriebetriebslehre, 1991, zuerst: 1972**), S. 65.
403 Ebd., S. 65f.
404 Vgl. Ealey u. Troyano-Bermúdez (**Commodity, 1996**), S. 64.
405 Vgl. Piller (**Gewagt, 2002**), S. 38.

Wachstumsraten verzeichnen.[406] Vergleicht man die Expertenurteile von Topmanagern verschiedener Automobilhersteller aus jüngerer Zeit, so fällt auf, dass Strategien der Differenzierung durch Innovation und der Innovationsführerschaft ein sehr hohes Gewicht beigemessen wird, und zwar nicht nur bei Premium-, sondern teilweise auch bei Volumenherstellern (vgl. Tabelle 1, zweite Spalte). Die OEMs haben auch erkannt, dass der Gestaltung des innovationsbezogenen Interdependenzverhältnisses von Zulieferern und Abnehmern entscheidende Bedeutung zukommt (vgl. Tabelle 1, dritte Spalte). Insofern mag es als wahrscheinlich angesehen werden, dass die in dieser Arbeit gewonnenen Erkenntnisse auch in der Praxis Aufmerksamkeit und Anwendung finden werden.

	Innovationsstrategie	**Lieferanten-Abnehmer-Beziehung bzgl. Innovationen und Exklusivität**
Audi[407]	• „Audi ist traditionell ein technikgetriebenes Unternehmen ... Wie auch aus dem Slogan ‚Vorsprung durch Technik‘ hervorgeht, hat Audi ... technische Überlegungen zum Mittelpunkt seiner Philosophie gemacht.“ • „The subject of innovation is of the utmost importance for our company.“ • Ausbau und Sicherung des Vorsprungs durch weitere Innovationen auf Produkt- und Produktionsprozessebene.	• „Um das Leitbild ‚Vorsprung durch Technik‘ zu leben, muß (sic!) Audi neben seinen Ressourcen auch die gesamte Innovationskraft seiner Lieferanten in sein Schaffen einbeziehen.“ • „At Audi, one of the most important criteria in the selection of a supplier is that company's innovative potential.“ • Integration des Lieferanten in den Produktentstehungs- und Produktentwicklungsprozess durch den Einkaufs- und Entwicklungsbereich.
BMW[408]	• Innovationsstrategie mit folgenden Kernbestandteilen: • Führend bei Produkt und Prozess, • Konzentration auf Kernkompetenzen, • Reduzierung von Entwicklungszeit und -kosten.	• „Kernlieferanten als Partner, die bereit sind, uns Exklusivität in der Verwertung von Innovationen einzuräumen – zumindest für einen gewissen Zeitraum. ... [Der Kernlieferant] unterstützt BMW dadurch nachhaltig bei Absicherung und Ausbau des Markenprofils.“ • „BMW lebt vom technischen Vorsprung. Den Zielkonflikt – das Geschäft der Lieferanten mit dem Streben nach economies of scale einerseits und der Exklusivitätsanspruch von BMW mit der Folge eines geringfügigen Preispremiums – müssen wir immer wieder neu auflösen.“
DaimlerChrysler[409]	• Technologie- und Innovationsführerschaft als eine der vier Säulen der Unternehmensstrategie. „Technologischer Führungsanspruch, mit dem wir die Position von	• „Durch die Weitergabe von Innovationen von Mercedes-Benz an die anderen Konzernmarken können wir nicht nur unsere hohen Entwicklungsausgaben beibehalten und

[406] Vgl. **FRANK (Dynamische Zulieferer, 2001)**, S. 21; **VDA (HRSG.) (Auto 2001, 2001)**, S. 56f.
[407] Vgl. **IFFLAND (Einkauf im Wandel, 1997)**, S. 125ff; ebd., S. 135f; ders. **(Purchasing, 1997)**, S.62.
[408] Vgl. **ATZLER (Automobilhersteller und Zulieferer, 1997)**, S. 7; ebd., S. 12; ebd., S. 14.
[409] Vgl. **O.V. (Strategie DaimlerChrysler, 1999)**, S. 36f; **HUBBERT (Automobilindustrie und Innovation, 1998)**, S. 48; **SCHREMPP (Brief des Vorstandsvorsitzenden, 2001)**, S. 4ff; ders. **(Interview, 2002)**, S. 222ff.

	DaimlerChrysler als weltweit innovativstem Automobil-unternehmen weiter ausbauen und ... unsere Produkte gegenüber dem Wettbewerb noch stärker differenzieren." • „Innovationsfähigkeit und Innovationskraft ... prägen den Wert der Marke Mercedes-Benz entscheidend." • „Mercedes-Benz arbeitet wesentlich stärker technologie- und innovationsorientiert als Chrysler."	besser amortisieren, sondern Wettbewerbsvorteile für alle unsere Produkte sichern. Gleichzeitig können wir unseren Zulieferern und Partnern größere Auftragsvolumina bieten und somit Innovationen länger exklusiv im Unternehmen halten." „...Das war bisher anders. Wenn wir früher neue Technologien gemeinsam mit einem Zulieferer entwickelt haben, wollte er sie sofort oder nach wenigen Monaten auch anderen Autoherstellern zugänglich machen. Er wollte seine Entwicklungskosten wieder hereinbekommen, denn wir hatten nur kleine Stückzahlen."
Ford of Europe[410]	• Konzentration auf die Reduktion der Vielfalt von Plattformen, Motoren und Getrieben; mehr gemeinsame Teile zwischen Modellen.	• „We want Ford to be the ‚Customer of Choice' for our suppliers." • „We encourage our development people in adopting an open attitude to any new ideas suppliers should suggest to us." • „We involve suppliers ... with whom we would like to share opportunities as well as risks."
GM[411]	• Verstärkter Zugriff auf Know-How der Lieferanten; • Qualität, Service, Kosten-/Preisführerschaft jedoch weiter zentral.	• „Wir erwarten von Zulieferern, dass sie uns unaufgefordert ihre neuesten Technologien anbieten." • Zum Ausgleich steigender Entwicklungskosten beim Zulieferer soll auf Exklusivität verzichtet werden.
Volkswagen[412]	• Innovationsoffensive. • First-to-market mit neuen Technologien. • Technische Wettbewerbsvorteile in allen Fahrzeugklassen.	• ‚Preferred customer'-Status als erster Partner für die Zulieferer in Innovation und Entwicklung. • Früher Innovationsprozess mit Zulieferern. • Exklusivität für gemeinsame Entwicklungen mit Zulieferern für eine gewisse Zeitperiode.

Tabelle 1: Innovationsstrategien und innovationsbezogene Lieferanten-Abnehmer-Beziehungen in der Automobilindustrie.

3.2.4 Generierung von Innovationsideen

3.2.4.1 Ideengenerierungsprozesse und Kreativitätstechniken

Den ersten Schritt in der Umsetzung innovationsbezogener, strategischer und taktisch-operativer Pläne stellt die Generierung von Innovationsideen dar. Die prinzipiell unbegrenzt große Zahl von möglichen Innovationsideen ist an den Vorgaben der Innovationsplanung auszurichten. Dies geschieht über die Auswahl so genannter Suchfelder oder Innovationsfelder, die als Bindeglied zwischen Innovationsplanung und Ideengenerierung bezeichnet werden können. Suchfelder sind als abstrakt, umfassend und lösungsoffen

---

410 Vgl. **O.V. (Single-Sourcing, 1999)**, S. 12ff; ebd., S. 18ff.

411 Vgl. **FABUS (Innovation GM, 2001)**, o.S.; **O.V. (Opel-Einkauf, 1999)**, S. 38.

412 Vgl. **OSTLE (Lopez Era, 1999)**, S. 1; ebd., S. 22; **PIËCH (Junges Produkt, 1998)**, S. 51f.

umschriebene, aber auf eine bestimmte, wahrgenommene oder antizipierte Innovationslücke ausgerichtete Fragestellung, zu der Innovationsideen generiert werden sollen, zu definieren. Das Suchfeld sollte also weit genug vorgegeben sein, dass mögliche, insbesondere unerwartete Problemlösungen nicht von vornherein eliminiert werden, aber gleichzeitig so eng sein, dass die Ideensuche in systematischer und wirtschaftlicher Weise verwirklicht werden kann.[413] Als fiktive Beispiele für Suchfelder können in fallender Abstraktionsreihenfolge etwa „Seniorenfreundliches Automobil“, „Lichtwahrnehmung im Innenraum“, „Reparaturfreundliches Exterieur“ oder „Bedienerorientierte Instrumente“ genannt werden. Inputgrößen für die Auswahl und Definition von Suchfeldern sind zum einen die Innovationsstrategie, zum anderen interne Stärken-Schwächen-Analysen, Vergleiche mit Wettbewerbsprodukten, Technologiefrühaufklärung und -vorhersage (z.B. durch Literatur- und Patentanalysen, Expertenbefragungen, Szenarienbildung, Delphi-Methode)[414] sowie die Erforschung gesellschaftlicher und mobilitätsbezogener Trends. Als Beispiele für Trendforschung seien der Delta-Report der Zukunftsforschungsstelle von DaimlerChrysler oder das Trend-Book der HypoVereinsbank genannt.[415]

Die Suchfelder bilden die Eingangsgröße eines generischen Kreativprozesses der Ideengenerierung, der in Abbildung 15 dargestellt ist. Nach einer empirischen Studie vertreten alle Befragten in 22 innovativen Industrieunternehmen die These, dass Innovationsideen mit Prozessen und Techniken wie den nun aufgezeigten gezielt provoziert werden können.[416] Ein Kreativprozess umfasst eine kreative Phase, eine Selektionsphase und eine gestaltende Phase. Die kreative Phase dient der Schaffung eines größtmöglichen potenziellen Lösungsraums für die im Suchfeld formulierte Problemstellung. Meist mehrere kreative Personen – die optimale Gruppengröße wird empirisch mit 5-7 angegeben[417] – bearbeiten das Suchfeld in Sitzungen, die ggf. von einem Moderator geleitet werden. Nach einer Definition von Albach ergibt sich Kreativität als „Ergebnis aus Sensibilität gegenüber Problemen sowie aus Flexibilität, Flüssigkeit und Originalität des Denkens.“[418] Geschka subsumiert unter Kreativität die Fähigkeit, „Wissens- und Erfahrungselemente aus verschiedenen Bereichen unter Überwindung verfestigter Strukturen und Denkmuster zu neuen Ideen (Problemlösungsansätzen) zu verschmelzen.“[419] Diese Definition beinhaltet also

[413] Vgl. **Kupsch u.a. (Innovationswirtschaft, 1991, zuerst: 1972)**, S. 1114f; **Michael (Ideenproduktion, 1973)**, S. 43ff.
[414] Vgl. **Walter (Ideenfindungsprozesse, 1997)**, S. 32.
[415] Vgl. die aktuellen Ausgaben **Minx u. DaimlerChrysler AG (Hrsg.) (Delta-Report, 2002)**; **HypoVereinsbank AG (Hrsg.) (Trend-Book 2001, 2001)**.
[416] Vgl. **Walter (Ideenfindungsprozesse, 1997)**, S. 10f; ebd., S. 70.
[417] Vgl. **Geschka (Kreativitätstechniken, 1986)**, S. 149.
[418] **Albach (Differenzierung, 1990)**, S. 777.
[419] **Geschka (Kreativitätstechniken, 1986)**, S. 148.

die berechtigte Forderung nach einer interdisziplinären Zusammensetzung der Kreativgruppe, die z.B. Designer, Produktentwickler (Ingenieure), Einkäufer oder Marktforscher enthalten kann. In der kreativen Phase kommen diverse Kreativitätstechniken zum Einsatz. Manche heuristische Denkmuster wie etwa Assoziation oder Übertragung von Strukturen fördern das intuitive Hervorbringen von Ideen, andere wie Variation, Kombination oder Abstraktion führen im Wege eines analytisch-systematischen Vorgehens zu neuen Ideen. Zu ersteren sind etwa Brainstorming, die 6-3-5-Methode oder die Synektik zu zählen, zu letzteren die morphologische Methode.[420] Die Erfolgswahrscheinlichkeit lässt sich dabei durch die Verwendung mehrerer unterschiedlicher Techniken erhöhen.[421]

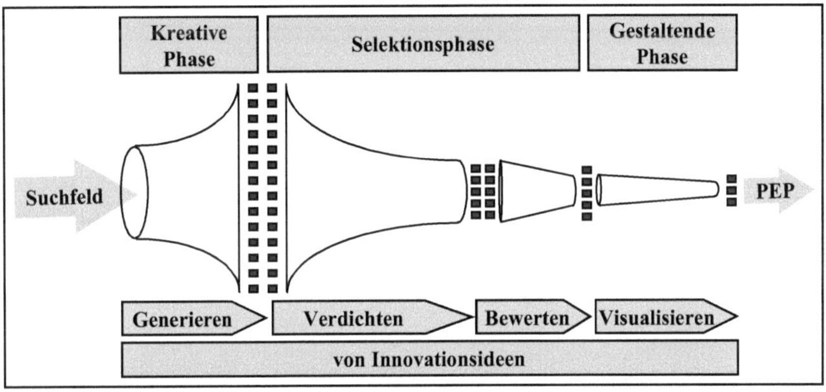

Abbildung 15: Kreativprozess der Ideengenerierung.

Die in der kreativen Phase erzeugte Ideenvielfalt, die auch von bewusst zugelassenen explorativen Ideen bis hin zu „Spinnereien" lebt, enthält noch viele unbrauchbare Vorschläge, die aus Praktikabilitätsgründen ausgesondert werden müssen, um so zu einer überschaubaren Anzahl von Ideen zu gelangen. Dies geschieht in der Selektionsphase. In einem Verdichtungsschritt werden die generierten Innovationsideen auf Redundanz, die aus Mehrfachnennungen resultiert, durchgesehen, zu inhaltlich zusammengehörenden Gruppen geordnet (Clusterbildung) und ggf. unter Oberbegriffe subsumiert. Die so strukturierten Ideen sind dann einer ersten Bewertung zu unterziehen, um offensichtlich abwegige Vorschläge auszusondern. Diese erste heuristische, nicht kriteriengestützte Bewertung dient lediglich dem pragmatischen Grund der Reduktion der Vielfalt in einem noch sehr frühen Stadium des Kreativprozesses, und ist nicht mit der späteren systematischen, kriteriengeleiteten Bewertung und Auswahl derjenigen wenigen Innovationsideen, die zur Marktreife weiterentwickelt

[420] Vgl. zu Klassifikationen und Erklärungen dieser und weiterer Kreativitätstechniken **GESCHKA (Kreativitätstechniken, 1986)**, S. 149ff; **KUPSCH U.A. (Innovationswirtschaft, 1991, zuerst: 1972)**, S. 1111ff; **MCFADZEAN U.A. (Creative Problem Solving, 1998)**, S. 38ff.

[421] Vgl. **ALBERS U. EGGERS (Produktinnovations-Prozesse, 1990)**, S. 42.

werden sollen, zu verwechseln (vgl. dazu Abschnitt 3.2.5). Trotzdem birgt auch gerade dieser frühe Selektionsschritt das Risiko, Ideen mit hohem Innovationspotenzial zu übersehen und auszusondern. Diese Gefahr kann verringert werden, wenn alle Mitglieder der Kreativgruppe ein explizites Bekenntnis zur Unvoreingenommenheit gegenüber sämtlichen Vorschlägen ablegen sowie Aussonderungsentscheidungen kontrovers und ergebnisoffen diskutieren.

Ein weiterer Konkretisierungsschritt wird in der Gestaltungsphase vorgenommen. Hier ist es Ziel, die vorliegenden Innovationsideen transparent zu machen, um so einerseits Anschauungsmaterial für ergänzende Ideen und andererseits eine Vorlage für spätere Entscheidergremien zu schaffen. Hierzu eignen sich verschiedene Methoden der Visualisierung, so z.B. Skizzen, Designsketche und ggf. erste Modellaufbauten. In der Automobilindustrie bietet es sich auch an, das geplante innovative Produktmerkmal probehalber in vorhandene Computer Aided Design (CAD)-Daten eines bereits fertig entwickelten Fahrzeugs einzuspeisen. Dies ermöglicht dann mit Hilfe von dreidimensionalen Netzdarstellungen einen ersten Eindruck vom Zusammenspiel der Idee mit anderen Produktmerkmalen. Visualisierungen stellen damit ein wichtiges Hilfsmittel für die spätere Entscheidung dar (vgl. Abschnitt 3.2.5), welche Innovationsideen im PEP zur Marktreife weiterentwickelt werden sollen (vgl. Abschnitt 3.2.6).

3.2.4.2 Ideenquellen

Es bleibt festzuhalten, dass die eben erläuterten Ideengenerierungs- und Kreativprozesse prinzipieller Natur sind, d.h. auf alle Quellen von Innovationsideen angewandt werden können und sollen. Die Erkenntnis, dass Ideen aus verschiedenen, nicht nur intraorganisatorischen Quellen entstammen können, ist maßgeblich auf von Hippel zurückzuführen, der z.B. Lieferanten und Endkunden als weitere mögliche Ideenquellen sieht.[422] Allerdings mangelt es bisher in der Literatur an einer Systematik aller Ideenquellen in der Automobilindustrie. Abbildung 16 verdeutlicht daher mögliche Ideenquellen bzw. Ideenfindungswege in dieser Branche.

Es wird zwischen intraorganisatorischen und interorganisatorischen Ideenquellen sowie Ideenquellen unter Einbeziehung von Dritten unterschieden. Die mit den Nummern 1 bis 9 versehenen Ideenfindungswege werden im Folgenden jeweils näher betrachtet.

---

[422] Vgl. von Hippel **(Sources of Innovation, 1988)**, S. 3ff.

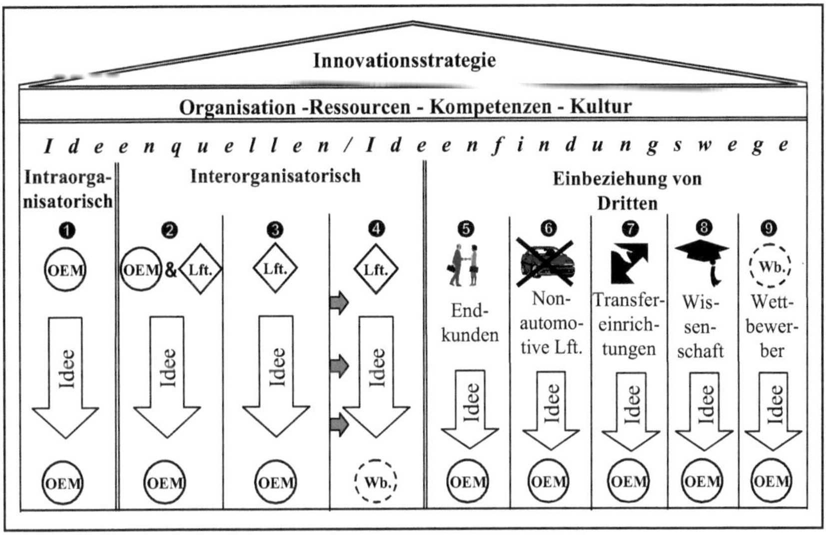

Abbildung 16: Ideenquellen in der Automobilindustrie.

3.2.4.2.1 Intraorganisatorische Ideenquellen

Die intraorganisatorische Generierung von Innovationsideen (Nummer 1 in Abbildung 16) stellt die traditionelle Form der Ideenfindung dar, die in der Regel den F&E-Bereichen zugeschrieben wird. In der Automobilindustrie verfügen nicht alle OEMs, sondern in der Tendenz meist die Premiumanbieter über eigene Forschungsbereiche. Von Auftragsproduzenten, wie etwa jenen im Automobilcluster Graz,[423] abgesehen, sind Produktentwicklungsbereiche hingegen für alle Automobilhersteller und auch für alle Lieferanten unverzichtbar.

Von Zedtwitz' Fallstudie über die F&E-Aktivitäten von Daimler-Benz[424] betont den angewandten Charakter der Ideengewinnung und der Forschung in der Automobilindustrie.[425] Selbst bei diesem OEM, der einen im Industrievergleich großen Forschungsapparat unterhält und einer der wenigen Automobilhersteller ist, dessen Forschungschef als Mitglied des Vorstands auf oberster Hierarchieebene vertreten ist, entfallen 95% der F&E-Ausgaben auf die organisatorisch von der zentralisierten Forschung getrennten Entwicklungsbereiche der Geschäftsfelder, nur 5% auf die Forschung selbst. Grundlagenforschung wird bewusst wissenschaftlichen Einrichtungen überlassen; die unternehmenseigene angewandte Forschung dient der Bereitstellung von technologischen Grundlagen für Neuproduktprojekte. Die Hälfte

[423] Vgl. **Heuser u.a. (Job Creation, 2000)**, S. 18.
[424] Die Fallstudie wurde vor dem Zusammenschluss mit Chrysler verfasst.
[425] Vgl. zum Folgenden **von Zedtwitz (Knowledge Sourcing, 1999)**, S. 454ff.

des Forschungsbudgets (bei steigender Tendenz) wird über Auftragsforschung für die Geschäftsfelder (z.B. Geschäftsfeld PKW, Geschäftsfeld NFZ) akquiriert, die die Forschungsprojekte übernehmen, sobald sie einen gewissen Reifegrad erreicht haben. Um die Relevanz der Forschungsprojekte für die Entwicklungsbereiche der Geschäftsfelder sicherzustellen, findet ein Personalaustausch auf Projektbasis zwischen den Forschungs- und Entwicklungsabteilungen statt. Aufgabe der Forschung ist es auch, neue Ideen über Trendbeobachtung und von Außenposten, so z.B. in Tokyo und im Silicon Valley, zu gewinnen und in das Unternehmen einzuspeisen.

Sowohl bei Unternehmen mit ausgeprägten internen F&E-Aktivitäten wie den geschilderten, als auch besonders bei Unternehmen mit geringeren institutionalisierten F&E-Anstrengungen wäre es verfehlt, auf des Ideenpotenzial der gesamten Organisation zu verzichten. Ein bewährtes Instrument zur Ausschöpfung des Kreativpotenzials aller Aufgabenträger einer Organisation stellt das Betriebliche Vorschlagswesen dar.[426] Insbesondere in der Automobilbranche, in der viele Mitarbeiter nicht nur in F&E, sondern auch in Produktion, Logistik und Marketing direkten Produktkontakt haben und oftmals gleichzeitig auch Nutzer des Endprodukts des eigenen Unternehmens sind, können aus der täglichen praktischen Arbeit Verbesserungsvorschläge resultieren, die konkrete Ideen für eine spürbare Verbesserung des Produkts und/oder des Produktionsprozesses enthalten.[427] Voraussetzung für ein erfolgreiches Betriebliches Vorschlagswesen ist jedoch ein Anreizsystem mit angemessenen Belohnungen, die Unterstützung durch das Management und ggf. den Betriebsrat sowie die Schulung von Mitarbeitern z.B. in Kreativitätstechniken.[428] Als weitere Instrumente der Einbeziehung von Mitarbeitern als Ideengeber sind Mitarbeiterbefragungen, Ideenwettbewerbe oder Forschungspreise zu bestimmten Suchfeldern zu nennen. So konnte etwa Siemens mit dem internen Ideenwettbewerb AddVenture 200 konkrete Projektideen generieren.[429] DaimlerChrysler vergibt einen jährlichen internen Forschungspreis, der Ideen mit hohem Differenzierungs- und Exklusivitätspotenzial auszeichnet.[430] Durch interne Messen, wie sie etwa Bosch durchführt, werden ferner Ideen der F&E-Bereiche einem breiten internen Publikum vorgestellt und so neue Anregungen aufgenommen.[431] Eine Einbeziehung der

[426] Vgl. **Thom (Innovationsmanagement, 1980, zuerst: 1976)**, S. 85; **Walter (Ideenfindungsprozesse, 1997)**, S. 33.
[427] Vgl. **Thom (Innovationsmanagement, 1980, zuerst: 1976)**, S. 85f.
[428] Ebd., S. 428ff.
[429] Vgl. **Dodt u.a. (Silicon Valley, 1999)**, S. 63.
[430] Vgl. **DaimlerChrysler AG (Hrsg.) (Forschungspreis, 2001)**, S. 7f.
[431] Vgl. **Bäucker (Fachschau, 2001)**, S. 10.

Mitarbeiter mit Hilfe solcher Maßnahmen wird in der frühen Ideengenerierungsphase als besonders erfolgversprechend erachtet.[432]

3.2.4.2.2 Interorganisatorische Ideenquellen

3.2.4.2.2.1 Gemeinsame Ideengenerierung durch OEM und Lieferanten

Im ausgeprägten gegenseitigen Abhängigkeitsverhältnis, das in der Automobilindustrie vorherrscht, sind Ressourcen und Kompetenzen zwischen OEM und Lieferanten verteilt; innovative Anforderungen werden vom Endkunden jedoch an das Endprodukt als Ganzes gestellt. Daher ist es zwingend notwendig, dass Automobilhersteller und Lieferanten Ideen zu ihren jeweiligen Kompetenzfeldern bündeln bzw. gemeinsam Ideen zu Suchfeldern, die auf mehreren Kompetenzfeldern basieren, generieren (Nummer 2 in Abbildung 16). Hierzu bieten sich gemeinsame Kreativworkshops, in der Literatur auch externe Innovationszirkel genannt,[433] an, an denen Designer und Entwicklungsingenieure, Marketingspezialisten und Einkäufer eines OEMs und eines oder mehrerer Lieferanten teilnehmen. Die Einkäufer des OEMs kennen die Kompetenzverteilung ihrer Lieferanten und sollten daher zweckmäßigerweise die Auswahl und Vorbereitung der Zulieferer, die zu den Kreativsitzungen zu einem bestimmten Suchfeld einzuladen sind, vornehmen.[434]

Nehmen mehrere Lieferanten teil, ist unbedingt sicherzustellen, dass diese keine direkten Konkurrenten auf dem zu bearbeitenden Gebiet sind, da sie sonst aus Gründen des Know-how-Schutzes kaum innovative Ideen einbringen werden. Vielmehr ist bei der Lieferantenauswahl anzustreben, komplementäre Kompetenzfelder abzudecken. Im Idealfall können die Lieferanten später untereinander kooperieren, um gemeinsam aussichtsreiche Ideen zur Marktreife weiterzuentwickeln, was nach einer Studie von 81% der Automobilzulieferer als erfolgversprechend angesehen wird.[435] Bei dem fiktiven Suchfeld „Lichtwahrnehmung im Innenraum“ könnten Zulieferer auf komplementären Feldern beispielsweise ein Lieferant für Lampen, Lichtleitsysteme und Reflektoren, ein weiterer Lieferant für Materialien und Oberflächen im Innenraum (Kunststoff, Leder etc.) sowie ein Glas- und Fensterlieferant sein. Umgekehrt ist in Geheimhaltungsabkommen aber auch festzuhalten, dass die teilnehmenden Lieferanten Inhalt und Ergebnisse der Ideengenerierung nicht an andere OEMs, zu denen sie auch Geschäftsbeziehungen unterhalten, weitergeben.

---

[432] Vgl. zu Mitarbeiterbefragungen **DOMSCH U.A. (Partizipation, 1995)**, S. 49ff.
[433] Ebd., S. 34.
[434] Vgl. **MILLIGAN (New Product Launches, 1999)**, S. 24.
[435] Vgl. **DIEBOLD GMBH (HRSG.) (Kfz-Zuliefererindustrie)**, S. 7.

Die Einbeziehung von Lieferanten in Produktentwicklungs- und Ideengenerierungsprozesse sollte in der Automobilbranche idealerweise zu einem frühen Zeitpunkt erfolgen.[436] Nach einer Studie der Fachzeitschrift Purchasing können jedoch nur 13% der Einkaufsmanager angeben, dass sie und ihre Lieferanten schon in die Phase der Ideengenerierung einbezogen werden. Gründe hierfür sind oftmals Bereichsdenken und der mangelnde Wille zur interdisziplinären Zusammenarbeit zwischen Entwicklungs-, Einkaufs- und Marketingbereichen.[437] Nach einer anderen empirischen Studie können jedoch vier Einflussfaktoren eruiert werden, die sich positiv auf eine frühe Einbeziehung von Lieferanten auswirken: Erstens wird der Lieferant dann seine Ressourcen für gemeinsame Ideengenerierung einsetzen, wenn ihm vom OEM Anreize wie etwa spätere Entwicklungs- und Lieferverträge, Know-how-Schutz oder ein Status als bevorzugter Lieferant gewährt werden. Zum zweiten erhöhen Interdependenzverhältnisse wie jene in der Automobilindustrie die Opportunitätskosten, die mit einer Schädigung oder einem Austreten aus der Beziehung verbunden sind, so dass eine Teilnahme an der gemeinsamen Ideengenerierung angeraten erscheint. Schließlich erhöhen sowohl die technologische Leistungsfähigkeit des Lieferanten als auch die Innovativität und Aufnahmebereitschaft für neue Ideen des OEMs die Aussicht auf eine erfolgreiche frühe Teilnahme des Lieferanten an Kreativworkshops.[438] Das einseitige Ausüben von Abnehmermacht durch den OEM, so z.B. in Form von mangelnder Geheimhaltung, Abwälzen der Kosten für die Ideengenerierung (z.B. für Personaleinsatz, externen Moderator, Visualisierung) auf den Lieferanten oder mangelnde Kompensation für innovative Lieferantenideen verringert hingegen die Wirksamkeit der ersten beiden Einflussfaktoren und damit auch den Erfolg einer frühen Lieferanteneinbindung in der Ideengenerierungsphase.[439] Ausgeprägte und wirklich partnerschaftliche Lieferantenbeziehungen schaffen hingegen neue Innovationsspielräume für beide Seiten.[440]

3.2.4.2.2.2 Nutzung des Ideenangebots von Lieferanten

Neben der aktiven, gemeinsamen Ideengenerierung von Automobilherstellern und -zulieferern stellt die Einbeziehung des vorhandenen Ideenangebots im Beschaffungsmarkt (Nummer 3 in Abbildung 16) einen weiteren wichtigen Weg der interorganisatorischen Ideenfindung dar. Hierbei handelt es sich flussaufwärts der Wertschöpfungskette um eine Monitoring-Aufgabe, flussabwärts um eine Signaling-Aufgabe: Die OEMs müssen sich über die Ideen ihrer Lieferanten informieren, diese über die Ideen ihrer Vorlieferanten; Lieferanten und

[436] Vgl. **O.V. (Automakers, 1998)**, S. 32S4; **REINERTSEN (Fuzzy Front End, 1999)**, S. 25.
[437] Vgl. **MILLIGAN (New Product Launches, 1999)**, S. 24ff.
[438] Vgl. **LABAHN U. KRAPFEL (Early Supplier Involvement, 2000)**, S. 173ff.
[439] Ebd., S. 176; **MCDONALD (Power in Partnership, 1999)**, S. 56.
[440] Vgl. **O.V. (Supply Relationships, 1998)**, S. 45.

Vorlieferanten wiederum sollten ihre innovativen Ideen den OEMs signalisieren. Nachdem Lieferanten die in Abschnitt 3.2.4.2.1 beschriebenen Möglichkeiten der intraorganisatorischen Ideenfindung in ihrem Unternehmen zur Geltung gebracht haben, ist im nächsten Schritt der Ideentransfer in Richtung auf den Hersteller des Endprodukts vonnöten.

Für das Signaling der Ideenanbieter und das Monitoring der Ideennachfrager eignen sich mehrere Instrumente. Zum einen lassen sich Produktideen in Artikeln in Fachzeitschriften[441] platzieren sowie Literatur und Internet-Quellen systematisch auf neue Ideen auswerten. Dabei gilt es für den Ideengeber, genug Basisinformationen zu vermitteln und Interesse an der Idee zu wecken, ohne den konkreten Lösungsvorschlag in öffentlichen Medien preiszugeben. Ideennehmer müssen anhand adäquater Kriterien (z.B. Produktfit, Erfindungshöhe, Kundennutzen) die Informationsflut durchforsten und die Spreu vom Weizen trennen, also unbrauchbare Ideen von für das Endprodukt des Herstellers relevanten unterscheiden.

Zum zweiten stellen die großen öffentlichen Automobilmessen und -ausstellungen u.a. in Detroit, Frankfurt, Genf, Leipzig, Paris und Tokyo für Lieferanten und OEMs unverzichtbare Möglichkeiten der Ideendarstellung und -sammlung dar.[442] So besuchen z.B. Teams aus Entwicklungsingenieuren, aber auch Marketingfachleuten der OEMs diese Messen, erstellen Beobachtungsberichte und stellen diese jenen Mitarbeitern, die nicht ohnehin selbst die Messe besuchen, im Intranet zur Verfügung. Allerdings sind die Automobilausstellungen auch mit deutlichen Nachteilen verbunden. Ihr öffentlicher Charakter und die Präsenz der Wettbewerber lassen aus Sicht der Ideennehmer eine exklusive Ideenverwertung und die Erlangung eines Zeitvorsprungs in der Umsetzung kaum zu, so dass die Messen eher die Wirkung einer Nivellierung denn eines Ausbaus des Innovationsvorsprungs haben. Umgekehrt klagen Ideengeber, dass die räumlichen Ausmaße und der Massenbetrieb dieser Messen es ihnen kaum ermöglicht, zu den relevanten Fachexperten und Entscheidungsträgern der Ideennehmer vorzudringen.[443]

Zur Auflösung des Problems bieten sich drittens private in-house Messen an, bei denen einer oder mehrere Lieferanten ihre Produktideen bei einem OEM vorstellen, wobei die Initiative sowohl vom Zulieferer als auch vom Abnehmer ausgehen kann.[444] Hier lässt sich durch Vorabbesprechungen der zu zeigenden Ideenfelder oder durch im Vorfeld durchgeführte Kundenbefragungen der Lieferanten beim OEM, wie z.B. von Bosch anlässlich einer in-house

[441] Beispiele für Fachzeitschriften in der Automobilbranche sind etwa Automobile Management International, Automobil-Entwicklung, Automobil-Produktion, Automotive News, Automotive Sourcing sowie Zeitschrift für die gesamte Wertschöpfungskette Automobilwirtschaft.

[442] Vgl. z.B. zum Selbstverständnis der Leipziger Messe Auto Mobil International als „Katalysator des Innovationsprozesses" **Rahmen (Leipziger Messe, 1999)**, S. 366.

[443] Vgl. **o.V. (Hausausstellungen, 1999)**, S. 128.

[444] Ebd., S. 128.

Messe bei Opel durchgeführt,[445] die Relevanz der gezeigten Ideen für den Abnehmer erhöhen. Auch in-house Messen sind jedoch problembehaftet. So haben sie oftmals den Charakter von reinen Werbe- und Produktschauen mit mangelnder Zukunftsausrichtung, vernachlässigen also die Darstellung von noch im Entwicklungsstadium befindlichen Produktideen gegenüber dem sofort vermarktbaren aktuellen Produktprogramm. Außerdem wird der Wunsch des Abnehmers nach Exklusivität selbst bei in-house Messen u.U. dadurch konterkariert, dass dasselbe oder nur leicht modifizierte Messekonzept und die Exponate wenig später bei seinen Wettbewerbern vorgeführt werden („Roadshow"). An so genannte Innovationsmessen, die wirklich den Ideentransfer von Lieferanten zu Abnehmern unterstützen, sind also die Anforderungen Zukunftsausrichtung (Produktmerkmale im Ideen- oder sehr frühen Entwicklungsstadium), Exklusivität (Messe für nur einen Ideennehmer) sowie ferner sorgfältige Auswahl der Aussteller (z.B. Lieferanten aus einem regionalen Beschaffungsmarkt, Lieferanten einer bestimmten Materialgruppe, Lieferanten zu einem bestimmten Ideenfeld) und Geheimhaltung zu nennen.

Um das Ideenpotenzial im Beschaffungsmarkt zu kennen und auszuschöpfen, sind aus OEM-Sicht viertens Maßnahmen des Beschaffungsmarketings vonnöten. Beschaffungsmarketing meint den Versuch, den Beschaffungsmarkt entsprechend den eigenen Zielsetzungen zu gestalten.[446] Nach Koppelmann ist der Innovationsgrad (Ideen eines Unternehmens über den Stand der Technik hinaus) ein wichtiges Leistungsmerkmal auf Beschaffungsmärkten.[447] Um bestehende und potenzielle neue Lieferanten bezüglich ihres Innovationsgrads und anderer Kriterien zu bewerten, bieten sich Beschaffungsmarktuntersuchungen als Monitoring-Instrument an. Hierbei wird der weltweite Beschaffungsmarkt in mehreren Schritten, die z.B. Recherche im Internet, Presse und Geschäftsberichten, Einholen von Lieferantenselbstauskünften sowie Befragungen und Besuche der Entwicklungs- und Produktionsbereiche der Lieferanten vor Ort umfassen können, auf die ideenträchtigsten und innovativsten Lieferanten untersucht.

Insgesamt stellen innovative Ideen von Lieferanten ein knappes Gut dar, um das die OEMs konkurrieren müssen (vgl. nochmals Tabelle 1, dritte Spalte). Über die genannten Monitoring-Instrumente hinaus gilt es daher, ein Anreizsystem zu schaffen, welches Automobilhersteller aus Sicht der Lieferanten als Abnehmer von Innovationsideen attraktiv erscheinen lässt. Gleichzeitig muss es im Interesse jedes OEMs sein, den interorganisatorischen Ideentransfer vom Lieferanten zu anderen Automobilherstellern nach Möglichkeit zu verhindern (Nummer

[445] Vgl. **O.V. (Opel, 2001)**, S. 6.
[446] Vgl. **HAMMANN U. LOHRBERG (Beschaffungsmarketing, 1986)**, S. 40.
[447] Vgl. **KOPPELMANN (Beschaffungsmarketing, 1995, zuerst: 1993)**, S. 202f.

4 in Abbildung 16). Als innovationsprozessübergreifende Maßnahme zur Förderung der Innovationsfähigkeit werden daher in Abschnitt 3.3.3 Anreize zur Anziehung von Lieferanteninnovationen und Barrieren gegen deren Transfer zu Wettbewerbern entwickelt.

3.2.4.2.3 Einbeziehung von Dritten als Ideenquellen

Neben der intra- und interorganisatorischen Ideengenerierung wird die Einbeziehung von Dritten als möglicher Ideenquelle oftmals vernachlässigt, obwohl gerade sie bedeutende Innovationsquellen darstellen können.[448] Unter dem Terminus „Dritte" sollen hier Wirtschaftssubjekte verstanden werden, zu denen Automobilhersteller nicht in einem ähnlich dauerhaften, von gegenseitiger Abhängigkeit geprägten Geschäftsverhältnis stehen wie zu den vertikal vorgelagerten Wertschöpfungspartnern. Daher sind gerade bei dritten Ideengebern, unter denen hier Endkunden, branchenfremde Unternehmen, Transfereinrichtungen, Wissenschaft sowie Wettbewerber subsumiert werden, erhöhte Anstrengungen zu deren Identifikation und Einbindung zu unternehmen. Die Verflechtung mit Dritten wird in der Literatur auch unter dem Stichwort „Interweavement" diskutiert.[449] Die intra- und zunehmend auch die interorganisatorische Ideengenerierung kann als Pflicht, die Einbeziehung von Dritten als Kür bezeichnet werden. Im Folgenden sollen zunächst Möglichkeiten der Integration von Endkunden in die Ideengenerierung diskutiert werden.

3.2.4.2.3.1 Endkunden als Ideenquellen

Die marktorientierte Ideenfindung kann auf den Endkunden (Nummer 5 in Abbildung 16) als Käufer und Nutzer des Endprodukts Automobil nicht verzichten. Dabei ist die Mitwirkung des Nachfragers einerseits zur Sicherstellung der Kundenrelevanz der Innovation und andererseits zur Risikoreduktion um so wichtiger, je neuartiger das Innovationsvorhaben ist.[450] Als natürliches Vehikel zur Endkundeneinbindung bietet sich zunächst die Absatz- und Vertriebsorganisation der OEMs an, die mit dem Kunden in Kontakt steht.[451] Sie kann beispielsweise Händlerkontakte, Kundenfragen und -beschwerden auswerten und Kundenbefragungen durchführen.[452] Eine noch aktivere Involvierung des Kreativpotenzials der Endkunden ist in externen Innovationszirkeln oder Fokusgruppen möglich, die teilweise oder ausschließlich Endkunden umfassen. Sie ist in der sehr frühen Phase der Ideengenerierung sinnvoll, um Vorfestlegungen entgegen den Kundenwünschen zu

---

[448] Vgl. **Boutellier u. Locker (Beschaffungslogistik, 1998)**, S. 109.
[449] Vgl. **Gemünden u.a. (Interweavement, 1992)**, S. 360f.
[450] Vgl. **Kühn u. Jenner (Kundenorientierung, 2000)**, S. 108.
[451] Vgl. **Dudenhöffer (Beziehungen, 1998)**, S. 166.
[452] Vgl. **Herstatt (Anwender als Quellen, 1991)**, S. 112; **Hirschbach u. Heidingsfelder (Integration des Kunden, 1996)**, S. 127f.

vermeiden und die Kundenakzeptanz für das spätere Produkt zu erhöhen.[453] Der Kunde soll sich dabei in die Lage eines Entwicklungsingenieurs des Automobilherstellers versetzen, jedoch bewusst mögliche technische und finanzielle Restriktionen außer Acht lassen.[454] In so genannten Car Clinics können Endkunden ferner zur Bewertung von Ideen oder neuen Konstruktionskonzepten herangezogen werden.[455] Eine besonders intensive Endkundeneinbindung erfolgt bei Luxusfahrzeugen der Marke Maybach. Hier wird es den Endkunden ermöglicht, ihre Ideen für das eigene, individuell angefertigte Fahrzeug zusammen mit Designern und Ingenieuren zu verwirklichen.[456] Bei der Einbindung von Endkunden in Fokusgruppen ist jedoch besonders auf eine vertragliche Verpflichtung zur Geheimhaltung[457] zu achten, da die Teilnehmer von Produktideen und -konzepten Kenntnis erlangen, die für die Motorpresse und auch für Wettbewerber von Interesse sind. Die Angst vor unerwünschter Wissensdiffusion wird denn auch als Haupthindernis für die Einbindung von Endkunden in die Ideengenerierung genannt.[458]

Interviews, Studien und Fokusgruppen finden in mehr oder weniger künstlichen Umgebungen statt, die durch gruppendynamische Effekte, den Wunsch, vermeintlichen Erwartungshaltungen zu entsprechen, die Beeinflussung durch frühere Erfahrungen und die schlecht ausgeprägte Fähigkeit, die eigenen Bedürfnisse zu spezifizieren und zu artikulieren, u.U. zu verfälschten Ergebnissen führen.[459] Zur Eliminierung solcher unerwünschter Befragungs- und Testeinflüsse bieten sich Methoden der observierenden Verhaltensforschung von Endkunden, z.B. der Videobeobachtung, an. Hierbei werden Endkunden ganz ohne ihr Wissen bzw. ohne Kenntnis des Untersuchungsziels beobachtet. Nach einer Studie von Walter wenden 20% der Industrieunternehmen derartige Anwenderbeobachtungen an, um so Aufschluss über Nutzungs- und Handhabungsabläufe, versteckte Kundenbedürfnisse und Innovationsbedarfe zu erhalten.[460] So gewann der Automobilzulieferer Johnson Controls durch die systematische Auswertung des Verhaltens von Endkunden, die Fahrzeugkofferräume beluden, innovative Ideen für die Entwicklung von integrierten Ladesystemen.[461]

---

453 Vgl. GRUNER U. HOMBURG **(Kundeneinbindung, 1999)**, S. 134; KIRCHMANN **(Innovationskooperation, 1994)**, S. 308.
454 Vgl. BECKER **(Produktinnovation im Automobilbereich, 2000)**, S. 29.
455 Vgl. HÖGL **(Verbraucher, 1996)**, S. 295ff.
456 Vgl. DAIMLERCHRYSLER AG (HRSG.) **(Praxiserprobung, 2000)**, S. 6.
457 Vgl. HÖGL **(Verbraucher, 1996)**, S. 296.
458 Vgl. WALTER **(Ideenfindungsprozesse, 1997)**, S. 80.
459 Vgl. STEVENS **(Camera, Innovation, 1999)**, S. 33; VON HIPPEL **(Sources of Innovation, 1988)**, S. 102ff.
460 Vgl. WALTER **(Ideenfindungsprozesse, 1997)**, S. 79f.
461 Vgl. STEVENS **(Camera, Innovation, 1999)**, S. 33.

Nicht alle Endkunden sind als Kooperationspartner für die Ideenfindung gleich gut geeignet. Von Hippel fand, dass sich so genannte Lead User, die in der Terminologie von Rogers' Diffusionstheorie am ehesten den Innovatoren, also der ersten Adoptorengruppe, entsprechen, am besten zur Endkundeneinbindung eignen. Lead User lassen sich nach von Hippel als solche Nutzer eines neuen Produkts oder Services definieren, die

- erheblich früher als der Großteil der zukünftigen Kunden Bedürfnisse verspüren, die erst später marktwirksam werden und
- in starkem Maße von einer Produktlösung für ihre Bedürfnisse profitieren und dementsprechend interessiert an einer solchen Lösung sind.[462]

Lead User sind zunächst häufig zur Eigeninitiative bei der Problemlösung gezwungen, da ihr Problem anfangs noch Nischencharakter hat,[463] und haben daher bereits einen problembezogenen Erfahrungsschatz und erste Lösungsaktivitäten aufzuweisen.[464] Durch Kooperation mit Lead Usern gilt es, diese Erfahrungen zu nutzen. Um Lead User zu identifizieren und einzubinden, schlägt von Hippel ein mehrstufiges Marktforschungsverfahren vor,[465] das später weiterentwickelt und detailliert wurde und u.a. die Festlegung von Zielmärkten, die Identifikation von Trends, die Suche nach Lead Usern über schrittweise Weiterempfehlungen („Networking-Suche") sowie die Durchführung von Workshops mit Lead Usern und Mitarbeitern umfasst.[466] Ein Beispiel für die Einbindung von Lead Usern in der Automobilindustrie stellt die Lieferung eines Transporters mit Brennstoffzellenantrieb an die Firma Hermes Versand durch DaimlerChrysler dar. Hermes, die vom bekanntermaßen am Umweltschutz interessierten Otto-Versand gegründet wurde und gewerblicher Großkunde von DaimlerChrysler ist, hat bereits im Vorfeld als Mitglied der Hamburger Wasserstoffgesellschaft mit alternativen Antrieben Erfahrungen gesammelt und gab den Anstoß zu dem Projekt. Aus den Erfahrungen und Anregungen des Lead Users Hermes mit dem Brennstoffzellen-Transporter im Praxisbetrieb noch weit vor einer zukünftigen Serienreife dieser Innovation profitiert der OEM DaimlerChrysler bei der weiteren Produktentwicklung.[467]

3.2.4.2.3.2 Branchenfremde Lieferanten als Ideenquellen

Branchenfremde Lieferanten oder Nichtautomobilzulieferer stellen ebenfalls Dritte dar, deren Einbeziehung bei der Ideengenerierung nutzenstiftend ist (Nummer 6 in Abbildung 16). Hier

[462] Vgl. von Hippel **(Sources of Innovation, 1988)**, S. 107.
[463] Vgl. Herstatt u.a. **(Fortschrittliche Kunden, 2002)**, S. 61.
[464] Vgl. Walter **(Ideenfindungsprozesse, 1997)**, S. 82.
[465] Vgl. von Hippel **(Sources of Innovation, 1988)**, S. 108ff.
[466] Vgl. Herstatt u.a. **(Fortschrittliche Kunden, 2002)**, S. 62ff.
[467] Vgl. o.V. **(Praxiseinsatz, 2001)**, S. 1f.

wird die Hypothese vertreten, dass Nichtautomobilzulieferer Innovationsideen einbringen können, deren Verwendung in der Automobilindustrie aufgrund ihrer Andersartigkeit bis dato nicht erwogen wurde, die aber genau deswegen deutliche Innovationsschübe auslösen können.

Zur Verdeutlichung mag das so genannte S-Kurven-Konzept von Foster dienen.[468] Anhand der Untersuchung verschiedener Generationen von Innovationen, so z.B. von künstlichen Herzen, zeigt Foster auf, dass sich eine bestehende Produkt- und Technologiegeneration durch zusätzlichen Aufwand (z.B. an finanziellen Forschungsmitteln oder an Zeit) nicht unbegrenzt in ihrer Leistungsfähigkeit deutlich verbessern lässt. Ab einem gewissen Punkt flacht die Leistungssteigerung in Form von verbesserten, für den Kunden nutzenstiftenden Leistungsmerkmalen deutlich ab und nähert sich einem Grenzwert. Der Graph gleicht einer S-Kurve. Ab dem Punkt der Abflachung der Kurve können nennenswerte Leistungssteigerungen nur durch den Sprung auf eine neue, höher gelegene S-Kurve, die eine neue Technologiegeneration verkörpert, erreicht werden. Als anschauliches Beispiel aus der Automobilbranche mag die herkömmliche Dieseltechnologie (alte S-Kurve) gelten, die durch deutlich leistungsfähigere und verbrauchsärmere Hochdrucktechnologien wie Pumpe-Düse oder Common Rail (neue S-Kurve) ersetzt wurde, was zu einem signifikanten Absatzanstieg von PKW mit Dieselmotoren führte.[469] Unter Umständen kann beim Wechsel auf eine neue S-Kurve durch anbieterseitiges Leapfrogging sogar eine komplette Technologiegeneration ausgelassen (übersprungen) werden.[470]

In der Automobilindustrie stellten in den 1950er Jahren hochverdichtende Motoren einen ersten S-Kurven-Sprung dar, der allerdings seinen Ursprung innerhalb der Industrie hatte.[471] Der nächste Innovationsschub wurde in den 1970er Jahren vom Mikroprozessor, einer so genannten Triggertechnologie, die zahlreiche neue Anwendungen ermöglichte, begründet. Der Mikroprozessor ist eine branchenfremde Erfindung. Auch für die prognostizierte nächste S-Kurve, die durch Telematik, also uni- und bidirektionale Kommunikation und Interaktion des Fahrzeugs mit seiner Umwelt (z.B. anderen Fahrzeugen, Verkehrsleitsystemen), bedingt wird, ist die Einbindung von branchenfremden Lieferanten wie Mobilfunkherstellern, Telekommunikationsnetzbetreibern und Softwarefirmen vonnöten. So geht DaimlerChrysler beispielsweise für die Präsentation eines ersten Fahrzeugs mit integrierten UMTS-Services eine Partnerschaft u.a. mit Siemens IC Mobile, Sun Microsystems und T-Mobile ein.[472] Durch kreatives Nachdenken lassen sich zahlreiche weitere Einsatzbereiche für Innovationen von

---

[468] Vgl. **Foster (Innovation, 1986)**, S. 95ff.
[469] Vgl. **VDA (Hrsg.) (Auto 2001, 2001)**, S. 35f.
[470] Vgl. **Weiber u. Pohl (Leapfrogging, 1996)**, S. 1205.
[471] Vgl. hierzu und zum Folgenden **Ealey u. Mercer (Telematics, 1999)**, S. 9ff.
[472] Vgl. **o.V. (Weltpremiere, 2002)**, S. 1.

Nichtautomobilzulieferern finden, so z.B. Geräte aus der Medizintechnik zur Säuglingsüberwachung, die ein Einschlafen des Autofahrers erkennen können, oder Materialien und Leichtbaukonzepte aus der Flugzeugindustrie, die der Gewichtsreduktion von Fahrzeugen dienen.

Geschka begründet in einem anderen, aber übertragbaren Zusammenhang die Einbeziehung branchenfremder Lieferanten: „Demnach sind originelle Ideen insbesondere solche, die Prinzipien oder Erfahrungen aus Bereichen nutzen, die vom bearbeiteten Problemfeld weit entfernt liegen.“[473] Ealey und Mercer erläutern explizit für die Automobilindustrie: „By creating an environment that allows other, perhaps at first sight unrelated, technologies to enter such products as automobiles, a trigger technology shapes the direction of industries.“[474] Nichtautomobilzulieferer sind also als Ideengeber hoch relevant. Sie zu identifizieren, ist Aufgabe der Beschaffungsmarktforschung, die ihr Augenmerk bewusst auch auf andere Branchen richten sollte. Auch sind Benchmarkuntersuchungen zu Kompetenzfeldern wie etwa Leichtbau zu empfehlen, da sie die Außenorientierung und Aufnahmebereitschaft für fremde Ideen fördern.[475] Die Einbindung kann dann z.B. durch Einladung von branchenfremden Lieferanten zu Ideengenerierungsworkshops oder durch Entwicklungskooperationen erfolgen.

3.2.4.2.3.3 Transfereinrichtungen als Ideenquellen

Trotz Beschaffungsmarketing-Aktivitäten sehen sich OEMs einer unübersichtlichen Vielzahl von Wirtschaftssubjekten im Beschaffungsmarkt gegenüber, die zu identifizieren und zu bewerten eine Herausforderung darstellt. Zur Vereinfachung bieten sich die Dienste von Transfereinrichtungen an (Nummer 7 in Abbildung 16), die als Dritte im Umweltsystem der Unternehmung definiert werden können, die als Mittler für die Übertragung externer Ideen und Konzepte dienen. Unter Transfereinrichtungen sollen hier zum einen Entwicklungsdienstleister, zum zweiten Technologiescouts und zum dritten Venture Capital-Einrichtungen subsumiert werden.

Entwicklungsdienstleister besitzen keine Produktionskompetenz, sondern konzentrieren sich auf das Erbringen von Dienstleistungen im Bereich der Produktentwicklung. Indem sie innovative Ideen im Beschaffungsmarkt sammeln, selbst generieren und zu Produktkonzepten verdichten und weiterentwickeln, entlasten sie den OEM und auch Zulieferer im frühen Stadium des PEP. „Die Ausweitung der Modellpaletten, das Besetzen von Nischen und die steigende Zahl der Varianten lassen den Fahrzeugherstellern kaum eine andere Wahl, als Entwicklungsleistungen nach außen zu vergeben. ... Davon profitieren auch reine

[473] **GESCHKA (Kreativitätstechniken, 1986)**, S. 148.
[474] **EALEY U. MERCER (Telematics, 1999)**, S. 8.
[475] Vgl. **SAGE U. ERNST & YOUNG LLP (HRSG.) (Innovation Race, 2000)**, S. 35.

Entwicklungsdienstleister, die in den letzten Jahren teilweise boomartig gewachsen sind."[476] Entwicklungsdienstleister wie etwa Ingenieurbüros kompensieren Kapazitätsengpässe, insbesondere bei Konstruktionsaufgaben, fungieren jedoch auch als Ideenlieferant, indem sie z.B. komplette Suchfelder selbständig bearbeiten.[477] Sie stehen dabei untereinander im Wettbewerb, der von den OEMs bewusst forciert wird. So hat BMW etwa für die Entwicklung der neuen 7er-Baureihe mehrere solcher als „Impulszentren" bezeichneten Institutionen für sich arbeiten lassen.[478] Da Entwicklungsdienstleister zumeist für mehrere Auftraggeber arbeiten, ist die Wahrung des Know-how-Schutzes unabdingbar. So arbeiten etwa bei der Firma Karmann die Projektmitarbeiter für verschiedene Aufträge unter Wahrung von Geheimhaltungsvorschriften in verschiedenen, abgesicherten Räumen.[479] Ferner ist der Besitzstatus etwa entstehender Schutzrechte vorab eindeutig zu regeln.[480]

Technologiescouts oder Innovationsmakler sind Dritte, die sich auf ein gewisses Such- oder Kompetenzfeld, oder aber auf einen regionalen Beschaffungsmarkt spezialisiert haben und diese systematisch auf Innovationsideen hin untersuchen. Sie können das Beschaffungsmarketing der Einkaufsbereiche unterstützen und insbesondere Aufgaben des Grobscreenings, der Vorselektion und der Aufbereitung von Ideen übernehmen. Die tatsächliche Auswahlentscheidung, welche Ideen für ein Neuproduktprojekt relevant sind, sollte jedoch vom OEM übernommen werden, da Technologiescouts dies als kleine Unternehmungen oder Ein-Mann-Betriebe nicht adäquat zu leisten vermögen. Ein Beispiel für einen Technologiescout stellt die Firma Rotec Technologie-Informationsdienst für Wirtschaft, Wissenschaft und Medien dar, die Innovationsideen (z.B. „Sicherheitssystem zur Vermeidung von Kopf-/Halswirbelverletzungen") bei Erfindern, Instituten und Firmen sucht, nach verschiedenen Kriterien wie Entwicklungsstand, Erfindungshöhe, Marktchancen und Schutzrechten aufbereitet und kommerziell weitervermittelt.[481]

Venture Capital-Einrichtungen fungieren ebenfalls als Institutionen der Ideenidentifikation, -auswahl und -vermittlung. Venture Capital-Einrichtungen sind Risikokapitalgeber und Ratgeber, die vor allem technologieorientierte Unternehmensgründungen, die als besonders innovativ eingestuft werden, unterstützen.[482] Da ihr eigenes eingesetztes Kapital von einer zutreffenden Bewertung der Marktchancen der Idee abhängt, kann vermutet werden, dass sie

[476] **VDA (Hrsg.) (Auto 2001, 2001)**, S. 57.
[477] Vgl. **Walter (Ideenfindungsprozesse, 1997)**, S. 87.
[478] Vgl. **Armbrecht u. Kramhöller (Innovation, 2001)**, S. 1051.
[479] Vgl. **Thieme (Entwicklungsphilosophie, 1999)**, S. 45.
[480] Vgl. **Keussen (Ingenieurfirmen, 1994)**, S. 21.
[481] Vgl. **Neumann (Automobil, 1999)**, S. 10.
[482] Vgl. **Lessat u.a. (Technologieorientierte Unternehmensgründungen, 1999)**, S. 7; **Nittka (Venture Capital, 2000)**, S. 14f; **Picot u.a. (Innovative Unternehmensgründungen, 1989)**, S. 184.

eine außergewöhnlich sorgfältige Ideenbewertung und -auswahl vornehmen werden, was sie als Transfereinrichtung attraktiv macht. So kann es für Unternehmen der Automobilbranche eine ausgezeichnete Ideenquelle darstellen, mit Venture Capital-Einrichtungen zu kooperieren. Denkbar sind z.B. Modelle, bei denen Venture Capital-Einrichtungen diejenigen geförderten innovativen Unternehmensgründungen, deren Produktideen sich auf die Automobilbranche anwenden lassen, exklusiv mit einem bestimmten OEM in Kontakt bringen. Manche Großunternehmen gehen sogar so weit, eigene Venture Capital-Gesellschaften zu gründen (Corporate Venture Capital – CVC). Dabei erweisen sich das Kapital, aber auch der renommierte Markenname, die technische Expertise, der Zugang zu Vertriebskanälen, Geschäftsbeziehungen und Netzwerken der Großunternehmen als Erfolgsfaktor für die technologieorientierten Unternehmensgründungen.[483] Obwohl Großunternehmen auch eigene Spin-offs unterstützen, gilt ihr Augenmerk verstärkt externen Gründungen. Ziel ist es dabei aus Sicht von DaimlerChrysler Venture, „Technologietrends frühzeitig zu erkennen, um Wettbewerbsvorteile aus der Erstnutzung (First Mover Advantage) zu realisieren. Der Zugang zu neuen Technologien ..., die vornehmlich in kleinen innovativen Unternehmen entstehen, wird über das Instrument CVC für die Großorganisation zugänglich gemacht."[484] Die Nokia Ventures Organization sucht Ideen, die in vier bis fünf Jahren ein Umsatzpotenzial von einer halben bis einer Milliarde Dollar haben.[485] Auch Siemens, Bayer, SAP, Deutsche Telekom und weitere Unternehmen haben CVC-Gesellschaften gegründet.[486] Volkswagen initiiert Existenzgründerwettbewerbe, um so Zugang zu innovativen Ideen zu erhalten.[487]

3.2.4.2.3.4 Wissenschaftliche Einrichtungen als Ideenquellen

Wissenschaftliche Einrichtungen, unter denen hier Universitäten, Hochschulen und staatliche Forschungseinrichtungen sowie ihnen angegliederte öffentliche Technologietransferstellen subsumiert werden sollen, stellen eine weitere zu diskutierende Ideenquelle dar (Nummer 8 in Abbildung 16). Indem sie Studenten auswählen, ausbilden und wissenschaftlichen Nachwuchs fördern, erfüllen Hochschulen eine „Sortier- und Veredelungsfunktion" für Humankapital,[488] welches wiederum als indirekte Einflussgröße für den Innovationsprozess in Unternehmen bezeichnet werden kann. Einen direkten Einfluss auf den Innovationsprozess haben wissenschaftliche Einrichtungen ferner durch ihre Forschungsleistungen. Abgesehen von Impulsen für Unternehmensgründungen aus der Wissenschaft, die in Deutschland im

[483] Vgl. **TÜMPEN U. ALTHAMMER (DaimlerChrysler Venture, 2001)**, S. 52.
[484] Ebd., S. 53.
[485] Vgl. **DAY U.A. (Innovative Organization, 2001)**, S. 25f.
[486] Vgl. **STEIN (Venture-Capitalists, 1999)**, S. 1.
[487] Vgl. **DODT U.A. (Silicon Valley, 1999)**, S. 63.
[488] Vgl. **FRANCK U. OPITZ (Hochschulen, 1999)**, S. 1314.

Gegensatz zu den USA als unzureichend bezeichnet werden,[489] verwerten wissenschaftliche Einrichtungen ihre Forschungsergebnisse meist nicht selbst in Produkten, so dass ein Ideen- und Erkenntnistransfer hin zu Unternehmen notwendig wird. Die Vielschichtigkeit und Komplexität der Forschungseinrichtungen in Deutschland (Universitäten, Max-Planck-Institute, Fraunhofer-Institute, Großforschungszentren sowie ca. 1.360 Technologietransfer- und Beratungseinrichtungen) wirken jedoch als Hindernis im Technologietransfer von der Wissenschaft in die Wirtschaft.[490] Brockhoff kritisiert: „Insbesondere werden die Kopplungen zwischen Erkenntnisgewinn und betrieblichen Innovationen als zu lose, die Übergänge als zu verlustreich und ineffizient wahrgenommen."[491] Öffentliche Forschungsinstitutionen verfügen über eine nur geringe personelle Besetzung im Marketingbereich, aber auch in den Unternehmen mangelt es oftmals an institutionalisierten Schnittstellen zur wissenschaftlichen Forschung.[492]

Nichtsdestotrotz erlangt die Kooperation zwischen Wissenschaft und Unternehmenspraxis beim Transfer von Innovationsideen und Technologien für beide Seiten steigende Bedeutung: Während die öffentlichen Forschungseinrichtungen aufgrund öffentlicher Mittelknappheit vermehrt an Drittmitteln interessiert sind, sind die Unternehmen wegen der steigenden Komplexität und Verflochtenheit des Innovationsprozesses auf komplementäres, externes Know-how angewiesen.[493] Gemünden u.a. leiten daraus die Hypothese ab, dass Unternehmen, die mit öffentlichen Forschungsinstitutionen kooperieren, einen höheren technologiebasierten Innovationserfolg aufweisen als solche, die nicht kooperieren; die Hypothese hält einer empirischen Überprüfung stand.[494] Peters und Becker stellen anhand einer Studie im Automobilzuliefersektor fest, dass insbesondere vertraglich abgesicherte Hochschulkooperationen die „technologischen Innovationskapazitäten [der Automobilzulieferer] erweitern, betriebsintern vorhandene Innovationspotenziale optimieren und betriebsspezifische Entwicklungskosten einsparen."[495] Für den effektiven und effizienten Transfer von Ergebnissen öffentlicher Forschung in Unternehmen sind jedoch bestimmte Bedingungen zu erfüllen. Diese sind nach Brockhoff auf Seiten der Erzeuger neuen Wissens Relevanz und Zugänglichkeit, auf Seiten der Wissensnutzer die Identifizierung des neuen externen Wissens und dessen Absorption.[496] Die Identifizierung und Absorption innovativen Wissens mit der

---

489 Vgl. **Kriegesmann (Unternehmensgründungen, 2000)**, S. 398.
490 Vgl. **Neumann (Automobil, 1999)**, S. 10f; **Zdrowomyslaw u.a. (Hochschulen und Wirtschaft, 1999)**, S. 16f.
491 **Brockhoff (Grundlagenforschung, 1999)**, S. 1333.
492 Vgl. **Neumann (Automobil, 1999)**, S. 10; ebd., S. 12.
493 Vgl. **Gemünden u.a. (Interweavement, 1992)**, S. 362; **Turpin u.a. (Innovation Networks, 1996)**, S. 267.
494 Vgl. **Gemünden u.a. (Interweavement, 1992)**, S. 363; ebd., S. 369.
495 **Peters u. Becker (Betriebliche Innovationsaktivitäten, 1999)**, S. 1307.
496 Vgl. **Brockhoff (Grundlagenforschung, 1999)**, S. 1335ff.

Aussicht auf Aneignung von Gewinnen wird in der angelsächsischen Literatur unter dem Stichwort „appropriability" diskutiert.[497] Ein konkretes Beispiel für die Verbesserung von Relevanz, Zugänglichkeit, Identifizierung und Absorption stellt die „Circle Membership Group" dar, in der das Unternehmen DaimlerChrysler herausragende Wissenschaftler vereinigt, die als Voraussetzung zum einen führende Gestalter internationaler Technologietrends sein und zum anderen über weltweite Kontakte zu Forschungseinrichtungen verfügen müssen. Die Kooperation reicht vom informellen Austausch im Netzwerk bis hin zu gemeinsamen Forschungsprojekten.[498] Mit Schlüsselforschungseinrichtungen wie etwa der Universität Stanford hat das gleiche Unternehmen darüber hinaus Forschungsrahmenabkommen geschlossen, die über reine Forschungsbeauftragungen hinausgehen und auch gemeinsame Projekte von Wissenschaftlern von Stanford und von DaimlerChrysler beinhalten.[499]

3.2.4.2.3.5 Wettbewerber als Ideenquellen

Die Funktion von Wettbewerbern als Ideengeber (Nummer 9 in Abbildung 16) manifestiert sich in zwei gegensätzlichen Ausprägungen. Während die erste, nämlich die Wettbewerbsbeobachtung und Imitation von dessen Ideen, als natürlicher Teil des Innovationswettlaufs häufig zu beobachten ist, wird die zweite, die Kooperation mit Konkurrenten im Vorfeld des Wettbewerbs, selten systematisch genutzt.

Zunächst soll die erste Ausprägung diskutiert werden. Wie dargelegt, erschließt sich ein Innovationsvorsprung oder -rückstand stets nur relativ zu den Wettbewerbern. Es erscheint also geboten, nicht nur die eigene Innovationsposition zu verbessern, sondern die der Wettbewerber zumindest zu kennen. Hierzu sind Maßnahmen der Wettbewerbsbeobachtung notwendig. Eine solche Maßnahme stellt die Beobachtung von Offenlegungs- und Patentschriften der Wettbewerber dar. Durch die Veröffentlichung eines Patentantrags durch das Patentamt (Offenlegung), die spätestens 18 Monate nach der Einreichung erfolgt,[500] ermöglicht der Wettbewerber u.U. erst die Imitation seiner Idee (Opportunitätskosten der Patentierung).[501] Brockhoff weist auf die Informationsfunktion der Patente hin, die als Anregung für eigene Ideen dienen können.[502] Auch Audretsch betont, dass Patente nur beschränkten Schutz vor Imitation bieten, da „um eine patentierte Erfindung herum erfunden" werden kann und marktreife Produkte oft schnell und zu geringen Kosten durch Reverse

[497] Vgl. **Brockhoff (Externer Erwerb, 1995)**, S. 28.
[498] Vgl. **von Zedtwitz (Knowledge Sourcing, 1999)**, S. 463.
[499] Vgl. **DaimlerChrysler AG (Hrsg.) (Forschungsabkommen, 2002)**, S. 11.
[500] Vgl. **Faix (Patentpolitik, 2001)**, S. 14.
[501] Vgl. **Harhoff u. Reitzig (Patente, 2001)**, S. 514.
[502] Vgl. **Brockhoff (Patentdatenbanken, 2000)**, S. 93ff.

Engineering imitierbar sind.[503] Neben Patentanalyse und Reverse Engineering stellen die bereits erwähnte Beobachtung von Messeaktivitäten der Konkurrenten, das Verfolgen von Produktvorankündigungen und das Sammeln von Aussagen der eigenen Lieferanten, die gewollt oder ungewollt Wissen über die Innovationsvorhaben ihrer verschiedenen Abnehmer preisgeben, Möglichkeiten der Wettbewerbsbeobachtung dar.

Konkurrenten können jedoch auch über vorwettbewerbliche Kooperationen als Ideengeber in den Innovationsprozess einbezogen werden. Dies ist eine Erkenntnis im Sinne Nalebuffs und Brandenburgers, die feststellen, dass Konkurrenten nicht nur Wettbewerber darstellen, sondern oftmals auch die Rolle von so genannten Komplementoren einnehmen, also von Wirtschaftssubjekten, die einem Unternehmen dienlich sind, da sie ergänzende Produkte oder Dienstleistungen anbieten.[504] Es entsteht Coopetition (ein Kunstwort aus Cooperation und Competition), also eine Situation, in der man mit Wettbewerbern auf manchen Feldern kooperiert und doch auf anderen in Wettbewerb zueinander steht. Eine Kooperation im Vorfeld des Wettbewerbs ist immer dann sinnvoll, wenn das innovative Vorhaben zu viel Entwicklungs- oder finanzielle Kapazität benötigt oder wenn bei neuen Technologien und Produkten einheitliche Standards geschaffen werden sollen.[505] Aus anderen Branchen wird die gemeinsame Definition von Anforderungen an neue Flugzeugtypen durch konkurrierende Fluggesellschaften oder die gemeinsame Entwicklung von neuen Chipgenerationen als Beispiel für Coopetition genannt.[506] Im VDA kooperieren Automobilzulieferer, die ansonsten im Wettbewerb zueinander stehen, um eine bessere Kompensation für innovative Leistungen bei den OEMs durchzusetzen, welche ebenfalls im VDA organisiert sind.[507] Das wohl prominenteste Beispiel in der Automobilindustrie stellt jedoch die gemeinsame Entwicklung der Brennstoffzellentechnologie durch den Brennstoffzellenhersteller Ballard sowie die konkurrierenden Automobilhersteller DaimlerChrysler und Ford dar, die zu kürzeren Produktentwicklungszeiten und schnellerer Marktreife führen soll. So betont DaimlerChrysler: „Unsere ehrgeizigen Ziele, die ersten kundenfähigen Produkte im Markt anzubieten, ... wollen wir gemeinsam in der Allianz mit Ballard und Ford erreichen.“[508] Die beiden genannten OEMs sowie GM arbeiten ferner im „Partnership for a New Generation of Vehicles“ mit amerikanischen Regierungsbehörden zusammen, um Ideen für umweltverträgliche Automobile auszutauschen.[509] BMW schließlich wendet das Coopetition-

[503] Vgl. **Audretsch (Patents, 1993)**, S. 5. Vgl. zu den Erfolgsfaktoren der Imitation nochmals Abschnitt 2.1.5.2.3

[504] Vgl. **Nalebuff u. Brandenburger (Coopetition, 1996)**, S. 39f.

[505] Vgl. **Fusfeld u. Haklisch (Kollektive Industrieforschung, 1986)**, S. 125.

[506] Vgl. **Nalebuff u. Brandenburger (Coopetition, 1996)**, S. 32.

[507] Vgl. **VDA (Hrsg.) (Partnerschaft, 2001)**, S. 4ff.

[508] **o.V. (Ballard, 2001)**, S. 2.

[509] Vgl. **DaimlerChrysler AG (Hrsg.) (Serienreife, 2000)**, S. 10.

Konzept an, indem das Unternehmen für die Marke Mini Dieselaggregate vom Wettbewerber Toyota bezieht.[510] Für Innovationsführer ist vorwettbewerbliche Kooperation jedoch nur dann als hilfreich anzusehen, wenn die Partner komplementäre Fähigkeiten und Ideen einbringen oder sich maßgeblich an den Entwicklungskosten beteiligen. Ansonsten ist vor der Gefahr des einseitigen Know-how-Abflusses zu warnen.

Nach der Erarbeitung von intra- und interorganisatorischen Ideenquellen sowie der Diskussion der Einbeziehung Dritter als Ideengeber oder -unterstützer wird in den folgenden Abschnitten zu den Themen Ideenauswahl und -management (Abschnitt 3.2.5), Produktentstehungsprozess und Produktweiterentwicklung zur Marktreife (Abschnitt 3.2.6) sowie Markteinführung und Diffusionsunterstützung (Abschnitt 3.2.7) der Innovationsprozess weiterverfolgt.

3.2.5 Ideenauswahl und -management

Die Geschichte ist reich an Innovationsideen, die (zunächst) fälschlicherweise verworfen wurden oder aber an angenommenen Ideen, die sich als Misserfolg herausstellten:

- Mitte des 19. Jahrhunderts fordert der Wiener Medizinprofessor Semmelweis die Ärzte auf, sich die Hände mit Chlorwasser zu waschen, da sie Keime übertrügen. Wegen dieser vermeintlichen Unterstellung der Unsauberkeit seiner Kollegen verliert er seine Professur.
- 1908 schlägt der Leiter des Londoner Patentamts vor, das Amt zu schließen, da alle relevanten Erfindungen bereits getätigt seien.
- Als 1927 der Tonfilm eingeführt wird, fragt Harry Warner: „Who ... wants to hear actors talk?“[511]
- In der Automobilindustrie wurde versucht, eine aktive Vierradlenkung für PKW am Markt zu etablieren. Mangels Bedarfs setzte sich die Innovationsidee nicht durch.[512]

Die richtige Auswahl und Bewertung von Innovationsideen ist also von großer Bedeutung. Der Auswahlprozess kann dabei vier mögliche Ergebnisse haben: Zunächst können gute Ideen als gute und schlechte als schlechte erkannt werden. Beide Fälle sind wünschenswert. Aus einer falschen Annahme einer Idee (schlechte Ideen werden als gute eingeschätzt) resultieren hingegen Fehlinvestitionen in die weitere Entwicklung. Eine falsche Ablehnung (gute Ideen werden verworfen) führt dann, wenn ein Überfluss an guten Ideen vorliegt, zu

[510] Vgl. **MILBERG (Premium-Hersteller, 2001)**, S. 9.
[511] Vgl. **IFFLAND (Einkauf im Wandel, 1997)**, S. 123.
[512] Vgl. **BECKER (Produktinnovation im Automobilbereich, 2000)**, S. 24.

keinen negativen Konsequenzen, ansonsten aber zu Opportunitätskosten aus entgangenen Monopolgewinnen.[513]

Bei der Ideenbewertung ist zunächst darauf zu achten, dass Ideen aus allen Quellen, seien sie nun intra- oder interorganisatorisch oder durch Dritte zustande gekommen, unvoreingenommen verglichen werden. Die Ideengeber sollen in gleichberechtigtem Wettbewerb zueinander stehen.[514] Das so genannte „Not-invented-here-Syndrom",[515] das eigenen Ideen den Vorzug vor fremden gibt, ist zu umgehen, indem beispielsweise die Herkunft der Ideen für die Auswählenden unkenntlich gemacht wird. Als Auswahlkriterien werden in Theorie[516] und Praxis[517] einhellig technische und wirtschaftliche Kriterien genannt.[518] Zunächst ist zu beurteilen, inwieweit eine Realisierung der Idee in Großserie technisch überhaupt möglich ist; in wirtschaftlicher Hinsicht sind die Marktattraktivität der Idee, also der vermittelte Kundennutzen, die Bedarfshöhe und die Zahlungsbereitschaft, sowie die Kosten abzuschätzen. Die erzielten Werte sind z.B. über Nutzwertanalysen oder Scoring-Modelle zu aggregieren und die Ideen in eine Rangfolge zu bringen. Die ranghöchsten Ideen oder all jene, die einen gewissen Schwellenwert überschreiten, werden unter Berücksichtigung der Budgetsituation für die Weiterentwicklung vorgeschlagen. Zur Absicherung der Entscheidung und weitestgehenden Eliminierung von Subjektivität sollte die Ideenevaluierung in interdisziplinären Teams erfolgen.[519] Für die Bewertung der technischen Seite sind Vertreter der F&E-Bereiche, für die Marktseite Mitarbeiter aus den Marketing- und Vertriebsbereichen heranzuziehen.

Abbildung 17 erläutert das weitere Vorgehen mit Ideen, die in der Ideenbewertung positiv abgeschnitten haben. Diese sind nach Abwägung der Opportunitätskosten der Patentierung, wie etwa der Bekanntwerdung der Idee durch die Offenlegung oder den Verfahrenskosten,[520] ggf. durch Patente zu schützen. Durch die zusätzliche Patentierung von Randerfindungen, die für die Umsetzung der eigentlichen Innovationsidee erforderlich sind, können ferner Schutzgeflechte aus Patenten errichtet werden, die Imitationen deutlich erschweren.[521] Im nächsten Schritt sollten Ideen, die im Ideengenerierungsprozess quasi als „Abfallprodukt" entstanden sind, da sie zwar für den Automobilhersteller und seine Marken nicht relevant

[513] Vgl. **Reinertsen (Fuzzy Front End, 1999)**, S. 26.
[514] Vgl. **Armbrecht u. Kramhöller (Innovation, 2001)**, S. 1051.
[515] Vgl. **Hauschildt (Innovationsmanagement, 1997, zuerst: 1993)**, S. 123.
[516] Ebd., S. 391.
[517] Vgl. **Hubbert (Automobilindustrie und Innovation, 1998)**, S. 47.
[518] Vgl. für eine Systematik technischer, wirtschaftlicher sowie sonstiger Evaluierungskriterien **Hauschildt (Innovationsmanagement, 1997, zuerst: 1993)**, S. 392.
[519] Vgl. **Walter (Ideenfindungsprozesse, 1997)**, S. 90.
[520] Vgl. nochmals **Harhoff u. Reitzig (Patente, 2001)**, S. 514.
[521] Vgl. **Rivette u. Kline (Intellectual Property, 2000)**, S. 58.

sind, aber offensichtlich für andere Unternehmen oder Branchen von Interesse sein könnten, durch Lizenzvergabe weiterverwertet werden. Durch Lizenzierung können oftmals unterschätzte, beträchtliche Einkommensströme erzielt werden, die sogar das Management von Lizenzen in eigenen Profit Centern geraten erscheinen lassen.[522]

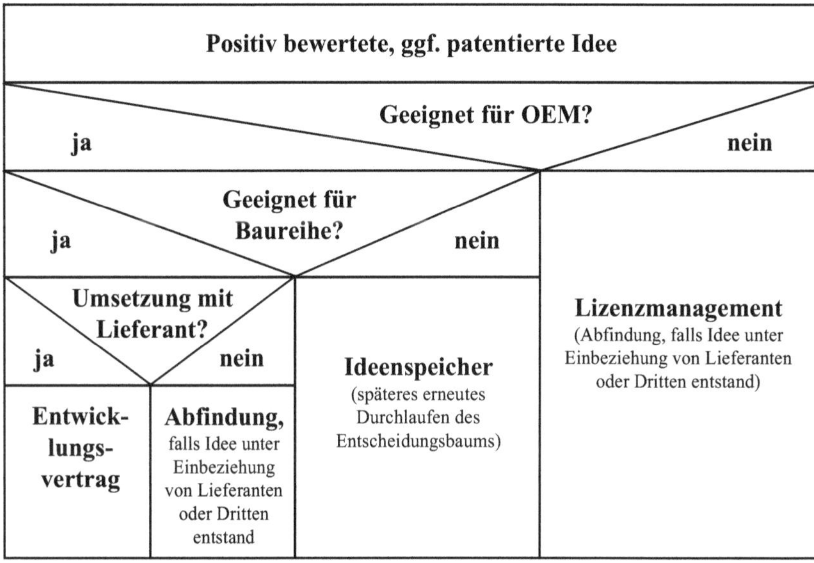

Abbildung 17: Entscheidungsmodell zum weiteren Vorgehen mit positiv bewerteten Innovationsideen.

Für den OEM geeignete Ideen müssen dann einer konkreten Baureihe zugeordnet werden. Hierfür ist die Wertepositionierung des Modells in Betracht zu ziehen (vgl. Abbildung 18). So ist es unmittelbar einsichtig, dass beispielsweise neue variable, dreh- und ausbaubare Sitze im Passagierbereich zu den Trendwerten eines Vans passen, zu einer Oberklasselimousine jedoch nicht. Ferner sind Innovationsideen frühzeitig mit den geplanten Kosten-, Gewichts- und Platzbedarfszielwerten einer neuen Baureihe abzugleichen. Navigations- und Multimediageräte der nächsten Generation werden etwa bei ihrer Markteinführung so teuer sein, dass sie mit den Zielkosten eines Kleinwagens nicht zu vereinbaren sind. Ideen, die aufgrund der Wertepositionierung oder aus Kosten-, Gewichts- und Platzgründen zunächst keiner Baureihe zugeordnet werden können, sind in einen Ideenspeicher einzustellen und bei der Planung späterer Modelle wieder zu berücksichtigen. Die Umsetzung und Weiterentwicklung von zu einer Baureihe passenden Ideen kann entweder durch den OEM oder unter Einbeziehung von Lieferanten erfolgen. Wird eine zusammen mit Lieferanten oder Dritten generierte Idee vom

[522] Vgl. **TORRES (Intellectual Assets, 1999)**, S. 28ff.

OEM alleine zur Marktreife weiterentwickelt, hat eine angemessene Abfindung der Ideengeber zu erfolgen.

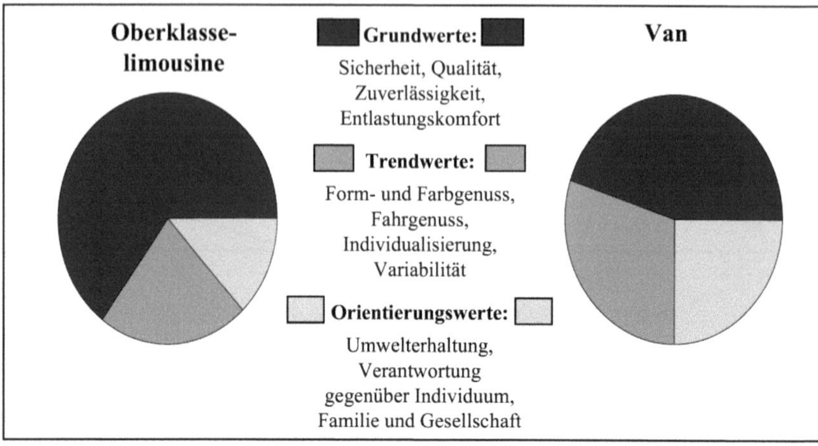

Abbildung 18: Wertepositionierung zweier verschiedener Baureihen.

3.2.6 Produktentstehungsprozess und Produktweiterentwicklung zur Marktreife

Ideen, die für den OEM geeignet sind und nach Durchlaufen des o.g. Entscheidungsmodells einer bestimmten Baureihe zugeordnet werden können, werden in den PEP dieser Baureihe einbezogen (vgl. Abbildung 19).

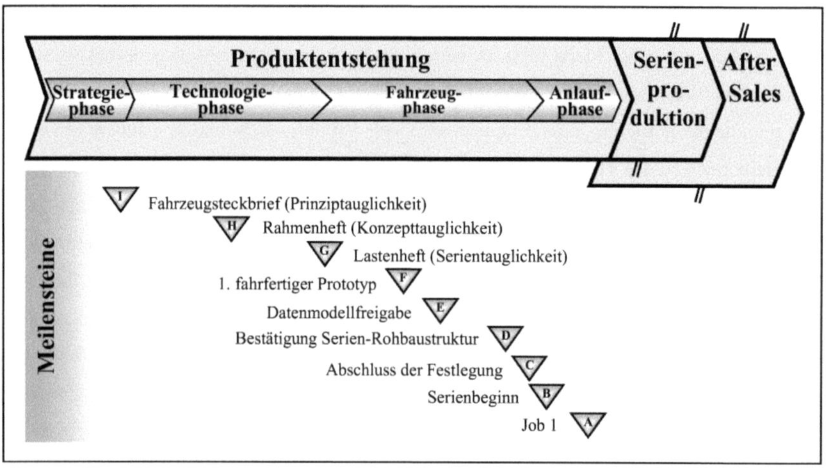

Abbildung 19: Der Produktentstehungsprozess in der Automobilindustrie.

Quelle: In Anlehnung an DaimlerChrysler AG (Hrsg.) (Produktentstehungsprozeß (sic!), 2000, zuerst: o.J.), S. 1; eigene Erweiterung.

Der PEP in der Automobilindustrie kann als formalisierter und standardisierter Prozess definitorisch abgegrenzt werden, in dem Anforderungen an ein neues Produkt definiert und in Meilensteinen festgelegt werden, wobei die Meilensteine gleichzeitig als Weg- und Prüfmarken für das Erreichen eines sukzessive höheren Reifegrads dienen. Der PEP ist einer von drei Hauptprozessen in der Automobilindustrie; die beiden anderen Hauptprozesse, der Prozess der Serienproduktion sowie der After Sales-Prozess, der u.a. die Ersatzteilversorgung während und nach der Laufzeit des Modells sicher stellt, folgen dem PEP nach und werden hier nicht weiter diskutiert. Der PEP selbst kann mehrere Phasen umfassen. So dient etwa die Technologiephase der Bereitstellung technologisch ausgereifter Ideen, die die Meilensteine Prinziptauglichkeit (Funktionsprinzip der Idee wird als valide eingeschätzt), Konzepttauglichkeit (erste erfolgreiche Versuchsaufbauten und Konzeptintegration in das physische Umfeld) und Serientauglichkeit (Konzept ist auch bei Herstellung großer Stückzahlen funktionstüchtig) bestehen müssen. Die Integration der Konzepte zum Gesamtfahrzeug erfolgt in der Fahrzeugphase, die mit der unwiderruflichen Festlegung der Konstruktionsdaten endet. In der Anlaufphase wird das neu entwickelte Modell in die Produktion überführt, die mit dem so genannten Job 1 beginnt. In praxi entstehen jedoch an der Schnittstelle von PEP und Serienproduktion, institutionell gesprochen also zwischen Entwicklungs- und Produktionsbereichen, oftmals Abstimmungsprobleme, da etwa die Entwicklungstätigkeit noch nicht abgeschlossen ist, Lieferanten zu spät eingebunden wurden und Änderungen somit sogar noch nach Serienanlauf vorgenommen werden müssen.[523]

Der PEP, in dem das physische Produkt von der ersten Idee bis zur Serien- und Marktreife weiterentwickelt wird, nimmt sowohl in zeitlicher als auch in finanzieller Hinsicht die weitaus umfangreichsten Ressourcen im Innovationsprozess in Anspruch. Trotz der Reduktion von früher 60 Monaten auf nunmehr durchschnittlich 36 und einer prognostizierten Dauer von 18 Monaten im Jahr 2010[524] bleibt der PEP im Vergleich zur Ideengenerierung zeitaufwändig. Die Kosten der Weiterentwicklung zur Serienreife übersteigen die Kosten der Ideengenerierung um ein Vielfaches. So verkaufte etwa der Zulieferer Magneti Marelli, bei dem die Idee für die wegweisende Common Rail-Dieseltechnologie entstand, diese Idee aufgrund der als zu hoch erachteten Serienentwicklungskosten von einer Milliarde Euro an die Firma Bosch, die heute bedeutende Markterfolge damit erzielt.[525] Um so wichtiger erscheint ein genau definierter PEP, dessen Meilensteine den Rahmen für die kontrollierbare Einhaltung von Kosten- und Zeitzielen bilden. So kann es nicht verwundern, dass sich die

---

523 Vgl. BUNGARD U. HOFMANN **(Innovationsmanagement, 1995)**, S. 17.

524 Vgl. **HYPOVEREINSBANK AG** U. **MERCER MANAGEMENT CONSULTING (HRSG.) (Automobiltechnologie 2010 Summary, 2001)**, S. 31; **O.V. (Rotstift, 2002)**, o.S.

525 Vgl. **PILLER (Gewagt, 2002)**, S. 38.

Existenz eines funktionierenden PEP empirisch als ein zentraler Erfolgsfaktor für innovative Unternehmen erwiesen hat.[526]

Zu Beginn des PEP hat auch die Festlegung der Entwicklungs- und Fertigungstiefe zu erfolgen. Es ist also zu entscheiden, ob ein Produkt oder Produktmerkmal vom OEM, von einem Zulieferer oder gemeinsam entwickelt und gefertigt werden soll. Entsprechend sind Entwicklungs- und/oder Lieferverträge mit Lieferanten abzuschließen. Abbildung 20 schlägt ein Portfoliomodell vor, das als Orientierungshilfe zur Bestimmung der Entwicklungs- und Fertigungstiefe aus Sicht eines OEMs dienen kann. Der Vorteil dieses Modells liegt in der Vereinigung einer ressourcenorientierten Sichtweise gemäß der Chicagoer Schule (Abszisse) mit dem marktorientierten Blickwinkel der Universität Harvard (Ordinate).

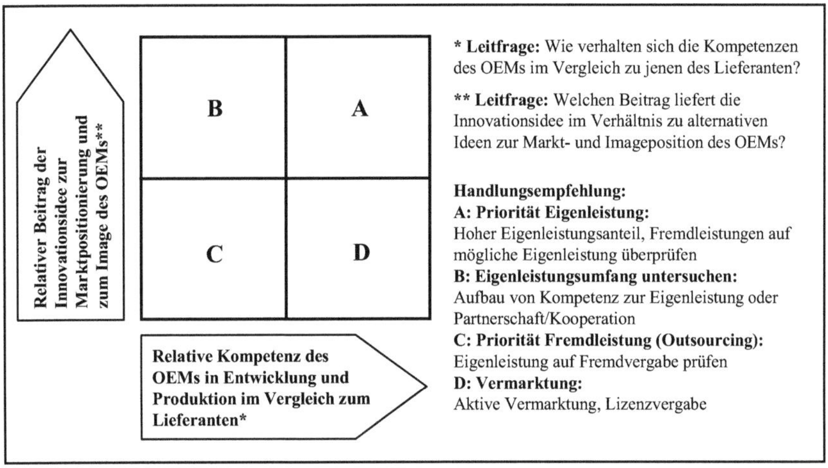

Abbildung 20: Portfoliomodell zur Bestimmung des Eigen- und Fremdleistungsumfangs.

Zur weiteren Absicherung der Entscheidung mag die folgende heuristische Prüfliste dienen:

- Ist die Innovationsidee extern initiiert?
- Sind fremde Schutzrechte betroffen?
- Wird ein verwandtes Produkt bzw. ein Vorgänger vom Lieferanten bezogen?
- Geht bei Fremdvergabe kein wesentliches Know-how des OEMs verloren?
- Sichert der Lieferant dem OEM First-to-market und Exklusivität bei der Ideenverwertung zu?
- Stimmen Entwicklungs- und Einkaufsbereiche bezüglich der Lieferantenauswahl überein?

[526] Vgl. **Cooper (Product Innovation, 2000)**, S. 38.

Die Bejahung aller oder mehrerer dieser Fragen legt eine Fremdvergabe nahe.

Nach der in diesem Abschnitt erfolgten Betrachtung der Weiterentwicklung der ausgewählten Innovationsideen zur Marktreife, sei es durch den OEM oder unter Einbeziehung von Lieferanten, wird die Diskussion des Innovationsprozesses im Folgenden mit der Phase der Markteinführung und Diffusionsunterstützung beendet.

3.2.7 Markteinführung und Diffusionsunterstützung

Wie schon oben betont, wird eine Innovation erst durch Marktwirksamkeit zu einer solchen. Auch in der Marktphase bieten sich Möglichkeiten der Gestaltung und Steuerung durch das Innovationsmanagement an.

3.2.7.1 Produktvorankündigungen und Timing der Markteinführung

Schon vor dem Serienanlauf des physischen Produkts beginnt die Markteinführung mit Kommunikationsaktivitäten wie etwa der Veröffentlichung erster Pressefotos einer neuen Baureihe oder ersten Testfahrten durch externe Personen, z.B. Journalisten der Motorpresse. Dabei ist das Timing der Markteinführung von besonderem Interesse. So führt etwa ein zu frühes Bekanntwerden von Produktmerkmalen oder Fotos eines neuen Modells zu nachfragerseitigem Leapfrogging mit dreierlei negativen Auswirkungen für den Anbieter: Marktpotenzialverluste durch Kaufenthaltung beim Vorgängermodell, Anreiz zum Markteintritt von Konkurrenten sowie Kannibalisierungseffekte zwischen verschiedenen Produktgenerationen.[527]

Andererseits werden Produktvorankündigungen und andere Signale, die bereits in einem frühen Entwicklungsstadium lanciert werden, durchaus vom Markt wahrgenommen und erhöhen die Wahrscheinlichkeit des Wartens.[528] Dieser Effekt kann und sollte genutzt werden, wenn absehbar ist, dass die eigene Innovationsposition bezüglich des Produktmerkmals relativ zum Wettbewerb insofern schlechter ist, als First-to-market nicht mehr zu erreichen ist. Durch geeignete Produktvorankündigungen noch vor der Konkurrenz bzw. durch bewusste Positionierung gegen die Konkurrenz kann dann u.U. erreicht werden, dass der Kunde auf die Innovation wartet; er wird sogar auf subjektiv-emotionaler Ebene denjenigen Anbieter als innovativer einschätzen, der die Innovation zuerst glaubwürdig kommuniziert und in seiner Wahrnehmung platziert hat, nicht jedoch den tatsächlichen Innovationsführer. So lässt sich auch die Werbeauseinandersetzung zwischen BMW, Volkswagen und smart um den ersten Internet-Zugang im Fahrzeug erklären, bei der sich z.B. Volkswagen bewusst gegen BMW positioniert („Wo können Sie den ersten BMW mit Internet online bestellen? In einem

[527] Vgl. **Weiber u. Pohl (Leapfrogging, 1996)**, S. 1204.
[528] Vgl. **Ernst u. Schnoor (Produkt-Vorankündigungen, 2000)**, S. 1345.

Golf.")[529] Auch der BMW Z3 wurde schon Monate vor seiner Markteinführung durch die Platzierung in einem Kinofilm erfolgreich vorangekündigt.[530]

Entscheidend für die Wirksamkeit von Produktvorankündigungen ist deren Glaubwürdigkeit. Dies gilt besonders bei technologischen Innovationen, die per se frühestens nach dem Kauf beurteilt werden können und sich oftmals dem Vorwurf, mit „Kinderkrankheiten" behaftet zu sein, ausgesetzt sehen.[531] Daher wird aufgrund von empirischen Untersuchungen vorgeschlagen, in Produktvorankündigungen weniger die Innovativität als vielmehr die technische Reife des Produkts hervorzuheben. Bei Produkten mit hohem Neuheitsgrad eignet sich ferner die Kommunikation von Patentinformationen am besten für die Reduktion von Unsicherheiten der Käufer und die Erhöhung der Glaubwürdigkeit des Anbieters.[532] Ein Beispiel für mangelnde Glaubwürdigkeit stellt die Ankündigung eines Antiblockiersystems (ABS) durch BMW im Jahr 1978 dar, die acht Tage vor der Vorstellung eines einsatzbereiten ABS-Fahrzeugs von Mercedes-Benz lanciert wurde. Da BMW über keinen fahrfertigen Prototyp verfügte, fand die Produktvorankündigung keine Akzeptanz.[533] Als notwendig für die Glaubwürdigkeit hat sich ferner ein etablierter Markenname erwiesen.[534]

3.2.7.2 Gezieltes Ansprechen von Lead Usern zur Beschleunigung der Adoption

Lead User bzw. in Rogers' Terminologie Innovatoren eignen sich nicht nur in der frühen Phase des Innovationsprozesses für die Einbindung in die Ideengenerierung, sondern stellen auch in der Marktphase Schlüsselpersonen dar. Durch ihre Eigenschaft als Meinungsbildner beeinflussen sie spätere Adoptorengruppen und setzen Trends, denen später die breite Masse folgt. Lead User können also im Vorfeld und während der Markteinführung des innovativen Produkts als Multiplikatoren wirken und damit den weiteren Diffusionsverlauf positiv beeinflussen. Sie sind daher von innovierenden Unternehmen gezielt anzusprechen.

Sind die Lead User bereits aus der gemeinsamen Ideengenerierung bekannt, bietet es sich an, den Kontakt mit ihnen aufrecht zu erhalten, sie über Fortschritte im PEP zu informieren und insbesondere im Vorfeld der Markteinführung den Kontakt nochmals zu intensivieren. Neue Lead User können mit der in Abschnitt 3.2.4.2.3.1 beschriebenen Methode bestimmt werden. Es empfiehlt sich, Lead User beispielsweise zur Vorstellung neuer Fahrzeugmodelle einzuladen oder an Erprobungsfahrten mit Prototypen teilnehmen zu lassen. Lead User, die

---

529 Vgl. o.V. **(Internet-Auto, 2001)**, S. 12.
530 Vgl. **Kohli (Preannouncements, 1999)**, S. 45.
531 Vgl. **Gierl u.a. (Signale, 1999)**, S. 1188.
532 Vgl. **Ernst u. Schnoor (Produkt-Vorankündigungen, 2000)**, S. 1344f.
533 Vgl. **Albach u. Akademie der Wissenschaften zu Berlin (Hrsg.) (Technical Innovation, 1993)**, S. 789.
534 Vgl. **Sattler u. Schirm (Produkt-Vorankündigungen, 1999)**, S. 83f.

gleichzeitig auch Imageträger sind, wie etwa bekannte Motorsportler, sind in Marketing-Kampagnen einzubeziehen. Insgesamt kommen als gezielt anzusprechende Lead User bekannte Persönlichkeiten des öffentlichen Lebens und Medienvertreter, aber auch Flottenkunden mit hoher öffentlicher Sichtbarkeit wie etwa Pannenhilfevereine, Fahrzeugvermietungsketten, Hotelketten und Taxiunternehmer in Betracht.

3.2.7.3 Branding von Lieferantenmarken zur Beschleunigung der Adoption

„Die Entwicklung und Pflege von Marken stellt eine der bedeutendsten Herausforderungen für die Automobilindustrie dar."[535] Marken haben mehrere Funktionen: Sie vereinfachen Routinekaufprozesse bei Verbrauchsgütern und reduzieren das Risiko bei einmaligen oder seltenen Kaufentscheidungen bei Gebrauchsgütern, sie bieten emotionale Befriedigung, demonstrieren Status und vermitteln ein Gefühl der Zugehörigkeit.[536] Im Bewusstsein der Konsumenten sind jedoch hauptsächlich die Marken der OEMs verankert, obwohl Module und Systeme der Lieferanten oftmals einen entscheidenden Beitrag zur Innovationsposition der Automobilhersteller liefern. Würde ein OEM nur einige Innovationen selbst vermarkten, die restlichen jedoch durch die Lieferantenmarke kommunizieren lassen, entstünde ein komplettes Markenbild in den Köpfen der Käufer und die Wertschätzung des Fahrzeugs nähme zu. So kann etwa Mercedes-Benz die über 30 wesentlichen Produktinnovationen der S-Klasse kaum alleine als Werbebotschaft vermitteln, sondern sollte die flankierende Kommunikation wesentlicher zugekaufter Innovationen durch die Lieferanten mitnutzen.[537] Folglich profitiert neben dem Lieferanten auch der OEM; eine Einschätzung, die 86% der Automobilzulieferer teilen.[538] Nach einer Befragung von Endkunden ist für immerhin 46% der Abnehmer von Premiumfahrzeugen die Marke der Ausstattungsmerkmale von Wichtigkeit.[539] Um so genanntes Komponentenbranding zu betreiben, sollten Zulieferer nicht nur Kontakte zu OEMs und Automobilhändlern aufbauen, sondern z.B. durch Marketingmaßnahmen direkt den Endkunden ansprechen, der im Erfolgsfall wiederum die Lieferantenmarke beim OEM nachfragt.[540] Komponentenbranding stellt also im Kern eine Stimulation des Market Pull-Effekts dar und unterstützt damit die Adoption von Innovationen durch Endkunden. Bekannte Beispiele für Komponentenbranding aus anderen Branchen sind Intel-Prozessoren in Personal Computern, Shimano-Gangschaltungen, -Achsen und -Naben in

---

[535] **DIEZ U. SCHWARZ (Markenmanagement, 2000)**, S. 1.
[536] Vgl. **COURT U.A. (Brand Leverage, 1999)**, S. 101.
[537] Vgl. **DUDENHÖFFER (Markenmanagement, 1999)**, o.S.
[538] Vgl. **DUDENHÖFFER (Wertstrategien, 2000)**, S. 14f.
[539] Vgl. **ACCENTURE GMBH U. FACHHOCHSCHULE INGOLSTADT (HRSG.) (Zulieferer- und Herstellermarken, 2001)**, S. 4.
[540] Vgl. **HARNISCHFEGER (Marken- und Produktpositionierung, 2000)**, S. 16f.

Fahrrädern oder Gore-Tex-Fasern in Kleidung.[541] In der Automobilindustrie bieten sich Systeme wie der intelligente Reifen von Continental an, der Fahrbahnzustände erfassen und weitergeben kann.[542] Allgemein gesprochen, eignet sich ein zugeliefertes System oder Modul unter den folgenden Voraussetzungen für Komponentenbranding: Es muss ein wesentlicher Bestandteil des Endprodukts Automobil sein, für den Kunden sichtbar oder erfahrbar sein, einen wahrgenommenen Kundennutzen bieten und auf einer besonderen Technologie beruhen, an der der Zulieferer die Rechte hält.[543] Diese Bedingungen erfüllen insbesondere Sound- und Multimedia-Systeme, Telematik sowie Brems- und Fahrwerksysteme (z.B. das Elektronische Stabilitätsprogramm ESP von Bosch).[544]

Nachdem in Abschnitt 3.2 ein Innovationsprozess für die Automobilindustrie vorgeschlagen und Gestaltungs- und Steuerungsmöglichkeiten entlang der einzelnen Phasen des Prozesses entwickelt und diskutiert wurden, widmet sich der nun folgende Abschnitt 3.3 prozessübergreifenden Maßnahmen, durch die der Innovationsablauf als Ganzes effektiver und effizienter gestaltet und damit die Innovationsfähigkeit gesteigert werden kann.

3.3 Innovationsprozessübergreifende Maßnahmen zur Förderung der Innovationsfähigkeit

3.3.1 Förderung einer innovationsfreundlichen Unternehmenskultur

Als erste innovationsprozessübergreifende Maßnahme zur Förderung der Innovationsfähigkeit soll die Förderung einer innovationsfreundlichen Unternehmenskultur erörtert werden. Unternehmenskultur, Organisationskultur oder Corporate Culture sind synonym zu verwendende Begriffe, die, ausgehend von den USA, in den 1970er und 1980er Jahren als Reaktion auf die scheinbare Überlegenheit japanischer Unternehmenskulturen Eingang in die wissenschaftliche Diskussion fanden.[545] Unternehmenskultur beschreibt die „spezifischen Werthaltungen, Überzeugungen und Verhaltensnormen, die in einer Unternehmung praktiziert und ‚kultiviert' werden".[546] Sie soll die Identifikation der Mitarbeiter und ihre Integration in das Unternehmen fördern, motivierend wirken und die Handlungen der Mitarbeiter koordinieren.[547] Eine Teilanforderung an die Unternehmenskultur, die aus der Notwendigkeit eines erfolgreichen, gelebten Innovationsprozesses resultiert, ist ihre Innovationsfreundlich-

[541] Vgl. **Roland Berger & Partner GmbH (Hrsg.) (Automotive Supplier Industry, 2000)**, S. 66.
[542] Vgl. **Dudenhöffer (Markenmanagement, 1999)**, o.S.
[543] Vgl. **Roland Berger & Partner GmbH (Hrsg.) (Automotive Supplier Industry, 2000)**, S. 65.
[544] Vgl. **Dudenhöffer (Wertstrategien, 2000)**, S. 16.
[545] Vgl. **Heinen (Unternehmenskultur, 1987)**, S. 4ff; **Staerkle (Organisationskultur, 1985)**, S. 529.
[546] **Staerkle (Organisationskultur, 1985)**, S. 529.
[547] Vgl. **Thom u. Etienne (Innovationsklima, 2000)**, S. 272.

keit.[548] Eine innovationsfreundliche Unternehmenskultur wird auch als (positives) Innovationsklima bezeichnet (vgl. Tabelle 2).[549] Innovationsklima stellt die „Summe aller [weichen] Faktoren [dar], die neben Methoden und Konzepten den Innovationserfolg bewirkt.“[550] Mitunter werden weiche Faktoren wie Teamarbeit, kooperativer Führungsstil, breites fachliches Wissen und großer individueller Spielraum als wichtiger für den Innovationserfolg bezeichnet als bestimmte Methoden, wie etwa der Einsatz von Kreativitätstechniken.[551]

<table>
<tr><th colspan="2">Beeinflussung des Innovationsklimas</th></tr>
<tr><td colspan="2">Dimension Innovationsbereitschaft („Wollen“)</td></tr>
<tr><td>Facette „Motivation“

• Hohe Bedeutung der intrinsischen Anreize bei innovativen Aufgabenstellungen (z.B. abwechslungsreiche und herausfordernde Aufgaben, großer Handlungsspielraum der Mitarbeiter).
• Prämien zur Unterstreichung des Stellenwerts, der Erwünschtheit und Notwendigkeit von kreativen Leistungen.
• Anerkennung der Leistungen durch die Vorgesetzten.
• Aufstiegsmöglichkeiten trotz flacher Hierarchie (Fachlaufbahnen, Projektleitungen, gezielte Aus- und Weiterbildung etc.).</td><td>Facette „Werte, Einstellungen und Normen“

• Innovationsbezogene Wertvorstellungen nicht nur in Schlagwörtern formulieren, sondern auch konkretisieren.
• Das Wollen und Sollen von Neuerungen muss stärker und intensiver von den obersten Führungskräften gefordert werden.
• Die Möglichkeiten zur Zweiweg-Kommunikation sind zu nutzen. Über mehrere Kanäle ist ein stimmiges Bild über die große Bedeutung und Erwünschtheit von Neuerungen zu entwerfen.
• Den Worten müssen Taten folgen. Die positive Grundeinstellung kann z.B. mit einem Vertrauensbonus, der Einbeziehung von betroffenen Mitarbeitern oder mit einer interdisziplinären und hierarchieübergreifenden Projektzusammensetzung gefördert werden.</td></tr>
<tr><td colspan="2">Dimension Innovationsfähigkeit („Können“)</td></tr>
<tr><td>Facette „Kreativität“

• Freiräume für kreative Aufgaben schaffen, z.B. durch Freistellung von Routineaufgaben.
• Gewährung von Sabbaticals.
• Verwendung von Instrumenten zur Ideengenerierung wie z.B. Betriebliches Vorschlagswesen, Innovationszirkel und Kreativitätstechniken.
• Bürokratie auf das Minimum beschränken.
• Brechen von Tabus und Traditionen.</td><td>Facette „Implementierungskompetenz“

• Abbau von Aktionismus (z.B. durch Definition von Meilensteinen oder Einschalten von Denkpausen).
• Information und Kommunikation (ehrlich, frühzeitig, breit und tief, zielgruppengerecht etc.).
• Ressourcen für Neuerungsprojekte freigeben.
• Optimierung der Projektorganisation.</td></tr>
</table>

Tabelle 2: Ansatzpunkte zur Beeinflussung des Innovationsklimas.

Quelle: In Anlehnung an Thom u. Etienne (Innovationsklima, 2000), S. 280.

[548] Vgl. hierzu **THOM U. ETIENNE (Innovationsklima, 2000)**, S. 268ff, die die Anforderungen an eine innovationsfreundliche Unternehmenskultur entlang der Phasen des Innovationsprozesses untersuchen. Allerdings wird den Betrachtungen ein anderes, verkürztes Phasenmodell mit der Dreiteilung in „Ideengenerierung“, „Ideenakzeptierung“ und „Ideenrealisierung“ zugrunde gelegt.

[549] Vgl. **BOUTELLIER U. VÖLKER (Innovative Produkte, 1997)**, S. 149; **THOM U. ETIENNE (Innovationsklima, 2000)**, S. 272f.

[550] **BOUTELLIER U. VÖLKER (Innovative Produkte, 1997)**, S. 149.

[551] Vgl. **THOM (Innovationsmanagement, 1980, zuerst: 1976)**, S. 477.

Dem in Tabelle 2 dargestellten Vorschlag von Thom und Etienne folgend, soll das Innovationsklima durch die beiden Dimensionen Innovationsbereitschaft („Wollen") und Innovationsfähigkeit („Können") fassbar gemacht werden. Beide Dimensionen gelten als durch das Management steuer- und beeinflussbar.

Die Facette Motivation der Innovationsbereitschaft lässt sich durch Anreize stimulieren.[552] Staudt u.a. nennen einen Anreizpool für motivationsorientiertes Innovationsmanagement, der materielle Anreize (Gehalt, Erfindervergütung), sozialstatusbezogene Anreize (Beförderung, Anerkennung), Personalentwicklungsanreize (Fort-/Weiterbildung, Messebesuche) sowie flexibilitätsbezogene Anreize (flexible Arbeitszeit, Freiraum für eigene Forschung) beinhaltet.[553] Werte, Einstellungen und Normen in einem Unternehmen sind hingegen tradiert und gewachsen, können also nicht oktroyiert und nur langfristig beeinflusst werden. Gerade deshalb ist jedoch kontinuierlich an ihnen zu arbeiten. Ein Beispiel für unternehmensweite, innovationsbezogene Werte und Einstellungen nennt Schrempp, der betont: „Innovativ zu sein, ist in erster Linie eine Geisteshaltung, die nicht nur auf den Bereich Forschung und Technologie begrenzt ist. ... Innovationen müssen ganzheitlich verstanden und gelebt werden."[554]

Kreativität stellt die erste Facette der „Können"-Dimension des Innovationsklimas dar. Nach Albach sind vier Elemente für Kreativität erforderlich: Wissen und Expertise[555] (Schaffung einer Wissensbasis und Steuerung des Zugriffs auf vorhandenes Wissen), Wissensintegration (Nutzung externer Wissensquellen und Schnittstellenmanagement), Spielraum (Forschen an Problemen der eigenen Wahl, Möglichkeit der Weiterverfolgung eigener Ideen bis zur Marktreife) sowie Engagement (z.B. durch Teamgeist).[556] Für Sutton bedeutet Kreativität aber auch kontraintuitives Handeln, das Eingehen von Konflikten und das bewusste Verlassen bewährter Denkmuster.[557] Die Facette Implementierungskompetenz der Innovationsfähigkeit schließlich beurteilt die Annahme und Durchsetzung von Innovationen in der Organisation. Dieser Aspekt wird in der angelsächsischen Literatur unter dem Stichwort „Innovativeness" diskutiert. Dabei können eine kurze Zeitspanne bis zur Annahme einer Innovation sowie eine konstant hohe Anzahl von angenommenen Innovationen im Zeitablauf als Maß für Innovativeness gelten.[558] Innovativeness wird durch Risikoaversion und durch

[552] Vgl. **Cooper (Erfolg, 2001)**, S. 7.
[553] Vgl. **Staudt u.a. (Anreizsysteme, 1990)**, S. 1188.
[554] **Schrempp (Innovation, 2002)**, S. 5.
[555] Vgl. zu Expertise **Amabile (Creativity, 1998)**, S. 78f.
[556] Vgl. **Albach (Differenzierung, 1990)**, S. 777ff.
[557] Vgl. für eine unkonventionelle Auflistung kreativitätsfördernder Praktiken **Sutton (Kreativität, 2002)**, S. 11.
[558] Vgl. **Subramanian (Innovativeness, 1996)**, S. 236.

organisatorische Trägheit, die sich z.B. in langsamer Entscheidungsfindung und -durchsetzung manifestiert und vornehmlich in bürokratischen, zentralisierten, rigide strukturierten Organisationsformen auftritt, behindert.[559] Diese Innovationsbarrieren können jedoch durch vermehrte Autonomie und Unabhängigkeit der Mitarbeiter, weniger einengende Festlegungen von Arbeitsinhalten, strukturelle Flexibilität und offene Kommunikation abgebaut werden.[560]

Zusammenfassend lässt sich feststellen, dass die Schaffung einer innovationsfreundlichen Unternehmenskultur eine bedeutsame prozessübergreifende Aufgabe darstellt, die anhand der vier dargestellten Facetten des Innovationsklimas erfüllt werden kann. Das Management der weichen Faktoren erfordert dabei Fingerspitzengefühl und die Ausbalancierung scheinbarer Widersprüche wie Erfahrung und Neugier, kreatives Chaos und systemischer Zusammenhalt, Freiheit und Struktur, Professionalität und spielerisches Ausprobieren.[561]

3.3.2 Anwendung eines Promotorenmodells zur Überwindung von Innovationswiderständen

„Innovationsmanagement ist der ständige Kampf mit den Widerständen."[562] In Anlehnung an die obige Einteilung (vgl. nochmals Tabelle 2) lassen sich Barrieren des Nicht-Wollens und des Nicht-Wissens/Nicht-Könnens sowie ferner administrative Widerstände unterscheiden.[563] Im Folgenden soll daher ein Promotorenmodell vorgestellt werden, das dazu dient, diese Widerstände zu überwinden.

Auch in praxi zeigt sich, dass selbst diejenigen Innovationsideen, die den Ideenauswahl- und -bewertungsprozess nach Abschnitt 3.2.5 erfolgreich durchlaufen haben, mitnichten immer zur Marktreife entwickelt werden. Innovationsprozesse entwickeln sich „nicht zwangsläufig und selbständig in Richtung auf den Entschluß (sic!) zur Anwendung einer Neuerung, sondern werden durch Willens- und Fähigkeitsbarrieren behindert."[564] Willensbarrieren äußern sich z.B. in Abteilungsdenken, d.h. der mangelnden Unterstützung für Innovationen, die nicht dem eigenen Unterstellungsbereich zuzuordnen sind, im Not-invented-here-Syndrom, in persönlichen Animositäten und in den allgemeinen Beharrungskräften des bekannten Status quo, der den Risiken der Neuerung oftmals vorgezogen wird. Erschwerend kommt hinzu, dass die Konkretisierung von Innovationsideen im PEP hohe, oftmals nicht genau planbare Finanzmittel erfordert, die auch noch durch Sparmaßnahmen,

[559] Vgl. **Charan (Kultur, 2001)**, S. 35; **Gauvin u. Sinha (Innovativeness, 1993)**, S. 172.
[560] Vgl. **Daft (Nonbureaucratic Structure, 1982)**, S. 144.
[561] Vgl. **Maas (Sparks, 1999)**, S. 98.
[562] **Hauschildt (Innovationsmanagement, 1997, zuerst: 1993)**, S. 151.
[563] Ebd., S. 160.
[564] **Witte (Promotoren-Modell, 1999, zuerst: 1998)**, S. 15.

Budgetumschichtungen oder geänderte Prioritäten plötzlich in Frage gestellt werden können. Fähigkeitsbarrieren resultieren aus der Komplexität und Neuheit der Innovation, deren Umsetzung besondere Anforderungen an das Wissen und Können der Mitarbeiter stellt. Administrative Widerstände schließlich behindern den Innovationsprozess als Ganzes. Hier sind Reibungsverluste aufgrund des interdisziplinären und interorganisatorischen Charakters des Innovationsprozesses zu nennen, unklare Zuständigkeiten und Aufgabenverteilungen sowie mangelnde Koordination des gesamten Prozesses. Insgesamt führen die genannten Widerstände selbst bei zur Weiterführung beschlossenen Innovationsideen zu bewussten oder unbewussten Abbruchentscheidungen, d.h. also zu offener und verdeckter Sabotage bzw. zum „Versanden“ des Prozesses, wenn nicht geeignete Gegenmaßnahmen getroffen werden.

Die Überwindung der Innovationswiderstände kann nur durch das Zusammenwirken verschiedener Menschen erfolgen, die über bestimmte Eigenschaften verfügen. Dabei ist nicht die Person, sondern deren wahrgenommene Funktion bedeutsam, wie erstmals Schumpeter mit seiner expliziten Trennung der Funktion des Unternehmers und der Funktion des Erfinders erkannte.[565] Darauf aufbauend, entwickeln Witte und später Hauschildt, Chakrabarti, Gemünden, Walter u.a. das Promotorenmodell, welches erklärt, wie bestimmte Organisationsmitglieder zur Überwindung von Innovationswiderständen beitragen.[566] Promotoren sind als Träger des Innovationsmanagements definitorisch abzugrenzen, die den Innovationsprozess aktiv und intensiv fördern.[567] Witte unterscheidet Macht- und Fachpromotoren, die in einer arbeitsteiligen „Gespann-Verknüpfung“ agieren.[568] Hauschildt und Chakrabarti ergänzen den Prozesspromotor,[569] Gemünden und Walter den Beziehungspromotor.[570]

Machtpromotoren können qua Status Willensbarrieren überwinden: „Als Machtpromotor bezeichnen wir diejenige Person, die einen Innovationsprozeß (sic!) durch hierarchisches Potential (sic!) aktiv und intensiv fördert. Definitionsmerkmale sind also eine bestimmte Position innerhalb der Aufbauorganisation und außerdem eine spezifische Verhaltensweise. Die Position ... verleiht hinreichenden formalen Einfluß (sic!), der es gestattet, die Opponenten des Nicht-Wollens mit Sanktionen zu belegen und die Innovationswilligen zu schützen.“[571] Ferner verfügen Machtpromotoren über „Etatpositionen“, also Finanzmittel, die

---

[565] Vgl. **Hauschildt (Innovationsmanagement, 1997, zuerst: 1993)**, S. 157.
[566] Vgl. für eine Übersicht der Forschungshistorie **Hauschildt (Innovationsmanagement, 1997, zuerst: 1993)**, S. 158.
[567] Vgl. **Witte (Promotoren-Modell, 1999, zuerst: 1998)**, S. 15.
[568] Ebd., S. 20.
[569] Vgl. **Hauschildt u. Chakrabarti (Arbeitsteilung, 1999, zuerst: 1998)**, S. 77.
[570] Vgl. **Gemünden u. Walter (Beziehungspromotoren, 1999, zuerst: 1998)**, S. 119ff.
[571] **Witte (Promotoren-Modell, 1999, zuerst: 1998)**, S. 16.

für weitere Untersuchungen der Innovationsidee und für die Freistellung von Fachpersonal im PEP vonnöten sind.[572] Damit sind Machtpromotoren gerade in der Automobilindustrie aufgrund des extrem aufwändigen PEP von besonderer Bedeutung. Es empfiehlt sich, für Schlüsselinnovationen, die das Bild einer Marke oder einer geplanten neuen Baureihe entscheidend prägen, Führungskräfte der obersten Führungsebene als Paten zu gewinnen, die mit ihrem Namen für die Innovation einstehen, nicht Partizipationswillige zur Mitarbeit anhalten und die notwendigen personellen und finanziellen Ressourcen bereitstellen. Ein herausragendes Beispiel für das erfolgreiche Wirken eines Machtpromotors stellt die Entwicklung des vierradgetriebenen Audi Quattro Ende der 1970er Jahre dar, eine bedeutsame Innovation, die entscheidend dabei half, die Marke Audi als Technologieführer zu repositionieren. Ausschlaggebend für den Erfolg war der damalige Entwicklungsvorstand von Audi, Ferdinand Piëch, der als Machtpromotor das Konzept gegenüber der Konzernmutter Volkswagen wie auch gegenüber internen Widerständen verteidigte und das Budget für den Prototypenbau und für Erprobungsfahrten bereitstellte, noch bevor das Projekt formal beschlossen war.[573]

Im genannten Beispiel war Piëch jedoch auf die fachliche Unterstützung von Jörg Bensinger angewiesen, der als leitender Mitarbeiter der Fahrwerksentwicklung über Erfahrung mit dem Vierradantrieb in Militärfahrzeugen verfügte und von dem die Idee für den Audi Quattro stammte. Bensinger fungierte als Fachpromotor. „Den Fachpromotor definieren wir als diejenige Person, die einen Innovationsprozeß (sic!) durch objektspezifisches Fachwissen aktiv und intensiv fördert. Die hierarchische Position ist unerheblich. ... Die prozeßtreibende (sic!) Energie wird von seinem Fachwissen gespeist, das er ständig weiter vermehrt und gegenüber Innovationswilligen und Opponenten als Argumentationskraft einsetzt. Der Fachpromotor ist nicht nur selbst ein fortlaufend Lernender, sondern auch ein Lehrender. Damit überwindet er die Fähigkeitsbarrieren der Innovation.“[574] In der Automobilindustrie ist der Fachpromotor in aller Regel ein Mitarbeiter des Entwicklungsbereichs, der mit der Rückendeckung des Machtpromotors aktiv die Unterstützung auch anderer am Innovationsprozess beteiligter Bereiche, wie etwa des Einkaufs, des Designs oder des Marketings, einwerben sollte. Ein „einsamer Gelehrter“ ist deshalb als Fachpromotor ungeeignet.[575]

Wenn der Machtpromotor Willens- und der Fachpromotor Fähigkeitsbarrieren überwindet, so überwindet der Prozesspromotor administrative Widerstände. Diese Zusatzfunktion erscheint

[572] Vgl. **Witte (Promotoren-Modell, 1999, zuerst: 1998)**, S. 20.
[573] Vgl. **Brockhoff u.a. (Foreword, 1999)**, S. V.
[574] **Witte (Promotoren-Modell, 1999, zuerst: 1998)**, S. 17f.
[575] Ebd., S. 18.

insbesondere bei großen Unternehmen wie den OEMs oder den Megalieferanten vonnöten. Mit der Zahl der Promotoren steigt dann nach einer empirischen Untersuchung zugleich der Neuigkeitsgrad der Innovationen, die Relevanz beschaffter Informationen sowie der technische und nicht zuletzt der wirtschaftliche Erfolg der Innovationen.[576] Der Prozesspromotor muss über ausgeprägte kommunikative Fähigkeiten, diplomatisches Geschick und Überzeugungskraft verfügen und für das Neue werben. Er hat Organisationskenntnis und kann die Sprache der innovativen Technik in den in der Organisation verwendeten Jargon übersetzen.[577] Vor allem aber ist er der Steuermann des Innovationsprozesses.[578] Dies setzt selbstverständlich eine profunde Kenntnis des Prozesses voraus, von der Innovationsstrategie des Unternehmens bzw. der Marke über den Ideengenerierungsprozess, einzubindende Ideengeber, Ideenauswahl und PEP bis zur Markteinführung einschließlich der jeweiligen Beteiligten. Der Prozesspromotor wacht über die Einhaltung von Fristen und Terminen, insbesondere über die Meilensteine im PEP. Dabei arbeitet er eng mit den beiden anderen Promotoren zusammen und bezieht bei inhaltlichen Problemen den Fachpromotor, bei destruktivem, auf Nicht-Wollen basierendem Widerstand den Machtpromotor rechtzeitig ein.

Es wird postuliert, dass bei interorganisatorischen Innovationsprozessen, wie sie ja für die Automobilindustrie charakteristisch sind, „spezifische ... Barrieren des ‚Nicht-Voneinander-Wissens', ‚Nicht-Zusammenarbeiten-Könnens', ‚Nicht-Zusammenarbeiten-Wollens' oder ‚Nicht-Zusammenarbeiten-Dürfens' auftreten, die das Zustandekommen und den Verlauf von Innovationskooperationen beeinträchtigen".[579] Folglich sei als vierte Promotorenrolle ein Beziehungspromotor nötig, der Personen erreicht und zusammenbringt, in der Dialogführung besonders befähigt ist, Interaktionsprozesse steuert und soziale Bindungen zwischen Innovationspartnern fördert.[580] Die zweifelsohne existierenden interorganisatorischen Innovationsbarrieren treten m.E. in analoger Form auch an den interdisziplinären Schnittstellen der am Innovationsprozess beteiligten intraorganisatorischen Bereiche auf. Ferner ähneln die Anforderungen an den Beziehungspromotor jenen an den Prozesspromotor, so dass hier zusammenfassend die Auffassung vertreten wird, dass der Prozesspromotor die Aufgaben des Beziehungspromotors übernehmen kann und somit die Troika aus Macht-, Fach- und Prozesspromotor hinreichend für die Überwindung der Willensbarrieren,

---

[576] Vgl. **Hauschildt (Innovationsmanagement, 1997, zuerst: 1993)**, S. 164.
[577] Vgl. **Hauschildt u. Chakrabarti (Arbeitsteilung, 1999, zuerst: 1998)**, S. 78.
[578] Ebd., S. 81.
[579] **Gemünden u. Walter (Beziehungspromotoren, 1999, zuerst: 1998)**, S. 119.
[580] Ebd., S. 120f.

Fähigkeitsbarrieren sowie der administrativ-prozessualen Widerstände im Innovationsprozess ist.[581]

3.3.3 Entwicklung von Anreizen zur Anziehung von Lieferanteninnovationen und Errichtung von Barrieren gegen deren Transfer zu Wettbewerbern

In der Automobilindustrie betreiben insbesondere Systemlieferanten selbständig Ideensuche, Forschung und Entwicklung für neue Produktkonzepte.[582] Lieferanten haben prinzipiell die Möglichkeit, ihre Ideen, aber auch konkrete Produktinnovationen, die im lieferantenseitigen PEP bereits einen höheren Reifegrad, möglicherweise bis hin zur Marktreife, erlangt haben, einem oder mehreren nachgelagerten Lieferanten oder OEMs anzubieten. Oftmals wird ein neues Produktmerkmal zum Zwecke der Geschäftsausweitung an mehrere Abnehmer verkauft und an ihre spezifischen Anforderungen angepasst.[583] Im Kontext interdependenter Zulieferer-Abnehmer-Strukturen ist es aber für die Nachfrager von Innovationsideen und Innovationen von großer Bedeutung, als attraktiver Abnehmer bis hin zum Status eines „bevorzugten Kunden“, dem Innovationen exklusiv angeboten werden, zu gelten. Innovationsnachfrager bei in der Wertschöpfungskette vorgelagerten Wirtschaftssubjekten können dabei vor allem die OEMs, aber auch große Lieferanten sein. Gerade solche Unternehmen, ob OEM oder Lieferant, die sich als Innovationsführer differenzieren, bemühen sich verstärkt, das Ideenangebot von Vorlieferanten mit hohem technologischem Potenzial zu erschließen.[584] Für sie gilt es, ihre Attraktivität aus Sicht der Innovationsanbieter gezielt zu erhöhen, um im Wettbewerb mit anderen Innovationsnachfragern, die erklärtermaßen ebenfalls die Innovationskraft des Beschaffungsmarkts nutzen wollen (vgl. nochmals Tabelle 1, dritte Spalte), Vorteile zu erringen. Gelingt es darüber hinaus, Barrieren zu errichten, die den Innovationstransfer vom Innovationsanbieter zu anderen Abnehmern verhindern, erhöht dies den Innovationsvorsprung relativ zum Wettbewerb zusätzlich. Als Instrument zur Steigerung der Attraktivität der Innovationsnachfrager, das zur Anziehung von Lieferanteninnovationen geeignet ist und somit den interorganisatorischen Innovationsprozess überhaupt erst ermöglicht, soll daher im Folgenden ein geeignetes Anreizsystem aus monetären und nichtmonetären Anreizen entwickelt werden. In einem nächsten Schritt werden dann Barrieren gegen den Innovationstransfer zu Wettbewerbern aufgezeigt.

---

[581] Vgl. auch **Reiß (Instrumente, 1997)**, S. 104f, der die Formel „zwei Motoren, ein Getriebe“ verwendet: Macht- und Fachpromotor stellen zwei Motoren dar, während die Prozesspromotoren die koordinative Getriebefunktion übernehmen.

[582] Vgl. **Atzler (Automobilhersteller und Zulieferer, 1997)**, S. 11; **Peter (Partnerschaft, 1999)**, S. 13.

[583] Vgl. **Atzler (Automobilhersteller und Zulieferer, 1997)**, S. 11.

[584] Vgl. **Herden (Technologieorientierte Außenbeziehungen, 1992)**, S. 174ff; **Peters (Technologische Leistungsfähigkeit, 1997)**, S. 109.

3.3.3.1 Anreizsystem zur Anziehung von Lieferanteninnovationen

Anreizsysteme lassen sich als „aus dem Zielsystem der Unternehmung abgeleitete, zu einem integrierten Maßnahmenbündel verknüpfte Anreize, die als Stimuli auf das Verhalten der Organisationsmitglieder wirken“, definitorisch abgrenzen.[585] Nach der Anreiz-Beitrags-Theorie von March und Simon stellen Anreize aufgrund des folgenden Wirkmechanismus eine Bedingung für das Überleben von Organisationen dar:[586] Eine Organisation besteht aus Organisationsteilnehmern, die wechselseitig voneinander abhängig sind. Diese leisten für die Organisation Beiträge; allerdings nur unter der Voraussetzung, dass ihnen die Organisation dafür Anreize bietet. Jeder Organisationsteilnehmer wird seine Mitwirkung an der Organisation nur so lange aufrechterhalten, wie die ihm gewährten Anreize in Anbetracht seiner subjektiven Wertmaßstäbe und der ihm zur Verfügung stehenden Alternativen gleich groß oder größer wie die von ihm geforderten Beiträge sind. Da die Organisation aus den Beiträgen der Organisationsteilnehmer die angebotenen Anreize erarbeitet, ist die Organisation dann im Gleichgewicht und damit überlebensfähig, wenn die Beiträge in ihrer Summe ausreichen, genügend große Anreize zu bieten, um weiter diese Beiträge beziehen zu können.

Obwohl diese Theorie zunächst für eine und nicht für mehrere Organisationen entwickelt wurde, ist die Feststellung wichtig, dass March und Simon neben Beschäftigten, Kapitalanlegern, Distributoren und Konsumenten auch Lieferanten als Organisationsteilnehmer nennen.[587] Ferner stehen Innovationsanbieter und -nachfrager in der Automobilindustrie in dem für die Gültigkeit der Anreiz-Beitrags-Theorie erforderlichen wechselseitigen Abhängigkeitsverhältnis. Damit lässt sich die Anreiz-Beitrags-Theorie per Analogieschluss auf die Innovationsbeziehung im Zulieferer-Abnehmer-Kontext übertragen: Lieferanten werden in der interorganisatorischen Zusammenarbeit ihre Innovationsbeiträge für die nachfragende Organisation nur so lange aufrechterhalten, wie ihnen Anreize gewährt werden, die zum einen in relativer Sicht die Anreize alternativer Abnehmer übersteigen und zum anderen in absoluter Sicht ausreichend und geeignet sind, den Lieferanten in die Lage zu versetzen, auch in Zukunft Beiträge in Form von Innovationen zu liefern (angemessene Kompensation, Fähigkeit zur Reinvestition).

---

[585] **STAUDT U.A. (Anreizsysteme, 1990)**, S. 1184.
[586] Vgl. **MARCH U. SIMON (Organisation und Individuum, 1976, zuerst: 1958)**, S. 81.
[587] Ebd., S. 86.

Nach herrschender Meinung in der Literatur umfassen Anreizsysteme monetäre und nichtmonetäre Anreize.[588] Daher wird das Anreizsystem zur Anziehung von Lieferanteninnovationen nun anhand dieser beiden Dimensionen entwickelt.

3.3.3.1.1 Monetäre Anreize

Monetäre Anreize sind für den Innovationsgeber von unmittelbarer, überlebenssichernder Bedeutung. Eine angemessene Kompensation seiner innovationsbezogenen Leistungen fördert unmittelbar seinen finanzwirtschaftlichen Erfolg und sichert die Liquidität. Im Sinne eines Regelkreises sind Erfolg und liquide Mittel jedoch auch für die Reinvestition in neue Erfolgspotenziale, z.B. neue Innovationsprojekte, notwendig, die wiederum eine Voraussetzung für den zukünftigen Erfolg darstellen.[589] Da Innovationen erst bei Marktwirksamkeit, d.h. bei Verwirklichung im Endprodukt Automobil und bei Annahme durch den Endkunden, Einnahmen auslösen, resultieren die zu gewährenden monetären Anreize letztlich aus dem Markterfolg des Automobils. Zwei Dimensionen des Markterfolgs erlauben hohe Anreize: Zum einen ist dies die Gewinnspanne pro abgesetzter Einheit des Endprodukts, die in der Regel bei Premiumanbietern und in den oberen Fahrzeugklassen deutlich höher ausfällt als bei Volumenanbietern und in niedrigen Fahrzeugklassen, zum anderen das Absatzvolumen, also die abgesetzte Stückzahl. So können OEMs wie Porsche, Honda oder auch BMW ihren Innovationsgebern Anreize aus hohen Margen bei allerdings vergleichsweise geringen Absatzzahlen gewähren, Volumenhersteller wie Fiat oder Ford[590] dagegen erzielen zwar geringere Margen pro Einheit, können ein neues Produktmerkmal jedoch in großen Mengen ein- und absetzen und dadurch ebenfalls Anreize gewähren. Mehrmarkenherstellern wie z.B. DaimlerChrysler, die über Premium- und Volumenmarken verfügen, eröffnen sich weitere Gestaltungsmöglichkeiten, indem eine hohe Zahlungsbereitschaft für Innovationen erst in der Premiummarke abgeschöpft wird, bevor die Innovation in der Volumenmarke weiterverwendet wird (vgl. Abschnitt 3.3.4).

Die Beteiligung der Innovationsgeber am Markterfolg der Innovation kann in der Automobilindustrie über kombinierte Entwicklungs- und Lieferverträge erfolgen. Die Aussicht, das innovative Produktmerkmal über den gesamten PLZ einer neuen Baureihe, der mehrere Jahre dauert, oder zumindest bis zur ersten Modellpflege liefern zu können, stellt den stärksten monetären Innovationsanreiz für Lieferanten dar. Ein Großserienauftrag eines OEMs ermöglicht eine dauerhafte und stabile Kapazitätsauslastung des Lieferanten, sichere

---

[588] Vgl. **Homburg u. Jensen (Kundenorientierte Vergütungssysteme, 2000)**, S. 58; **Walter (Ideenfindungsprozesse, 1997)**, S. 118.

[589] Vgl. zum Regelkreis aus Erfolg, Liquidität und Erfolgspotenzialen **Becker (Strategisches Management, 1998, zuerst: o.J.)**, S. 25.

[590] Gemeint ist hier jeweils die Marke, nicht der Konzern.

Planungsdaten und stellt eine mittelfristig kalkulierbare Erlösquelle dar. Aus diesem Grunde ist von einer Abkopplung der Entwicklungs- von der Lieferleistung, indem z.B. ein Lieferant mit der Konzeptentwicklung, ein anderer jedoch mit der Serienlieferung beauftragt wird, dringend abzuraten, abgesehen von dem Fall, dass ein kleiner Entwicklungslieferant oder sonstiger Ideengeber nicht über die Kapazität und das Produktions-Know-how für die Belieferung der Serie verfügt.

Die Gewährung angemessener monetärer Innovationsanreize und die Kompensation von Innovationsleistungen der Ideengeber in der Automobilindustrie ist in jüngerer Zeit zunehmend in den Blick von Wissenschaft und Praxis gerückt. Empirische Untersuchungen zeigen, dass Automobilproduzenten ihren Lieferanten oftmals dauerhaft die Aneignung angemessen hoher Innovationserträge verweigern, was die Möglichkeiten zur Reinvestition von Innovationserträgen in neue Projekte beschränkt, die künftige Innovationsfähigkeit der Lieferanten gefährdet und damit letztlich als bedeutendes Innovationshemmnis auch für die Abnehmer wirkt.[591] So nennen nach einer Untersuchung von Peters 21,2% der deutschen Automobilzulieferer die Tatsache, dass die Kunden dem Lieferanten einen zu geringen Produktionsanteil an den eigenentwickelten Produkten zugestehen, als sehr bedeutendes Innovationshemmnis.[592] Nach Meinig wird die Zufriedenheit von deutschen Automobilzulieferern mit ihren Abnehmern bezüglich der Kriterien „Honorierung von F&E-Leistungen“ sowie „Honorierung von Investitionsleistungen“ auf einer Likert-Skala von eins bis fünf jeweils mit 3,0 und damit im unteren Drittel aller abgefragten Kriterien bewertet.[593] Allen Bekenntnissen zu partnerschaftlichen Zulieferer-Abnehmer-Beziehungen zum Trotz sehen sich die Innovationsabnehmer hier einem Konfliktpotenzial gegenüber, das Gefahr läuft, dysfunktionale Wirkungen wie etwa unproduktive Ressourcennutzung im Gesamtsystem, Demotivation oder Aufkündigung der Kooperation zu entfalten.[594] Auch der VDA warnt: „Ohne ausreichende Margen für die Innovationsträger auf den verschiedenen Stufen der Wertschöpfungskette wird die auf der Technologieführerschaft basierende Wettbewerbsposition der deutschen Automobilindustrie nicht auf Dauer gehalten werden können.“[595]

Konkrete Konflikte entzünden sich oftmals an den beiden Punkten Kompensation der Entwicklungskosten und Werkzeugkosten der Lieferanten sowie Verantwortlichkeit für Stückzahlschwankungen. Neben dem Abschluss von integrierten Entwicklungs- und

[591] Vgl. **Peters (Technologische Leistungsfähigkeit, 1997)**, S. 54ff.
[592] Ebd., S. 56.
[593] Vgl. **Meinig u. Forschungsstelle Automobilwirtschaft Bamberg (Hrsg.) (Supplier Satisfaction, 2001)**, S. 38.
[594] Vgl. **Triebel (Vertikale F&E-Projekte, 1995)**, S. 69f.
[595] **Gottschalk (Marktveränderungen, 2001)**, S. 6.

Lieferverträgen muss ein Anreizsystem auf monetärer Ebene auch diese beiden Punkte berücksichtigen. Entwicklungskosten, etwa Personalkosten für die Mitarbeiter an Innovationsprojekten oder Lizenzgebühren für zugekaufte Randpatente, und Werkzeugkosten, z.B. für die Herstellung von Konzeptträgern und Prototypen, stellen faktisch eine Vorfinanzierung der Innovationsgeber dar. Daher drängen die Lieferanten auf sofortige Vergütung dieser Leistungen,[596] während die OEMs nur die Werkzeugkosten sofort vergüten, die Entwicklungskosten der Lieferanten jedoch in der Regel im Laufe der Belieferung der Serie sukzessiv über eine Umlage auf den Teilepreis amortisieren wollen.[597] Innovationsnehmer, die eine Position als Innovationsführer beim Endkunden anstreben, sollten jedoch zumindest bei hoch innovativen und für den Kunden sichtbaren Zulieferprodukten die Entwicklungskosten sofort vergüten, und sich durch diesen monetären Anreiz die Innovationskraft der Lieferanten und einen Status als bevorzugter Kunde für die Zukunft sichern. Auf ähnliche Weise sollte die Übernahme des Stückzahlrisikos gelöst werden. Zwar kann auch der OEM nicht mit Sicherheit vorhersagen, welche Menge einer neuen Baureihe und damit auch ihrer Produktinnovationen im Verlauf des PLZ abgesetzt wird, doch sollte die Abnahme bzw. Vergütung einer Mindeststückzahl garantiert werden, um dem Lieferanten die Amortisation seiner Innovationsleistungen zu ermöglichen.[598] Einen weiteren bedeutenden monetären Anreiz kann vor dem Hintergrund der angespannten Finanzierungssituation vieler mittelständischer Lieferanten die gemeinsame Erarbeitung neuer Finanzierungsmodelle für Entwicklungskosten durch Lieferant, OEM und Finanzinstitut darstellen, bei denen etwa die Bank oder eine Leasinggesellschaft die Innovationsleistungen finanzieren und im Verlauf der Serienlieferung an den Erlösen beteiligt werden, was zur Entlastung der Bilanz des Lieferanten führt (Off-balance-sheet Ausweisung).[599]

3.3.3.1.2 Nichtmonetäre Anreize

Obgleich die monetären Anreize aufgrund ihrer Bedeutung für die wirtschaftliche Überlebens- und Zukunftsfähigkeit der Innovationsgeber dominieren, kann die Gesamtwirkung des Anreizsystems zur Anziehung von Lieferanteninnovationen durch nichtmonetäre Anreize noch erhöht werden. Die folgenden nichtmonetären Anreize für den Lieferanten werden vorgeschlagen und diskutiert: Know-how-Schutz, Innovationsklima und Erfolgswahrscheinlichkeit, Imageaufbau beim Endkunden sowie besondere Geschäftsbeziehungen.

---

[596] Vgl. **VDA (Hrsg.) (Partnerschaft, 2001)**, S. 6; ebd., S. 8.
[597] Ebd., S. 2.
[598] Ebd., S. 8.
[599] Vgl. **Engelhardt (Finanzierung von Entwicklungsprojekten, 2001)**, S. 4.

Ein mangelnder Know-how-Schutz wird von Lieferanten als bedeutendes Innovationshemmnis angesehen. Nach der bereits erwähnten Studie von Peters nennen 13,2% der deutschen Automobilzulieferer die Verhinderung der Patentierung von Innovationsideen durch die OEMs als sehr bedeutendes Innovationshemmnis, 23,1% beklagen, dass sie ihr gewonnenes technologisches Wissen nicht geheimhalten können, und 27,5% kritisieren gar, dass die OEMs ihre Entwicklungsunterlagen wissentlich an andere, konkurrierende Lieferanten weitergeben.[600] Müssen die Innovationsgeber ein solches opportunistisches Verhalten der Innovationsabnehmer erwarten, werden sie sich nur zögerlich an gemeinsamen Ideengenerierungsprozessen beteiligen und ihre in-house generierten Ideen und neuen Produktkonzepte anderen Abnehmern anbieten. Im Umkehrschluss stellt ein gesicherter Know-how-Schutz durch den Abnehmer einen bedeutsamen Innovationsanreiz dar.[601] Konkret sollten Ideen- und Innovationsnehmer also Ideen, die von Lieferanten oder Dritten stammen, auch durch diese patentieren lassen bzw. eine angemessene Lizenzgebühr bezahlen sowie technische Dokumente nur unter vorheriger Absprache und nur insoweit anderen Lieferanten zur Verfügung stellen, als dies für die Integration der verschiedenen Entwicklungs- und Lieferumfänge zum Gesamtfahrzeug notwendig erscheint (z.B. zur Abstimmung von Platzbedarf und physischen Schnittstellen).

Ferner stellt ein anerkannt positives und nach außen offenes Innovationsklima des Innovationsnehmers einen nichtmonetären Innovationsanreiz dar. Da sich Innovationsideen erst bei Verwirklichung im Markt auszahlen, ist der Innovationsgeber an einer hohen Umsetzungswahrscheinlichkeit für seine Innovationsideen interessiert. Zeigt nun die Erfahrung mit einem bestimmten OEM, dass dieser auch externe Innovationsvorschläge bereitwillig aufnimmt, gleichberechtigt mit internen Ideen bewertet und bei positiver Einschätzung zum Erfolg führt, so erhöht dies zweifellos seine Attraktivität aus Sicht von Lieferanten und Dritten. Konkrete Anhaltspunkte für ein positives Innovationsklima und eine hohe Erfolgs- und Umsetzungswahrscheinlichkeit sind nach außen kommunizierte, gemeinsame Innovationsprozesse, so z.B. gemeinsame Ideengenerierung, genau definierte Ansprechpartner in Entwicklung und Einkauf sowie nicht zuletzt ein funktionierendes Promotorenmodell. Hierbei sollte insbesondere der Prozesspromotor als Kontaktpartner und Prozesstreiber den Lieferanten bekannt sein und bei Konfliktfällen als Mediator dienen.

Der OEM steht (außer auf dem Ersatzteilmarkt) zwischen den Lieferanten und den Endkunden. Insofern ist der Imageaufbau von Lieferanten beim Endkunden, z.B. durch

[600] Vgl. **PETERS (Technologische Leistungsfähigkeit, 1997)**, S. 56. Die Prozentzahlen geben den Anteil der Lieferanten an, die diese Innovationshemmnisse auf einer Likert-Skala von eins (keine Bedeutung des Innovationshemmnisses) bis sieben (sehr große Bedeutung) mit sechs oder sieben bewerten.

[601] Vgl. **VDA (HRSG.) (Partnerschaft, 2001)**, S. 7.

Komponentenbranding, trotz der Möglichkeit von lieferantengesteuerten Kommunikationsaktivitäten wie etwa Werbekampagnen nur in Zusammenarbeit mit dem OEM, der das Endprodukt integriert und vermarktet, möglich. Innovative Lieferanten können nun vom OEM auch dadurch belohnt werden, dass ihr Markenname im Endprodukt Automobil auftaucht (man denke z.B. an den VDO-Schriftzug im Tachometer, an das so genannte Bose Soundsystem oder an ABS-Steuergeräte mit dem Markenzeichen von Bosch) und gemeinsam vermarktet wird.[602] Voraussetzung ist allerdings, dass die Markenimages der Hersteller- und Zulieferermarke zueinander kompatibel sind.

Schließlich stellt die Aussicht auf besondere Geschäftsbeziehungen einen bedeutenden nichtmonetären Anreiz für Innovationsgeber dar. Lieferanten und Dritte, die sich als besonders innovativ erwiesen haben, sollten einen Status als bevorzugte Lieferanten erhalten. Dies kann konkret bedeuten, dass sie in Konzeptwettbewerbe einbezogen werden, Produktspezifikationen zu einem sehr frühen Zeitpunkt erhalten und Komponentenbranding betreiben dürfen.

Ein funktionierendes Anreizsystem zur Anziehung von Innovationen des Beschaffungsmarkts stellt gleichzeitig auch die beste Barriere (in anderen Worten, den besten „Negativanreiz") gegen den Transfer von Lieferanteninnovationen zu Wettbewerbern des Innovationsabnehmers dar. Wie im Folgenden dargestellt, existieren darüber hinaus jedoch weitere, zumeist auf Abnehmermacht beruhende Barrieren, die bei partnerschaftlichen Zulieferer-Abnehmer-Beziehungen in der Regel subsidiär, d.h. nur bei Versagen des Anreizsystems bzw. bei opportunistischem Lieferantenverhalten einzusetzen sind.

3.3.3.2 Barrieren gegen den Transfer von Lieferanteninnovationen zu Wettbewerbern

Der Begriff der Barriere wird in der industrieökonomischen Schule ursprünglich in Zusammenhang mit Markteintrittsbarrieren gegen potenzielle neue Konkurrenten verwendet.[603] Wie durch die waagerechten Pfeile zwischen den Ideenfindungswegen Nummer 3 und 4 in Abbildung 16 angedeutet, meint der Begriff Barrieren hier Maßnahmen, die den Innovationstransfer von Lieferanten zu Konkurrenten des Innovationsabnehmers verhindern und dem Innovationsabnehmer so einen möglichst großen Teil der Lieferanteninnovationen sichern sollen.

Verhalten sich Lieferanten opportunistisch, indem sie Innovationsideen mehreren Abnehmern anbieten, bietet sich für die Innovationsabnehmer, in der Regel OEMs oder Megalieferanten, der Einsatz ihrer Abnehmermacht als wirksame Barriere an. In der Reihenfolge aufsteigender

[602] Vgl. zur Branding-Thematik nochmals Abschnitt 3.2.7.3.
[603] Vgl. BAIN **(Barriers, 1956)**, S. 1ff; ders. **(Industrial Organization, 1968, zuerst: 1959)**, S. 251ff.

Intensität der Maßnahmen sind hierbei insbesondere eine Reduktion des Beschaffungsvolumens beim opportunistisch handelnden Lieferanten, die Wettbewerbsaktivierung durch den Aufbau neuer Lieferanten mittels Lieferantenentwicklung (insbesondere bei Innovationsführern im Beschaffungsmarkt, die über Monopolstellungen bei bestimmten Produkten verfügen), ein vollständiger Lieferantenwechsel oder gar die Rückwärtsintegration, also der Aufkauf von Lieferanten oder deren Sparten zum Know-how-Erwerb, zu nennen. Ferner kann die Nutzung von Recht und Gesetz als Machtsurrogat den Innovationsabfluss zu Wettbewerbern verhindern.[604] So mag sich der Innovationsabnehmer vertraglich Exklusivität für eine bestimmte Innovation zusichern lassen[605] oder Dritte und Transfereinrichtungen, die als besonders wichtig für den Innovationsprozess erscheinen (z.B. führende wissenschaftliche Institute, Innovationsmakler) vertraglich exklusiv an sich binden und somit einen Innovationstransfer zu Wettbewerbern verhindern.

Geeignete Substitutionsmaßnahmen und Patentstrategien stellen weitere Barrieren dar. So kann die mögliche Verwendung alternativer Werkstoffe eine signifikante Wechselbarriere für einen Lieferanten bedeuten. Ersetzt der Abnehmer für eine Baugruppe etwa den Werkstoff Stahl durch Aluminium, sieht der Lieferant von Stahlteilen seine spezifischen Investitionen in stahlverarbeitende Maschinen gefährdet und muss in kostspieliger und zeitaufwändiger Weise Know-how zur Aluminiumverarbeitung aufbauen. Neben der Androhung von Substitution wirken auch Patente als Blockadeinstrumente. Wird bekannt, dass ein Lieferant ein bestimmtes innovatives Produkt an konkurrierende Abnehmer liefern will, ist dieses Produkt auf Angriffspunkte, die sich aus Patentrechten des vom Lieferanten nicht berücksichtigten Abnehmers ergeben, zu untersuchen. Möglicherweise können geschützte Randerfindungen die Umsetzung der Innovationsidee beim Konkurrenten erschweren.[606] So kann der Wettbewerb bewusst blockiert oder fehlgeleitet werden.[607] Durch eigene systematische F&E auf wichtigen Innovationsgebieten und die Errichtung von Schutzgeflechten aus verschiedenen Patenten kann im besten Fall erreicht werden, dass innovative Lieferanten gar nicht umhin kommen, den betreffenden OEM oder Megalieferanten als Innovationsabnehmer zu berücksichtigen.

---

[604] Vgl. **POHLMANN U.A. (Industrielle Netzwerke, 1995)**, S. 146.
[605] Vgl. hierzu auch Abschnitt 3.3.5.
[606] Vgl. **RIVETTE U. KLINE (Intellectual Property, 2000)**, S. 58.
[607] Vgl. **WALTER (Ideenfindungsprozesse, 1997)**, S. 67.

3.3.4 Innovationsbezogene Produktprogrammpolitik und Management von Stückzahleffekten

Auf die innovationsanreizstiftende Wirkung von großen Stückzahlen wurde bereits hingewiesen. Im Folgenden soll aufgezeigt werden, welche Gestaltungsmöglichkeiten für eine innovationsbezogene Produktprogrammpolitik existieren und wie Stückzahleffekte aktiv erschlossen werden können.

F&E-Aufwendungen, Werkzeugkosten für Modellaufbauten und Prototypen, Kosten für Bemusterungsteile und andere innovationsbezogene Kosten haben in der Regel Fixkostencharakter, da sie unabhängig von der späteren Ausbringungsmenge der fertigen Produktinnovation anfallen. Kommt eine Innovation in großen Volumina zum Einsatz, sinken die rechnerischen innovationsbezogenen Kosten pro Stück und die Gewinnspanne erhöht sich bei Lieferant und OEM, selbst wenn letzterer dem ersten nur einen Teil der Stückkostenreduktion weitergibt. Die Verringerung der Kosten pro Stück deckt sich mit den Erkenntnissen des Erfahrungskurvenkonzepts. Nach der empirischen Studie von Peters wirken sich Lieferumfänge über große Stückzahlen durch die damit verbundene erhöhte Gewinnerwartung ferner positiv auf die Innovationsaktivitäten von Lieferanten aus.[608]

Der Einsatz von Innovationen im Produktportfolio eines OEMs zur Erzielung großer Stückzahlen sollte nicht wahllos erfolgen, sondern gezielt durch die Produktprogrammpolitik gesteuert werden. Nur wenige Baureihen (z.B. der VW Golf) werden in so großen Volumina abgesetzt, dass Innovationen sich schon in dieser Baureihe amortisieren. Bei Baureihen mit kleineren Volumina stellt sich schnell die Frage des Innovationstransfers zu anderen Modellen oder zu einer anderen Marke im Konzernverbund von Mehrmarkenherstellern; ein Effekt, der durch die Produkt-, Modell- und Variantenproliferation in der Automobilindustrie weiter verstärkt wird.

Bisher erfolgte der Innovationstransfer zwischen Baureihen stets nur in eine Richtung, nämlich von höherwertigen Modellen zu im Produktportfolio weiter unten angesiedelten Modellen.[609] „Grundlegende technische Neuerungen wurden und werden vor allem in Oberklassefahrzeugen eingesetzt. Von dort aus haben sie sich dann auch in die darunter liegenden Fahrzeugklassen ausgebreitet.“[610] Oberklassemodelle fungieren als „Technologieträger ..., die dann auf das gesamte Produktprogramm aus- und abstrahlen.“[611] Beispiele für diesen klassischen Weg des Innovationstransfers stellen etwa die

[608] Vgl. **PETERS (Technologische Leistungsfähigkeit, 1997)**, S. 89.
[609] Vgl. **BECKER (Produktentstehungsprozess, 2001)**, S. 6; **GOTTSCHALK (Marktveränderungen, 2001)**, S. 8; **WILDEMANN (Entwicklungsstrategien, 1993)**, S. 45.
[610] **DIEZ (Plattform-Strategien, 1999)**, S. 7.
[611] Ebd., S. 40.

Scheibenbremsen dar (erstmaliger Einsatz bei Jaguar im Jahr 1958), der Airbag (Mercedes-Benz S-Klasse, 1981), das elektronische Motormanagement (BMW 7er-Baureihe, 1981) oder die Aluminium-Karosserie (Audi A8, 1994).[612] Besonders anschaulich ist die von Albach aufgearbeitete Fallstudie zur Einführung von ABS.[613] Diese Produktinnovation debütierte 1978 in der Mercedes-Benz S-Klasse, in der ABS zunächst als Sonderausstattung angeboten wurde. Die Preisstellung bei 2.500 DM war aufgrund der niedrigen abgesetzten Stückzahl in Höhe von 3.000 Einheiten bei weitem nicht kostendeckend. Nach der Auslieferung von 5.400 Einheiten im Jahr 1979 und weiteren 30.000 Einheiten ein Jahr später wurde 1982 das hunderttausendste ABS eingebaut. Mit steigender Stückzahl erreichte die Innovation Anfang der 80er Jahre den Break-even-Punkt. Nach sukzessiver Ausdehnung von der S-Klasse auf andere Modelle wurde 1987 die Hälfte der Modelle von Mercedes-Benz mit ABS verkauft und 300.000 ABS-Einheiten abgesetzt. Die Ausbreitung über das Produktportfolio setzte sich bei weiter steigenden Stückzahlen und sinkenden Preisen, die sich bis 1988 mit 1.370 DM fast halbiert hatten, fort, bis ABS 1988 serienmäßig in der gesamten Produktpalette von Mercedes-Benz eingesetzt wurde.

Die Fallstudie veranschaulicht den traditionellen Weg des Innovationstransfers, der in Abbildung 21 als klassische Innovationskaskade bezeichnet wird.

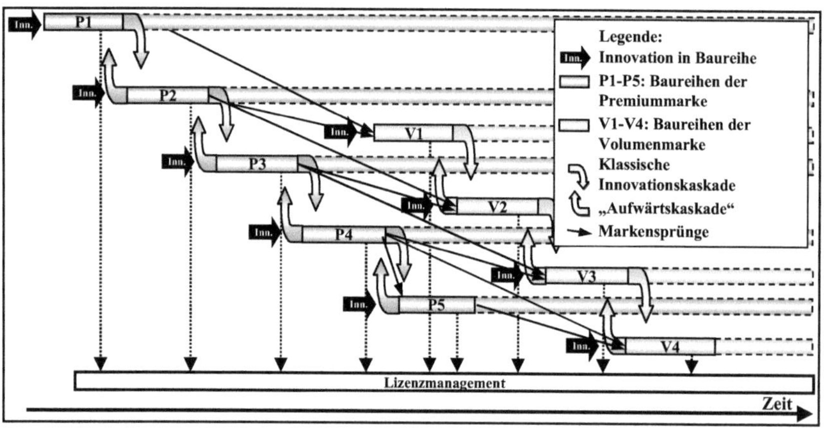

Abbildung 21: Optionen der Steuerung von Innovationen im Produktprogramm zur Erhöhung des Stückzahlpotenzials.

Abbildung 21 zeigt Optionen der produktprogrammbasierten Steuerung des Einsatzes von Innovationen zur Erhöhung des Stückzahlpotenzials. Die Sortierung der Fahrzeugklassen P1-

[612] Vgl. **Diez (Plattform-Strategien, 1999)**, S. 7. Hier finden sich auch noch weitere Beispiele.

[613] Vgl. zum Folgenden **Albach u. Akademie der Wissenschaften zu Berlin (Hrsg.) (Technical Innovation, 1993)**, S. 789ff.

P5 bzw. V1-V4 ist in absteigender Reihenfolge und exemplarisch zu verstehen. Es wird ersichtlich, dass die klassische Innovationskaskade um weitere Transfermöglichkeiten zu erweitern ist, die aus den nun dargestellten Kritikpunkten an der klassischen Innovationskaskade abgeleitet werden können.

Zum einen ist eine innovationsbezogene Programmpolitik, die sich von der Zeitdauer des Modellzyklus der Oberklasse abhängig macht und den Rhythmus des Modellwechsels an den erarbeiteten und einsatzfähigen technischen Lösungen ausrichtet,[614] im intensiven Innovationswettbewerb nicht mehr zeitgemäß. So kann und sollte etwa BMW die Markteinführung einer neuen Generation der 7er-Baureihe nicht um einer einzelnen Produktinnovation willen wesentlich verzögern oder beschleunigen. Wird jedoch bis zur übernächsten Generation des Fahrzeugs gewartet, hat der Wettbewerb die Innovation längst vorweggenommen. Der Ersteinsatz von Innovationen sollte also durchaus auch in anderen Modellen als der Oberklasse, also z.B. bei einem BMW der 5er-Baureihe möglich sein, wenn diese zu einem passenderen Zeitpunkt auf den Markt kommen und so eine zeitnahe Verwirklichung des neuen Produktmerkmals im Markt ermöglichen. Die Baureihen, die über derjenigen des Ersteinsatzes der Innovation angesiedelt sind, erhalten die Innovation dann später, z.B. bei einer Modellpflege. Es entsteht eine zur klassischen Innovationskaskade gegenläufige „Aufwärtskaskade". So setzte z.B. Mercedes-Benz Produktinnovationen wie die Common Rail-Dieselmotoren der zweiten Generation zuerst bei der E-Klasse ein, bevor sie sukzessive der S-Klasse und dann auch der C-Klasse zugute kamen.[615]

Als zweiter Kritikpunkt am alleinigen Einsatz der klassischen Innovationskaskade ist zu nennen, dass sie die Wertepositionierung verschiedener Baureihen (vgl. nochmals Abbildung 18) nur unzureichend zu berücksichtigen vermag. So sollte etwa ein Drei-Liter-Motor, der mit einer Wertepositionierung auf den Feldern Umweltbewusstsein und Verantwortung korrespondiert, keinesfalls zuerst in der Oberklasse, sondern in einem Kleinwagen eingesetzt werden.

Drittens erlaubt und erfordert die Situation der meisten OEMs als Mehrmarkenhersteller einen Innovationstransfer zwischen den Marken und damit eine markenübergreifende Erweiterung der klassischen Innovationskaskade. Der Markensprung sollte in der Regel von der Premiummarke, die zumeist als Innovationsführer positioniert ist, hin zur Volumenmarke, die die Innovation z.B. als früher Folger auf den Markt bringt, erfolgen. Der zeitliche Abstand zwischen Führer und Folger im Konzern sollte um so länger sein, je relevanter die Innovation in der Kundenperzeption für das Premiumimage des Innovationsführers ist. Wird diese

[614] Vgl. **Diez (Modellzyklen, 1990)**, S. 268.
[615] Vgl. **o.V. (Relaunch E-Klasse, 1999)**, S. 12f.

Maßgabe eingehalten, ermöglicht der markenübergreifende Innovationstransfer von der Premium- zur Volumenmarke auf gefahrlose Weise eine weitere bedeutende Ausweitung des Stückzahlpotenzials, die den Konzern auch als Abnehmer von Lieferanteninnovationen deutlich attraktiver macht.[616]

Anhand der genannten Faktoren kann im konkreten Einzelfall entschieden werden, ob eine klassische Innovationskaskade, eine Aufwärtskaskade und/oder ein Markensprung den richtigen Weg des Einsatzes der Innovation im Produktportfolio darstellt. Der oben erwähnte Innovationskalender, der die Innovationsposition der eigenen, zukünftig geplanten Baureihen im Vergleich zu jenen des Wettbewerbs darstellt, sollte das Ergebnis dieser Entscheidung für jede einzelne Innovation mit enthalten.

3.3.5 Sicherstellung der Exklusivität von interorganisatorischen Innovationen

Hohe Stückzahlen, die durch Kaskaden- und ggf. Markensprünge erzielt werden können, erlauben es den OEMs auch, Lieferanteninnovationen länger exklusiv zu beziehen. Je größer das abgesetzte Volumen ist, das ein OEM dem Lieferanten in Aussicht stellen kann, desto länger wird die ihm vom Lieferanten eingeräumte Exklusivitätsphase sein. Mehrmarkenhersteller sehen sich in der Lage, Lieferanteninnovationen länger exklusiv zu nutzen, während OEMs mit nur einer oder wenigen Marken und geringen Stückzahlen dem Lieferanten ein Preispremium bieten müssen, um die Innovation für eine gewisse Zeit alleine nutzen zu können.[617]

Die Exklusivitätsphase sieht sich einem ständigen Verkürzungsdruck ausgesetzt (vgl. nochmals Abbildung 5). In der Automobilindustrie ist eine Exklusivitätsphase von zwei oder gar drei Jahren schon als außergewöhnlich lang anzusehen.[618] Im Kontext interorganisatorisch geschaffener Innovationen, die der Innovationsabnehmer nach Möglichkeit exklusiv verwerten will, weshalb er ein Interesse an einer festen Bindung des Innovationsanbieters hat,[619] besteht beständig die Gefahr, dass der Innovationsanbieter die Exklusivitätsphase in opportunistischer Weise zunichte macht, indem er auch die Konkurrenz beliefert.[620] So ist am Beispiel von ABS dokumentiert, dass die Firma Bosch, die dieses neue Produktmerkmal gemeinsam mit Daimler-Benz entwickelte, die Innovation gegen den erklärten, aber nicht schriftlich dokumentierten Willen von Daimler-Benz sehr schnell auch anderen OEMs zur

[616] Vgl. hierzu exemplarisch die Aussagen von DaimlerChrysler in Tabelle 1, dritte Spalte.

[617] Vgl. hierzu die Aussagen des Mehrmarkenherstellers DaimlerChrysler im Vergleich zu jenen des Einmarkenherstellers BMW (abgesehen von Mini) in Tabelle 1, dritte Spalte.

[618] Vgl. **EALEY U. TROYANO-BERMÚDEZ (Commodity, 1996)**, S. 65.

[619] Vgl. ähnlich **ADOLPHS (Geschäftsbeziehungen, 1997)**, S. 225.

[620] Vgl. **ATZLER (Automobilhersteller und Zulieferer, 1997)**, S. 11; **LARGE (Partnerschaftliche Beziehungen, 1999)**, S. 259; **WASCHKE U.A. (Perspektiven, 2000)**, S. 5.

Verfügung stellte, was zu einem erheblichen Vertrauensverlust in den Geschäftsbeziehungen führte.[621] Dies zeigt, dass neben der Zusicherung hoher Stückzahlen und/oder einer angemessenen Gewinnspanne pro Stück auch vertragliche Übereinkünfte zwischen OEM und Lieferant zur Absicherung der Exklusivität zu empfehlen sind. Abbildung 22 zeigt mögliche Eskalationsstufen einer solchen vertraglichen Absicherung.

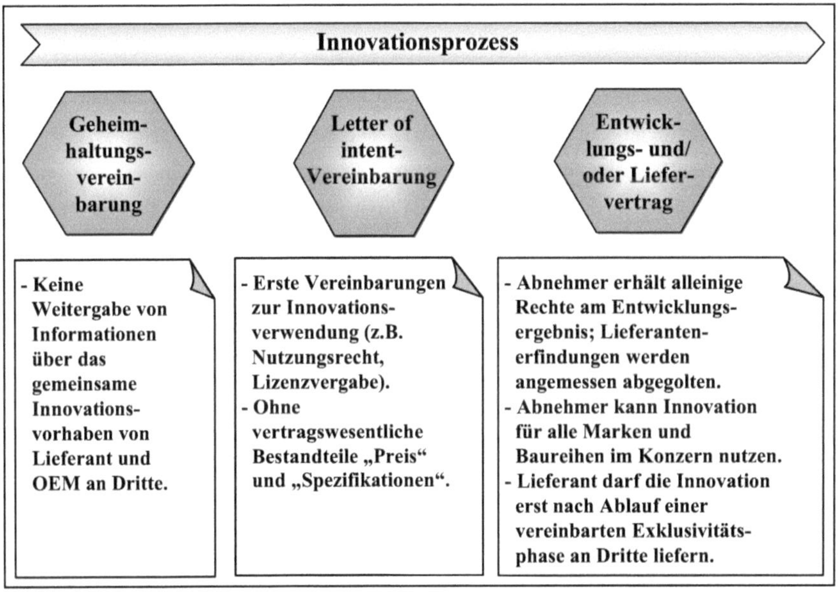

Abbildung 22: Eskalationsstufen der vertraglichen Absicherung von Exklusivität in gemeinsamen Innovationsvorhaben von Lieferant und OEM.

Exklusivität ist für den OEM aufgrund der gegenläufigen Interessen des Lieferanten, der seine Innovationen bevorzugt breit vermarkten möchte, kein freies Gut, sondern mit Kosten verbunden. Daher kann die Exklusivitätsphase nicht beliebig lange ausgedehnt werden. Der Nutzen der Exklusivitätsphase ist um so höher, je spürbarer und wichtiger die Innovation aus Kundensicht ist, je höher ihr Kundenakquisitions- und -bindungspotenzial einzuschätzen ist und je besser sie zu den Werten der Marke passt und zur Markenidentität beiträgt. In Abbildung 23 wird ein Modell vorgeschlagen, das der Bestimmung der optimalen Dauer der Exklusivitätsphase anhand von Grenzkosten- und Grenznutzenbetrachtungen dient.

Es wird von einem steigenden Exklusivitätsnutzen ausgegangen, denn jede zusätzliche Zeiteinheit an Exklusivität ermöglicht zusätzliche Monopolgewinne und Imagezuwächse. Allerdings fällt der Grenznutzen im Zeitverlauf, denn die zusätzliche Preisbereitschaft der

---

[621] Vgl. ALBACH U. AKADEMIE DER WISSENSCHAFTEN ZU BERLIN (HRSG.) (**Technical Innovation, 1993**), S. 789f.

Kunden für das innovative Produktmerkmal sinkt, je länger die Innovation auf dem Markt ist, weil Gewöhnungseffekte eintreten. Der höchste, sprunghafte Nutzenzuwachs pro Zeiteinheit wird in der ersten Zeiteinheit der Exklusivitätsphase (z.B. am ersten Tag, in der ersten Woche) erzielt, weil er die First-to-market-Positionierung und die Innovationsführerschaft überhaupt erst ermöglicht. Die Grenznutzenkurve liegt insgesamt bei vom Kunden als solchen wahrgenommenen, bedeutenden Schlüsselinnovationen höher als bei einfachen Neuerungen.

Die Grenzkostenkurve beginnt auf niedrigem Niveau, da die erste Zeiteinheit der Exklusivitätsphase noch recht billig vom Lieferanten zu erwerben ist, z.B. über ein zeitlich stark eingeschränktes Vorkaufsrecht. Dann steigt die Grenzkostenkurve jedoch progressiv an, da die Opportunitätskosten des Lieferanten, der für zusätzliche Zeiteinheiten auf eine Weitervermarktung der Innovation an andere OEMs verzichtet, sprunghaft steigen. Denn es wird unweigerlich der Zeitpunkt kommen, an dem sich der Stand der Technik im Markt verbreitet hat und die Innovation imitiert wird; dann entstehen beim Lieferanten Opportunitätskosten in Höhe seines gesamten entgangenen Gewinns, den er nicht verwirklichen konnte, weil er die Innovation nur einem und nicht mehreren Abnehmern verkauft hat. Diese progressiv steigenden Opportunitätskosten muss der Lieferant dem OEM in Rechnung stellen, wenn dieser auf einer längeren Exklusivitätsphase besteht.

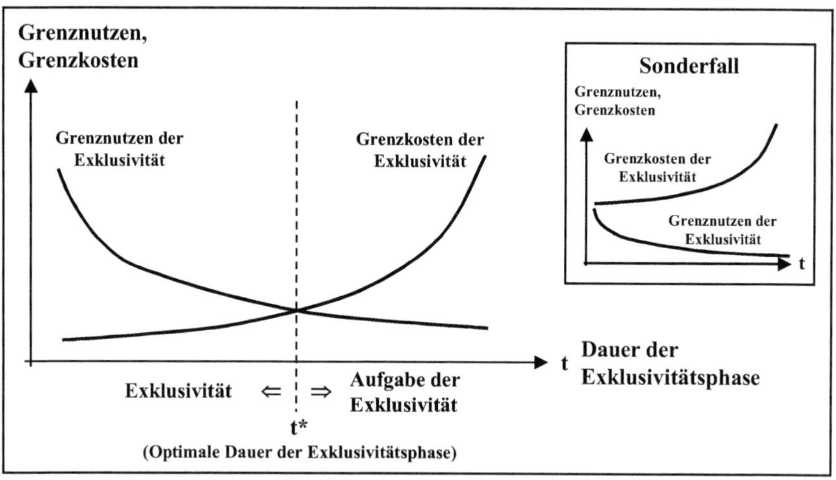

Abbildung 23: Modell zur Bestimmung der optimalen Dauer der Exklusivitätsphase anhand eines Grenzkosten-Grenznutzen-Kalküls.

Die optimale Dauer der Exklusivitätsphase ist in t*, der Schnittstelle der Grenzkosten- und Grenznutzenkurven, zu finden, da ab diesem Punkt eine zusätzliche Zeiteinheit der Exklusivitätsphase mehr Grenzkosten verursacht als sie an Grenznutzen einbringt. Schließlich existiert noch der Sonderfall einer vollständig über der Grenznutzenkurve liegenden Grenzkostenkurve, der z.B. bei prohibitiv hohen Lieferantenforderungen oder zu niedrigem Nutzen der gegebenen Innovation eintreten kann. In diesem Falle lohnt sich Exklusivität nicht und der Lieferant kann die Innovation sofort breit im Markt verwerten.

3.4 Zusammenfassende Bewertung der Gesamtkonzeption für das Innovationsmanagement in der Automobilindustrie

In diesem Kapitel wurde eine Gesamtkonzeption für das Innovationsmanagement in der Automobilindustrie in zwei wesentlichen Schritten erarbeitet. Diese beiden Schritte waren zum einen die Entwicklung eines durchgängigen Innovationsprozesses und die Diskussion seiner verschiedenen Phasen, zum anderen die Erörterung von Maßnahmen zur Förderung der Innovationsfähigkeit, die den Innovationsprozess insgesamt betreffen und daher als prozessübergreifend charakterisiert werden können. In beiden Schritten wurden vielfältige Gestaltungsmöglichkeiten für das Innovationsmanagement in der Automobilindustrie aufgezeigt.

Der Innovationsprozess in der Automobilindustrie sollte marktorientiert sein, d.h. kundenrelevante Innovationen schaffen, die einen Vorsprung relativ zum Wettbewerb ermöglichen. Das vorgeschlagene Phasenmodell beginnt mit einer an den Unternehmenszielen ausgerichteten strategischen Innovationsplanung. Gemäß der gewählten Innovationsstrategie sind dann Ideen zu generieren. Hierzu wurden Kreativprozesse vorgestellt und Ideenquellen diskutiert, die explizit auch Lieferanten und Dritte einschließen. Empfehlungen zu Ideenauswahl und -management, zum PEP einschließlich Gestaltung der Entwicklungs- und Fertigungstiefe sowie zur Markteinführung und Unterstützung der Diffusion der Innovation im Markt über Produktvorankündigungen, Lead User und Komponentenbranding führen die Diskussion der Phasen des Innovationsprozesses zu Ende.

Ausgangspunkt der Erarbeitung von innovationsprozessübergreifenden Maßnamen, die die Innovationsfähigkeit fördern, war die Darstellung von Ansatzpunkten zur Förderung einer innovationsfreundlichen Unternehmenskultur. Da Innovationen fast immer auf Widerstände stoßen, wurde ferner ein Promotorenmodell entwickelt, das die Widerstände im Innovationsprozess überwinden hilft. Als weitere hilfreiche Maßnahmen für den interorganisatorischen Innovationserfolg erwiesen sich ein Anreiz- und Barrierensystem zur Anziehung von Lieferanteninnovationen bzw. Verhinderung des Innovationstransfers zu Wettbewerbern, die aktive Gestaltung einer innovationsbezogenen Produktprogrammpolitik sowie die Sicherung der Exklusivität von Innovationen durch vertragliche Absicherung und durch die Bestimmung der optimalen Dauer der Exklusivitätsphase.

4 e-Innovationsmanagement in der Automobilindustrie

4.1 Sukzessive Untersuchung der entwickelten Gesamtkonzeption für das Innovationsmanagement in der Automobilindustrie auf e-Potenziale

Die in Kapitel drei entwickelte Gesamtkonzeption für das Innovationsmanagement in der Automobilindustrie hat grundsätzliche Bedeutung und will einen eigenständigen Beitrag zur Gestaltung und Steuerung des Innovationsprozesses und innovationsprozessübergreifender Maßnahmen leisten. Die gewonnenen Erkenntnisse gelten unabhängig von einer Klassifikation von Unternehmen oder Managementphilosophien in Getriebene oder Treiber der Internet-Revolution, in traditionelle oder virtuelle Unternehmen, in Old oder New Economy. Wie bereits dargelegt, sind solche Unterscheidungen und Einordnungen nicht haltbar und entsprechen nicht dem mittlerweile vorherrschenden und auch dieser Arbeit zugrunde gelegten Verständnis von e-Business. An dieser Stelle sei nochmals rekapituliert, dass e-Business als die Unterstützung intra- und interorganisatorischer, endkundenorientierter Wertschöpfungsprozesse durch neuartige Anwendungen von IuK-Technologien definiert werden kann. E-Innovationsmanagement ist dann die Gestaltung und Steuerung intra- und interorganisatorischer, endkundenorientierter Innovationsprozesse und prozessübergreifender Maßnahmen, die durch neuartige Anwendungen von IuK-Technologien unterstützt werden.

E-Innovationsmanagement stellt also die Erkenntnisse des Innovationsmanagements nicht in Frage, sondern unterstützt vielmehr Innovationsprozesse und prozessübergreifende Maßnahmen. Die Möglichkeiten der Unterstützung des Innovationsmanagements durch e-Business sollen im Folgenden an zwei Kriterien sichtbar und messbar gemacht werden, nämlich an Effektivität und Effizienz.

Effektivität, die im angelsächsischen Sprachgebrauch prägnant mit der Formel „Do the right things" umschrieben wird, bedeutet für unsere Zwecke, dass e-Business hilft, zu den „richtigen" Innovationen zu kommen. Selbst ein noch so ausgefeilter Innovationsprozess, der durch noch so perfekte prozessübergreifende Maßnahmen ergänzt wird, läuft schließlich offensichtlich ins Leere, wenn er nicht kundenrelevante oder technisch nicht durchführbare Innovationen liefert, wenn er Innovationen zu einem falsch angesetzten Zeitpunkt (insbesondere einem zu späten, aber auch einem zu frühen) liefert oder wenn die Innovation nicht zu den Markenwerten oder den Gewichts-, Kosten- und Platzbedarfsvorgaben einer Baureihe passt. E-Innovationsmanagement kann, wie in diesem Kapitel gezeigt werden wird, zum einen wichtige Beiträge zur Steigerung der Effektivität leisten.

Zum anderen wird postuliert, dass e-Business die Effizienz („Do the things right") des Innovationsprozesses und der prozessübergreifenden Maßnahmen steigert. Daher zeigt dieses

Kapitel auch eine Vielzahl von Ansatzpunkten auf, wie mit e-Innovationsmanagement Vorteile in Bezug auf Zeiteffizienz, Kosten und Prozesssicherheit erzielt werden können.

Selbstverständlich können die Beiträge von e-Business zu Effektivität und Effizienz im Innovationsprozess und bei den prozessübergreifenden Maßnahmen der Höhe nach schwanken und auch mit Risiken verbunden sein, d.h. der Grad der Unterstützung des Innovationsmanagements durch e-Business variiert und ist risikobehaftet. Dies deckt sich mit einem e-Business-Verständnis, das weniger neue Paradigmen proklamiert, als vielmehr den Einsatz von e-Business auf Feldern wie z.B. dem Innovationsmanagement einer sorgfältigen Analyse der Nutzen- und Risikobeiträge sowie der möglichen Anwendungsbereiche unterzieht.[622] Dabei wird im Sinne eines ergebnisoffenen Vorgehens ggf. selbstverständlich zugelassen, dass einzelne Aspekte im Innovationsmanagement besser ohne e-Business-Unterstützung zu belassen sind.

In diesem Sinne ist der Begriff e-Potenziale, der sich durch die Gliederungspunkte von Kapitel vier zieht, zu verstehen. Er umfasst sowohl eine Diskussion der Nutzenbeiträge von e-Business für das Innovationsmanagement in Form von Effektivität und Effizienz als auch der möglichen Risiken. Dabei sollen eine festgestellte Steigerung der Effektivität mit *(E_1)*, eine verbesserte Effizienz mit *(E_2)* und ein aufgedecktes Risiko mit *(R)* gekennzeichnet werden.

Die Struktur und der Aufbau von Kapitel vier sind, wie oben erläutert, analog zu jenen von Kapitel drei zu verstehen (vgl. nochmals Abbildung 3). Dies ermöglicht eine sukzessive Überprüfung der Erkenntnisse aus Kapitel drei auf e-Potenziale. Die Einteilung in Innovationsprozess (Abschnitt 4.2) und innovationsprozessübergreifende Maßnahmen (Abschnitt 4.3) auf der zweiten Gliederungsebene bleibt erhalten, ebenso ist eine Entsprechung bei den meisten Punkten der dritten Gliederungsebene zu erkennen. Von einer eins-zu-eins Parallelität der Gliederungspunkte auf den weiteren Gliederungsebenen wurde jedoch Abstand genommen, da eine solche Vorgehensweise die Möglichkeiten der Gruppierung, Differenzierung, Gewichtung und Priorisierung in der Behandlung der inhaltlichen Aspekte zu stark beschnitten hätte.

4.2 e-Potenziale im Innovationsprozess

Die sukzessive Analyse der e-Potenziale im Innovationsmanagement in der Automobilindustrie beginnt mit dem Innovationsprozess und hier im Folgenden mit den initialen Prozessaspekten der Marktausrichtung und Strategiebildung.

[622] Vgl. hierzu z.B. **HUMMEL (Geschäftsmodelle im Internet, 2002)**, S. 727, der bemerkt, „dass das Internet nicht für alle Arten von Transaktionen gleichermaßen geeignet ist."

4.2.1 e-Potenziale bei der Marktausrichtung und Strategiebildung

4.2.1.1 Elektronischer Kundenkontakt

Die Orientierung am und Ausrichtung auf den Markt beinhaltet, wie schon dargestellt, die beiden Dimensionen Kundenorientierung und Wettbewerbsorientierung. Während in diesem Abschnitt e-Potenziale im Kundenkontakt diskutiert werden, widmet sich der nächste Abschnitt der elektronischen Sammlung und Analyse von Wettbewerbsinformationen.

Voraussetzung für den Erfolg von Innovationen ist die Ausrichtung an der subjektiven Wahrnehmung der Kunden bezüglich Kriterien wie Neuheitsgrad, Nutzen, Werthaltigkeit und Preis-Leistungs-Verhältnis der Innovation. Eine solche Kundenorientierung lässt sich jedoch nur verwirklichen, wenn der Anbieter den Kunden und umgekehrt auch der Kunde den Anbieter kennt. Oftmals bestehen jedoch Informationsdefizite auf der einen oder anderen Seite, die in Suchkosten resultieren. Eine Verringerung der Informationsasymmetrien kann durch Screening oder Monitoring erreicht werden, wobei Screening eine ungerichtete Suchaktivität und Monitoring eine gerichtete Suchaktivität bezeichnet. Während Screening bzw. Monitoring ein aktives Vorgehen der schlechter informierten Seite zur Reduktion des Informationsdefizits bezeichnet, stellt Signaling den umgekehrten Fall eines Informationstransfers von der besser zur schlechter informierten Seite dar.[623]

Durch die technischen und kommunikativen Möglichkeiten des Internets kann ein erhöhter Informationsstand *(E_1)* und eine verbesserte Effizienz *(E_2)* aus den Screening- und Monitoring- Aktivitäten der Anbieter in der Automobilindustrie resultieren. Diese sehen sich nun in der Lage, das Kundenverhalten umfassend zu erfassen und entsprechende Kundenprofile zu erstellen.[624] Solche Maßnahmen lassen sich unter dem Begriff des Customer Relationship Management (CRM) subsumieren, der die IT-gestützte Pflege der Kundenbeziehungen umschreibt.[625] CRM wird nötig, weil die Hinwendung zur Kundenorientierung einen deutlich erhöhten Wissensstand über den Kunden erfordert.[626] Moderne Kontaktmanagementsoftware, die auf einer browsergestützten Oberfläche betrieben werden kann, integriert kommerziell erwerbliche Informationen, wie etwa vom Daten- und Adressanbieter Dun&Bradstreet, mit im Internet frei verfügbaren Informationen. So können insbesondere Mitarbeiter mit Kundenkontakt sofort erkennen, wie etwa Bonität, Einkommen, Anzahl der Haushaltsmitglieder oder Mobilitätsverhalten eines Kunden einzuschätzen sind.[627] Diese Daten ermöglichen es bei eingehenden Kundenanrufen oder Anfragen per e-Mail auch,

[623] Vgl. HUMMEL **(Geschäftsmodelle im Internet, 2002)**, S. 722.
[624] Ebd., S. 723.
[625] Vgl. BUCHNER **(Kundenfang, 2000)**, S. 99.
[626] Vgl. MARTIN **(Kundenbeziehung, 2000)**, S. 77.
[627] Vgl. SCHIMMEL-SCHLOO **(e-Business, 2000)**, S. 44.

den Kunden automatisch dem richtigen Ansprechpartner zuzustellen und somit die Geschwindigkeit des Auskunftsprozesses zu erhöhen.

Die rasche Verbreitung und hohe Akzeptanz des Internets unter Endkunden und die Möglichkeit, eine Meinung per Mausclick und e-Mail kundzutun, sowie die Anwendungen des CRM erhöhen die Anzahl der Kontakte zwischen Endkunden und Automobilhersteller weiter. So muss beispielsweise Mercedes-Benz monatlich bis zu 8.000 Äußerungen von Kunden auswerten. Digital gewonnene Kundenkontakte können jedoch wesentlich einfacher weiterverarbeitet werden als Anfragen in Papierform. So erlaubt etwa ein so genanntes Text Mining-Instrument, das digital vorliegende Texte wie z.B. Kundenbeschwerden, die per e-Mail eingegangen sind, nach relevanten Wörtern untersucht, diese nach Häufigkeit sortiert und Textmuster erstellt, die dann mit anderen Dokumenten verglichen werden, eine automatische Vorsortierung und Klassifizierung der Texte. Dabei ist diese Vorsortierung in der Regel treffsicherer *(E_1)* und schneller *(E_2)* als eine manuelle Sichtung.[628] Ferner werden gezielte Auswertungen nach bestimmten Stichwörtern, z.B. neuen Produktmerkmalen, möglich, die einerseits ex post Rückschlüsse auf den Erfolg bereits eingeführter Produktinnovationen ermöglichen (im Sinne der in den Abbildungen 4 und 14 mit einem Pfeil verdeutlichten Erfolgskontrolle), andererseits ex ante Bedarf an zukünftigen Produktinnovationen aufzeigen.

Durch anbieterseitiges, elektronisches Signaling, das im einfachsten Fall Online-Werbung im Internet, aber auch One-to-one-Marketing oder die Übertragung der Marke ins Internet beinhalten mag, kann ebenfalls die Informationsasymmetrie zwischen Anbieter und Endkunden verringert werden (vgl. hierzu Abschnitt 4.2.3).[629]

Sowohl Screening und Monitoring- als auch Signaling-Aktivitäten zielen auf verbesserten Kundenkontakt und ein erweitertes Wissen über den Kunden. Beides lässt sich zum einen durch klassische Internet-Homepages von Unternehmen und zum anderen durch hersteller- oder markenspezifische Portale im Internet erreichen.

Nahezu jedes Unternehmen in der Automobilindustrie verfügt mittlerweile über Internet-Homepages. Der Schwerpunkt dieser Internet-Auftritte liegt bei Unternehmens- und Produktinformationen. Zunehmend wird neben Informationsmöglichkeiten auch Wert auf Interaktion gelegt, was sich in Reihenfolge steigender Komplexität z.B. in Kontakt- oder Feedbackformularen, in der Online-Suche nach Automobilhändlern oder Werkstätten, in Online-Shops, die fahrzeugbezogene Accessoires anbieten, in der Möglichkeit der Abfrage

[628] Vgl. zu diesem Beispiel **DaimlerChrysler AG (Hrsg.) (Hightech Report, 2002)**, S. 60f.
[629] Vgl. **Hummel (Geschäftsmodelle im Internet, 2002)**, S. 723.

von Lieferfristen und Verfügbarkeit von Neufahrzeugen bzw. der datenbankbasierten Suche nach Gebrauchtfahrzeugen sowie in so genannten Konfigurationsprogrammen manifestiert. Letztere ermöglichen es dem Interessenten, ein Neufahrzeug virtuell in Bezug auf Motorisierung, Farbe und Ausstattung zusammenzustellen, das Ergebnis in dreidimensionalen Ansichten zu begutachten und den Preis zu bestimmen. Dabei werden zwingend zusammenhängende oder sich gegenseitig ausschließende Ausstattungsumfänge automatisch beachtet. Konfigurationsprogramme stellen jedoch auch eine noch nicht überschrittene Grenze in der Interaktivität dar. Als nächster logischer Schritt stünde jenseits dieser Grenze die internetbasierte Bestellung von Neufahrzeugen mit automatischer Bonitätsprüfung und Zahlungsabwicklung. Dies würde jedoch zum einen beträchtliche Investitionen in die Integration von Front End (Internet) und Back End (EDV-basierte Produktionsplanungs- und -steuerungssysteme, Logistiksysteme) erfordern und zum anderen den persönlichen Kontakt zwischen dem Endkunden und der Vertriebsorganisation der OEMs reduzieren. Eine geringere Kundenbindung und weniger Zusatzerlösquellen, die aus persönlichen Kundenkontakten resultieren (Werkstattbesuch, Ersatzteile, Zubehör), wären mögliche Risiken *(R)*. Insgesamt wird daher im Bereich der Kundenpflege eine Mischung aus Online- und Offline-Kontaktpunkten resultieren.

Neben klassischen Homepages erweitern so genannte Portale den Markenauftritt im Netz: „An enterprise portal enables a company to build on its brand name [and] to establish an on-line presence.“[630] Hersteller- oder markenspezifische Portale gehen über das Informationsangebot auf traditionellen Unternehmenshomepages hinaus, indem sie neben Unternehmens- und Produktinformationen auch mobilitätsbezogene Dienste (Routenplanung, aktuelle Verkehrs- und Stauinformationen, Hotelsuche, Flugbuchung, mobiles Büro mit Termin- und Adressverwaltung, Erinnerungsfunktion o.ä.) und Dienste von allgemeinem Interesse (Wetter, Veranstaltungshinweise, Börse, SMS-Versand) ermöglichen. Dabei bietet es sich an, alle oder bestimmte Dienste und Informationen nur denjenigen Benutzern zur Verfügung zu stellen, die sich registrieren. Besonders wertvolle Dienste oder solche, die marken- oder produktspezifische Besonderheiten aufweisen, sollten als Kundenbindungsinstrument genutzt werden, indem sie nur für Endkunden, die sich durch Eingabe der Fahrzeugidentnummer identifizieren (diese befindet sich im Fahrzeugbrief und -schein), freigeschaltet werden. Die digitalen Spuren, die solchermaßen registrierte Nutzer des Portals hinterlassen, ermöglichen es dann, ohne Wissen der Nutzer deren Präferenzen und Vertrauenswürdigkeit zu ermitteln.[631]

[630] **Hoffman u.a. (Return of B2B, 2002)**, S. 103.
[631] Vgl. **Hummel (Geschäftsmodelle im Internet, 2002)**, S. 723.

Als Beispiel für ein markenspezifisches Portal mag das Mercedes-Benz Portal, welches in Zusammenarbeit mit dem in Europa führenden Internet Service Provider T-Online konzipiert und betrieben wird, dienen (vgl. Abbildung 24). Dank seiner Mehrkanal-Erreichbarkeit alternativ über Internet, WAP, SMS oder Call Center stellt es ein orts- und zeitungebundenes Informationsmedium dar. Ferner ist als Innovation geplant, eine Zugangsmöglichkeit direkt von Mercedes-Benz Fahrzeugen aus zur Verfügung zu stellen, was dem Markenerlebnis über das physische Fahrerlebnis hinaus eine virtuelle Dimension verleiht.

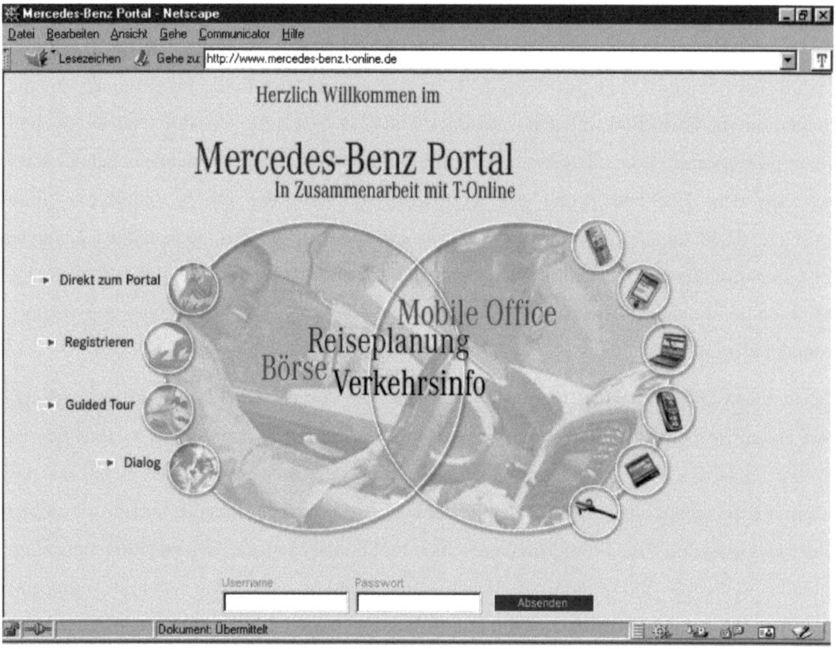

Abbildung 24: Das Mercedes-Benz Portal.

Quelle: DaimlerChrysler AG (Hrsg.) (Mercedes-Benz Portal, 2002), S. 1.

Internet-Seiten, Portale und im Fahrzeug verfügbare Kommunikationsschnittstellen tragen also vermehrt zur Kundenperzeption der Marke und des Produkts bei. Entscheidend für diese Neuerungen ist jedoch die Akzeptanz durch den Kunden, die angesichts der Gefahr einer Informationsüberflutung sowohl im Internet als auch im Fahrzeug nicht als selbstverständlich anzusehen ist *(R)*. Daher gilt es, den Umgang von Kunden mit neuen Mobilitätsdiensten und elektronischen Dienstleistungen rechtzeitig zu testen. In Laborversuchen mit Testpersonen vor Markteinführung des Diensts kann nicht nur die Benutzerfreundlichkeit und Schnelligkeit des Diensts oder die Übersichtlichkeit einer Bedienoberfläche überprüft werden; vielmehr wird es möglich, z.B. über die Messung von Augenbewegungen oder physiologischen

Parametern Rückschlüsse auf die emotionale Rezeption (z.B. Entlastung, Stressauslösung) dieser Dienste zu ziehen.[632]

4.2.1.2 Elektronische Sammlung und Analyse von Wettbewerbsinformationen

Nicht nur kunden-, sondern auch wettbewerbsbezogenes Wissen ist für einen marktorientierten Innovationsprozess erforderlich. Schließlich hängt der interorganisatorische Innovationserfolg neben kooperativen Geschäftsbeziehungen auch von den antagonistischen Beziehungen zwischen Wettbewerbern im Sinne einer relativen Sichtweise des eigenen Innovationserfolgs ab.[633] Als Teilbereich der so genannten Business Intelligence, unter der die informationstechnologische Unterstützung des Daten- und Wissensmanagements subsumiert wird,[634] ist daher eine computergestützte Competitive Intelligence für das Innovationsmanagement von besonderer Bedeutung. Als interessante wettbewerbsbezogene Informationen sind etwa Markteinführungstermine neuer Fahrzeugmodelle, geplante Produktinnovationen oder die Kundenakzeptanz bestehender Innovationen der Konkurrenten zu nennen. Ein überraschend großer Teil dieser Informationen ist auf völlig legale Weise recherchierbar.

So ist etwa die Motorpresse oftmals erstaunlich gut über die geplanten Aktivitäten verschiedener OEMs und Zulieferer informiert. Eine systematische Analyse der auf Automobilausstellungen öffentlich präsentierten, neuen Wettbewerbsprodukte erlaubt ebenfalls weitreichende Einsichten. Neu hinzugewonnene Endkunden, die von einer anderen Marke weg wechseln, lassen sich, z.B. über Internet-Formulare, über die Wettbewerbsprodukte befragen.

Offenlegungsschriften und Patente stellen eine weitere wertvolle Informationsquelle bezüglich der Innovationsaktivitäten der Konkurrenz dar, die über zumeist internetgestützte und kostenpflichtige Datenbanken erschlossen werden kann. Brockhoff stellt ein Entscheidungsmodell vor, mit dessen Hilfe aus der Vielzahl der Hosts, die elektronische Patentdatenbanken anbieten, eine effektive Auswahl getroffen werden kann, die den Nutzen der Datenbanken, die Anschaffungs- und Lernkosten sowie die Nutzungsgebühren berücksichtigt *(E_1)*.[635] Ein interessantes Werkzeug im Internet, dessen erklärtes Ziel es ist, unspezifischen oder unüberlegten Patenten oder gar Plagiaten der Konkurrenz entgegenzutreten, stellt BountyQuest dar.[636] Zweifelhafte Patente werden online veröffentlicht und vermöge der Breitenwirkung des Internets an einen virtuellen „Pranger" gestellt. Kann

[632] Vgl. **DAIMLERCHRYSLER AG (HRSG.) (Hightech Report, 2002)**, S. 20ff.
[633] Vgl. **RITTER (Innovationserfolg, 1998)**, S. 13; ebd., S. 20ff.
[634] Vgl. **GENTSCH (Innovationsprozesse, 2001)**, S. 40.
[635] Vgl. **BROCKHOFF (Patentdatenbanken, 2000)**, S. 93ff.
[636] Vgl. **CELLA U.A. (Patent Reform, 2000)**, S. 1ff.

ein Besucher der Seite nachweisen, dass ein Patent zu Unrecht erteilt worden ist, da frühere Rechte existieren, erhält er eine Belohnung von dem Unternehmen, das an einer Aufhebung des Patents des Wettbewerbers interessiert ist. Im Unterschied zu traditionellen Patentrecherchen, die meist von wenigen spezialisierten Fachanwälten durchgeführt werden, ermöglicht das Internet hier einen Zugriff auf das Wissen potenziell sämtlicher Experten weltweit, was die Sicherheit und Qualität der Patententscheidung beträchtlich erhöhen kann *(E_1)*.

Schließlich lohnt eine Analyse der Unternehmenshomepages der Konkurrenz oder auch eine Auswertung der Kommentare von Endkunden des Wettbewerbs, die untereinander kommunizieren (P2P),[637] so z.B. in Chat Rooms, in Online-Communities oder auf Fanhomepages für bestimmte Automobilmodelle (vgl. auch Abschnitt 4.2.3.2). Aufgrund der Produktproliferation in der Automobilindustrie (vgl. Abschnitt 2.3.3.2.1) resultiert aus den genannten und ähnlichen Informationsquellen eine Vielzahl von wettbewerbsbezogenen Datensätzen, die nur noch mit informationstechnologischer Unterstützung effizient zu verarbeiten und auszuwerten sind *(E_2)*.

Für die Auswertung der Daten ist zwischen quantitativen, d.h. stark strukturierten, und qualitativen, d.h. schwach strukturierten oder unstrukturierten Daten zu unterscheiden. Basis eines in der Literatur vorgeschlagenen Business Intelligence-Modells[638] ist ein Data Warehouse, in dem entscheidungsrelevante quantitative Informationen aus den verschiedenen Quellen und vorgelagerten IT-Systemen selektiert (z.B. über so genannte Importfilter) sowie konsistent und redundanzfrei gespeichert werden. Mit Hilfe eines Online Analytical Processing (OLAP)-Werkzeugs können quantitative Daten analysiert und mehrdimensional dargestellt werden. Qualitative Daten und Informationen (z.B. Freitexte, Bilder) bedürfen jedoch vor ihrer Einstellung in das Data Warehouse einer kritischen Einschätzung durch einen Informationsbroker, der vor dem Hintergrund seines menschlichen Erfahrungswissens die Relevanz der Daten in Bezug auf das Innovationsmanagement bewertet und verdichtet. XML-basierte Auszeichnungssprachen erlauben ferner die Strukturierung von qualitativen Daten und ermöglichen dadurch ihre (teil-)automatisierte Auswertung und Weiterverarbeitung.

Nachdem die elektronisch unterstützte Sammlung und Analyse von innovationsbezogenen Wettbewerbsinformationen als zweite Ausprägung der Marktorientierung diskutiert wurde, sind als nächster Schritt im Innovationsprozess e-Potenziale bei der strategischen Innovationsplanung zu erörtern.

---

[637] Vgl. **Hummel (Geschäftsmodelle im Internet, 2002)**, S. 723.
[638] Vgl. zum Folgenden **Gentsch (Innovationsprozesse, 2001)**, S. 41ff.

4.2.1.3 e-Potenziale bei der strategischen Innovationsplanung

Zunächst sei nochmals darauf hingewiesen, dass sich sowohl generische Strategien nach Porter als auch Timing-Strategien als strategische Optionen im Innovationsmanagement anbieten. Wie gezeigt wurde, korrespondiert dabei die generische Differenzierungsstrategie mit der Innovationsführerstrategie und die Strategie der Kostenführerschaft mit der Nachzüglerstrategie (vgl. Abschnitt 2.1.5). Die Überprüfung auf e-Potenziale bei der strategischen Innovationsplanung erfolgt nun in zwei Schritten: Zunächst ist zu untersuchen, ob die genannten innovationsbezogenen Strategieoptionen auch mit dem Internet weiterhin Gültigkeit haben, was dem dieser Arbeit zugrunde gelegten Verständnis von e-Business entspräche, oder ob sie durch das Internet obsolet werden. Dann ist zu diskutieren, inwieweit das Internet den Teilprozess der strategischen Innovationsplanung beeinflussen kann.

Überprüft man die in Abschnitt 2.1.5 genannten Eigenschaften sowie Vor- und Nachteile der einzelnen Strategietypen, so finden sich keine Anhaltspunkte, dass diese in ihrer prinzipiellen Gültigkeit durch e-Business in Frage gestellt würden. Sicherlich kann sich die Gewichtung der einzelnen Faktoren ändern. So mag in bestimmten Fällen von Internet-Geschäftsmodellen, wie z.B. bei eBay, aufgrund des Netzwerkeffekts eine Innovationsführerstrategie dringlich angeraten sein, mit deren Hilfe die kritische Masse an Netzteilnehmern schnell erreicht werden kann, so dass der „Sieger alles bekommt". Dadurch werden jedoch die anderen Strategieoptionen nicht prinzipiell obsolet. Porter, der Begründer der generischen Strategien, hat die Gültigkeit von klassischen Strategieoptionen im so genannten Internet-Zeitalter untersucht und kommt zu dem Schluss, dass bewährte Strategien durch das Internet nicht überholt sind, sondern vielmehr durch das Internet noch wirksamer werden. Er erkennt an, dass „das Web ... ein machtvolles Instrumentarium [ist], das ... in beinahe jeder Branche und als Teil fast jeder Strategie eingesetzt werden kann".[639] Es ist besser dazu geeignet, „unverwechselbare strategische Positionen zu erreichen, als alle früheren Generationen der Informationstechnik. Einen solchen Wettbewerbsvorteil zu gewinnen erfordert jedoch keine radikal andere Geschäftsmethode, sondern lediglich, die erprobten Prinzipien einer effektiven Strategie zu verfolgen. Das Internet an sich wird nur selten einen Wettbewerbsvorteil bedeuten. ... Speziell ... etablierte Unternehmen [wie jene in der Automobilindustrie können, d. Verf.] ihre bewährten Methoden mit Internet-Aktionen so ... verbinden, dass bestehende Vorteile verstärkt werden."[640] Porter resümiert: „Letztlich dürften Strategien, die Internet-

[639] **PORTER (Bewährte Strategien, 2001)**, S. 64.
[640] Ebd., S. 65.

Technik mit traditionellen Wettbewerbsmethoden verknüpfen, in vielen Branchen zum Erfolg führen."[641] Dies entspricht genau dem Ansatz dieser Arbeit.

Da das Internet also die Gültigkeit prinzipieller Strategieoptionen wie z.B. Differenzierung und Innovationsführerschaft nicht in Frage stellt, bleibt noch die Frage nach Veränderungen im Teilprozess der strategischen Innovationsplanung. Generell lassen sich zwei Ansätze im strategischen Planungsprozess unterscheiden: Von der Unternehmensleitung ausgehende Initiativen (Top-down) sowie der gegenteilige Fall einer von der Arbeitsebene ausgehenden und dann als Grundlage für die Entscheidungen höherer Hierarchieebenen verdichteten Innovationsplanung (Bottom-up).[642] In der Unternehmenspraxis dominiert bislang der Top-down- über den Bottum-up-Ansatz, jedoch werden in der Literatur vermehrt Forderungen nach einer Demokratisierung des Strategieprozesses laut.[643] Mit dem Internet eröffnen sich nun neue Möglichkeiten sowohl für die Top-down- als auch die Bottom-up-Innovationsplanung.

Top-down-Planungen können durch das Internet, insbesondere durch die unternehmenseigene Ausprägung als Intranet, besser kommuniziert und transparenter gemacht werden. Hierzu bietet sich z.B. eine Darstellung der Ziel- und Strategiehierarchie im Intranet an. Ausgehend von der Unternehmensstrategie und ihren Elementen kann über Hyperlinks die nächste Ebene, die Markenstrategie, geöffnet werden, die ggf. bis hinunter auf Innovationskalender für jede Baureihe darzustellen ist. Auf diese Weise wird jedem Mitarbeiter verdeutlicht, welchen Beitrag seine Arbeit, so z.B. die Entwicklung eines neuen Werkstoffs oder der Einkauf eines innovativen Zulieferteils, für die strategische Positionierung eines Fahrzeugs, der Marke und des Unternehmens insgesamt liefert, was identifikations- und motivationserhöhende Wirkung hat *(E_1)*. Ferner sind neue strategische Entscheidungen der Unternehmensführung per Intranet und/oder e-Mail bekanntzugeben, um eine schnelle Durchdringung der Organisation und eine kohärente Neuausrichtung an den Entscheidungen zu ermöglichen *(E_2)*.

E-Potenziale eröffnen sich aber auch bei Bottom-up-Planungen der Innovationsstrategie, ja sie ermöglichen eine solche Planung von unten nach oben oftmals erst. Mit konventionellen, zumeist papiergebundenen Methoden gestaltet sich eine Bottom-up-Planung, die wirklich alle oder eine Vielzahl der Mitglieder der Organisation erfassen soll, in Anbetracht der großen Betriebsgrößen von OEMs und der meisten Tier 1-Lieferanten als äußerst zeit- und kostenaufwändig. Durch einen einfachen, intranetbasierten Fragebogen kann hingegen die Expertise und Meinung der Mitarbeiter zu Themenfeldern wie der relativen Innovationskraft

[641] **PORTER (Bewährte Strategien, 2001)**, S. 81.
[642] Vgl. **BEINHOCKER U. KAPLAN (Strategic Planning, 2002)**, S. 55.
[643] Vgl. **HAERTSCH (Wettbewerbsstrategien, 2000, zuerst: 2000)**, S. 110.

des Unternehmens/der Marke im Vergleich zum Wettbewerb, empfehlenswerten Suchfeldern, möglichen innovationsbezogenen Kooperationsfeldern mit externen Partnern, neuen strategischen Experimentiermöglichkeiten[644] usw. in digitaler Form gewonnen und in einfacher Weise als zusätzlicher Input für Entscheidungen der Unternehmensführung grafisch oder tabellarisch aufbereitet werden. Die Identifizierung der IP-Adresse des Rechners oder die Vergabe von persönlichen Transaktionsnummern verhindert dabei ein doppeltes Abgeben von Stimmen, so dass ein repräsentatives und „demokratisches" Bild entsteht, das eine noch fundiertere Strategieformulierung der Entscheidungsträger ermöglicht *(E_1)*. Es erscheint plausibel, anzunehmen, dass eine solche Einbindung der Organisationsmitglieder in den Prozess der strategischen Innovationsplanung eine noch höhere Identifikations- und Motivationswirkung hat als eine bloße Top-down-Kommunikation von Strategien und damit auch das Engagement der Mitarbeiter für den Innovationsprozess im Ganzen erhöht.

In einem nächsten Schritt kann vor dem Hintergrund der interorganisatorischen Verflechtung des Innovationsprozesses in der Automobilindustrie versucht werden, auch externe Partner wie etwa Lieferanten in Bottom-up-Abfragen zur Strategiefindung wie auch in die Top-down-Kommunikation der dann getroffenen Entscheidungen einzubeziehen. Hierfür ließe sich das Extranet, auf das ausgewählte Partner Zugriff erhalten, verwenden. Dem Risiko eines unerwünschten Abflusses von strategischem Wissen und Zielsetzungen an dritte Parteien *(R)* ist dabei durch eine sorgfältige Selektion der gestellten Fragen bzw. der kommunizierten Inhalte zu begegnen.

4.2.2 e-Potenziale bei der Generierung von Innovationsideen und in der Produktentwicklung

Nach der obigen Diskussion der e-Potenziale bei der Marktausrichtung und Strategiebildung widmen sich die folgenden Abschnitte e-Potenzialen in den nächsten Schritten des Innovationsprozesses, der Generierung von Innovationsideen und der Produktentwicklung. Zunächst wird die Generierung von Innovationsideen näher betrachtet.

4.2.2.1 e-Potenziale bei der Generierung von Innovationsideen

4.2.2.1.1 Innovationsportale

Wie gezeigt wurde, kann die Automobilindustrie angesichts eines arbeitsteiligen Innovationsprozesses, der sich aus vielen Quellen speist, nicht auf die Innovationsideen einer Vielzahl von unternehmensinternen und -externen Wirtschaftssubjekten verzichten (vgl. zu den Ideenquellen nochmals Abbildung 16). Hier wird die Auffassung vertreten, dass gerade

644 Vgl. **BEINHOCKER U. KAPLAN (Strategic Planning, 2002)**, S. 55.

bei der Suche nach Innovationsideen, also in einer Phase des Innovationsprozesses, in der in der Regel noch nicht physische Produkte involviert sind, die Vorteile des Internets besonders gut zur Geltung kommen. Diese Vermutung lässt sich wie folgt begründen *(E_1, E_2)*:

- Ideen sind gut virtualisierbar, da sie nur die Vorstufe physischer Produkte darstellen.
- Da das Internet die Informations-, Such- und Anbahnungskosten sowie die Hemmschwelle der Kontaktaufnahme[645] reduziert, können mehr Ideengeber auch außerhalb der Organisation erreicht werden (Move-to-the-Market-Hypothese).
- Geografische Ausweitung (weltweit) der potenziellen Ideengeber, die sich nicht auf bestehende Kontakte beschränkt.
- Zeitliche Ausweitung der Erreichbarkeit (jederzeit) der Organisation für Ideengeber.

Die Funktionalität des Internets als Plattform für die Ideensuche lässt sich in Innovationsportalen konkretisieren. Innovationsportale stellen eine Unterform von hersteller- oder markenspezifischen Portalen dar, die auf die Gewinnung von Innovationsideen ausgerichtet ist. Wie bei allen Internet-Seiten ist zunächst ihre Bekanntheit als zentraler Erfolgsfaktor anzusehen. Da zu vermuten ist, dass potenzielle Ideengeber zunächst die Homepage des OEMs oder auch des Zulieferers ansteuern werden, ist auf der Homepage an prominenter Stelle ein Hyperlink zum Innovationsportal zu platzieren. Auf der Seite des Innovationsportals selbst ist in einer kurzen und verständlichen Einführung, die aufgrund der weltweiten Reichweite des Internets auf englisch verfasst sein oder über eine Sprachenauswahlfunktionalität verfügen sollte, der Zweck des Portals, nämlich das Einwerben von Innovationsideen, zu nennen. Dabei können entweder alle Themenfelder erlaubt oder die Eingabe auf bestimmte Suchfelder eingeschränkt werden. Bei der Preisgabe von Suchfeldern ist allerdings sorgfältig abzuwägen, ob damit nicht künftige Innovationsvorhaben des Unternehmens oder gar konkrete Produktinnovationen implizit öffentlich gemacht werden *(R)*. Um nicht innovationsbezogene Einstellungen in das Portal zu vermeiden, kann im Sinne einer Filterfunktion über Telefonnummern oder Hyperlinks an weitere Stellen verwiesen werden, die sonstige Wünsche wie etwa Reklamationen, Fahrzeugbestellungen etc. aufnehmen. Die Einstellung einer Innovationsidee sollte stets so konkret und strukturiert wie möglich erfolgen, um eine gute Basis für die Beurteilung zu ermöglichen. Daher empfiehlt es sich, mehrere oder alle der folgenden Merkmale abzufragen: die persönlichen Daten des Ideengebers, eine allgemeine Beschreibung der Idee in Freitext, die Nennung bisher existierender oder angemeldeter Schutzrechte, Stärken und Schwächen der Idee aus Sicht des Ideengebers, die Nennung einer ungefähren Kostenposition sowie als

[645] Vgl. **KURZ (Rechnerunterstütztes Ideen-Management, 1998)**, S. 84.

Datei beigefügte Spezifikationen und Zeichnungen. Die Bereitschaft des Ideengebers, in die Tiefe gehende Details seiner Idee in dem entpersonalisierten Medium Internet preiszugeben, ist jedoch nicht zwingend als gegeben anzusehen *(R)*. Sie wird aber durch Faktoren wie die Bekanntheit und das Vertrauen in das Unternehmen bzw. die Marke, die das Innovationsportal betreibt, durch eine transparente Darstellung des weiteren Vorgehens mit der Idee, durch eine Geheimhaltungsvereinbarung bzw. -zusage sowie durch konkrete Zusagen bezüglich einer Kompensation für den Ideengeber nach erfolgreicher Prüfung der Idee erhöht.

Innovationsportale sind in der Automobilindustrie überraschenderweise noch recht wenig verbreitet. Eines der ausgereiftesten Beispiele stellt die so genannte virtuelle innovations agentur (via) von BMW dar (vgl. Abbildung 25 und 26).

Abbildung 25: Die virtuelle innovations agentur von BMW (Zugriff über die Unternehmenshomepage).

Quelle: BMW AG (Hrsg.) (Innovation, 2001), S. 1.

Um die Breitenwirkung zu erhöhen, ist via in deutscher und englischer Sprache verfügbar und sowohl von der Unternehmenshomepage als auch von der zuliefererspezifischen Seite aus verlinkt. Sie richtet sich jedoch explizit nicht an Lieferanten, die bereits über Kontakte zu BMW verfügen, sondern versteht sich als „Anlaufstelle für alle externen Innovationsanbieter, die noch keinen Ansprechpartner innerhalb der BMW Group haben."[646] Im Sinne der in Abbildung 16 dargestellten Ideenquellen können die Ideengeber z.B. Endkunden, wissenschaftliche Institute, Erfinder, Kleinunternehmen oder branchenfremde Lieferanten umfassen, deren Ideenpotenzial ohne das Innovationsportal möglicherweise nicht erschlossen werden könnte. Hinzu kommt, dass insbesondere innovative Wirtschaftssubjekte ein solches Portal nutzen und daher bereits eine wünschenswerte Vorselektion von kreativen, dem Neuen aufgeschlossenen „externen Mitarbeitern" erfolgt.[647]

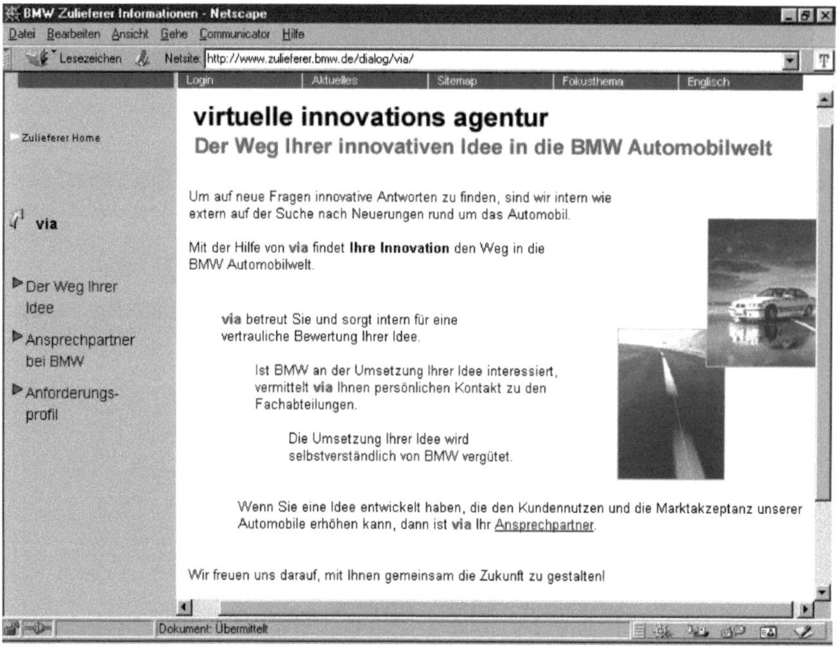

Abbildung 26: Die virtuelle innovations agentur von BMW (Zugriff über die Zuliefererhomepage).
Quelle: BMW AG (Hrsg.) (via, 2001), S. 1.

Beim weiteren Navigieren durch via wird die Funktionsweise erläutert, auf das Service-Center als Ansprechpartner für nicht innovationsbezogene Kundenwünsche verwiesen und schließlich ein Formular für die detaillierte Beschreibung der Innovationsidee angeboten. Eine schnelle Prüfung und Reaktion auf die eingegebene Idee wird zugesichert.

Während das Innovationsportal von BMW keine Suchfelder spezifiziert, sondern alle innovativen Ideen zulässt, versucht Volvo auf seinem Innovationsportal Concept Lab Volvo (vgl. Abbildung 27), den Ideengebern erste Anregungen und Hinweise zu geben. Hierzu wird

[646] Vgl. die Formulierung im Text von Abbildung 25.
[647] Vgl. **KURZ (Rechnerunterstütztes Ideen-Management, 1998)**, S. 85.

zunächst die Markenphilosophie von Volvo anhand verschiedener grafisch unterstützter Assoziationsbeispiele (z.B. zum Thema: die Form folgt der Funktion folgt dem Menschen) dargestellt. Dann erfolgt die Vorstellung nicht serienreifer Konzeptfahrzeuge (z.B. Performance Concept Car) und deren herausragender innovations- und technikbezogener Merkmale (z.B. computergesteuertes Fahrwerk), die den Ideengeber dazu anregen soll, seine Meinung bzw. Verbesserungsideen in entsprechende Formulare einzugeben. Ebenso werden Foren angeboten, in denen Ideengeber direkt mit Entwicklungs- und Fahrzeugprojektleitern zu ausgewählten Themen diskutieren können.

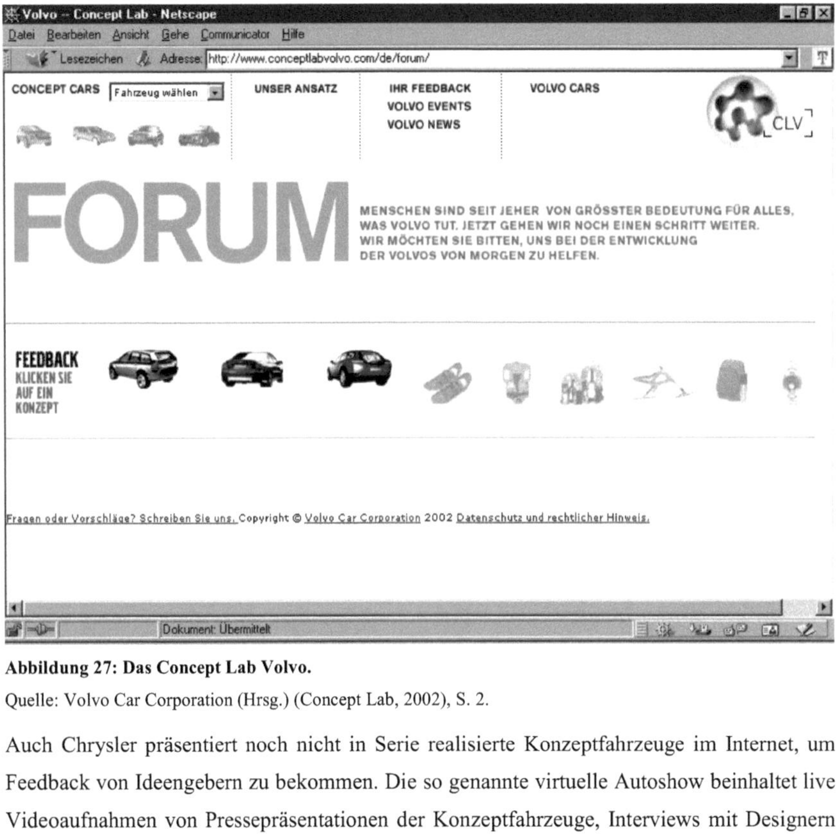

Abbildung 27: Das Concept Lab Volvo.

Quelle: Volvo Car Corporation (Hrsg.) (Concept Lab, 2002), S. 2.

Auch Chrysler präsentiert noch nicht in Serie realisierte Konzeptfahrzeuge im Internet, um Feedback von Ideengebern zu bekommen. Die so genannte virtuelle Autoshow beinhaltet live Videoaufnahmen von Pressepräsentationen der Konzeptfahrzeuge, Interviews mit Designern und Ingenieuren sowie Befragungen der Nutzer.[648] Ford hingegen sponsert auf der Teenager-Web-Seite Bolt.com die Plattform cars.bolt.com und erhofft sich von den zwei Millionen Mitgliedern neue Anstöße für die zukünftige Fahrzeugentwicklung. Die Auswertung des Nutzerverhaltens der Mitglieder der Plattform erfolgt in Kooperation mit der

[648] Vgl. **DAIMLERCHRYSLER AG (HRSG.) (Virtuelle Autoshow, 2002)**, S. 10.

Marktforschungsabteilung von Bolt.com.[649] Wichtig bei der Nutzung von Internet-Innovationsportalen erscheint, dass die gewonnenen, externen Innovationsideen z.B. mittels Anonymisierung ihrer Herkunft absolut gleichberechtigt mit internen Ideen bewertet werden, um das Not-invented-here-Syndrom zu umgehen. Ansonsten würde der Nutzen der externen Innovationsportale ad absurdum geführt *(R)*.

Die verschiedenen Funktionalitäten von Internet-Innovationsportalen lassen sich selbstverständlich auch im Intranet realisieren, um das Ideenpotenzial aller Mitarbeiter eines Unternehmens zu erfassen. Dadurch wird allerdings die Reichweite des Portals im Vergleich zu Internet-Innovationsportalen deutlich reduziert. Kurz schlägt als intranetbasierte Lösung einen so genannten Invention-Filer vor, der mit Hilfe digitaler Vorlagen die Formulierung und Einreichung, Beurteilung und Genehmigung, Prämierung sowie Patentanmeldung von Ideen unterstützt.[650] Ein Beispiel für ein intranetbasiertes Innovationsportal aus der Automobilindustrie stellt idee.com![651] von Mercedes-Benz dar, das ebenfalls die Eingabe von Ideen, Anregungen und Verbesserungsvorschlägen ermöglicht.[652] Vorteile gegenüber dem bisherigen, papiergebundenen Verfahren sind eine vereinfachte Eingabe sowie die Beschleunigung von Abwicklung und Antwortzeit *(E_2)*, da die Ideen papierlos übermittelt und zwischen den Begutachtern und Entscheidungsträgern digital ausgetauscht werden können. Die Teilnahmemöglichkeit von Mitarbeitern aus nicht administrativen Bereichen wie etwa der Produktion kann durch das Aufstellen öffentlicher Computerterminals sichergestellt werden.

Insgesamt ist den verschiedenen Ausprägungen von Innovationsportalen mit unterschiedlichen Funktionalitäten gemein, dass sie den Kreis der ansprechbaren Ideengeber beträchtlich erweitern, die Eintrittsbarriere für innovative Ideen in die Organisation absenken und somit die Ideenbasis für den weiteren Innovationsprozess vergrößern *(E_1)*.

4.2.2.1.2 Rechnergestützte Kreativprozesse

Während ein Innovationsportal aus Sicht des Unternehmens, welches das Portal betreibt, eher einer Sammlung von Innovationsideen dient, lässt sich auch der Prozess der aktiv betriebenen Ideengenerierung durch Kreativprozesse (vgl. Abschnitt 3.2.4.1 und Abbildung 15) rechnergestützt betreiben. Viele der in Kreativsitzungen angewandten Kreativitätstechniken beruhen auf der Generierung einer Vielzahl von Alternativen z.B. durch Analogieschluss, Abstraktion und Neukombination. Wie Kupsch u.a. betonen, kann „die Formulierung der

---

[649] Vgl. **Bolt.com (Hrsg.) (Bolt Cars, 2002)**, S. 1; **Minx u. DaimlerChrysler AG (Hrsg.) (Delta-Report, 2002)**, S. 108.

[650] Vgl. **Kurz (Rechnerunterstütztes Ideen-Management, 1998)**, S. 93f.

[651] Trotz der etwas irreführenden .com-Bezeichnung handelt es sich nicht um eine öffentliche Internet-Domain, sondern um eine intranetbasierte Anwendung.

[652] Vgl. **DaimlerChrysler AG (Hrsg.) (Ideenmanagement, 2002)**, S. 1f.

Alternativen ... rein mechanisch, z.B. durch einen Computer, erfolgen.“[653] Dies bietet sich insbesondere bei größeren Kreativgruppen oder Problemstellungen mit vielen Parametern *(E_2)* an. Gewiss zeigt sich bei einer Begutachtung der artifiziell erzeugten Alternativen durch den Menschen in vielen Fällen schnell, dass die zusammengesetzten Parameterkombinationen keinen Sinn machen. In einigen Fällen kann jedoch gerade die Tatsache, dass eine rechnergestützte Kombination völlig wertfrei erfolgt und keine Konstellationen ex ante ausschließt, zu überraschenden Resultaten führen, die dann durch den beurteilenden Menschen als u.U. neuartige, nutzenstiftende Idee erkannt werden *(E_1)*.

Die Vernetzungsmöglichkeiten des Internets können darüber hinaus für eine Erweiterung *(E_1)* der Möglichkeiten von Kreativgruppen, z.B. im Bereich des Brainstorming, genutzt werden. Ein innovatives Werkzeug hierfür stellt Globrain dar, dessen Funktionsweise im Folgenden erläutert wird.[654] Das Werkzeug ermöglicht virtuelle Kreativworkshops, deren Funktionalitäten über jene von Newsgroups und Foren hinausgehen. Teilnehmer an den internetbasierten Sitzungen, die im Falle der Automobilindustrie Mitarbeiter aus Entwicklung, Einkauf oder Marketing eines Automobilherstellers oder -zulieferers, Mitarbeiter von Vorlieferanten, externe Experten und Forscher oder auch interessierte Laien aus der ganzen Welt sein können, stellen Lösungsbeiträge zu einem Problem ein. Der Problemsteller und/oder ein Moderator steuert dabei den Prozess über Motivations- und Sanktionsmechanismen. Innovative Ideen werden mit realen Geldbeträgen oder mit Punktprämien („Brainpoints“) belohnt, unqualifizierte Beiträge mit gelben und roten Karten abgestraft. Geht die virtuelle Brainstorming-Sitzung in eine inhaltlich unerwünschte Richtung, so etwa, weil Problembereiche bearbeitet werden, für die der Ideensuchende bereits intern über eine bestehende Lösung verfügt, kann diese Diskussionsrichtung über eine Sackgassen-Funktionalität durch den Moderator gestoppt werden. Schließlich wird die Gruppendynamik und Interaktion gefördert, indem sich die Teilnehmer gegenseitig bewerten und eine gesonderte Prämie für jenen Teilnehmer am Kreativworkshop ausgelobt wird, der aus Sicht der anderen den besten Lösungsbeitrag beigesteuert hat.

In der aus Verdichtung und Bewertung bestehenden Selektionsphase im Kreativprozess ist das Potenzial neuer IuK-Technologien geringer einzuschätzen, da das Erfahrungswissen der beurteilenden Menschen nur schwer formalisierbar und informationstechnisch abbildbar ist *(R)*. Trotz Versuchen aus dem Bereich der Künstlichen Intelligenz, solches Wissen zu modellieren,[655] wird eine kriteriengeleitete Expertenentscheidung über die Realisierbarkeit

---

[653] **Kupsch u.A. (Innovationswirtschaft, 1991, zuerst: 1972)**, S. 1112.
[654] Vgl. **o.V. (Online Brainstorming, 2001)**, S. 1ff.
[655] Vgl. **Gentsch (Innovationsprozesse, 2001)**, S. 39f.

und Erfolgswahrscheinlichkeit verschiedener Innovationsideen in absehbarer Zukunft nicht zu ersetzen sein. Es bietet sich allenfalls eine computerbasierte Unterstützung der Bewertung mit Hilfe von programmierten Fragenkatalogen oder Punktwertmodellen an.[656] Für Ideen, die zunächst verworfen und deshalb in einen Ideenspeicher im Sinne von Abbildung 17 eingestellt werden, hat Kurz eine modellhafte Datenbank entwickelt.[657] Diese erlaubt es, verworfene Ideen strukturiert abzulegen und die Ablehnungsgründe später ggf. aufs Neue mit geänderten Rahmenbedingungen, wie etwa einem sich öffnenden Marktsegment für eine neue Baureihe, zu vergleichen und manche Ideen dann möglicherweise doch noch zu realisieren.

4.2.2.1.3 Venture Capital-Engagement bei e-Business-Unternehmen

Auf die Bedeutung von innovativen Unternehmensgründungen als Ideengeber und auf ihre Erschließung durch CVC wurde in Abschnitt 3.2.4.2.3.3 bereits hingewiesen. Bis zur Krise ab Mitte 2000 machten e-Business-Unternehmen einen Großteil der innovativen Unternehmensgründungen aus. Gerade sie leiden jedoch seitdem besonders unter der Zurückhaltung der Risikokapitalgeber.[658] Während vor der Krise Venture Capital-Nehmer die Auswahl unter verschiedenen Kapitalgebern hatten, herrscht nun eine umgekehrte Situation. Hier tut sich für Venture Capital-Gesellschaften, die Großunternehmen angehören, die Chance auf, unter einer großen Zahl innovativer e-Business-Konzepte zu wählen und sich ggf. zu günstigen Konditionen zu beteiligen. Angesichts vieler fehlgeschlagener Geschäftsmodelle *(R)* bedarf allerdings die Selektion der Beteiligungsobjekte und das spätere Controlling des Beteiligungsportfolios einer besonderen Sorgfalt.[659] Eine CVC-Investition durch Unternehmen der Automobilindustrie in junge e-Business-Unternehmen sollte in jedem Fall von einer Übertragbarkeit der Ideen auf die Automobilbranche abhängig gemacht werden.

Innovative e-Business-Unternehmen können der Ideen- und Innovationsfindung auf zweierlei Weise dienlich sein. Zum einen können sie direkte Ideengeber sein *(E_1)*. Dies ist immer dann der Fall, wenn die Geschäftsidee des jungen Unternehmens in die Entwicklung einer Produktinnovation für das Automobil mündet, so z.B. bei Telematikdiensten oder Internet-Verbindungen im Fahrzeug. Zum zweiten nehmen e-Business-Start-Ups eine indirekte Unterstützungsfunktion im Innovationsprozess wahr *(E_2)*, indem sie Internet-Technologien zur Verfügung stellen, die für das e-Innovationsmanagement vonnöten sind. Beispiele sind Homepages, Portale oder Programme für die verteilte Produktentwicklung. So ist etwa BMW

---

656 Ein Werkzeug hierfür findet sich z.B. bei **O.V. (Innoguide, 2001)**, S. 1ff.

657 Vgl. **KURZ (Rechnerunterstütztes Ideen-Management, 1998)**, S. 91f.

658 Vgl. **TÜMPEN U. ALTHAMMER (DaimlerChrysler Venture, 2001)**, S. 52.

659 Vgl. für ein Vorgehensmodell ebd., S. 53ff.

mit Softlab an einer Firma beteiligt, die e-Business-gestützte Vernetzungswerkzeuge für die Produktentwicklungs- und Wertschöpfungspartner in der Automobilindustrie anbietet.[660]

Nach der Erörterung von Innovationsportalen und rechnergestützten Kreativprozessen schließen diese Ausführungen zum Risikokapital-Engagement bei e-Business-Unternehmen die Diskussion der e-Potenziale bei der Generierung von Innovationsideen ab. Die folgenden Abschnitte widmen sich e-Potenzialen in der nächsten Phase des Innovationsprozesses, der Produktentwicklung.

4.2.2.2 e-Potenziale in der Produktentwicklung

Kooperative Entwicklungsprozesse und die Leistungserstellung in Netzwerken nehmen an Bedeutung zu. Sie beruhen auf der Zusammenarbeit von Unternehmen, die im Wege der Konzentration auf die jeweiligen Kernkompetenzen gemeinsam Wettbewerbsvorteile erreichen wollen. Die Automobilindustrie nimmt hierbei eine Vorreiterrolle ein.[661] Als entscheidende Voraussetzung für die orts- und zeitunabhängige Durchführung von Wertschöpfungsprozessen wie der Produktentwicklung werden neue elektronische Medien bzw. IuK-Technologien angesehen.[662] Dabei dient vielfach die Vision eines „virtuellen Unternehmens“ als Leitbild,[663] obgleich dieser Begriff im Schrifttum noch in einem vergleichsweise frühen Entwicklungsstadium befindlich und mit konzeptioneller Unschärfe behaftet ist.[664] Zur Analyse der e-Potenziale in der kooperativen Produktentwicklung werden in den nächsten Abschnitten zunächst Möglichkeiten des Datenaustauschs erörtert, dann die neu entstandenen elektronischen Marktplätze in der Automobilindustrie und Gesichtspunkte des Wissensmanagements untersucht. Es folgt eine Betrachtung von rechnergestützter Virtual Reality in der Produktentwicklung sowie von Aspekten der kooperativen, verteilten Produktentwicklung. Schließlich werden die Besonderheiten elektronischer Produktinnovationen analysiert.

4.2.2.2.1 Datenaustausch über EDI, Internet-EDI und Extranet

EDI stellt die älteste Form der elektronischen Kooperation zwischen Unternehmen dar, deren Ursprünge in die Nachkriegszeit reichen.[665] Die Automobilindustrie gilt als Pionier in der Anwendung von EDI;[666] der Ersteinsatz von EDI in einem deutschen Unternehmen erfolgte

[660] Vgl. **BECKER (Produktentstehungsprozess, 2001)**, S. 13f.
[661] Vgl. **KALUZA U. BLECKER (Technologiemanagement in virtuellen Unternehmen, 2000)**, S. 138.
[662] Ebd., S. 139; **REICHWALD U. MÖSLEIN (Verteilte Organisationsstrukturen, 2000)**, S. 118; **WIRTZ (Virtuelle Organisationsnetzwerke, 2000)**, S. 100.
[663] Vgl. **REICHWALD U. MÖSLEIN (Verteilte Organisationsstrukturen, 2000)**, S. 118.
[664] Vgl. **WIRTZ (Virtuelle Organisationsnetzwerke, 2000)**, S. 98.
[665] Vgl. **UPTON U. MCAFEE (Virtual Factory, 1999)**, S. 74.
[666] Vgl. **REEKERS (EDI Use, 1994)**, S. 5f.

1978 bei Volkswagen.[667] EDI kann als zwischenbetrieblicher, elektronischer Austausch standardisierter Geschäftsdaten und Geschäftsdokumente zwischen Programmen definiert werden.[668] Der Datenaustausch erfolgt also automatisiert und medienbruchfrei nach festgelegten Standards, ohne dass Neueingaben oder andere menschliche Eingriffe vonnöten wären. Eine branchenübergreifende Festlegung von Standards stellt EDIFACT (Electronic Data Interchange for Administration, Commerce and Transport) dar. Spezifische Standards der Automobilindustrie sind der VDA-Standard sowie auf europäischer Ebene ODETTE (Organisation for Data Exchange by Tele Transmission in Europe).[669] Dem Vorteil eines standardisierten und zuverlässigen Austauschs großer Datenmengen stehen jedoch Nachteile von EDI wie mangelnde Flexibilität, hohe Installationskosten und proprietäre Strukturen entgegen, weshalb es nicht über alle Wertschöpfungsstufen in der Automobilindustrie verbreitet ist, sondern zumeist nur zwischen OEM und großen Lieferanten. Das Hinzufügen neuer Nutzer oder neuer auszutauschender Informationsformate gestaltet sich als sehr kostspielig und zeitaufwändig. Darüber hinaus bestehen EDI-Anwendungen aus einer Vielzahl von 1:1-Verbindungen zwischen einem OEM, der die Konfiguration der Anbindung determiniert, und den jeweiligen Lieferanten, ohne dass eine wirkliche Vernetzung unter allen beteiligten Unternehmen zustande kommt.[670]

Unter diesen Bedingungen eignet sich EDI für repetitive und standardisierte Prozesse *(E_2)* aus dem Beschaffungs- und Produktionsbereich wie etwa Teileabrufe, Eingangsbestätigungen, Vor- und Endmontage,[671] jedoch nicht für den Datenaustausch in der kooperativen Produktentwicklung. Dieser erfordert aufgrund sich ständig ändernder Projektfortschritte und zahlreicher Änderungsbegehren sowie der Vielzahl an beteiligten Personen (Designer, Konstrukteure, Entwicklungsingenieure) und Unternehmen (OEM, Lieferanten, Ingenieurbüros) ein hohes Maß an Flexibilität und Vernetzungsfähigkeit. Als Lösung bietet sich XML-basiertes Internet-EDI an,[672] das sich durch eine allgemeine Verfügbarkeit auszeichnet.[673] Nach einer Studie von Forrester Research planen 80% der Firmen, die derzeit EDI nutzen, zusätzliche XML-EDI Protokolle, die kostengünstig erweiterte Funktionalitäten bieten und die Teilhabe einer größeren Anzahl von Unternehmen ermöglichen.[674] Mit Internet-EDI können „nicht nur abwicklungsorientierte Daten, sondern auch zum Beispiel technische Zeichnungen, Kalkulationsgrundlagen, etc. ... über das Internet ausgetauscht

[667] Vgl. **GERSCH (Geschäftsbeziehungen, 1997)**, S. 547.
[668] Vgl. **BALLNUS (EDI und e-Commerce, 2000)**, S. 56.
[669] Vgl. **GERSCH (Geschäftsbeziehungen, 1997)**, S. 547.
[670] Vgl. **UPTON U. MCAFEE (Virtual Factory, 1999)**, S. 75f.
[671] Vgl. **REEKERS (EDI Use, 1994)**, S. 5f.
[672] Vgl. **MATTES (Business-to-Business, 1999)**, S. 101f.
[673] Vgl. **HARTMANN (Web-based Controlling, 2001)**, S. 82.
[674] Vgl. **PARKER u.a. (EDI to Net, 2000)**, S. 3f.

werden."[675] Wird Internet-EDI als zu offen oder unsicher[676] eingeschätzt, bieten sich extranetbasierte Lösungen an, die nur einem vom OEM zu bestimmenden Kreis an Entwicklungspartnern zugänglich gemacht werden. Insgesamt ergibt sich „ein großes Effizienzpotenzial *(E_2)* ... aus der verbesserten Kommunikation zwischen den F&E-Abteilungen innerhalb eines Unternehmens und zwischen den Unternehmen eines Wertschöpfungsnetzwerks mit Hilfe von Web-based Tools."[677]

4.2.2.2.2 Bewertung der Nutzbarkeit von elektronischen Marktplätzen der Automobilindustrie für die interorganisatorische Produktentwicklung

Neben verschiedenen firmenindividuellen Lösungen haben sich in der Automobilindustrie zwei große Marktplätze etabliert, Covisint und SupplyOn, die nun auf ihre Eignung für die kollaborative Produktentwicklung hin untersucht werden sollen. An Covisint sind DaimlerChrysler, Ford, GM, Renault-Nissan und Peugeot-Citroën finanziell beteiligt, ca. zehn zumeist große Zulieferer genießen Partnerstatus.[678] SupplyOn hingegen versteht sich als Marktplatz „von Zulieferern für Zulieferer". Anteilseigner sind Bosch, Continental, INA Wälzlager Schaeffler und ZF Friedrichshafen, ein weiteres Dutzend vornehmlich mittelständischer Lieferanten zählt zu den assoziierten Mitgliedern.[679] Sowohl Covisint als auch SupplyOn streben nach dem Beitritt weiterer Partner. Beiden Marktplätzen ist gemein, dass in ihnen erste e-Business-Erfahrungen der Gründungsmitglieder, die erfahrene Unternehmen der Automobilbranche sind („Industry Incumbents"), eingebracht und weiter ausgebaut werden.[680] Grundgedanke ist es, die Nachteile, die aus der Existenz einer Vielzahl individueller e-Business-Lösungen resultieren, nämlich unterschiedliche Technologien, verschiedene Anwendungen sowie hohe Kosten für Hard- und Software, Instandhaltung und Schulung durch die Vorteile standardsetzender Marktplätze, insbesondere die reduzierte Zahl von Anbindungen[681] und die Standardisierung von Prozessen und Diensten *(E_2)*, zu ersetzen.[682]

Klassifiziert man diese beiden Marktplätze der Automobilindustrie nach den in Abschnitt 2.2.3.2 genannten Kriterien, so stellt man zunächst fest, dass die Anbieter-Nachfrager-

[675] MATTES **(Business-to-Business, 1999)**, S. 102.

[676] So z.B. die Befürchtung einer von Forrester befragten Führungskraft aus der Automobilindustrie, vgl. **PARKER u.a. (EDI to Net, 2000)**, S. 3.

[677] **HARTMANN (Web-based Controlling, 2001)**, S. 83.

[678] Vgl. **COVISINT, LLC (HRSG.) (Covisint, 2002)**, S. 1ff.

[679] Vgl. **QUICKEN (SupplyOn, 2001)**, S. 8.

[680] Vgl. **COVISINT, LLC (HRSG.) (Covisint, 2002)**, S. 1ff; **EICHLER (SupplyOn, 2001)**, S. 13.

[681] So muss bisher nach einer Studie jeder Zulieferer für die Vielzahl verschiedener e-Business-Anwendungen seiner Geschäftspartner zwischen 20 und 300 Benutzerkennungen und Passwörter verwalten. Vgl. **COVISINT, LLC (HRSG.) (Covisint, 2002)**, S. 1ff.

[682] Vgl. **EICHLER (SupplyOn, 2001)**, S. 6; ebd., S. 9.

Konstellation eine eher käuferzentrische (n:1) ist, da beide Marktplätze flussaufwärts ausgerichtet sind (Covisint geht von den OEMs aus, SupplyOn von Tier 1-Lieferanten). Aufgrund der Branchenspezialisierung handelt es sich in beiden Fällen um vertikale Marktplätze. Zugangsberechtigung besteht nur für registrierte Nutzer, allerdings sind prinzipiell alle Unternehmen der Automobilindustrie eingeladen, zu partizipieren. Nach den Eigentumsverhältnissen klassifiziert, stellen beide Marktplätze Consortia dar. Transaktionen wie etwa Auktionen werden stets aufs Neue von einzelnen Mitgliedern initiiert (Spot-Transaktionen), wobei die Marktplätze als Dienstleister fungieren, jedoch existieren auch längerfristige Geschäftsbeziehungen zwischen den Partnern. Gemeinsame Transaktionen, etwa im Sinne eines gebündelten Einkaufs durch die OEM-Partner von Covisint, finden aufgrund von kartellrechtlichen und geschäftspolitischen Gründen nicht statt.

Wie aus dem Gesagten bereits erkennbar, konzentriert sich das Dienstespektrum von Covisint und SupplyOn trotz gegenteiliger Behauptungen vornehmlich auf die Beschaffungs- und zunehmend auch die Logistikseite, weniger auf die Produktentwicklung. Ankündigungen aus der Gründungszeit von Covisint, wonach internetbasierte Entwicklungswerkzeuge die Produktentwicklungszeit um 75% reduzieren könnten, haben sich als nicht haltbar erwiesen.[683] Auch der Anspruch, interorganisatorische Echtzeitplanungen über alle Partner der Wertschöpfungskette zu ermöglichen („When somebody in a dealership orders a car with leather seats, the cow should wince“), ist noch nicht vollständig verwirklicht *(R)*.[684] Bezeichnend ist, dass Covisints Auktionsanwendung mittlerweile in der fünften Version vorliegt, Werkzeuge zur Produktentwicklung noch in der ersten.[685] Immerhin ist ein so genannter Virtual Project Workspace im Aufbau, der bereits einige Anwendungen erlaubt.[686] So können ein virtueller Arbeitsraum für ein spezifisches Entwicklungsprojekt geschaffen und verschiedene Teammitglieder aus interdisziplinären Bereichen und mehreren Unternehmen hinzugefügt werden. Die Teammitglieder erhalten per e-Mail einen Hyperlink, über den sie in den Arbeitsraum gelangen. Es existiert eine Funktionalität zum Hochladen relevanter Dokumente sowie ein Visualisierungswerkzeug, das das Ansehen von CAD-Dateien aller gängigen Formate ermöglicht. Für Teammitglieder aus verschiedenen Bereichen und Unternehmen bieten sich unterschiedliche Sicherheitsstufen an, durch die festgelegt wird, welche Dokumente und Daten zur Einsicht freigegeben werden.

Bezogen auf die Produktentwicklung, hat SupplyOn den Anspruch, „Funktionalitäten und Dienstleistungen für den Bereich Engineering, die die speziellen Bedürfnisse der

[683] Vgl. **Konicki (Covisint's Rough Road, 2000)**, S. 2.
[684] Ebd., S. 1.
[685] Vgl. **Covisint, LLC (Hrsg.) (Covisint, 2002)**, S. 1ff.
[686] Vgl. zum Folgenden ebd., S. 1ff.

Automobilzulieferindustrie berücksichtigen, [zu entwickeln]. Insbesondere mittlere und kleinere Unternehmen erhalten die Möglichkeit, kostengünstig und effizient in unternehmensübergreifende Entwicklungsprozesse ihrer Kunden eingebunden zu sein."[687] Geplant sind virtuelle Projekträume, Dokumentenmanagement, Änderungsmanagement, Wissens- und Workflowmanagement u.a.[688] Derzeit online ist jedoch nur ein Werkzeug zur Konversion von CAD-Daten, das die Zusammenarbeit von Entwicklern erleichtert, die mit verschiedenen CAD-Systemen arbeiten, sowie ein so genannter Normenmanager, der Zulieferern bei der Einsicht und Verwaltung der Vielzahl an unterschiedlichen Normensystemen ihrer Kunden hilft.

Insgesamt lässt sich festhalten, dass die Branchenmarktplätze der Automobilindustrie hauptsächlich im Beschaffungsbereich aktiv sind. Sie bieten zwar auch vielversprechende Ansätze und Werkzeuge für die Unterstützung der Produktentwicklungsphase des Innovationsprozesses, deren Reifegrad jedoch noch zu steigern ist *(R)*, um internetbasierte, interorganisatorische Produktentwicklung in Echtzeit zu ermöglichen.

4.2.2.2.3 Wissensmanagement in der interorganisatorischen Produktentwicklung

Unternehmen verfügen über ein kollektives Wissen, das mehr darstellt als die Summe des Wissens ihrer Führungs- und Fachkräfte. Es ist gespeichert in den Arbeitsprozessen und -methoden, dem Arbeitsstil und den Arbeitsmitteln einschließlich dem elektronischen Gedächtnis der IT.[689] Durch die Nutzung der hier diskutierten Methoden der kooperativen, verteilten Produktentwicklung, wie z.B. dem interorganisatorischen Datenaustausch oder den Funktionalitäten von branchenspezifischen Marktplätzen, erweitert sich das kollektive, intraorganisatorisch vorhandene Wissen noch um interorganisatorische Bestandteile. Diese erweiterte Wissensbasis erhöht aber auch die Komplexität und den zwischenbetrieblichen Koordinationsbedarf.[690]

Um so wichtiger erscheint es, Wissen als Ressource zu begreifen, deren Aufbereitung und Verfügbarkeit verstärkte Aufmerksamkeit gewidmet werden muss. Konkrete Maßnahmen schließen etwa die Einigung auf eine gemeinsame Terminologie sowie eine einheitliche Prozessgestaltung mit unternehmensübergreifenden Meilensteinen ein.[691] Fachbegriffe, gemeinsame Prozesse und in den Meilensteinen zu erreichende Anforderungen müssen allen am PEP beteiligten Mitarbeitern bekannt und für sie einsehbar sein. Hierfür bieten sich intra- bzw. extranetbasierte Wissensdatenbanken an. Wissensdatenbanken als Instrument des

[687] **SupplyOn AG (Hrsg.) (SupplyOn, 2002)**, S. 1ff.
[688] Vgl. **Eichler (SupplyOn, 2001)**, S. 25.
[689] Vgl. **Armbrecht u. Kramhöller (Innovation, 2001)**, S. 1052.
[690] Vgl. **von Esebeck u. Tegel (Hersteller-Zulieferer-Kooperationen, 1996)**, S. 78.
[691] Ebd., S. 76.

Wissensmanagements eignen sich ebenfalls zur Archivierung von bestehenden Problemlösungen, Versuchsskizzen und Dokumentationen. Referenzlösungen und beste Praktiken zu bestimmten Fragestellungen sowie Antworten auf FAQs dienen der Vermeidung von Doppelarbeit *(E_1)*.

Der Einsatz von IT-basierten Instrumenten des Wissensmanagements erscheint im PEP in der Automobilindustrie aus zweierlei Gründen, nämlich erstens aufgrund der interdisziplinären und interorganisatorischen Zusammenarbeit sowie zweitens aufgrund der Projektorganisation in der Entwicklung verschiedener Baureihen, als besonders notwendig. Die für die Innovationsfindung unerlässliche interdisziplinäre Zusammenarbeit impliziert, dass verschiedene Abteilungen und Bereiche involviert sind, was die Wahrscheinlichkeit von unerwünschten Insellösungen, unkoordinierten Projektständen und redundanter Arbeit erhöht. Dieser Effekt wird durch das Hinzuziehen von unternehmensexternen Entwicklungspartnern noch verstärkt. Wissensdatenbanken können hier zu erhöhter Transparenz und einer Vereinheitlichung des Wissensstands beitragen und somit die Effizienz im PEP steigern *(E_2)*. Auch die in der Automobilindustrie übliche Entwicklung neuer Baureihen in so genannten Fahrzeugprojekten, d.h. in mehrjährig bestehenden Projektorganisationen mit Mitarbeitern aus verschiedenen Funktionsbereichen, deren Ziel es ist, ein neues Fahrzeugmodell zu entwickeln, erfordert die Anwendung von Werkzeugen des Wissensmanagements. Um etwa zu vermeiden, dass ein (fiktives) Fahrzeugprojekt, z.B. „neue Mittelklasselimousine", Ressourcen für die Entwicklung einer bestimmten technischen Lösung, so beispielsweise eines verbesserten Bremskraftverstärkers oder einer Luftfederung, einsetzt, obwohl diese Lösung bereits von einem anderen Fahrzeugprojekt, etwa „neue Oberklasselimousine", gefunden wurde, ist eine Vernetzung der verschiedenen Projektorganisationen und ein Wissensaustausch vonnöten, der ebenfalls durch IT-Werkzeuge unterstützt werden kann.

Eine Anwendung zur Vernetzung der Disziplinen und Projekte findet sich im Entwicklungsbereich von Mercedes-Benz.[692] In Expertengruppen, so genannten Tech Clubs, treffen sich Mitarbeiter, um bereichsübergreifend Probleme zu bearbeiten und die erstellten Lösungsvorschläge in einer intranetbasierten Datenbank, dem Engineering Book of Knowledge, zu hinterlegen. Das dort gebündelte Wissen ist jederzeit abrufbar, allerdings ist der Zugang nur für autorisierte Mitarbeiter möglich. Auch BMW hat einen so genannten elektronischen Wissensmarktplatz für die Mitarbeiter seines Forschungs- und Innovationszentrums (FIZ) geschaffen, der dem Austausch von Wissen in der Produktentstehung dient.[693] Im Jahr 2000 partizipierte ca. ein Fünftel der 6.000 Mitarbeiter

---

[692] Vgl. zum Folgenden POLLMANN **(Knowledge Management, 2001)**, S. 31.
[693] Vgl. zum Folgenden O.V. **(Marktplatz der Informationen, 2000)**, S. 1f.

des FIZ an der Nutzung dieses Werkzeugs. Einfache Funktionalitäten beinhalten eine Volltextsuchmaschine und die Verwaltung von Zugriffsrechten und Projektstatus. Ferner verfolgen elektronische Agenten den Informationsfluss auf dem Marktplatz und informieren ggf. per e-Mail, wenn zu einem vom Auftraggeber gewünschten Thema neue Inhalte veröffentlicht worden sind. Von BMW auf die Gegebenheiten der Automobilindustrie angepasste semantische Netze stellen über sinnverwandte Schlagworte Zusammenhänge zwischen dokumentierten Inhalten her. In Gelben Seiten sind außerdem Personen verzeichnet, die zu bestimmten Themen publiziert haben oder an verwandten Projekten arbeiten. Nach Schätzung von Dick, bei BMW zuständig für das Wissensmanagement in der Produktentstehung, lässt sich durch den Marktplatz dasjenige Drittel an Wissen, das bis dato auf Papier oder auf lokalen Festplatten lagert, neu zugänglich machen *(E_1)*. Ein weiteres Drittel ist schon in elektronisch vernetzten Speichermedien hinterlegt, wobei der Vernetzungsgrad der verschiedenen verwendeten Systeme noch nicht befriedigend ist. Das letzte Drittel an Wissen, das Know-how in den Köpfen der Mitarbeiter, ist implizit. Hier ist das e-Potenzial als gering einzuschätzen *(R)*: „Wenn Sie dieses Erfahrungswissen mit Hilfe der IT explizit machen wollen, stoßen Sie schnell an Grenzen.“[694] Nur wenn Mitarbeiter bereit sind, ihr Wissen zu teilen, weil sie erkennen, dass das gegenseitige Geben und Nehmen von Wissen zum beiderseitigen Nutzen gereicht, ist nach Dick der Einsatz von informationstechnischen Mitteln überhaupt erst sinnvoll.

4.2.2.2.4 Virtualisierung und Substitution von physischen Versuchen und Prototypen durch rechnergestützte Simulation und Virtual Reality

Neben dem Austausch, der breiten Verfügbarkeit und dem einheitlichen Stand von Wissen stellt die Vermeidung und Behebung von Fehlern eine weitere Herausforderung im PEP dar. Abbildung 28 zeigt den Prinzipverlauf der Fehlerentstehung und -behebung im PEP. Danach entstehen Fehler hauptsächlich in den frühen Phasen des PEP, ihre Erkennung und Beseitigung erfolgt jedoch schwerpunktmäßig erst später. Andererseits sind die Kosten der Fehlerbeseitigung um so geringer, je früher der Fehler erkannt wird. Nach einer Faustregel steigen die Fehlerbeseitigungskosten mit jeder weiteren Phase des PEP, in der der Fehler nicht erkannt wird, um den Faktor 10. Der Zeitverzug zwischen Auftreten und Behebung von Fehlern führt also zu hohen Änderungskosten in den späteren Phasen des PEP. Nach einer empirischen Untersuchung von Bullinger machen Kosten, die durch vermeidbare Änderungen entstehen, 30% der gesamten Entwicklungskosten aus.[695] Erschwerend kommt hinzu, dass es durch die zunehmende Komplexität und Varianz der Endkundenwünsche in der Automobil-

[694] **O.V. (Marktplatz der Informationen, 2000)**, S. 2.
[695] Vgl. **HOFFMANN (Kooperative, verteilte Produktentwicklung, 2000)**, S. 6.

industrie als notwendig erscheint, schon in einem sehr frühen Stadium des PEP mehrere verschiedene Produktvarianten abzubilden und deren Eigenschaften zu überprüfen.[696] Bei Anwendung konventioneller, physischer Methoden im PEP, so z.B. Mustererstellung, Modell- und Prototypenbau, werden nun sowohl auftretende Fehler als auch die Erstellung von Variantenvielfalt für neue Produkte sehr kostspielig und zeitaufwändig.[697] Als Beispiel mag die Herstellung von Aluminiumfelgen dienen, bei der nicht nur mehrere Felgengüsse für die Erprobung von Eigenschaften wie Sprungfestigkeit oder Dauerhaltbarkeit erforderlich sind, sondern auch die Herstellung der Gussform selbst mit hohem Aufwand verbunden ist.

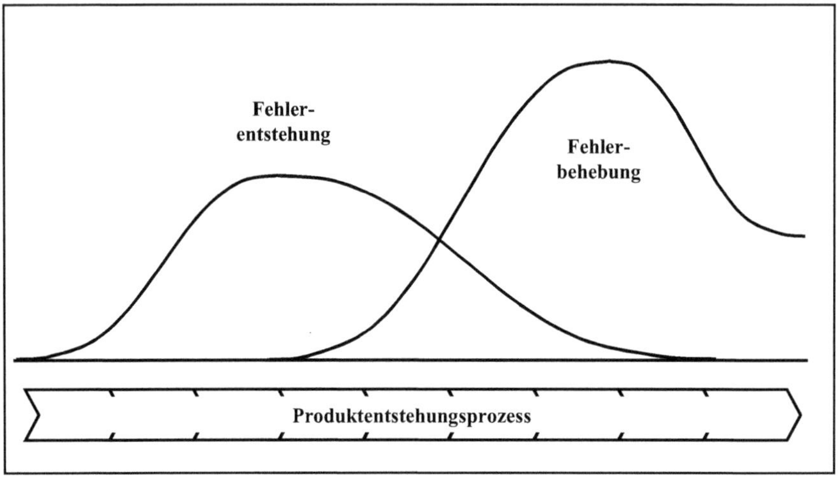

Abbildung 28: Prinzipverlauf der Fehlerentstehung und -behebung.

Quelle: In Anlehnung an Warnecke (Fraktale Fabrik, 1992), S. 118.

Zur Zeit- und Kostenreduktion *(E_2)* sowie zur frühen Fehlervermeidung und Erprobung einer größeren Anzahl an innovativen Konzepten *(E_1)* bietet sich statt der Validierung von Produkteigenschaften an physischen Prototypen der Aufbau eines rechnerinternen Prototypen an, in den die geometrische Information des Produkts eingeht. Eine solche rechnerinterne Abbildung des Produkts wird als Digital Mockup bezeichnet.[698] Liegen beispielsweise die Daten von Getriebe, Motor, Nebenaggregaten, Aerodynamik, Reifen und Fahrzyklen eines Automobils vor, lassen sich die Benzinverbrauchswerte in verschiedenen Motorisierungs- und Ausstattungsvarianten simulieren und optimieren, ohne dass physische Prototypen notwendig wären.[699] Digital Mockups sind als Vorstufe von Virtual Reality (VR) zu betrachten. VR wird

---

[696] Vgl. **Winter (Virtual Reality, 1998)**, S. 36.

[697] Vgl. **von Esebeck u. Tegel (Hersteller-Zulieferer-Kooperationen, 1996)**, S. 77.

[698] Ebd., S. 78.

[699] Vgl. **DaimlerChrysler AG (Hrsg.) (Hightech Report, 2002)**, S. 62f.

als „die grafische Aufbereitung komplexer Daten mittels Computern zur möglichst realitätsnahen Darstellung von Objekten“[700] definitorisch abgegrenzt, wobei zusätzlich die vier Kriterien Interaktion, Echtzeit, Immersion und Dreidimensionalität erfüllt sein müssen.[701] Interaktion meint die aktive Einflussnahme einer Person auf die Darstellung des Objekts, das sich z.B. mittels Datenhandschuh oder Spracheingabe verschieben oder verändern lässt. Dabei muss die Einflussnahme auf das Objekt in einer realitätsnahen oder -gleichen Zeitspanne (Echtzeit) abgebildet werden, d.h. dass beispielsweise die Drehung eines Bauteils fließend dargestellt wird. Ein Gefühl der Immersion seitens der interagierenden Person ist dann erreicht, wenn die Person die virtuell dargestellte Welt als hinreichend echt und real wahrnimmt. Immersion kann durch die Stimulation der visuellen, akustischen und haptischen Sinne erreicht werden; Geruchs- und Geschmackssinn werden noch nicht mit einbezogen.[702] Von besonderer Wichtigkeit ist die dreidimensionale Visualisierung, die z.B. durch spezielle Leinwände in Kombination mit Stereobrillen oder durch CAVE-Räume (Computer Audio Visual Environment) verwirklicht werden kann.

VR-Anwendungen ermöglichen die Veranschaulichung und Veränderung von real noch nicht existierenden Datensätzen und Prototypen durch den Menschen *(E_1)*. Sie benötigen jedoch sehr hohe Rechnerleistungen und besondere Darstellungswerkzeuge, weshalb sie oftmals zentralisiert in den F&E-Bereichen der Automobilzulieferer und -hersteller installiert werden. So verfügt etwa DaimlerChrysler über ein VR-Kompetenzzentrum am Forschungsstandort in Ulm.[703] Fernziel der VR-Entwicklung ist es jedoch, VR auf allen üblichen Netzwerkumgebungen und Computerplattformen zu ermöglichen, um so eine Vielzahl an Anwendern einbinden zu können.[704]

Die Luftfahrtindustrie, einer der Pioniere von VR, benutzt VR neben der gängigen Anwendung in Flugsimulatoren auch in der Produktentwicklung. So wurde etwa das Flugzeugmodell Boeing 777 rein digital entwickelt, wobei eine virtuelle Begehung des digital vorliegenden Flugzeugkörpers Aufschluss darüber gab, ob alle Wartungsteile später für einen realen Mechaniker erreichbar sein würden. Ferner konnte mit VR eine größere Bandbreite an Designoptionen getestet werden, ohne dass physische Prototypen erforderlich gewesen wären.[705] In der Automobilindustrie testete z.B. Mercedes-Benz auf einer Automobilmesse 1997 die Akzeptanz der neuen A-Klasse mittels VR-Modellen des Exterieurs und Interieurs. Volkswagen ging einen Schritt weiter und führte eine Car Clinic zur Bewertung von

[700] **Winter (Virtual Reality, 1998)**, S. 37.
[701] Vgl. zu den vier Kriterien ebd., S. 37; **Bauer (Virtual Reality, 1996)**, S. 16f.
[702] Vgl. **Thierauf (Virtual Reality, 1995)**, S. 31ff.
[703] Vgl. **DaimlerChrysler AG (Hrsg.) (Hightech Report, 2002)**, S. 64.
[704] Vgl. **Thierauf (Virtual Reality, 1995)**, S. 30.
[705] Vgl. **Iansiti u. MacCormack (Developing on Internet Time, 1999)**, S. 103.

Innovationsideen anhand eines VR-Modells durch. Dabei zeigte sich, dass eine Kontrollgruppe, die ein reales Modell zur Verfügung hatte, zu sehr ähnlichen Ergebnissen wie die VR-Gruppe kam, was auf eine hohe Validität der VR-Anwendung schließen lässt.[706] Volvo testete und demonstrierte den Nutzen seines Seitenaufprallschutzsystems, indem Probanden mittels Immersion eine VR-gestützte Simulation eines Seitenaufpralls erlebbar gemacht wurde.[707]

Solche Anwendungen gehen aber bereits an die Grenze der Möglichkeiten von VR in der Produktentwicklung *(R)*, da zumindest bis dato für die endgültige Bewertung von Prototypen reale Versuchsaufbauten, Erprobungen und insbesondere Crashversuche nicht zu ersetzen sind. Die Möglichkeiten von VR zur Variantenerzeugung und -erprobung, zur frühzeitigen Fehlererkennung und -beseitigung sowie zur Beschleunigung und Kostenreduktion im PEP bleiben jedoch besonders in den frühen Phasen davon unbenommen.

4.2.2.2.5 Kooperative, verteilte Produktentwicklung

4.2.2.2.5.1 Unterstützung der kooperativen, verteilten Produktentwicklung durch IuK-Technologien

Kooperative, verteilte Produktentwicklung bedeutet, dass verschiedene Mitarbeiter eines oder mehrerer Unternehmen gemeinsam an einem innovativen Produkt arbeiten, jedoch räumlich verteilt sind.[708] Sie wird in der Automobilindustrie besonders forciert. So schwebt etwa BMW ein „vernetzter virtueller Entwicklungsprozess vor, der nicht an Zeitzonen oder kulturellen Grenzen Schluß (sic!) machen muß (sic!).“[709] Bei Ford wird ausgeführt: „The ideal would be collocation of our people. As that's impossible, we need to make ... use of advanced information technology to create virtual collocation. Our aim with virtual collocation is to enable people, wherever they are to interact easily, naturally and effectively as if they were located together.“[710] Insbesondere die räumliche Trennung großer Entwicklungsbereiche von Automobilzulieferern und -herstellern, die zusammen an Fahrzeugprojekten arbeiten, erfordert eine informationstechnologische Unterstützung.[711]

Bevor jedoch Unterstützungsmöglichkeiten der kooperativen, verteilten Produktentwicklung durch IuK-Technologien zu diskutieren sind, müssen zunächst einige Voraussetzungen auf OEM- und Zuliefererseite geschaffen werden, die für ein gemeinsames Verständnis der Problemstellung und damit für die Vermeidung von Falsch- und Doppelarbeit *(E_1)* vonnöten

[706] Vgl. zu den beiden Beispielen **Winter (Virtual Reality, 1998)**, S. 38.
[707] Vgl. **Thierauf (Virtual Reality, 1995)**, S. 209.
[708] Vgl. ähnlich **Hoffmann (Kooperative, verteilte Produktentwicklung, 2000)**, S. 9.
[709] Vgl. **Becker (Produktentstehungsprozess, 2001)**, S. 3.
[710] Vgl. **Edwards (Virtual Collocation, 1997)**, S. 43f.
[711] Vgl. **von Esebeck u. Tegel (Hersteller-Zulieferer-Kooperationen, 1996)**, S. 69.

sind. Als erste Bedingung für die Verteilung der Produktentwicklung ist die Modularisierung von Entwicklungsumfängen anzusehen. Schließlich wird erst durch die arbeitsteilige Aufschlüsselung von komplexen Entwicklungsvorhaben in Aufgabenpakete eine Parallelisierung der Aufgabenabarbeitung möglich gemacht. Wie in Abschnitt 2.3.1 erläutert, ist die Modularisierung in der Automobilindustrie bereits weit vorangeschritten, so dass diese Voraussetzung als erfüllt betrachtet werden kann. Die zweite Bedingung stellt die eindeutige und widerspruchsfreie Definition von Schnittstellen und die Entwicklung eines gemeinsamen Verständnisses der Entwicklungspartner für diese Schnittstellen dar. Dies betrifft sowohl physische[712] als auch organisatorische Schnittstellen.

Hier bieten moderne IuK-Technologien entscheidende Hilfestellungen, die unter dem Begriff Computer Supported Cooperative Work (CSCW) subsumiert werden. Dabei ermöglicht so genannte Groupware, deren bekanntestes Beispiel das Produkt Notes der Firma Lotus darstellt, die gemeinsame Nutzung von Hard- und Software durch mehrere Aufgabenträger.[713] Groupware stellt sicher, dass eine gemeinsame Informationsbasis *(E_I)* verwendet wird, ermöglicht synchronisierte Arbeitsstände, indem beispielsweise nur die jeweils aktuellsten Dateien und Zeichnungen zur Bearbeitung herangezogen werden, und unterstützt die Kommunikation und Interaktion der Produktentwickler aus verschiedenen Organisationen durch e-Mail, virtuelle schwarze Bretter und Videoapplikationen.[714] So können Fehlabstimmungen und Schnittstellenprobleme vermieden werden. Als derzeit neueste Anwendung im CSCW wird ferner versucht, VR-Technologien für verteilte Anwender nutzbar zu machen. So plant etwa der Forschungsbereich von DaimlerChrysler einen virtuellen Konferenztisch, an dem räumlich weit entfernte Spezialisten virtuell zusammenkommen können, um ein mit VR dargestelltes Objekt gemeinsam zu bearbeiten.[715]

Als lange bekannte informationstechnologische Grundlage der Konstruktions- und Entwicklungsarbeit in der Automobilindustrie haben sich CAD-Programme verschiedener Anbieter etabliert. Für das CSCW kann dabei die Heterogenität der Anbieter von CAD sowie die Verwendung verschiedener Versionen durch Zulieferer und OEM ein Problem darstellen *(R)*. Webbasierte CAD-Anwendungen, an denen die meisten Softwarehersteller arbeiten, und auch Application Service Providing (ASP), also die nutzungsabhängige Vermietung von standardisierter Software über das Internet, wirken jedoch vereinheitlichend und ermöglichen zukünftig eine noch umfassendere Anwendung von CSCW, da sie auch kleine Zulieferer

---

[712] Vgl. **Gassmann (Dezentrale Innovationsprozesse, 2001)**, S. 77, der den Austausch von Spezifikationen, Produktarchitekturen und technischen Schnittstellen als bezeichnendes Merkmal für die eigentliche Projektphase von F&E-Projekten nennt.

[713] Vgl. **Stritzke (Internetgestütztes Informations- und Kommunikationssystem, 1999)**, S. 27.

[714] Vgl. **Upton u. McAfee (Virtual Factory, 1999)**, S. 76.

[715] Vgl. **DaimlerChrysler AG (Hrsg.) (Hightech Report, 2002)**, S. 64ff.

kostengünstig an die von den OEMs verwendeten Systeme anbinden.[716] Neben möglichen Grenzen der technischen Infrastruktur, die über die Teilnahme an der verteilten Produktentwicklung entscheidet, ist auf weitere Risiken *(R)* der Virtualisierung und Verteilung gemeinschaftlicher Produktentwicklung hinzuweisen. Nach Reichwald und Möslein sind dies insbesondere die mangelnde Bereitschaft, Informationen allgemein zur Verfügung zu stellen bzw. fremde Informationen zu nutzen, sowie mangelndes Vertrauen und die Unterstellung opportunistischen Handelns seitens des Entwicklungspartners.[717]

4.2.2.2.5.2 Übertragbarkeit von Prinzipien der verteilten, internetgetriebenen Softwareentwicklung auf die industrielle Produktentwicklung

Die im vorigen Abschnitt genannten Ansätze haben insgesamt zum Ziel, die industrielle Entwicklung physischer Neuprodukte arbeitsteilig zu gestalten und eine Vielzahl an räumlich getrennten Entwicklungspartnern mittels Unterstützung durch IuK-Technologien effektiv und effizient einzubinden. Darüber hinaus wird jedoch hier die These vertreten, dass bedeutende e-Potenziale für die physische Produktentwicklung in der Automobilindustrie in der Übernahme von Methoden der verteilten, internetgetriebenen Softwareentwicklung begründet liegen, wie nun zu zeigen ist.

Nach Gassmann folgen innovative, internetgetriebene Softwareentwicklungsprozesse den drei Mustern Iteration, Partizipation und Evolution.[718] Als Beispiel für Iteration kann die Entwicklung des Internet-Werkzeugs ICQ („I seek you“) angeführt werden. ICQ informiert den Benutzer, wer von seinen Bekannten aktuell im Internet online ist. Kaum war die Idee für das Produkt geboren, wurde eine erste Version im Internet veröffentlicht (Rapid Prototyping), sogar noch bevor eine klare Produktstrategie definiert war. Die Reaktionen der Erstanwender (Lead User) wurden dann jedoch schnell für eine erste Überarbeitung genutzt. Auch in der Folge wechselten sich die Einführung überarbeiteter Versionen und die Einarbeitung von Anregungen aus Nutzerfeedbacks iterativ ab, was sowohl einen ständig steigenden Reifegrad des Produkts als auch eine schnell wachsende Anwenderschaft bewirkte.

Partizipation in der Produktentwicklung lässt sich anhand der partizipativen, interaktiven Bucherstellung nachvollziehen, die Amazon.com mit dem Autor Steven King erstmalig testete. Der Autor verfasst das erste Buchkapitel und stellt es im Internet kostenfrei zur Verfügung. Der Leser hat die Möglichkeit, ausgewählte Charaktere und Situationen zu bewerten und damit den Handlungsfortgang im zweiten, kostenpflichtigen Kapitel

[716] Vgl. **Hartmann (Web-based Controlling, 2001)**, S. 82; ebd., S. 84.
[717] Vgl. **Reichwald u. Möslein (Telekooperation, 1996)**, S. 230.
[718] Vgl. zur folgenden Erläuterung der drei Prinzipien **Gassmann (Dezentrale Innovationsprozesse, 2001)**, S. 79ff; insbesondere S. 83.

mitzubestimmen. Der Endkunde wird also in die Produktentwicklung einbezogen und zeigt sich sogar bereit, partielle Prototypen käuflich zu erwerben.

Das wohl bekannteste und anschaulichste Beispiel für den evolutionären Charakter von internetgetriebenen Softwareinnovationen stellt die Entwicklung des Linux-Betriebssystems dar. Linux wurde in seiner Basisarchitektur 1991 bis 1994 von Linus Torvalds an der Universität Helsinki entwickelt und im Internet veröffentlicht. Jeder Anwender kann Linux frei verwenden, modifizieren oder um Applikationen ergänzen, muss seine Erweiterungen jedoch ebenfalls frei zugänglich machen (General Public License); proprietäre Architekturen sind verboten. Es wird eine Philosophie der offenen Standards verfolgt. Die erfolgreiche Entwicklung von Linux verläuft ohne zentrale, hierarchische Instanzen. Stattdessen wird sie selbstgesteuert durch eine offene Gemeinschaft von Entwicklern, Professionellen und Amateuren, vorangetrieben. In diesem evolutionären Prozess setzen sich nach dem darwinistischen Prinzip bei konkurrierenden Weiterentwicklungen die jeweils überlegenen durch *(E_1)*. Die Konzeptauswahl erfolgt also dezentral durch die Entwickler- und Anwendergemeinschaft, beispielsweise durch die Bewertung neuer Bausteine in Diskussionsforen. Selbst Microsoft, ein Verfechter des Gegenmodells proprietärer Standards, nähert sich der Open Source-Bewegung an und ermöglicht mittlerweile ausgewählten Fachleuten und Großkunden Zugang zum geheimen Quellcode des Betriebssystems Windows.[719]

Nun unterscheiden sich internetgestützt entwickelte, neue Softwareprodukte oder Buchinhalte zweifellos insofern von Produktinnovationen in der Automobilindustrie, als sie nichtphysischen Charakters sind. Dennoch lohnt eine Diskussion der Übertragbarkeit der ihnen zugrunde liegenden, generischen Prinzipien Iteration, Partizipation und Evolution. Iteration bedeutet, dass bereits sehr frühe Versionen eines Produktkonzepts der Kundenbeurteilung ausgesetzt, Anregungen aufgenommen und dann dieser Vorgang in Schleifen mehrmals wiederholt wird. In der Automobilindustrie könnten Einzellösungen, z.B. Sitzverstellungen, oder auch ganze Fahrzeugkonzepte auf diese Weise getestet werden. Einen internetgestützten Ansatz hierzu stellt das bereits erwähnte Concept Lab Volvo dar (vgl. nochmals Abbildung 27). Der Vorteil einer solchen Vorgehensweise besteht in der Möglichkeit, Alternativen zu testen und das gewonnene Wissen frühzeitig in den PEP zu integrieren *(E_1)*. Dies bedeutet jedoch gleichzeitig auch, dass Änderungsmöglichkeiten im PEP bestehen bleiben müssen und Spezifikationen nicht zu früh unwiderruflich festgelegt werden. Iansiti und MacCormack sprechen von einem flexiblen Ansatz und fordern gar, dass die Festschreibung der

[719] Vgl. **o.V. (Open Source, 2002)**, S. 1.

endgültigen Produktkonfiguration so weit wie nur möglich hinausgezögert wird.[720] Betrachtet man jedoch den PEP in der Automobilindustrie (vgl. Abbildung 19), so zeigt sich, dass ohne verbindliche Meilensteine, zu denen ein ständig steigender Reifegrad an Produktmerkmalen abgefragt und die Entwicklungsstände aller beteiligten Partner synchronisiert werden, die Integration eines so komplexen Neuprodukts wie des Automobils in einem vorgegebenen, engen Zeitrahmen nicht möglich ist *(R)*. Dennoch erscheint es als sinnvoll, insbesondere bei den frühen Meilensteinen die Spezifikationen offener zu gestalten und in Iterationsschleifen erste Marktreaktionen einzuholen und im PEP zu verankern.

Auf ähnliche Weise sollte im frühen PEP die Partizipationsmöglichkeit der Endkunden erhöht werden. Bestehen beispielsweise bei einem innovativen Produktmerkmal Zielkonflikte, so etwa zwischen Kosten und Funktionalität, können die funktionellen Alternativen, ggf. in verfremdeter Form, ausgewählten Kunden im Internet zur Priorisierung und Bewertung vorgelegt und mit Zahlungsbereitschaften versehen werden. Zeigt sich ein vorherrschendes Mehrheitsbild, ermöglicht die Aufnahme der Kundenspezifikationen eine effektivere Budgetzuteilung und lässt eine verbesserte Marktakzeptanz der Innovation erwarten (E_1).

Auch bezüglich einer evolutionären Produktentwicklung im Netzwerk lassen sich durchaus Ansatzpunkte für die Automobilindustrie finden. Hauptansatzpunkt für offene Standards ist die Innovationsfindung im vorwettbewerblichen Kontext. Im Unterschied zu Linux werden hier Standards, Schnittstellen und Spezifikationen, so z.B. für Bluetooth, nicht durch eine völlig offene, sondern vorher definierte Gemeinschaft von Mitgliederfirmen demokratisch festgelegt.[721] Bluetooth ist eine standardisierte, Strom sparende Funktechnik zur Überbrückung kurzer Distanzen, die der schnurlosen Kommunikation von Applikationen wie Mobiltelefon, Freisprechanlage oder Laptop im Automobil dient. Ein anderes Beispiel stellen die zahlreichen geplanten elektronischen Steuerungssysteme für Motor, Lenkung, Bremsen und Fahrwerk (By-Wire-Systeme) dar, die ein neues Kommunikationssystem für die sichere Echtzeitübertragung von Daten im Fahrzeug erfordern.[722] Für die Entwicklung des als FlexRay bezeichneten Kommunikationssystems hat sich ein internationales Konsortium u.a. aus BMW, Bosch, DaimlerChrysler, GM und Motorola gebildet, dessen explizites Ziel es ist, das Endprodukt im Sinne der Open Source-Philosophie frei verfügbar zu machen und zu einem Standard zu entwickeln.[723]

---

[720] Vgl. IANSITI U. MACCORMACK **(Developing on Internet Time, 1999)**, S. 92f.
[721] Vgl. GASSMANN **(Dezentrale Innovationsprozesse, 2001)**, S. 86.
[722] Vgl. DAIMLERCHRYSLER AG (HRSG.) **(Hightech Report, 2002)**, S. 39.
[723] Vgl. O.V. **(FlexRay, 2002)**, S. 1.

Insgesamt lassen sich zwar nicht alle Prinzipien der internetgetriebenen Softwareentwicklung vorbehaltlos auf die physische Produktentwicklung in der Automobilindustrie übertragen, jedoch stellen die genannten Transfermöglichkeiten zweifellos eine Bereicherung des PEP dar. Die Bedeutung der genannten drei Prinzipien wird in der Zukunft auch in der Automobilindustrie weiter steigen, bedenkt man, dass ein Großteil der Produktinnovationen nicht mehr mechanischer, sondern elektrischer oder elektronischer und damit zumindest teilweise virtualisierbarer Natur sind. Im Folgenden soll daher auf die Auswirkungen der Substitution von mechanischen durch elektrische und elektronische Produktinnovationen eingegangen werden.

4.2.2.2.6 Analyse der Auswirkungen der Substitution von mechanischen durch elektrische und elektronische Produktinnovationen

Wie in Abschnitt 2.3.3.2.3 erläutert, involvieren bis zu 90% aller Produktinnovationen elektrische oder elektronische Funktionen; der Wertanteil der Elektronik im Fahrzeug steigt trotz des rapiden Preisverfalls von elektronischen Komponenten weiter an. Die Steuerung dieser Komponenten erfolgt durch Softwareprogramme, die ebenfalls an Umfang und Komplexität gewinnen. Kam ein Automobil noch in der 1960er Jahren gänzlich ohne Software aus, stieg der Softwareumfang, gemessen an der Zahl der Programmzeilen, inzwischen exponentiell auf 1.000 (1980), 100.000 (1995) bis hin zu 10 Millionen (2002).[724] Software- und Elektronikinnovationen ermöglichen auf der einen Seite die innovative, internetgestützte Anwendung der oben erläuterten Prinzipien Iteration, Partizipation und Evolution im Automobilbau. Auf der anderen Seite sind sie mit spezifischen Charakteristika behaftet, denen besonderes Augenmerk zu widmen ist. Diese Charakteristika sind namentlich divergierende PLZ, Schnittstellen-, Kompatibilitäts- und Interaktionsanforderungen sowie die Updateproblematik *(R)*.

Bereits Pfeiffer u.a. erkannten bei der Diskussion ihres Technologieportfolios, dass „für viele Branchen der Übergang von der Mechanik zur Elektronik eine absolute Notwendigkeit“ darstellt.[725] Die Dauer der Entwicklungs- und Lebenszyklen von Elektronik einerseits und von Mechanik bzw. dem Endprodukt Automobil als Ganzes andererseits differieren jedoch enorm. Während z.B. bei Mikrochips spätestens alle 18 Monate Generationswechsel stattfinden, beträgt die Lebensdauer eines Fahrzeugs mitunter das zehnfache.[726] In anderen Worten werden Elektronikinnovationen deutlich schneller obsolet als mechanische oder als das Fahrzeug selbst, und zwar sowohl auf der Hardware- als auch auf der Softwareseite. Es stellt

[724] Vgl. **DAIMLERCHRYSLER AG (HRSG.) (Hightech Report, 2002)**, S. 46f.
[725] **PFEIFFER U.A. (Technologie-Portfolio, 1991, zuerst: 1982)**, S. 14.
[726] Vgl. **DAIMLERCHRYSLER AG (HRSG.) (Hightech Report, 2002)**, S. 38.

sich die Frage, wie eine Aktualisierung (Update) der Elektronik erfolgen kann, um so den innovativen Charakter des Gesamtprodukts zu erhalten. Schließlich ist nicht einzusehen, dass ein nur ein bis zwei Jahre altes Fahrzeug schon veraltete Steuerungsalgorithmen für ABS und ESP oder überholte Datensätze für das Navigationssystem aufweisen sollte. Für die Hardware bedeutet dies, dass definierte, standardisierte Schnittstellen mit der Systemsoftware zur Verfügung zu stellen sind, die es erlauben, veraltete Hardwarekomponenten durch aktualisierte auszutauschen, ohne dass weitere Anpassungen vorgenommen werden müssen. In ähnlicher Weise sollte jedoch auch die Systemsoftware klar abgegrenzt sein und über festgelegte Schnittstellen zur Funktionssoftware verfügen, so dass letztere ebenfalls gemäß einem Baukastenschema problemlos ausgetauscht und aktualisiert werden kann.[727]

Insbesondere auf der letztgenannten Ebene der Funktionssoftware bieten sich nun für die Produktentwicklung neue Chancen durch das Internet. Noch lange bevor ein Modellwechsel oder eine Modellpflege für das Gesamtfahrzeug ansteht, kann aktualisierte Funktionssoftware dem Endkunden internetbasiert angeboten werden. Kunden, die unter einem hersteller- oder markenspezifischen Portal wie etwa dem Mercedes-Benz Portal mit ihrem Fahrzeug registriert sind, können zukünftig an das jeweilige Fahrzeugmodell angepasste Updates und Neuentwicklungen für Steuerungssoftware oder Navigationssysteme zum Herunterladen angeboten werden, die dann bei entsprechend definierten Schnittstellen, z.B. über Bluetooth, vom Kunden selbst in das Fahrzeug eingespielt werden, ohne dass ein Werkstattbesuch notwendig wäre *(E_2)*. Umgekehrt ist denkbar, dass Elektronikprobleme mit einem entsprechenden Fehlercode direkt vom Fahrzeug an den OEM übermittelt werden, so dass dieser entweder Softwarereparaturprogramme (Patches) einspielen oder in schwerwiegenderen Fällen die Servicestation informieren kann. Solche und ähnliche internetbasierte Anwendungen werden um so mehr an Bedeutung gewinnen, als Elektrik, Elektronik und Software nicht nur für schnelle Obsoleszenz, sondern aufgrund ihrer stark steigenden Komplexität auch für eine hohe Fehler- und Pannenanfälligkeit verantwortlich zu machen sind.[728]

Mit der Analyse der Auswirkungen der Substitution von mechanischen durch elektrische und elektronische Produktinnovationen schließt die Diskussion von e-Potenzialen in der Produktentwicklung. Die folgenden Abschnitte befassen sich mit e-Potenzialen bei der Markteinführung und Diffusionsunterstützung der Innovation, also in der letzten Phase des Innovationsprozesses, der Marktphase.

---

[727] Vgl. **DaimlerChrysler AG (Hrsg.) (Hightech Report, 2002)**, S. 49.
[728] Vgl. **o.V. (Elektronik-Pannen, 2002)**, o.S.

4.2.3 e-Potenziale bei Markteinführung und Diffusionsunterstützung

Wie bereits erläutert, wird eine Innovation erst in der Marktphase zu einer solchen. Mit der Kundenakzeptanz entscheidet sich der Erfolg des Innovationsprozesses. Die Ankündigung, Markteinführung und Unterstützung der Marktverbreitung der Innovation lassen sich, so die Vermutung, gut durch e-Business unterstützen *(E_1, E_2)*, da in dieser Phase nicht alleine das Produkt selbst, sondern vor allem Information, Kommunikation und Imagevermittlung, mithin also nichtphysische und damit virtualisierbare Ansätze im Mittelpunkt stehen. In diesem Zusammenhang sei nochmals auf den janusköpfigen Charakter des Produkts Automobil verwiesen, das nicht nur technisch-objektive, sondern auch starke emotional-subjektive Eigenschaften in sich vereinigt (vgl. Abschnitt 2.3.2).

Die folgenden fünf Abschnitte zeigen daher Ansatzpunkte zur Information, Kommunikation und Imagevermittlung einer Innovation in der Marktphase auf. Dies sind im Einzelnen die offizielle, internetbasierte Lead User- und Zielgruppenansprache im B2C-Bereich, die Nutzung virtueller Gemeinschaften für inoffizielle Kommunikation im P2P-Bereich, die virtuelle Vernetzung von Lieferanten- und OEM-Produkten und -marken, e-Potenziale im Variantenmanagement sowie die Unterstützung des After Sales-Bereichs durch das Internet.

4.2.3.1 Offizielle Lead User- und Zielgruppenansprache per Internet

Im Unterschied zur internetgestützten, interorganisatorischen Ideenfindung und Produktentwicklung, die weitgehend dem B2B-Bereich zuzuordnen sind, fällt die Markteinführung einer Innovation in das B2C-Segment des e-Business. Damit kommt der Ansprache des Endkunden und seiner Adoptionsentscheidung die entscheidende Bedeutung zu. Insbesondere in den mittleren Phasen des innovationsbezogenen Kaufentscheidungsprozesses, in denen eine prinzipielle Wahrnehmung und Vertrautheit des Kunden mit der Innovation in eine positive oder negative Kaufentscheidung mündet, sind internetbasierte Marketinginstrumente gut geeignet, werden aber in der Automobilindustrie noch zu wenig genutzt.[729]

Angelehnt an eine Vorgehensweise von Meffert, der die Anwendung des klassischen Marketing-Mix im Internet untersucht, sollen nun die vier Marketinginstrumente Produktpolitik, Distributionspolitik, Preispolitik und insbesondere Kommunikation im B2C-Bereich der Automobilindustrie diskutiert werden.[730]

Ansatzpunkte im Bereich der Produktpolitik sind nach Meffert die individualisierte Leistungserstellung unter Kundenbeteiligung sowie die Unterstützung des After Sales-Service

[729] Vgl. **Chatterjee u.a. (Auto Branding, 2002)**, S. 138.
[730] Vgl. zum Folgenden **Meffert (Interaktive elektronische Medien, 2000)**, S. 11ff.

mit Hilfe des Internets. Diese Gesichtspunkte werden in den Abschnitten 4.2.3.4 und 4.2.3.5 diskutiert.

Im Rahmen der Distributionspolitik kann das Internet in der Informations- und Vereinbarungsphase der Anbahnung und Abwicklung von Transaktionen dienen sowie als logistischer Absatzweg fungieren. Letzteres kommt jedoch nur bei digitalen Produkten, wie z.B. Software für die Fahrzeugelektronik, in Betracht, nicht jedoch bei dem physischen Produkt Automobil, wie sich von selbst versteht. Die Transaktionsanbahnung per Internet ist jedoch in der Automobilbranche weit fortgeschritten; bereits im Jahr 2000 informierte sich gut jeder zweite Autokäufer zur Fundierung seiner Kaufentscheidung im Internet.[731] Die Transaktionsabwicklung per Internet, die nicht nur die bereits angebotene Zusammenstellung von Ausstattungsmerkmalen mittels Konfigurationsprogrammen beinhalten würde, sondern auch Vertragsschluss, Bonitätsprüfung und Zahlungsabwicklung, hat sich bisher nicht etabliert. Neben der möglichen Entfremdung vom Kunden sind hierfür speziell in der EU die Regelungen der Gruppenfreistellungsverordnung (GVO) als Hindernis zu nennen *(R)*, die Absatzwege für Neufahrzeuge unter Umgehung des Absatzgebietsschutzes der Vertragshändler bislang nicht erlaubt.

Mit Blick auf die Preispolitik lässt sich feststellen, dass nahezu alle Studien über Internet-Nutzer zeigen, dass eine niedrige Zahlungsbereitschaft für internetbasierte Produkte *(R)*, so z.B. für Informationen, besteht.[732] Informationen über Produktinnovationen oder digitale Innovationen (Software) sollten daher als Service- und Kundenbindungsinstrument verstanden und kostenfrei angeboten werden.

Der Kommunikation von Innovationen kommt bei Markteinführung besondere Bedeutung zu. So betrachtet beispielsweise BMW die effektive Kommunikation mit dem Endkunden als eines der herausragenden Nutzenpotenziale von e-Business *(E_1)*.[733] Produktvorankündigungen können etwa auf der Internet-Seite des Unternehmens ausgewiesen werden. Bannerwerbung oder Hyperlinks eignen sich zur Umleitung von Nutzern in Homepagebereiche, die sich exklusiv der Innovation widmen. Besser noch werden Benutzer mit der Innovation vertraut, wenn Interaktivität hinzukommt. So erlaubt etwa BMW mit seinem Automotive Innovation Discussion-Forum einen „Blick in die Zukunft" und ein „Vertiefen des Wissens über moderne Technologien und innovative Konzepte",[734] was die Empathie der Nutzer für Innovationen des OEMs sowie die Adoptionswahrscheinlichkeit erhöht. Es erscheint auch plausibel,

[731] Vgl. **Chatterjee u.a. (Auto Branding, 2002)**, S. 141.
[732] Vgl. **Meffert (Interaktive elektronische Medien, 2000)**, S. 14.
[733] Vgl. **Suchla (BMW e-Business, 2001)**, S. 5.
[734] **BMW AG (Hrsg.) (Innovation, 2001)**, S. 1.

anzunehmen, dass Nutzer, die solche Angebote wahrnehmen, Neuem aufgeschlossen und Trendsetter, also Lead User sind, und daher genau der Zielgruppe für Vorankündigungen entsprechen. Andere Lead User, so etwa Kunden, die immer wieder zu den Erstbestellern von Nachfolge-Fahrzeuggenerationen zählen, und die z.B. offline aus Händlerkontakten oder online als registrierte Nutzer hersteller- oder markenspezifischer Portale bekannt sind, können ferner über die direkte, individuelle e-Mail-Kommunikation spezifisch angesprochen werden.

Auch unabhängig von Produktvorankündigungen erscheint es als sinnvoll, auf bestimmte Zielgruppen, die für spezifische Innovationen besonders empfänglich erscheinen, abgestimmte Internet-Angebote zur Verfügung zu stellen. So bietet etwa Fiat eine gesonderte Internet-Seite für Journalisten an, um deren Informationsbedürfnis zielgerichtet zu befriedigen (E_I) und deren Affinität zur Marke zu steigern.[735] Eine andere Homepage von Fiat (vgl. Abbildung 29) ist auf körperlich beeinträchtigte Autofahrer zugeschnitten und bietet neben neuen Produktmerkmalen behindertengerechter Fiat-Fahrzeuge auch Zusatzinformationen, wie etwa Tipps zur Erlangung eines entsprechenden Spezialführerscheins, so dass für den Nutzer eine ganzheitliche Produkterfahrung entsteht.

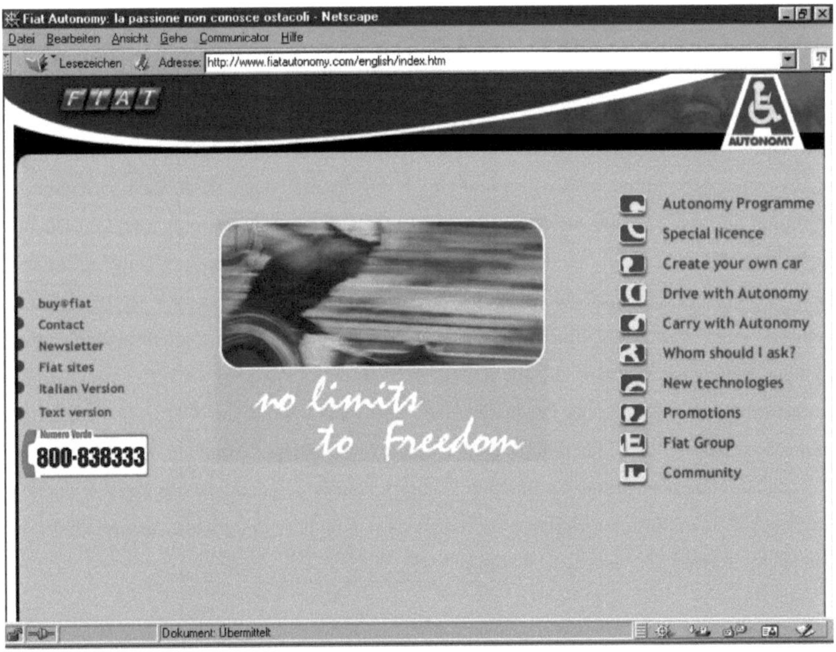

Abbildung 29: Eine zielgruppenspezifische Internet-Seite von Fiat.

Quelle: Fiat S.p.A. (Hrsg.) (Autonomy, 2002), S. 1.

[735] Vgl. **Fiat S.p.A. (Hrsg.) (Auto Press, 2002)**, S. 1; **Ring (Fiat Internet, 2001)**, S. 8.

Da die Masse der im Internet abrufbaren Informationen weiter exponentiell steigt, gestaltet es sich jedoch zunehmend schwieriger *(R)*, den Nutzer zum erstmaligen Besuch von Internet-Seiten zu bewegen (Aktivierungsproblematik). Von zentraler Bedeutung ist daher die Abstimmung aller Kommunikationsmaßnahmen (offline und online) im Sinne einer integrierten Kommunikation. Dies kann etwa bedeuten, dass die Internet-Adresse des Unternehmens oder einer bestimmten, zielgruppenorientierten Homepage in allen Kommunikationsmedien zu nennen ist.[736] Im Idealfall entsteht eine einheitliche Kundenansprache,[737] die der Orientierung und Identifikation mit Unternehmen, Marke und neuem Produkt(merkmal) dienlich ist.

4.2.3.2 Nutzung virtueller Gemeinschaften für inoffizielle Kommunikation

Die offizielle Ansprache bestimmter Zielgruppen durch das Unternehmen z.B. per Internet (B2C) stellt eine notwendige Voraussetzung für die Unterstützung von Adoption und Diffusion einer Innovation dar. Darüber hinaus entwickeln sich jedoch neue, durch das Internet unterstützte Formen des Austauschs von (potenziellen) Kunden untereinander (C2C, P2P), die immer wichtiger für die Meinungsbildung und das Adoptionsverhalten im Markt werden. Die Beobachtung und zumindest mittelbare, quasi inoffizielle Steuerung relevanter P2P-Segmente durch das Unternehmen erweist sich damit als weitere notwendige Kommunikationsmaßnahme.

P2P kann als Teilbereich von C2C aufgefasst werden, in dem Mitglieder von Interessengruppen miteinander interagieren. Nach einer engen, technisch orientierten Definition umfasst P2P alle Anwendungen, die auf der direkten Kommunikation von Client-Computern basieren,[738] so z.B. den internetbasierten Zusammenschluss von Nutzern, die auf ihren jeweiligen PCs abgelegte Musik- und Videodateien austauschen. Im weiteren Sinne umfasst P2P den Zusammenschluss und die Bildung von interessensgeleiteten Gemeinschaften durch Nutzer, die alle sowohl Anbieter und Erschaffer als auch Konsumenten von Informationen, Daten oder Produkten sind, wobei das Internet den Grad der Vernetzung drastisch erweitert oder überhaupt erst ermöglicht.[739] Diese virtuellen Gemeinschaften (Virtual Communities, Online Communities) unterscheiden sich dadurch von konventionellen Internet-Auftritten, dass sie es den Mitgliedern bzw. Kunden ermöglichen, untereinander in Kontakt zu treten.[740]

---

[736] Vgl. **Meffert (Interaktive elektronische Medien, 2000)**, S. 12.
[737] Vgl. **Suchla (BMW e-Business, 2001)**, S. 11.
[738] Vgl. **Kasrel u.a. (P2P, 2001)**, S. 2.
[739] Vgl. **Oram (Preface, 2001)**, S. IX-X.
[740] Vgl. **McWilliam (Online-Communities, 2001)**, S. 72.

Obgleich eine Mehrzahl der virtuellen Gemeinschaften durch die Gemeinschaft unterstützte kommerzielle Aktivitäten ablehnt,[741] betätigen sich viele Unternehmen – allerdings zur Zeit noch vornehmlich jene aus der Konsumgüter- und Medienbranche wie CNN, Disney, Pentax, Heineken oder Nestlé – als Gastgeber virtueller Gemeinschaften, indem sie gemeinschaftliche Funktionen wie schwarze Bretter, Diskussionsforen, Chat Rooms, Produktreviews, Bewertungsmöglichkeiten (Ratings) und virtuelle Treffpunkte zur Verfügung stellen.[742] Denn virtuelle Gemeinschaften erbringen nicht nur eine Affinitäts- und Sozialisationsfunktion,[743] sondern bieten auch Geschäftsnutzen: „Virtual communities are groups of people with common interests and needs who come together on line. Most are drawn by the opportunity to share a sense of community with like-minded strangers ... But virtual communities are more than just a social phenomenon. ... Communities allow members to exchange information on such things as a product's price and quality. ... [They allocate] a critical mass of purchasing power."[744] Der betriebswirtschaftliche Nutzen von virtuellen Gemeinschaften wird auch von einer empirischen Studie von McKinsey bestätigt, die zeigt, dass Nutzer von gemeinschaftlichen Funktionen doppelt so loyal sind wie andere Internet-Nutzer. Ferner machen sie zwar nur ein Drittel der Besucher transaktionsorientierter Seiten aus, generieren aber zwei Drittel der Transaktionen.[745]

Virtuelle Gemeinschaften sind für die Markteinführung von Innovationen vor allem deshalb bedeutsam, weil sie zum einen ein neues und bedeutsames Forum für die Meinungsbildung, positiv wie negativ, über die Innovation ermöglichen und zum anderen die Diffusion enorm beschleunigen oder bremsen können *(E_2)*. Das Internet fördert die Entstehung und die Bedeutsamkeit von Mundpropaganda und anderen inoffiziellen Kommunikationsformen, die eine gemeinschaftliche Bottom-up Realitätskonstruktion, ob objektiv wahr oder nicht, bedingen.[746] Damit erhält die Forderung, Innovationen immer nur aus subjektiver Kundensicht zu begreifen, weiteren Nachdruck. So wurde etwa der Film Blair Witch Project, der zwar einige innovative Merkmale aufweist (z.B. Handkamera), jedoch kein Meisterwerk im konventionellen Sinne darstellt, erst durch die Erörterung in Chat Rooms und Foren zu einem Gegenstand der Tagesdiskussion und zu einem überragenden Verkaufserfolg.[747] Entscheidend für den Versuch, die Meinungsbildung in virtuellen Gemeinschaften zugunsten eines Unternehmens oder eines neuen Produkts zu beeinflussen, ist, dass die

---

[741] Vgl. **Armstrong u. Hagel III (On-line Communities, 1999)**, S. 174.
[742] Vgl. **McWilliam (Online-Communities, 2001)**, S. 72.
[743] Vgl. **Ludwig (Beziehungsmanagement im Internet, 2000)**, S. 220.
[744] **Hagel III u. Armstrong (Virtual Communities, 1997)**, S. 143.
[745] Vgl. **Brown u.a. (On-line Communities, 2002)**, S. 4f.
[746] Vgl. **Minx u. DaimlerChrysler AG (Hrsg.) (Delta-Report, 2002)**, S. 121.
[747] Vgl. **Bressler u. Grantham Sr. (Communities of Commerce, 2000)**, S. 13.

Unternehmenspräsenz in virtuellen Gemeinschaften zurückhaltenden Charakter hat, sozusagen als inoffiziell wahrgenommen wird. So sponsert etwa der Hersteller von Whiskas Katzenfutter eine Internet-Seite über Katzenhaltung; Lipton Tee bietet Informationen zum Thema Essen und Trinken und tritt dabei nur in angebotenen Einkaufslisten indirekt mit seinen Produkten auf.[748] Noch glaubwürdiger werden inoffizielle Kommunikationsbemühungen, wenn nicht das Unternehmen selbst, sondern beispielsweise bekannte Persönlichkeiten[749] in Chat Rooms auftreten, oder aber unabhängige virtuelle Gemeinschaften unterstützt werden, z.B. durch Verweise von der Unternehmenshomepage. Einem möglichen Eindruck der Einflussnahme oder gar Zensur *(R)*, der gerade in der Internet-Gemeinschaft, die Offenheit und Meinungsfreiheit traditionell besonders hoch schätzt, entstehen könnte, sollten Unternehmen dadurch begegnen, dass auch Vergleiche mit Wettbewerbsprodukten oder kritische Stellungnahmen in virtuellen Gemeinschaften (man denke etwa an die zahlreichen Gemeinschaften gegen die Firma Microsoft) geduldet bzw. durch sachliche Gegenargumente entkräftet werden.[750]

Umgekehrt können Firmen inkognito an virtuellen Gemeinschaften teilnehmen, um Markttrends zu erfahren und um von der Kundenbewertung eigener Neuprodukte oder Produktvorankündigungen im Vergleich zu Wettbewerbsprodukten Kenntnis zu erhalten *(E_1)*. Besonders bei polarisierenden Produkten wie dem Automobil bilden sich Fan- oder ablehnende Gemeinschaften, deren Beobachtung sich für Lieferanten und OEMs lohnen kann. So existieren alleine für die Marke BMW Dutzende von virtuellen Fangemeinschaften, die sich mit neuen Baureihen, Motorsport, Oldtimern, Design und der Marke beschäftigen.[751] Abbildung 30 zeigt beispielsweise die Homepage einer besonders aktiven[752] Gemeinschaft zur BMW 7er-Baureihe, auf der u.a. das Produktdesign der neuesten Version dieser Baureihe kontrovers[753] diskutiert und bewertet wird. BMW behauptet von sich, solche Communities bewusst zu fördern.[754] Sowohl für BMW als auch für Wettbewerber erscheint es als sinnvoll, Inhalte und Diskussionsgegenstände solcher Seiten zu verfolgen, da ihre Ersteller und Nutzer

[748] Vgl. **Meffert (Interaktive elektronische Medien, 2000)**, S. 11; ebd., S. 13.
[749] Vgl. **Dye (Mundpropaganda, 2001)**, S. 11.
[750] Vgl. **McWilliam (Online-Communities, 2001)**, S. 80ff.
[751] Vgl. für eine Linkliste zu virtuellen Communities über BMW **o.V. (BMW-Treff, 2002)**, S. 1f.
[752] Die virtuelle Gemeinschaft hat 1.020 Mitglieder, es sind über 35.000 Beiträge und über 3.500 Zugriffe am Tag verzeichnet (Stand 9. Oktober 2002). Vgl. **o.V. (7er, 2002)**, S. 1.
[753] So antworten bei einer (selbstverständlich nicht repräsentativen) Online-Umfrage auf die Frage „Wie gefällt Ihnen der neue 7er?“ 62% ablehnend bis neutral (Kategorien „gefällt mir nicht“, „der alte war besser“, „geht so“), nur 38% zustimmend bis begeistert (Kategorien „das beste Auto der Welt“, „genial!“, „gut“) (Stand 9. Oktober 2002). Man beachte die Polarisierungskraft (emotional-subjektive Dimension des Produkts Automobil) und den kritischen Vergleich der Innovation „neuer 7er“ mit dem Vorgängerprodukt (Gefahr des nachfragerseitigen Leapfrogging und Abwarten der übernächsten Produktgeneration bzw. der Modellpflege). Vgl. **o.V. (7er, 2002)**, S. 1.
[754] Vgl. **Suchla (BMW e-Business, 2001)**, S. 11.

eine hohe Produktkenntnis sowie ein hohes Produktinteresse aufweisen und aus eigenem Antrieb viel Zeit in die virtuelle Gemeinschaft investieren. Sie müssen nicht durch offizielle Kommunikation mit Innovationen vertraut gemacht werden, sondern antizipieren sie mitunter sogar, so etwa durch den Austausch von so genannten Erlkönig-Fotos (Fotos noch nicht offiziell vorgestellter neuer Baureihen). Als Lead User tragen sie dann zur Meinungsbildung und zur weiteren Verbreitung (oder Nichtverbreitung) von Innovationen bei. Im Idealfall entstehen umgekehrte Marktverhältnisse (reverse markets), d.h. die durch Kommunikation untereinander von einer Innovation überzeugten Konsumenten fragen das Produkt von selbst beim Hersteller nach statt umgekehrt; der Markt für die Innovation wandelt sich also vom Käufer- zum Verkäufermarkt.[755]

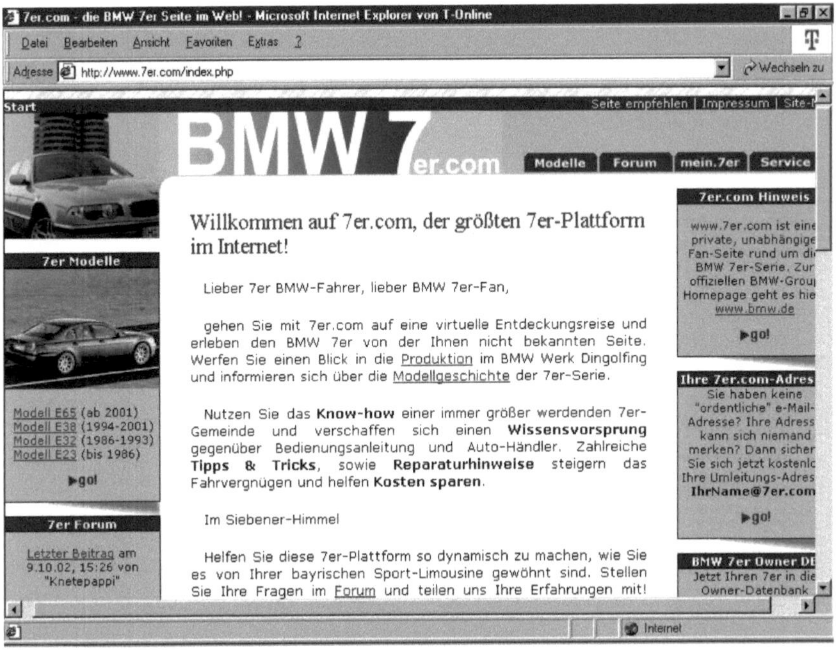

Abbildung 30: Eine virtuelle Gemeinschaft zur BMW 7er-Baureihe.

Quelle: o.V. (7er, 2002), S. 1.

Die GM-Marke Vauxhall tritt indirekt als Sponsor einer virtuellen Gemeinschaft für Jugendliche auf (vgl. Abbildung 31). Das Markenemblem von Vauxhall ist beim Aufrufen der Seite zunächst nicht zu sehen und wird erst nach einer gewissen Zeit eingeblendet („powered by Vauxhall"). Auf den ersten Blick hat die Gemeinschaft nichts mit Automobilen zu tun. Im Diskussionsbereich gibt es eine Auswahl verschiedener Themen, unter denen Automobile

[755] Vgl. **DAYAL U.A. (Digital Brands, 2000)**, S. 45.

nicht vertreten sind. Erst beim weiteren Navigieren zeigen sich einige Merkmale, die mit dezenten Hinweisen auf Vauxhall verknüpft sind. So werden etwa ein Fahrschulfragentest oder Informationen zu Rallyefahrzeugen, die als Vauxhall-Produkte zu erkennen sind, angeboten. Ferner ist eine Fahrzeugkonfigurationsfunktionalität für den Vauxhall Corsa verfügbar.

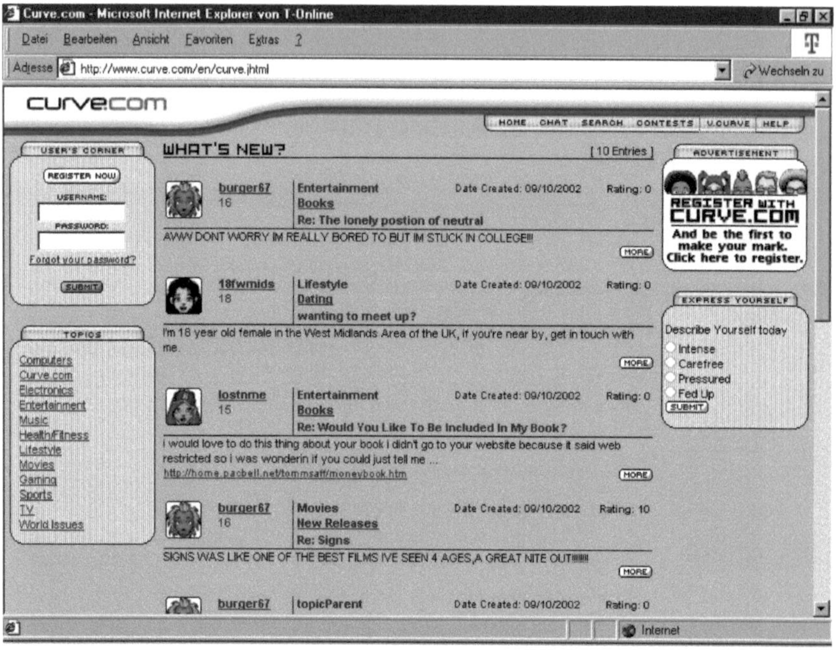

Abbildung 31: Eine von Vauxhall gesponserte virtuelle Gemeinschaft für Jugendliche.

Quelle: o.V. (Curve, 2002), S. 1.

Insgesamt bietet das Engagement des OEMs bei dieser virtuellen Gemeinschaft die Möglichkeit, Jugendliche gezielt, aber nicht in Form von offener Werbung anzusprechen, deren Meinung kennenzulernen und sie an die Marke zu binden.

4.2.3.3 Virtuelle Vernetzung von Lieferanten- und OEM-Produkten und -marken

In Abschnitt 3.2.7.3 wurde diskutiert, wie Lieferanten und OEMs, die im Innovationsprozess miteinander verzahnt sind, durch eine stärkere Vernetzung im Markenauftritt insbesondere der Lieferantenmarke eine bessere Geltung beim Endkunden verschaffen und so die Marktakzeptanz und -verbreitung der Innovation zum beiderseitigen Nutzen von Lieferant und OEM verbessern können *(E_1)*. Für die Unterstützung solcher Komponentenbrandingaktivitäten bietet sich das Internet aufgrund seiner Interaktivität besonders an.

Die endkundenorientierten Internet-Auftritte von Lieferanten- und OEM-Marken in der Automobilindustrie sind bislang nicht vernetzt. Wenn sich jedoch die Kompetenzen und Beiträge von OEMs und Lieferanten in der Innovationsfindung ergänzen, bietet sich auch eine gegenseitige Bezugnahme auf den Homepages an. So mag es einem OEM durchaus zuträglich sein, die Vorstellung einer neuen Baureihe und ihrer innovativen Produktmerkmale auf der Homepage mit der Nennung der wesentlichen an der Entstehung beteiligten Zulieferpartner zu verbinden. Hyperlinks oder Banner stellen dann einfache Werkzeuge dar, mit denen interessierte Nutzer auf die Seite des Lieferanten oder auf eine gemeinsame Seite gelenkt werden können, um sich dort über technische Einzelheiten, Entstehungsgeschichte und Leistungsmerkmale der Innovation zu informieren. Umgekehrt sollten Zulieferer verstärkt in Erwägung ziehen, ihre Internet-Auftritte nicht alleine auf ihre Unternehmenskunden, die OEMs, zuzuschneiden, sondern auch vermehrt Endkunden anzusprechen. Eine schlagkräftige Methode, die dem Endkunden die Bedeutung des Lieferanten für die innovativen Produktmerkmale eines Automobils veranschaulicht, ist die Nennung von OEMs, deren Produkte bestimmte Eigenschaften nur mit der Technologie des Lieferanten erzielen.[756] Ein weiterer Ansatzpunkt für Branding ist in den Fahrzeugkonfigurationsprogrammen auf den Internet-Seiten der OEMs zu sehen. Bislang ermöglichen diese die Auswahl und Veranschaulichung bestimmter Ausstattungsumfänge des Endprodukts Automobil. Hinweise auf Lieferantenmarken und -produkte fehlen jedoch weitgehend. Bestimmte, für Branding geeignete Produktmerkmale (vgl. zu den Eignungskriterien nochmals Abschnitt 3.2.7.3) ließen sich hier jedoch mit den entsprechenden Lieferantenmarken verknüpfen. Beispielsweise bietet es sich an, Sound- und Multimediasysteme verschiedener Anbieter vorzustellen und den Interessenten über einen Hyperlink zu den Lieferantenhomepages Hintergrundinformationen für ihre Entscheidung zu liefern.

Selbstverständlich ist, dass e-Branding-Aktivitäten, wie auch konventionelles Branding, nur nach Abstimmung unter den beteiligten OEMs und Lieferanten vorgenommen werden darf, da Marken- und Schutzrechte unmittelbar betroffen sind *(R)*. Für beide Seiten gilt es dabei, nur Partner mit einem passenden Markenimage für Branding heranzuziehen, um das jeweilige Markenversprechen (z.B. Produktattribute, Serviceattribute, Vertrauen, Image/Prestige, Innovationskraft o.ä.) zu untermauern.[757] Gegenseitige Homepageverweise und andere Partnerprogramme[758] sind in jedem Fall aufeinander abzustimmen, z.B. im Zuge eines

[756] So erwähnt Bosch auf seiner Homepage, allerdings eher beiläufig und an untergeordneter Stelle, dass die Fahrzeuge VW Lupo und Audi A2 als einzige Diesel-PKW nur deswegen bereits jetzt die zukünftige Euro IV-Schadstoffnorm einhielten, weil sie mit Bosch-Technologie ausgestattet seien.

[757] Vgl. **Lachenauer u.a. (Internet Brand, 2001)**, S. 3.

[758] Vgl. **Hummel (Geschäftsmodelle im Internet, 2002)**, S. 716.

einheitlichen Web-Designs, um eine konsistente Kundenansprache und einen glaubwürdigen Markenauftritt zu gewährleisten. Nur so wirkt e-Branding im Sinne einer besseren Verankerung von Innovationen im Kundenbewusstsein und vermeidet Informationsüberflutung.[759]

4.2.3.4 e-Potenziale im Variantenmanagement

Die europäische Automobilindustrie ist bereits heute ein Vorreiter bei der kundenindividuellen Auftragsproduktion (Build-to-order), während in der amerikanischen Automobilindustrie aufgrund anderer Nachfragergewohnheiten (Vergleich von Neuwagen auf dem Hof des Händlers, Spontankäufe, stark incentivierte Abverkäufe) die Automobilproduktion auf Lager erfolgt (Build-to-stock). Die durch die kundenindividuelle Auftragsproduktion zu meisternde Variantenvielfalt wird weiter verstärkt durch die anhaltende Modellproliferation in der Automobilindustrie und einen starken gesellschaftlichen Trend zur Individualisierung in allen Lebensbereichen.[760]

Variantenvielfalt hat über die Schaffung einer Differenzierungsposition im Markt und über die Abschöpfung der individuellen Zahlungsbereitschaft von Kunden einen positiven Erfolgsbeitrag im Unternehmen.[761] In der Automobilindustrie äußert sich die Variantenvielfalt als mehrdimensionale leistungswirtschaftliche Vielfalt zunächst in einer Angebotsvielfalt (Modelle, Typen, Sonderausstattungen, Länderanpassungen usw.), die sich in einer materialwirtschaftlichen Vielfalt (unterschiedliche Lieferanten, Systeme, Module, Komponenten) fortsetzt und auch die Prozessanzahl und -komplexität erhöht, was schließlich eine Mehrung des Ressourcenbedarfs bedingt.[762] Damit wird klar, dass die Variantenvielfalt über die Erhöhung der Komplexität in der gesamten Wertschöpfungskette auch negative Auswirkungen auf den unternehmerischen Erfolg hat.[763]

Es gilt also, die Kosten der Vielfalt einzudämmen, ohne dabei das marktseitige Erfolgspotenzial eines großen Variantenspektrums aufzugeben. Ein Ansatzpunkt zur Reduktion der variantenbedingten Komplexität ist ein Vermeiden von Vielfalt im frühen Entstehungs- und Fertigungsprozess von Produkten. Durch eine möglichst späte Festschreibung des Differenzierungszeitpunkts von Varianten, also eine flussabwärts gerichtete Verschiebung des so genannten Order Penetration Points, können Fertigungsprozesse standardisiert und

[759] Vgl. **Hummel (Geschäftsmodelle im Internet, 2002)**, S. 723.
[760] Vgl. **Fraunhofer-Institut für Systemtechnik und Innovationsforschung im Auftrag des Bundesministeriums für Bildung, Wissenschaft, Forschung und Technologie (Hrsg.) (Delphi Ergebnisse, 1998)**, S. 13.
[761] Vgl. **Coenenberg u. Prillmann (Variantenmanagement, 1995)**, S. 1234.
[762] Vgl. **Bohne (Komplexitätsmanagement, 1998)**, S. 16.
[763] Vgl. **Coenenberg u. Prillmann (Variantenmanagement, 1995)**, S. 1234.

Skaleneffekte erzielt werden, ohne dabei die für den Endkunden sichtbare Vielfalt zu schmälern.[764]

Das Variantenmanagement kann durch e-Business insbesondere in der Marktphase auf neuartige Weise unterstützt werden. Für Meffert ist die individualisierte Leistungserstellung mit Hilfe des Internets ein bedeutendes Element der Produktpolitik im Rahmen eines e-Business-unterstützten Marketing-Mix.[765] Der Kunde beteiligt sich an der Konfiguration des Produkts und wird dadurch zum Koproduzenten. Das bekannteste Beispiel ist der Computerhersteller Dell, der seine Produkte von Kunden im Internet konfigurieren lässt und dadurch Falschbestellungen, Kapitalbindung, Lagerkapazitäten und Verluste durch obsolete Produkte reduziert *(E_1, E_2)*. Die Anstrengungen des Kunden zur Individualisierung der Leistung (Informationssuche, Vergleich, Verzicht auf physische Muster) sind jedoch als steigende Kosten des Kunden zu interpretieren. Daher muss der wahrgenommene Individualisierungsnutzen deutlich höher ausfallen als die empfundenen Mühen. Gerade hier leisten neue IuK-Technologien wie das Internet einen entscheidenden Beitrag.[766] Informationen können kundengerecht aufbereitet und angeboten werden. So entfällt das physische Blättern in Katalogen oder die Zuordnung von erlaubten Ausstattungskombinationen. Statt dessen erlauben intelligente Konfigurationsprogramme, schnell und intuitiv *(E_2)* die Fahrzeugausstattung zu finden, die für den Kunden optimal ist. Fehler werden vermieden *(E_1)*, indem zwingende Ausstattungskombinationen oder gegenseitige Ausschlusskriterien automatisch Berücksichtigung finden.[767] In einem nächsten Schritt können im Sinne des CRM Kundendaten, die sich aus der Navigation des Kunden in hersteller- oder markenspezifischen Portalen oder aus der Bedienung von Konfigurationsprogrammen gewinnen lassen, dazu verwendet werden, Neuheiten, die den Kundenpräferenzen entsprechen, vorzuschlagen oder spezifische Varianten anzubieten (Sportlinien für den Sportwagenfahrer, neue Accessoires für Nutzer von Multifunktionsvans). Nicht zuletzt übertrifft das Internet physische Informationsmaterialien wie etwa Kataloge in Anschaulichkeit und Interaktivität, indem beispielsweise bewegliche Innenansichten eines Fahrzeugs mit Zoomfunktion sowie Audio- und Videosequenzen angeboten werden.

Wie schon oben betont, wird das Internet jedoch kaum eine physische Probefahrt oder die persönliche Beratung beim Automobilhändler ersetzen können *(R)*, zumindest entspräche dies nicht dem Gedanken des derzeitigen, GVO-basierten europäischen Vertriebssystems mit

---

[764] Vgl. **COENENBERG U. PRILLMANN (Variantenmanagement, 1995)**, S. 1253.
[765] Vgl. **MEFFERT (Interaktive elektronische Medien, 2000)**, S. 11.
[766] Vgl. **PILLER U. SCHODER (Mass Customization und e-Commerce, 1999)**, S. 1115.
[767] So sind etwa bestimmte Farben an hochpreisige Fahrzeugmodelle gebunden; Breitreifen dürfen nicht mit Standardfelgen kombiniert werden usw.

herstellergebundenen Händlern. Dennoch lässt sich der Mehrwert des Internets abschöpfen, indem der Endkunde sein Fahrzeug online selbst konfiguriert, die Daten dann an den nächstgelegenen Händler weitergeleitet werden und ein Termin für Händlerbesuch und Vertragsschluss vorgeschlagen wird. Ein weiterer Vorteil besteht darin, dass die Konfigurationsdaten nun digital vorliegen, der Kunde also die Eingabearbeit selbst übernommen hat.[768] Bei entsprechender Vernetzung der IT-Basis können diese Daten direkt, ohne Medienbruch und in Echtzeit in die Produktionsplanungs- und -steuerungssysteme sowie die Logistiksysteme von OEM und vorgelagerten Lieferanten übernommen werden *(E_2)*,[769] was wiederum die Komplexitätskosten der Variantenvielfalt in der Wertschöpfungskette reduziert.

Insgesamt bleibt festzuhalten, dass die Variantenvielfalt und die Schaffung neuer Produktmerkmale zur Abschöpfung des gesamten Marktpotenzials in der Automobilindustrie weiter an Bedeutung steigen wird. Information stellt aber den wichtigsten Umsetzungsfaktor für das Management der Variantenvielfalt dar.[770] Deshalb ergeben sich gerade mit modernen IuK-Technologien neue Ansatzpunkte für das Management der Variantenvielfalt.

4.2.3.5 e-Potenziale im After Sales-Bereich

Im engeren Sinne bezeichnet After Sales-Service die Betreuung des Endkunden unmittelbar nach dem Kauf,[771] im weiteren Sinne während der gesamten Marktphase. Auf beiden Definitionsebenen ergeben sich e-Potenziale, die nun zu diskutieren sind.

Gerade beim Produkt Automobil ist das Problem der Kognitiven Dissonanz unmittelbar nach dem Kauf bekannt. Dem Autokäufer kommen nach der Kaufentscheidung, die ja die Tätigung einer größeren Anschaffung bedeutet, Zweifel, ob er die richtige Wahl getroffen hat, und er sucht nach Bestätigung.[772] Die auch durch zahlreiche Innovationen bedingte, zunehmende Komplexität des Automobils verstärkt die Unsicherheit. Um eine hohe Kundenzufriedenheit und -bindung zu erzielen, liegt es im Interesse des Anbieters, dem Käufer Vertrautheit und Sicherheit zu geben. Wie schon Nieschlag u.a. anhand des Bildschirmtexts (BTX) darlegen, eignen sich hierfür insbesondere interaktive neue Medien *(E_1)*.[773] Die Möglichkeiten des Internets zur Reduktion der Nachkaufdissonanz gehen allerdings weit über BTX hinaus. Meffert nennt etwa die Beratung von Kunden über e-Mail oder das Anbieten von FAQ-Listen

[768] Vgl. **Piller u. Schoder (Mass Customization und e-Commerce, 1999)**, S. 1115.
[769] Ebd., S. 1121.
[770] Ebd., S. 1119.
[771] Vgl. **Nieschlag u.a. (Marketing, 1991, zuerst: o.J.)**, S. 4.
[772] Ebd., S. 4f.
[773] Ebd., S. 483f.

zu einem Produkt.[774] Wissensdatenbanken geben dem Kunden Antworten auf spezifische Fragen.[775] Feedbackfunktionen ermöglichen ferner die Sammlung von Beschwerdeinformationen. Hierbei ist besonders darauf hinzuweisen, dass das Beschwerdemanagement durch das Internet effektiver *(E_1)* wird. Denn das Hauptproblem im Beschwerdemanagement besteht in der Tatsache, dass unzufriedene oder überforderte Kunden ihre Beschwerde zumeist nicht äußern, sondern kommentarlos abwandern, da das Verfassen eines formellen Beschwerdebriefs oder gar ein persönliches Vorsprechen als zu aufwändig empfunden wird. Das Internet senkt die Hemmschwelle und steigert die Aktivierungswahrscheinlichkeit des Kunden, da die Internet-Nutzung mit reduzierten Transaktionskosten (weniger Zeitbedarf, kein Porto, kein Transport, lediglich Online-Nutzungsgebühren) verbunden ist. Die Reichweite des Beschwerdemanagements und die Verfügbarkeit von Beschwerdeinformationen steigt also beträchtlich. Wird auf die Beanstandung angemessen und schnell reagiert, z.B. durch einen zeitnahen persönlichen Rückruf (Call Back-Funktion bei internetbasierten CRM-Anwendungen), lassen sich Probleme bei der Anwendung neuer Produktmerkmale beseitigen und die Vertrautheit mit Innovationen steigern.

Die Versiertheit im Umgang mit Innovationen wird durch deren steigende Komplexität und den weiter zunehmenden Software- und Elektronikumfang trotz des Strebens nach einfachen Bediensystemen und -systematiken zum prinzipiellen Problem. So liest etwa kaum ein Endkunde das mittlerweile mehrere hundert Seiten starke Bedienungshandbuch seines Fahrzeugs. Auch hier bieten sich Möglichkeiten der internetgestützten Kundenansprache zur Reduktion der Kognitiven Dissonanz. So stellt etwa Mercedes-Benz eine aufwändige interaktive Betriebsanleitung für den SL-Roadster im Internet bereit. Explizites Ziel der Anwendung ist es, Endkunden (aber auch potenzielle Interessenten) zu befähigen, „Innovationen selbst auszuprobieren“.[776] In realistisch anmutenden Animationen mit verschiedenen Zoomstufen und Detailansichten kann der Kunde das Fahrzeugdach öffnen und schließen, die Betätigung der neuesten Generation des Navigationsgeräts erproben oder die Bedienungselemente am Multifunktionslenkrad testen. Auf jede Aktion des Endkunden (z.B. Drücken eines Bedienknopfs am Lenkrad) antwortet die internetbasierte Anwendung mit genau der Reaktion, die auch im physischen Fahrzeug selbst erfolgen würde (z.B. Anzeige des Durchschnittsverbrauchs). Durch die zusätzliche Nutzung des Mediums Internet kann auf diese Weise die Vertrautheit des Kunden mit Innovationen in seinem neuen Fahrzeug erhöht werden.

---

[774] Vgl. **MEFFERT (Interaktive elektronische Medien, 2000)**, S. 11.
[775] Vgl. **PFEFFERLE (e-Relationship, 2000)**, S. 46.
[776] **DAIMLERCHRYSLER AG (HRSG.) (Interaktive Betriebsanleitung, 2001)**, S. 1.

Versteht man unter After Sales im weiteren Sinne die Begleitung des Kunden nicht nur unmittelbar nach dem Kauf, sondern in der gesamten Marktphase, so tritt die Nutzungszeit der Innovation während der gesamten Marktphase ins Zentrum der Diskussion. Selbstverständlich bietet es sich auch lange nach dem Kauf an, dem Kunden internetbasierte Instrumente wie etwa Newsletter, FAQ, Feedback- und Kontaktformulare usw. zur Verfügung zu stellen. Da Innovationen nach dem Modell von Kano (vgl. nochmals Abbildung 12) Gewöhnungseffekten unterliegen, ist in dieser Zeit besonders der Update- und Erneuerungsthematik Aufmerksamkeit zu widmen. So kann der Kunde vermöge seiner im Internet gewonnenen persönlichen Nutzungsdaten rechtzeitig informiert werden, wann eine Nachfolgegeneration seines Fahrzeugs oder auch nur neue Ausstattungsmerkmale und Accessoires zur Verfügung stehen *(E_1)*. Ebenso mag eine personalisierte e-Mail auf anstehende Wartungsintervalle oder Werkstattbesuche hinweisen. Insbesondere elektronische oder softwarebasierte Innovationen, die einen im Vergleich zum Gesamtfahrzeug deutlich kürzeren PLZ aufweisen, können ferner internetgestützt aktualisiert werden (Update), um so die Neuheit des Endprodukts aus Kundensicht so lange wie möglich zu erhalten (vgl. hierzu die Diskussion in Abschnitt 4.2.2.2.6).

Mit der Betrachtung verschiedener e-Potenziale in der Marktphase, also bei der Markteinführung und zum Zwecke der Diffusionsunterstützung, schließt die Untersuchung des Innovationsprozesses auf e-Potenziale. Im Folgenden soll kritisch diskutiert werden, welche durch e-Business zu unterstützenden, innovationsprozessübergreifenden Maßnahmen zur Förderung der Innovationsfähigkeit bestehen.

4.3 e-Potenziale bei innovationsprozessübergreifenden Maßnahmen zur Förderung der Innovationsfähigkeit

In Abschnitt 3.3 wurde eine Reihe von Maßnahmen zur Förderung der Innovationsfähigkeit erörtert, die eine prozessübergreifende Klammer um den Innovationsprozess bilden. Auch in Abschnitt 4.3 stehen prozessübergreifende Gestaltungsmöglichkeiten zur Diskussion, und zwar entsprechend der Logik von Kapitel vier unter dem Gesichtspunkt der e-Business-Unterstützung. Zwei Punkte erscheinen dabei besonders bedeutsam und werden in den folgenden Abschnitten erörtert. Erstens ist dies die Abbildung und Anwendung des Innovationsprozesses in Gänze als webbasierten Prozess. Zweitens muss hinterfragt werden, wie das Verhältnis von Virtualisierung bzw. physischer Dislozierung der Akteure des Innovationsprozesses einerseits und von persönlicher Zusammenarbeit und Interaktion andererseits zu gestalten ist.

4.3.1 Webbasierte Abbildung und Anwendung des interdisziplinären und interorganisatorischen Innovationsprozesses

Wie gezeigt, stellt der Innovationsprozess ein Beispiel par excellence für einen funktions- und unternehmensübergreifenden Prozess dar. Eine Vielzahl an Disziplinen, Akteuren und Unternehmen ist einzubinden, Schnittstellen und Unterprozesse sind zu definieren und abzustimmen. Dabei bleibt es unweigerlich nicht aus, dass Unstimmigkeiten über den korrekten Ablauf von Prozessen entstehen, Doppelarbeit verrichtet wird, Teilaufgaben falsch priorisiert werden, unerledigt bleiben oder erst mit Zeitverzug erledigt werden, Ansprechpartner und Verantwortlichkeiten nicht bekannt sind, Akteure oder Prozesse sabotiert werden usw. In einem Wort, es besteht die Gefahr von Ineffizienz im Innovationsprozess.

Es erscheint also als notwendig, Geschäftsprozessmanagement für den Innovationsprozess in Gänze zu betreiben. Hierfür bietet das Internet (bzw. Intra- oder Extranet) neue Ansatzpunkte. Mit seiner Hilfe wird es möglich, den Innovationsprozess insgesamt online zu stellen, d.h. alle Teilprozesse, Schnittstellen, Verantwortlichkeiten, In- und Outputs in einem webbasierten Workflow abzubilden. Es handelt sich hierbei also nicht um die Unterstützung inhaltlicher Aspekte des Innovationsprozesses durch e-Business wie in Abschnitt 4.2, sondern auf einer Meta-Ebene um die Abbildung des gesamten Innovationsprozesses als Online-Geschäftsprozess. Die Tatsache, dass im Web abgebildete Prozesse mit direkten, digitalen In- und Outputdaten arbeiten, die anhand definierter Schnittstellen aufeinander abgestimmt sind, erschwert das Betreiben eigener Prozesse und die Schaffung von ad hoc-Lösungen durch einzelne Akteure. Muss etwa ein Akteur verschiedene Innovationsideen, die er per e-Mail erhält, anhand eines vordefinierten und online hinterlegten Kriterienkatalogs bewerten, um sie dann digital an den zur Entscheidung befugten Akteur weiterzuleiten, wird die Einführung eigener Kriterien nach Gusto oder das „Versandenlassen" des Prozesses erschwert, da jederzeit transparent ist und auch in Statusberichten abgefragt werden kann, an welcher Stelle der Prozess manipuliert wird oder stockt. Mithin wird die Effektivität im Sinne von Prozesssicherheit und Prozessstabilität *(E_1)* erhöht. Durch klare Definition der Ansprechpartner, der erforderlichen Inputdaten und der zu schaffenden Outputdaten sowie deren sofortige Weiterleitung an den im Prozess nachfolgenden Akteur erhöht sich auch die Schnelligkeit der Prozesse und die Prozesskosten sinken *(E_2)*.[777] Hartmann formuliert hierzu: „Im Geschäftsprozess-Management liegen enorme Potenziale. ... Die Konsolidierung von Informationen, die Filterung durch Mitarbeiter, der Zeitverzug und letztlich die

[777] Vgl. **QUICKEN (SupplyOn, 2001)**, S. 1.

Notwendigkeit, Controlling im übertragenen Sinne mit einer ... Stopuhr (sic!) aus vergangenen Zeiten betreiben zu müssen, ist in der Zeit des Web-browsers nicht mehr opportun."[778] Nach einer Umfrage unter 150 Unternehmen der Automobilindustrie wird jedoch die e-Business-Unterstützung von Geschäftsprozessen bislang kaum als Chance erkannt bzw. noch nicht realisiert.[779]

Die Umwandlung von komplexen Prozessen wie dem Innovationsprozess von herkömmlichen Offline-Prozessen, die nur in Teilen auf IT-Systeme zugreifen, in integrierte webgestützte Workflows ist ein aufwändiges Unterfangen, das hohe Anfangsinvestitionen in Prozessmodellierung, Programmierung, IT-Infrastruktur und Schulung der Prozessakteure erfordert *(R)*. Es stellt selbst eine Innovation dar, so dass bisher kaum Erfahrungswerte existieren. Es empfiehlt sich daher, sukzessive vorzugehen und zunächst kleinere Teilprozesse online zu schalten. Erste Erfolge und Lerneffekte auf Seiten der involvierten Mitarbeiter ermöglichen dann die Online-Abbildung größerer Prozessumfänge, um so dem Ideal eines vollständig webbasierten Innovationsprozesses, in den auch Partnerunternehmen eingebunden sind, schrittweise näherzukommen. Ein solcher vernetzter Innovationsprozess zwischen Unternehmen würde wohl den Begriff des virtuellen Unternehmens für das Innovationsnetzwerk insgesamt rechtfertigen. Die folgenden vier Abschnitte zeigen nun das prinzipielle Vorgehen auf, das für die Schaffung webgestützter Prozesse anzuwenden ist. Es umfasst die Klärung der unternehmenskulturellen Voraussetzungen, die Prozessdefinition, die rechnergestützte Prozessmodellierung und Programmierung sowie schließlich die Anwendung als webbasierter Prozess.

4.3.1.1 Unternehmenskulturelle Voraussetzungen für webbasierte Prozesse

Die Schaffung eines webbasierten Innovationsprozesses stellt selbst eine (Management-) Innovation dar, für deren Umsetzung zunächst einige grundlegende Elemente einer innovationsfreundlichen Unternehmenskultur gegeben sein sollten. Sodann sind noch einige zusätzliche unternehmenskulturelle Voraussetzungen, die speziell für Veränderungsprojekte aus dem Bereich des e-Business gelten, zu beachten.

Die Grundelemente einer innovationsfreundlichen Unternehmenskultur lassen sich in Innovationsfähigkeit („Können") und Innovationsbereitschaft („Wollen") unterteilen (vgl. nochmals Tabelle 2), wobei sich die Innovationsfähigkeit in die Facetten Kreativität und Implementierungskompetenz aufteilt, die Innovationsbereitschaft in die Facetten Motivation sowie Werte, Einstellungen und Normen.

---

[778] **Hartmann (Web-based Controlling, 2001)**, S. 82.
[779] Vgl. **Kaplaner (Digitale Marktplätze, 2001)**, S. 11.

Bei der Einführung webgestützter Prozesse ist die Kreativität der Mitarbeiter dahingehend gefordert, sich zunächst selbst über den Ablauf der Prozesse im Status quo klar zu werden. Dies mag selbstverständlich klingen, doch sind viele Prozesse zur tradierten, bürokratischen Routine geworden, die oftmals lange Zeit nicht hinterfragt wurde. Webbasierte Prozesse erfordern jedoch zuallererst absolute Transparenz über beteiligte Akteure, In- und Outputdaten sowie Schnittstellen. Bei der Prozessrevision zeigt sich, dass intersubjektiver Dissens nicht nur darüber besteht, wie bestehende Prozesse realiter ablaufen, was sich z.B. darin äußert, dass derselbe Prozess von verschiedenen Akteuren unterschiedlich beschrieben wird, sondern erst recht darüber, wie diese Prozesse aus normativer Sicht ablaufen sollten (Sollprozesse). Es empfiehlt sich also, etwa in Innovationszirkeln gemeinsam Prozesstransparenz zu schaffen und neue, effizientere Abläufe zu erdenken. Dabei kann es erforderlich sein, mit bestehenden Tabus und Traditionen zu brechen.

Die Facette Implementierungskompetenz der Innovationsfähigkeit schlägt sich in der Forderung nach einer schlagkräftigen Projektorganisation für das Innovationsprojekt „Webbasierter Innovationsprozess" nieder. Der Ressourcenbedarf für das Neuerungsprojekt ist abzuschätzen und die erforderlichen Ressourcen sind bereitzustellen, beteiligte Akteure sind zu informieren und einzubinden. Durch die Definition von Meilensteinen wird die Steuerung und das Controlling des Innovationsprojekts möglich. Besonders wichtig erscheint eine realistische Zeit- und Meilensteinplanung, die einerseits anspruchsvoll genug ist, um das Projekt in einem überschaubaren Zeitraum zu Ende zu führen, andererseits Reserven und Freiräume für die Revision und Fehlerbeseitigung in den neuen, webbasierten Prozessen zur Verfügung stellt. Ohne diese Reserven steigt bei einem Projekt mit vielen beteiligten Akteuren und Schnittstellen die Gefahr beträchtlich, dass eine Kette von nicht eingehaltenen Meilensteinen und Zeitverzügen entsteht.

Die Facette Motivation aus der Dimension der Innovationsbereitschaft ergibt sich im Idealfall intrinsisch, so z.B. durch eine hohe Identifikation der beteiligten Akteure mit dem Neuerungsprojekt. Die Identifikation kann gesteigert werden, indem der Nutzen des Projekts (erhöhte Prozesssicherheit und -stabilität *(E_1)*, Prozesseffizienz *(E_2)*) durch geeignete Kommunikationsmaßnahmen aufgezeigt wird, ohne dass Unannehmlichkeiten und Risiken (z.B. Anpassungs- und Schulungsbedarf, *(R)*) verschwiegen werden. Ferner sind Beteiligte, die sich besonders motiviert in das Neuerungsprojekt einbringen und kreative Ideen beisteuern, mit Prämien, öffentlicher Anerkennung durch den Vorgesetzten oder mit (Teil-)Projektleitungen auszuzeichnen.

Schließlich kann an der Facette Werte, Einstellungen und Normen der Innovationsbereitschaft angesetzt werden. Gerade weil sich Werte und Einstellungen nur über längere Zeit hinweg beeinflussen lassen, ist ein permanentes Wirken für Innovationsbereitschaft durch die Führungskräfte vonnöten. Wandlungs- und Veränderungsnotwendigkeit sind um so glaubwürdiger vermittelbar, je mehr sie von ihren Protagonisten vorgelebt werden. Im konkreten Fall können Führungskräfte sich z.B. als Pilotanwender des webbasierten Innovationsprozesses zur Verfügung stellen.

Trotz der aufgezeigten Maßnahmen entlang der vier Facetten der Innovationsfähigkeit und -bereitschaft sind bei komplexen Neuerungsprojekten Widerstände zu erwarten. Wie gezeigt, ist die Anwendung eines Promotorenmodells geeignet, diese Innovationsbarrieren zu überwinden. Zur Überwindung von Barrieren des Nicht-Wollens ist ein Machtpromotor aus einer oberen Hierarchieebene zu benennen, der hinter dem Projekt eines webbasierten Innovationsprozesses steht und über geeignete Sanktionsmechanismen gegen nicht veränderungswillige Akteure verfügt. Fachpromotoren sollten im vorliegenden Fall idealerweise sowohl über Expertise in Internet-Technologien und ihrer Anwendung als auch über Expertenwissen über den Innovationsprozess verfügen, um so glaubwürdig auf Nicht-Können basierenden Ängsten begegnen und die Akteure aus fachlicher Sicht vom Mehrwert webbasierter Prozesse überzeugen zu können. Die Benennung eines Prozesspromotors bietet sich schließlich an, um den Fortgang des Neuerungsprojekts aus übergeordneter Perspektive zu steuern.

Über die genannten Aspekte einer innovationsfreundlichen Unternehmenskultur hinaus erfordert ein e-Business-Projekt wie die Web-Unterstützung des Innovationsprozesses von den Unternehmen der Automobilindustrie, die der „Old Economy“ entstammen, eine Veränderung in Richtung auf unternehmenskulturelle Eigenschaften, wie sie von Start-Up- und Internet-Firmen verkörpert werden. Dazu zählt beispielsweise die Bereitschaft, eine offene Informationskultur zu leben, also Informationen nicht als machtbedingendes Wissen zu kultivieren, sondern allgemein zur Verfügung zu stellen und von anderen bereitgestellte Informationen auch zu nutzen.[780] BMW möchte gar eine „e-Culture“ schaffen, die neben einer offenen Informationskultur eine starke Kundenausrichtung, Geschwindigkeit in der Umsetzung von Veränderungen, die Vernetzung von Mitarbeitern und Unternehmen, den Aufbau von Communities sowie eine zeitflexible 24/7-Mentalität umfasst.[781]

[780] Vgl. **Reichwald u. Möslein (Telekooperation, 1996)**, S. 230.
[781] Vgl. **Suchla (BMW e-Business, 2001)**, S. 14.

4.3.1.2 Prozessdefinition

Nach der Schaffung unternehmenskultureller Voraussetzungen stellt eine umfassende Bestandsaufnahme und Definition von (Teil-)Prozessen den nächsten Schritt auf dem Weg zur Einführung eines webbasierten Innovationsprozesses dar. Zunächst sind die bestehenden Prozesse nachzuvollziehen und zu beschreiben. Ein Teil der Prozesse ist dabei in der Regel schon in Verfahrensanweisungen festgeschrieben und wird entsprechend angewandt, ein Teil wird ohne vorliegende Kodifikation aus Gewohnheit und Erfahrung fortgeführt, und ein weiterer Teil ist zwar umschrieben und definiert, jedoch weichen die tatsächlich praktizierten Abläufe von der Anweisung ab. Ein solches Abbild der Realität der Prozesse stellt eine wichtige Eingangsgröße für webgestützte Prozesse dar. Schließlich können nur diejenigen Abläufe optimiert und online gestellt werden, die bekannt sind.

Implizites Prozesswissen, das oftmals auf persönlichen Kontakten und eigenständig akquirierten Ansprechpartnern basiert, und selbst geschneiderte (Parallel-)Prozesse, die vielleicht die Arbeitsroutine eines Akteurs, selten jedoch die des ganzen Unternehmens absichern (Suboptimierung), sollten dabei nach Möglichkeit offen gelegt werden. Gelingt dies nicht, besteht die Gefahr, dass der webbasierte Prozess später unterwandert wird, indem beispielsweise Bildschirmansichten ausgedruckt, Daten und Informationen aus alten, persönlichen Kontakten beschafft und eingespeist oder Akteure im Prozess umgangen und so die neu gewonnene Prozesssicherheit und die Effizienzgewinne konterkariert werden *(R)*.

Herrscht Klarheit über die bestehenden Innovations(teil)prozesse, sind Defizite gegenüber den gewünschten Sollprozessen im Wege einer Abweichungsanalyse aufzuzeigen. Die Erfahrung zeigt, dass die Umstellung auf webbasierte Sollprozesse zu einem hohen Anpassungsbedarf führt.[782] „Alte eingefahrene gewachsene Strukturen und Bearbeitungsvorgänge [werden] durch nach modernen Gesichtspunkten entworfene Abläufe ersetzt, auch wenn dies einen Bruch bedeutet.“[783] Gerade bei mehreren in den Innovationsprozess involvierten Unternehmen steht zu erwarten, dass eine ausgesprochene Vielfalt an gewachsenen Prozessen existiert, die zwar einerseits eine Vereinheitlichung hin zu gemeinsamen Sollprozessen zu einem schwierigen Unterfangen *(R)* macht, andererseits aber auch einen um so größeren Vereinheitlichungsnutzen verspricht *(E_1, E_2)*. Auch die Integration der Vielzahl an bestehenden IT-Systemen, deren Daten an verschiedenen Stellen in die Sollprozesse eingehen, stellt eine Herausforderung dar *(R)*.

---

[782] Vgl. **Piller u. Schoder (Mass Customization und e-Commerce, 1999)**, S. 1128.
[783] **Horn (Internet – Intranet – Extranet, 1999)**, S. 286.

4.3.1.3 Rechnergestützte Prozessmodellierung und Programmierung

Genau abgestimmte und definierte Sollprozesse, über die Konsens besteht, sind die Voraussetzung für die Umsetzung der Prozesse im Web. Deshalb muss für jeden Sollprozess und seine Teilschritte eine Reihe von Parametern feststehen. Erstens ist eine Festschreibung der Inputdaten und -schnittstellen erforderlich. Welche Daten bzw. Informationen aus welchen Systemen bzw. von welchen Akteuren werden zu welchem Zeitpunkt benötigt? An zweiter Stelle steht die in dem Prozessteilschritt zu vollziehende Aktion. Wer muss bis wann agieren? Welche Art von Aktion ist erforderlich (Zustimmung, Ablehnung, Information, Bewertung, Aggregation, Zuordnung, Entscheidung, Durchführung, Revision, Benachrichtigung, Weiterleitung etc.)? Drittens müssen die durch die Aktion modifizierten Daten bzw. Informationen als Output an nachfolgende Prozessteilschritte weitergeleitet werden, für die sie wiederum einen Input darstellen.

Solchermaßen als so genanntes Fachkonzept umschriebene Prozesse lassen sich sodann computergestützt abbilden (Datenverarbeitungskonzept). Hierfür eignen sich Modellierungswerkzeuge, mit deren Hilfe die Prozesse visuell dargestellt und gestaltet werden. Diese Werkzeuge ziehen Organigramme, Ablaufmodelle, Wertschöpfungsketten, Regeldiagramme, Ereignisdiagramme, Petrinetze oder Simulationen zur Modellierung heran.[784] Wichtige Modellierungswerkzeuge sind die Architektur integrierter Informationssysteme (ARIS, vgl. Abbildung 32) und das semantische Objektmodell (SOM).[785]

Die Werkzeuge zur Geschäftsprozessmodellierung haben allerdings selbst einen hohen Grad an Komplexität erreicht *(R)*, so dass sie nur nach vorheriger Schulung sinnvoll eingesetzt werden können.[786] Trotz des Schulungsaufwands empfiehlt es sich, die Ersteller des Fachkonzepts, also in der Regel Mitarbeiter aus den am Innovationsprozess beteiligten Funktionsbereichen, auch zur Modellierung des Datenverarbeitungskonzepts heranzuziehen. So wird sichergestellt, dass das Expertenwissen über die Prozesse nicht an der Schnittstelle von Fach- und Datenverarbeitungskonzept verlorengeht *(E_1)*, wenn beispielsweise externe Modellierer eingesetzt würden.

Die Modellierung z.B. in ARIS oder SOM stellt einen bedeutenden Formalisierungs- und Strukturierungsschritt dar. Liegt der Geschäftsprozess in modellierter Form vor, kann dieses Modell von Programmierern, die den zugrunde liegenden Geschäftsprozess nicht zu kennen

[784] Vgl. **Horn (Internet – Intranet – Extranet, 1999)**, S. 287.
[785] Vgl. **Picot u.a. (Grenzenlose Unternehmung, 2001, zuerst: 1996)**, S. 221.
[786] Vgl. **Horn (Internet – Intranet – Extranet, 1999)**, S. 287.

brauchen, problemlos in verschiedene Computersprachen implementiert werden. Internet-Technologien wie etwa Web-Browser stellen dabei eine gute Realisierungsplattform dar.[787]

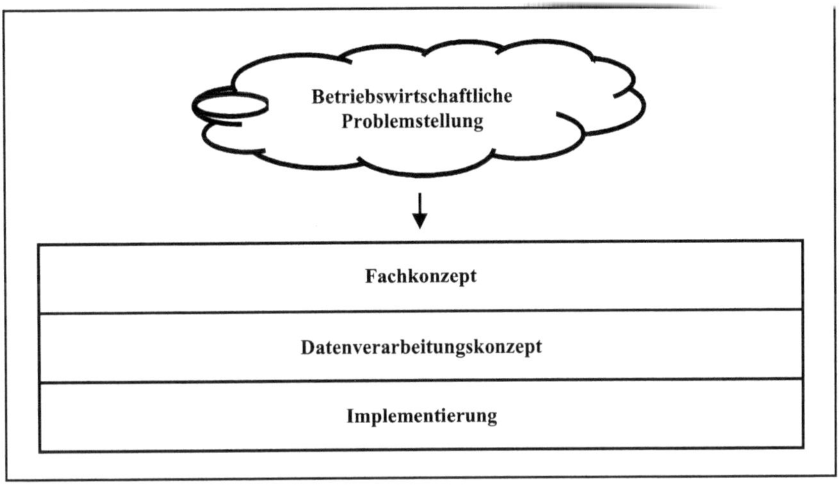

Abbildung 32: Das ARIS-Konzept.

Quelle: Vereinfachte Darstellung nach Scheer (Industrielle Geschäftsprozesse, 1998, zuerst: 1995), S. 17.

Als Endergebnis kann jeder am Innovationsprozess beteiligte Akteur durch Aufrufen des Web-Browsers an seinem PC sofort Kenntnis über auszuführende Aktionen, Status von Vorgängen, einzubeziehende Mitarbeiter etc. erhalten und mit anderen Akteuren interagieren.

4.3.1.4 Anwendung als webbasierter Prozess

Um eine erfolgreiche Anwendung des webbasierten Innovationsprozesses sicherzustellen, d.h. die erhofften Gewinne an Prozesssicherheit (E_1) und Prozesseffizienz (E_2) auch tatsächlich zu realisieren, sind noch einige Punkte zu beachten. Zunächst erscheint es als wichtig, dass nur solche Prozessteilschritte, deren webbasierte Version stabil funktioniert, den Anwendern zur Nutzung überlassen werden. Gegebenenfalls ist eine Phase des Test- und Pilotbetriebs vorzuschalten. Aufgrund der Komplexität des Innovationsprozesses empfiehlt es sich, schrittweise überschaubare Teilpakete online zu schalten. Deren Anwendung ist dann jedoch als zwingend zu verstehen, d.h. mit der Einführung müssen gleichzeitig die alten Prozesse abgestellt werden, da ansonsten die Beharrungskräfte des Status quo dazu führen würden, dass der Online-Prozess von einem Parallelbetrieb der gewachsenen, papiergebundenen Verfahrensweisen unterwandert wird.

---

[787] Vgl. **Horn (Internet – Intranet – Extranet, 1999)**, S. 286f.

Um die erforderliche Akzeptanz eines webgestützten Innovationsprozesses sicherzustellen, sind umfangreiche Kommunikations- und Schulungsaktivitäten vonnöten. Nicht jeder Mitarbeiter zeigt sich aufgeschlossen gegenüber online durchgeführten Prozessen, die seinen Arbeitsablauf deutlich verändern. Überzeugungsarbeit und die Vermittlung der notwendigen Fähigkeiten (Nutzung eines Web-Browsers, Navigation in den angebotenen Menüs, Auslösen von Aktionen etc.) können diese Widerstände abbauen. Dabei stellt die Abbildung und Anwendung der Workflows in einer browsergestützten Oberfläche bereits einen wichtigen Beitrag zur Anwenderfreundlichkeit dar,[788] da Web-Browser intuitiv und leicht zu bedienen sind. Besonders wichtig erscheint auch, den Mitarbeitern zu vermitteln, dass ein webgestützter Innovationsprozess nicht der Bevormundung und Überwachung der Akteure *(R)*, sondern der Stabilität und Effizienz der Abläufe dient. „Um die Akzeptanz nicht zu gefährden, darf Workflow nicht dazu führen, daß (sic!) eigenverantwortliche Mitarbeiter fest vorgegebene schematisierte Anweisungen für die nächsten Arbeitsschritte morgens auf dem Bildschirm vorgesetzt bekommen."[789]

Der Nutzen webbasierter Prozesse ist dort am höchsten, wo regelmäßige Prozesse, klar strukturierte, planbare Vorgänge und Routineaufgaben unterstützt werden.[790] Trotz der Notwendigkeit zur Gewährung von kreativen Freiräumen und trotz Serendipitätseffekten, die gerade im Innovationsprozess von Bedeutung sind, umfasst der Innovationsprozess viele routinemäßig durchgeführte Teilschritte, die online abbildbar sind, so z.B. Ideenbewertung, Durchführung von Änderungsbegehren oder Austausch von Produktdaten. Die Herausforderung besteht im Management ungeplanter Ausnahmen und Unregelmäßigkeiten. Um diese bewältigen zu können, muss der webbasierte Prozess folgende Anforderungen erfüllen: Er sollte flexibel und erweiterbar sein, Vorgänge sollten zurückholbar und schrittweise zurücksetzbar sein, Bearbeitungsschritte, die für gewisse Sachverhalte nicht vonnöten sind, müssen überspringbar sein und es müssen Schnittstellen zu anderen Anwendungen geschaffen werden.[791]

Selbstverständlich müssen die Zugriffsrechte zum webbasierten Innovationsprozess so gestaltet werden, dass jeder Akteur nur die für ihn relevanten Aktionen durchführen kann. So ist etwa auszuschließen, dass ein Ideengeber seine eigene Idee bewertet und über diese selbst entscheidet. Erstreckt sich der webbasierte Innovationsprozess in einer Einführungsphase nur auf ein Unternehmen, stellt das Intranet ein geeignetes Umsetzungsmedium dar. Die Einbindung vorab ausgewählter Partner, wie etwa bedeutender, innovativer Lieferanten

[788] Vgl. **Horn (Internet – Intranet – Extranet, 1999)**, S. 283f.
[789] Ebd., S. 284.
[790] Ebd., S. 284.
[791] Ebd., S. 284.

erfolgt über das Extranet. Schließlich sind für externe Ideengeber, die z.B. durch Innovationsportale angesprochen werden, sowie für die innovationsorientierte Marktbearbeitung (hersteller- oder markenspezifische Portale, virtuelle Gemeinschaften etc.) Schnittstellen im Internet zu schaffen, die allerdings sicherheitstechnisch gegenüber den im Intra- und Extranet abgebildeten Teilprozessen abgegrenzt werden müssen.

Abschließend mag als Inspiration für einen webbasierten Innovationsprozess in der Automobilindustrie beispielhaft BMWs Vision von „e-Processes" dienen, die folgende Elemente umfasst:[792]

- Prozesse werden entwickelt und dann eingeführt,
- alle internen Abläufe sind webbasiert,
- Lieferanten und Partner sind integriert,
- Kunden- und Produktdaten sind immer online verfügbar und
- entlang der Prozesse existiert ein eindeutig zugeordneter IT Support.

4.3.2 e-Innovationsmanagement und persönliche Zusammenarbeit

Abschnitt 4.2 zeigte zahlreiche Möglichkeiten der Effektivitäts- und Effizienzsteigerung durch e-Business innerhalb der einzelnen Phasen des Innovationsprozesses ebenso wie damit verbundene Risiken auf. In den vorangegangenen Abschnitten unter 4.3.1 wurde diskutiert, wie der Innovationsprozess als Ganzes (Meta-Ebene) in einen e-Prozess umgewandelt werden kann. Eine Diskussion der e-Potenziale im Innovationsprozess wäre jedoch bestenfalls nicht vollständig, schlimmstenfalls unseriös, wenn sie nicht kritisch der, so die Vermutung, immer noch bestehenden Notwendigkeit zur physisch-persönlichen Zusammenarbeit gegenübergestellt würde.

4.3.2.1 Bedeutung des physisch-persönlichen Kontakts für die interdisziplinäre und interorganisatorische Zusammenarbeit im Innovationsprozess

Wie gezeigt, weist gerade der Innovationsprozess ein hohes Maß an Interdisziplinarität und interorganisatorischer Vernetzung auf. Als direkte Folge resultiert eine Vielzahl an Schnittstellen und ein hoher Abstimmungsbedarf unter den beteiligten Personen, Organisationseinheiten und Funktionen. Um reibungslose Prozesse insbesondere an den Schnittstellen zwischen Funktionen, Bereichen und Unternehmen sicherzustellen, können Abstimmungen und Konsultationen prinzipiell entweder im Wege des direkten, physisch-persönlichen Kontakts oder disloziert erfolgen. Im letzteren Fall sind die interagierenden

[792] Vgl. SUCHLA **(BMW e-Business, 2001)**, S. 14.

Personen auf verschiedene Hilfsmittel angewiesen (Brief, Telefon, Fax; e-Mail, Internet, Videokonferenz, CSCW-Werkzeuge). Der für das Vornehmen von Abstimmungsprozessen benötigte Aufwand steigt dabei mit zunehmender räumlicher Verteilung der am Innovationsprozess Beteiligten.[793] Dies erscheint erstaunlich, da die Kosten der Kommunikation zumindest innerhalb bestimmter geografischer Zonen ja identisch sind. So ist der Preis für ein Telefonat innerhalb Deutschlands (außerhalb des Ortstarifs) unabhängig von der räumlichen Entfernung; eine e-Mail von Deutschland nach Japan kostet nicht mehr als eine e-Mail von Deutschland nach Frankreich. Bezogen auf die räumliche Anordnung von Büros gilt dies um so mehr, da Telefonate und e-Mail-Kontakte innerhalb des Telekommunikationsnetzes des Unternehmens in der Regel für den Endbenutzer kostenfrei sind. Nicht die Kosten sind also ausschlaggebend, sondern vielmehr die wahrgenommene Distanz der Akteure voneinander. Diese steigt trotz der Möglichkeiten der IuK-Technologien mit der physischen Distanz, und als Folge sinkt die Kommunikationswahrscheinlichkeit *(R)*, wie Allen eindrucksvoll nachwies (vgl. Abbildung 33).

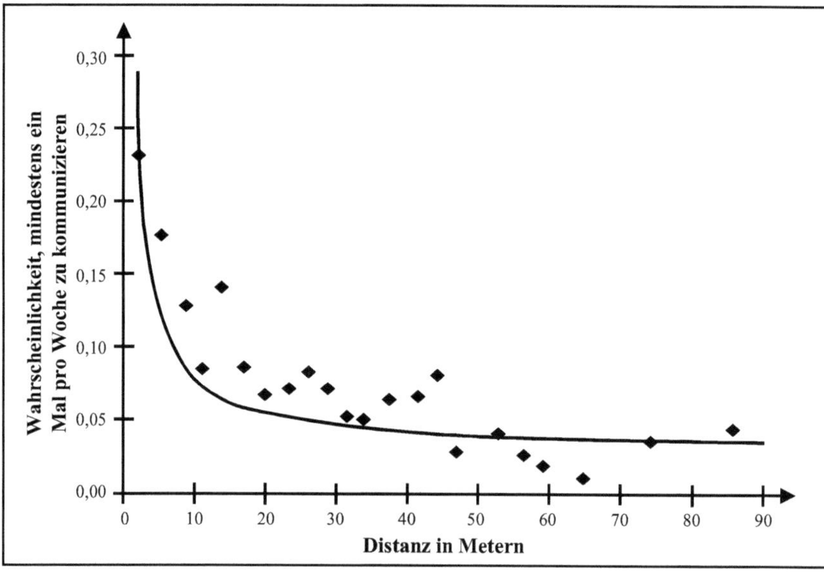

Abbildung 33: Wahrscheinlichkeit der Kommunikation zweier Personen in Abhängigkeit von ihrer physischen Distanz.

Quelle: Allen (Flow of Technology, 1984, zuerst: 1977), S. 239.

Allen untersuchte die Wahrscheinlichkeit der Kommunikation zweier Personen in Abhängigkeit von ihrer physischen Distanz anhand einer empirischen Befragung in mehreren

793 Vgl. **HOFFMANN (Kooperative, verteilte Produktentwicklung, 2000)**, S. 20.

Forschungseinrichtungen. Der Zusammenhang lässt sich mit einer hyperbolischen Kurve beschreiben, d.h. räumliche Entfernung und Kommunikationswahrscheinlichkeit verhalten sich invers zueinander. Für Allen erscheint es dabei nicht überraschend, dass die Kurve stetig abfällt, auch nicht die Hyperbelform. Erstaunlich ist jedoch die schiere Rate des Abfallens. Bereits bei einer räumlichen Entfernung von 25m-30m zwischen Mitgliedern des gleichen Funktionsbereichs (Forschung) einer Organisation hat die Wahrscheinlichkeit der Kommunikation ein sehr niedriges, asymptotisches Niveau erreicht.[794] Es ist leicht einzusehen, dass die Kurve für Personen aus unterschiedlichen Funktionsbereichen oder gar verschiedenen Unternehmen sogar noch unterhalb der hier gezeigten liegt.[795]

Man könnte einwenden, dass diese Studie in den 1970er Jahren entstand und die Kontaktanbahnung mit Hilfe von modernen IuK-Technologien somit noch nicht möglich war, mithin die räumliche Trennung schwerer wog. Dem ist entgegenzuhalten, dass auch zu jener Zeit IuK-Technologien wie kostenfreie, innerbetriebliche Telefonverbindungen und sogar erste e-Mail-Anwendungen zur Verfügung standen, die das Phänomen der engen Verbundenheit von räumlicher Nähe und Kontaktaufnahme nicht aufzuheben vermochten.

Es wäre also ein Fehler, den physisch-persönlichen Kontakt im Innovationsprozess zugunsten der in dieser Arbeit dargestellten e-Potenziale völlig aufzugeben. Weitere theoretische Erkenntnisse stützen diese Aussage. Das für den interorganisatorischen Transfer von Ideen und Innovationen notwendige Vertrauen kann am besten bei direkten Kommunikationswegen und kurzen Abstimmungsprozessen in einem Beziehungsgeflecht gedeihen, für das wiederum eine enge räumliche Vernetzung vonnöten ist.[796] Reichwald und Möslein weisen darauf hin, dass implizites Wissen vom Einsatz der IuK-Technologien allenfalls mittelbar betroffen ist, da es weitgehend an die Köpfe der Menschen gebunden, mithin also als relativ immobil einzustufen ist.[797] Im Innovationsprozess kommt implizites Wissen immer dann zum Tragen (und IuK-Technologien somit nicht), wenn Erfahrungswissen an Personen gebunden ist, so z.B. bei der Bewertung von komplexen Innovationsideen oder Wettbewerberpatenten durch einen Spezialisten. Auch bei „sehr spezifischen Prozessen mit hoher individueller Interaktion ist zumindest auf dem gegenwärtigen Stand an technischen und kommunikativen Möglichkeiten“[798] eine Grenze des Einsatzes von modernen IuK-Technologien erreicht *(R)*. Man denke hierbei etwa an die Sitzungen von Kreativgruppen zur Ideengenerierung, bei

---

[794] Vgl. **Allen (Flow of Technology, 1984, zuerst: 1977)**, S. 236ff.
[795] So zeigt **Allen (Flow of Technology, 1984, zuerst: 1977)**, S. 240f beispielsweise, dass die Hyperbel für Personengruppen, die Gemeinsamkeiten wie z.B. untereinander geteilte Aufgabenbereiche aufweisen, oberhalb der Hyperbel von Personen ohne derartige organisatorische Bindungen liegt.
[796] Vgl. **Panke (Automobilindustrie, 1999)**, S. 33.
[797] Vgl. **Reichwald u. Möslein (Verteilte Organisationsstrukturen, 2000)**, S. 121.
[798] **Hummel (Geschäftsmodelle im Internet, 2002)**, S. 720.

denen Methoden wie das in Abschnitt 4.2.2.1.2 erläuterte Werkzeug Globrain zwar unterstützen, jedoch kaum die menschliche Interaktion ersetzen werden können. Räumliche Nähe wird auch weiterhin für die menschliche Interaktion, auch und gerade über Unternehmensgrenzen hinweg, eine hohe Bedeutung haben. Dyer kommt anhand einer Untersuchung der Automobilindustrie zu dem Schluss: „Proximity makes available a range of human-intensive ... communication mechanisms which facilitates the flow of tacit and complex knowledge across firms“,[799] und weiter, bezogen auf die Innovationsgenese: „Proximity greatly facilitates the collaboration required for fast-changing and complex technologies, which involve ongoing interaction, mutual adjustment, and learning.“[800]

Gassmann hat die bis dato differenzierteste in der Literatur vorliegende Untersuchung zur räumlichen Verteilung und IuK-Technologieunterstützung von Innovationsprozessen vorgenommen.[801] In Abhängigkeit von den vier Bestimmungsfaktoren Innovationstyp (inkremental-radikal), Aufgabentyp (autonom-systemisch), Wissensmodus (explizit-implizit) und Ressourcenbündelung (redundant-komplementär) unterscheidet er Innovationsprozesse, bei denen „Interlokalität“ möglich ist, also standortübergreifende Innovationsprozesse mit Hilfe von IuK-Technologien durchgeführt werden können, und solche, bei denen „Intralokalität“ erforderlich ist, Innovationsprojekte also an einem Standort, möglichst in einem Raum oder Gebäude, anzusiedeln sind. Danach ist Interlokalität möglich, wenn

- die Innovation inkrementaler Natur ist,
- die Projektaufgaben autonomen Charakter haben,
- explizites Wissen dominiert und
- redundante Ressourcen zusammengebracht werden.

Hingegen ist Intralokalität erforderlich, wenn

- eine radikale Innovation angestrebt wird,
- die Projektaufgaben systemisch sind,
- implizites Wissen auszutauschen ist und
- die erforderlichen Ressourcen komplementär sind.

Diese Abgrenzung beschreibt die beiden Extrempole. Vielfältige Mischformen, die sich aus der Kombination der unterschiedlichen Ausprägungen der Kriterien ergeben, sind möglich. Dies entspricht auch der Essenz der in diesem Abschnitt angestellten Betrachtungen. Die

[799] **Dyer (Supplier Networks, 1996)**, S. 287.
[800] Ebd., S. 289.
[801] Vgl. zum Folgenden **Gassmann (Dezentrale Innovationsprozesse, 2001)**, S. 78f.

e-Business-Unterstützung des Innovationsprozesses bedeutet nicht, dass räumliche Nähe und physisch-persönliche Interaktion obsolet werden; diese werden weiterhin ihre Bedeutung behalten. Auf der anderen Seite können e-Innovationsprozesse eine Ergänzung, Unterstützung und Bereicherung in der innovationsbezogenen, interdisziplinären und interorganisatorischen Zusammenarbeit darstellen *(E_1, E_2)*. Es wird auf die Abwägung der genannten Kriterien sowie auf die Beurteilung des konkreten Einzelfalls ankommen, ob traditionelle oder e-Business-unterstützte Innovationsprozesse zum Einsatz kommen.

4.3.2.2 Konkretisierung persönlicher, innovationsbezogener Zusammenarbeit in interdisziplinären und interorganisatorischen Entwicklungszentren in der Automobilindustrie

Für die Automobilindustrie haben die Erkenntnisse zur Intra- und Interlokalität beträchtliche Auswirkungen. Schon Allen stellt für industrielle Branchen im Allgemeinen fest, dass seine Forschung zur Kommunikationswahrscheinlichkeit in Abhängigkeit von der physischen Distanz sehr bald konkrete Früchte trug. Allens Empfehlung war klar: „These results have a clear message for those who are responsible for the design of research laboratories. ... To minimize separation, one should approach a circular or square configuration.“[802] Seit Beginn der 1980er Jahre werden neue F&E-Zentren so entworfen, dass Abstände zwischen Personen minimiert und die Netzwerkbildung unterstützt wird. Auch in bestehenden Gebäuden werden Einrichtungsgegenstände und Zimmeraufteilungen entsprechend geändert.[803]

Dyers empirische Erkenntnisse zur Automobilindustrie weisen in dieselbe Richtung.[804] Dyers Hypothese ist, dass Unternehmen der Automobilindustrie mit hoher interorganisatorischer Spezialisierung (gegenseitiger Standort- und Humanressourcenspezialisierung) erfolgreicher sind. Er operationalisiert das Konstrukt Standortspezialisierung zwischen Lieferant und OEM als die physische Nähe der jeweiligen Standorte. Die gegenseitige Spezialisierung von Humanressourcen wird auf dreierlei Weise operationalisiert: Erstens die Anzahl der Manntage, die das Entwicklungs- und Vertriebspersonal des Lieferanten im physisch-persönlichen Kontakt mit Einkäufern und Entwicklungsingenieuren des OEMs gemeinsam arbeitet, zweitens die Anzahl kollozierter „Gastingenieure“ des Lieferanten, die exklusiv für einen OEM an dessen Standort arbeiten, und drittens die auf einer Likert-Skala abgefragte Bereitschaft von Lieferanten und OEM, vertrauliche Informationen auszutauschen. Dyer kommt aufgrund seiner Erhebung unter OEMs und Lieferanten zu dem Schluss, dass die interorganisatorische Spezialisierung einen positiven Einfluss auf den Erfolg (gemessen an

[802] **ALLEN (Flow of Technology, 1984, zuerst: 1977)**, S. 242.
[803] Ebd., S. XII.
[804] Vgl. zum Design dieser Studie **DYER (Supplier Networks, 1996)**, S. 277ff.

der Entwicklungszeit für Neuprodukte, der Qualität, den Lagerhaltungskosten und der Profitabilität) hat, wobei insbesondere amerikanische OEMs die nutzenstiftende Bedeutung der gegenseitigen Standort- und Humanressourcenspezialisierung unterschätzen.[805]

Eine der ersten und konsequentesten Umsetzungen von Intralokalität, Standort- und Humanressourcenspezialisierung stellt das Forschungs- und Innovationszentrum (FIZ) von BMW in der Nähe des Stammwerks in München dar.[806] Erbaut Mitte der 1980er Jahre, nahmen dort 1985 die ersten Abteilungen ihre Arbeit auf, 1990 erfolgte die offizielle Eröffnung. Seitdem und bis heute wird das FIZ ständig erweitert. Der Gebäudekomplex weist einen wabenartigen Grundriss auf, der größte räumliche Nähe, kurze Wege und offene Module ermöglicht und so neue Organisationsformen, Teamarbeit und Netzwerke unterstützt (Prinzip der „gebauten Kommunikation"). Ingenieure, Einkäufer, Computerfachleute, Modellbauer und Wissenschaftler verschiedenster Bereiche, insbesondere aber aus den Funktionen Entwicklung und Einkauf arbeiten gemeinsam mit Mitarbeitern verschiedener Lieferanten, die permanente Arbeitsplätze vor Ort haben, an neuen Produkten und Technologien.

Auch Mercedes-Benz hat verschiedene Entwicklungs-, Einkaufs- und Designstandorte im zunächst Entwicklungs- und Vorbereitungszentrum, später Mercedes-Benz Technology Center (MTC) genannten, unmittelbar an das Produktionswerk Sindelfingen angrenzenden Standort zusammengefasst, der Ende der 1990er Jahre fertiggestellt wurde. Die Architektur der Gebäude ist die Basis für ein „dichtes, gleichsam städtisches Kommunikationsmilieu. In der unmittelbaren Nachbarschaft von Design, Engineering und Werkstätten und in der intensiven Zusammenarbeit von internen und externen Partnern entstehen die nötigen Impulse, die die inhaltlich-technischen ... Innovationen auf den Weg bringen, die den Führungsanspruch der Marke Mercedes-Benz langfristig sichern."[807] Im MTC sind alle an der Entstehung von Neuproduktprojekten beteiligten Funktionen an einem Ort konzentriert.[808] Dadurch konnten beispielsweise für die Anfang 2002 in den Markt eingeführte E-Klasse laut Entwicklungsleiter Schöpf bei reduzierten Entwicklungszeiten (48 Monate von der Verabschiedung des Lastenhefts bis zum Job 1) und Entwicklungskosten eine erhöhte Innovationsausbeute und ein hoher Reifegrad erzielt werden.[809]

Die Liste der Anwendungen ließe sich fortsetzen und ist nicht auf OEMs beschränkt. So erstellt der Zulieferer Bosch derzeit ein neues Entwicklungszentrum in Abstatt, das ebenfalls

---

[805] Vgl. **Dyer (Supplier Networks, 1996)**, S. 288f.
[806] Vgl. hierzu **BMW AG (Hrsg.) (FIZ, 2002)**, S. 1; **o.V. (BMW Product Development, 2002)**, S. 1.
[807] **Daimler-Benz AG (Hrsg.) (Entwicklungszentrum, 1998)**, S. 3.
[808] Vgl. **DaimlerChrysler AG (Hrsg.) (Geschäftsbericht 2000, 2001)**, S. 28.
[809] Ders. **(E-Klasse, 2002)**, S. 2.

dem Prinzip der kurzen Wege folgt. Abteilungen werden nach Geschäftsprozessen geordnet, und in den Gebäuden werden so genannte Denkzellen, Besprechungsinseln und Marktplätze eingerichtet.[810]

Insgesamt wird deutlich, dass Intralokalität sowie gegenseitige Standort- und Human-80ressourcenspezialisierung zwischen OEMs, Lieferanten und weiteren Partnern in der Automobilindustrie unabdingbar bleiben werden. Es erscheint also wichtig, darauf hinzuweisen, dass die durch IuK-Technologien mögliche Interlokalität im Innovationsprozess nicht einen Ersatz *(R)*, sondern ein Komplement zur örtlich gebundenen, physisch-persönlichen Zusammenarbeit darstellt.

4.4 Zusammenfassende Bewertung des e-Innovationsmanagements in der Automobilindustrie

In Kapitel vier erfolgte die Diskussion des e-Innovationsmanagements in der Automobilindustrie. Ausgangspunkt war die Erläuterung der Vorgehensweise: Die Erkenntnisse zum Innovationsmanagement aus Kapitel drei sollten in einem annähernd spiegelbildlichen Aufbau sukzessive auf e-Potenziale untersucht werden, wobei durch e-Business bedingte Effektivitäts- (E_1) und Effizienzvorteile (E_2), aber auch Risiken *(R)* aufzuzeigen waren. Anspruch war es dabei, weder in e-Business-Überschwang noch -Pessimismus zu verfallen, sondern eine unvoreingenommene Analyse durchzuführen.

Abschnitt 4.2 widmete sich analog zu Abschnitt 3.2 dem Innovationsprozess und untersuchte diesen auf e-Potenziale. Zunächst zeigte sich, dass e-Business die Marktausrichtung durch neue Schnittstellen zum Kunden und zu den Wettbewerbern verbessern kann. Das Internet ermöglicht einen verbesserten Kundenkontakt bis hin zum CRM, indem es Informationsdefizite und -asymmetrien abbaut und neue Screening- und Signaling-Aktivitäten ermöglicht. Auch die elektronische Sammlung von Wettbewerbsinformationen wird durch das Internet unterstützt. Die Analyse der strategischen Innovationsplanung zeigte, dass die innovationsbezogenen Strategieoptionen auch mit dem Internet weiterhin Gültigkeit haben und durch dieses ergänzt werden. Die Kommunikation von Top-down-Planungen und die Einbindung der Organisation in Bottom-up-Planungen ist internetbasiert einfacher möglich.

Besondere e-Potenziale konnten bei der Generierung von Innovationsideen identifiziert werden. Die Funktionalität des Internets als Plattform für eine erweiterte Ideensuche zeigt sich in Innovationsportalen, mit deren Hilfe eine Vielzahl von unternehmensinternen und -externen Wirtschaftssubjekten in die Ideensammlung eingebunden werden kann. Dagegen kommt neuen IuK-Technologien wie dem Internet in Kreativprozessen und bei der

[810] Vgl. **Meyer (Kurze Wege, 2001)**, S. 4.

Ideenbewertung, die auf menschlicher Interaktion und auf Erfahrungswissen beruhen, eher eine untergeordnete Rolle zu. Schließlich dient das Venture Capital-Engagement bei e-Business-Unternehmen der Unterstützung des Innovationsprozesses.

E-Potenziale in der Produktentwicklung beginnen mit dem elektronischen Datenaustausch. Auf die Automobilindustrie zugeschnittene elektronische Marktplätze eignen sich bis dato nur bedingt für die kollaborative Produktentwicklung. Die interdisziplinäre, interorganisatorische Zusammenarbeit im Innovationsprozess, die auf die Nutzung kollektiven Wissens angewiesen ist, kann jedoch effektiv durch Wissensdatenbanken und ähnliche IT-basierte Instrumente des Wissensmanagements unterstützt werden. VR-Anwendungen tragen durch Digitalisierung dazu bei, eine höhere Anzahl innovativer Produktkonzepte früher erproben und so Fehler vermeiden zu können. Verteilte Produktentwicklung wird durch die Vielfalt bestehender IT-Systeme erschwert, doch es existieren bereits vereinheitlichende CSCW-Werkzeuge. Ferner kann die industrielle Produktentwicklung von neuartigen Prinzipien (Iteration, Partizipation und Evolution) der verteilten, internetgetriebenen Softwareentwicklung lernen. Schließlich wurde aufgezeigt, wie die Substitution von mechanischen durch elektrische und elektronische Produktinnovationen zu e-Potenzialen wie etwa internetbasierten Software-updates führt.

Als letzte Phase des Innovationsprozesses wurde die Marktphase auf e-Potenziale untersucht. So stellt das Internet ein hervorragendes Medium für die zielgruppenorientierte, offizielle Kommunikation von Innovationen bei der Markteinführung und während der weiteren Diffusion dar. Virtuelle Gemeinschaften unter Nutzern von eigenen oder von Wettbewerbs-innovationen sind ein Forum für die Meinungsbildung und eine wertvolle Informationsquelle. Unter Umständen ist eine Beteiligung des Unternehmens an den virtuellen Gemeinschaften, z.B. durch Sponsoring, zu erwägen. Durch das Internet kann außerdem die Vernetzung von Lieferanten- und OEM-Produkten und -marken unterstützt werden. Es zeigte sich ferner, dass die Adoptionsentscheidung des Endkunden für eine Innovation durch internetgestützte Individualisierung der Leistung, z.B. über Konfigurationsprogramme und Nutzung von CRM-Daten, erleichtert werden kann. Schließlich wurde auf mehrere internetbasierte Maßnahmen, mit deren Hilfe sich der Endkunde in der Nachkaufphase umfassend begleiten lässt, hingewiesen.

Wiederum in Analogie zu Abschnitt 3.3 befasste sich Abschnitt 4.3 mit e-Potenzialen, die den Innovationsprozess als Ganzes betreffen, also als innovationsprozessübergreifend zu verstehen sind. Zunächst erfolgte die Diskussion der webbasierten Abbildung und Anwendung des interdisziplinären und interorganisatorischen Innovationsprozesses. Ausgangspunkt der

Betrachtung waren unternehmenskulturelle Voraussetzungen für webbasierte Prozesse wie den Innovationsprozess. Dann wurde auf die Notwendigkeit zur umfassenden Bestandsaufnahme und Definition von Sollprozessen eingegangen, bevor aufgezeigt wurde, wie rechnergestützte Prozessmodellierung und die anschließende Umsetzung in Web-Browsern erfolgen kann. Eine Erörterung der Anwendungsbedingungen und Risiken des webbasierten Innovationsprozesses schließen diesen Abschnitt ab.

Neben der webbasierten Umsetzung des Innovationsprozesses als Ganzes wurde als nächster innovationsprozessübergreifender Aspekt kritisch hinterfragt, welche Rolle die physisch-persönliche Zusammenarbeit im e-Innovationsmanagement noch hat. Unter Rückgriff auf verschiedene empirische Studien und theoretische Überlegungen konnte gezeigt werden, dass e-Innovationsprozesse menschliche Interaktion und persönliche Zusammenarbeit nicht ersetzen, sondern ergänzen werden. Als Konkretisierung der Formen physisch-persönlicher, innovationsbezogener Zusammenarbeit in der Automobilindustrie wurden schließlich interdisziplinäre und interorganisatorische Entwicklungszentren zur Betrachtung herangezogen.

5 Abschließende Beurteilung

5.1 Zusammenfassende Bewertung und Fazit

Die vorliegende Arbeit hat den Begriff des e-Innovationsmanagements, dargestellt anhand einer branchenspezifischen Betrachtung der Automobilindustrie, in die wissenschaftliche Diskussion eingeführt. E-Innovationsmanagement bezeichnet die Gestaltung und Steuerung intra- und interorganisatorischer, endkundenorientierter Innovationsprozesse, die durch neuartige Anwendungen von IuK-Technologien unterstützt werden. Die Arbeit leistet einen Beitrag sowohl zum Innovationsmanagement per se als auch zu seiner e-Business-Unterstützung und zeigt eine Reihe von Inhalten des e-Innovationsmanagements in der Automobilindustrie, insbesondere eine Vielzahl von Gestaltungs- und Steuerungsoptionen für die Unternehmensführung, auf.

Die Untersuchung orientierte sich dabei an den beiden folgenden Forschungsfragen (vgl. nochmals Abschnitt 1.2):

- Wie ist ein umfassender, interorganisatorischer Innovationsprozess in der Automobilindustrie zu definieren und welche Gestaltungsfelder weist er auf?
- Welche Möglichkeiten der Unterstützung des Innovationsprozesses bieten neue Methoden des elektronischen Geschäftsverkehrs?

Aufbauend auf theoretischen Vorarbeiten (Kapitel zwei) wurde zur Beantwortung der Forschungsfragen zunächst erstmalig ein systematischer und durchgängiger Innovationsprozess für die Automobilindustrie samt prozessübergreifenden Maßnahmen entwickelt (Kapitel drei). Im zweiten Schritt (Kapitel vier) erfolgte der Ausbau des Konzepts zum e-Innovationsmanagement. Der zusammengesetzte Begriff macht dabei deutlich, dass sich Innovationsmanagement und e-Business, wie gezeigt werden konnte, nicht ersetzen oder verdrängen, sondern ergänzen. Die kritische Würdigung der Gestaltungsoptionen im Innovationsprozess hat gezeigt, dass effektivitäts- und effizienzsteigernde e-Potenziale, aber auch Risiken bestehen. Tabelle 3 auf der folgenden Seite fasst die wesentlichen Aspekte in einem Überblick zusammen.

Prozessphase	e-Potenziale	Risiken
Marktaus-richtung	Sammlung und Verbreitung von Marktinformationen (Kunden, Wettbewerb). Screening, Signaling. Markenbindung durch Markenportale mit Diensten.	Geringere persönliche Kundenbindung, weniger Zusatzerlösquellen bei Händlerkontakten. Informationsüberflutung.
Strategie-bildung	Breite Involvierung der Organisation in Bottom-up Strategiebildung und Top-down Kommunikation.	Reine Internetstrategien i.d.R. wenig erfolgreich, vielmehr Kombinationen aus klassischen Wettbewerbsstrategien und Internetunterstützung.
Generierung von Innovations-ideen	Senkung von Transaktionskosten und Eintritts-barrieren in die Organisation. Vgl. Move-to-the-market-Hypothese. Höhere Quantität und Qualität (Breite) der Innovationsideen, geografische und zeitliche Ausweitung des Ideenfindungsprozesses. Rechnergestützte Kreativprozesse bis hin zur Künstlichen Intelligenz.	Know-how-Schutz für Organisation (Preisgabe von Suchfeldern). Know-how-Schutz für Ideengeber (Vertrauens-schutz bei Ideenweitergabe). Not-invented-here-Syndrom. Erfahrungswissen von Menschen nur schwer formalisierbar.
Produkt-entwicklung	Kooperative, verteilte Produktentwicklung. Fehlervermeidung, schnellere Fehlerbehebung und geringere Fehlerkosten durch Digitalisierung/ Simulation/Virtualisierung bis hin zu Virtual Reality. Günstige Variantenerprobung. Wissensmanagement, Wissensdatenbanken, gemeinsame Daten- und Informationsbasis. Frühe, schnelle Feedbackschleifen mit dem Markt (Internetprinzipien Iteration, Partizipation, Evolution).	Stark abhängig von weiterer technologischer Entwicklung bzgl. Datensicherheit, Übertragungs-rate, Rechnerkapazität. Physische Produktversuche (Fahrversuche, Crash-Tests) vor Markteinführung nicht ersetzbar. Implizites Expertenwissen schwer übertragbar. Opportunismus, Herrschaftswissen.
Markt-einführung, Diffusions-unter-stützung	Lead User- und Zielgruppenansprache im Internet. Produktvorankündigungen. Einbindung virtueller Gemeinschaften (P2P). e-Branding. Online-Konfiguration bis hin zur online-Datenüber-tragung in Produktionssysteme.	Nur geeignet für Anbahnung, nicht für Transaktion selbst. Gesetzliche Rahmenbedingungen (GVO). Freiheitsdenken der Internetgemeinschaft; Zensur. Verlust von Markenidentität bei falschen Partnern. Fehlende fachmännische Beratung durch Händler. Verlust an persönlichem Kundenkontakt.
Innovations-prozess als Ganzes	Innovationsprozess als webbasierter Geschäftsprozess mit höherer Schnelligkeit, Stringenz und Prozesssicherheit bei niedrigeren Prozesskosten.	Mangelnde Flexibilität. Persönliche menschliche Interaktion und Kommunikation im Innovationsprozess nicht ersetzbar.

Tabelle 3: e-Potenziale und Risiken im Innovationsprozess im Überblick.

Als Fazit kann resümiert werden, dass sich in allen Phasen des Innovationsprozesses e-Potenziale unterschiedlicher Ausprägung identifizieren lassen. In all jenen Phasen des Innovationsprozesses, in denen weniger physische Produkte als vielmehr Informationen, Ideen und Kommunikation über Neuprodukte von Bedeutung sind, kommt der Kontakt anbahnende, Reichweite erhöhende, Orts- und Zeitgrenzen überwindende, Transaktionskosten senkende und Interaktivität schaffende Charakter neuer IuK-Technologien auf fruchtbare Weise zur Geltung. Dies betrifft namentlich die Phasen der Strategiebildung, Ideenfindung und die Marktphase. Im PEP, in dem das physische Neuprodukt im Mittelpunkt steht, zeigen sich e-Potenziale bei virtualisierbaren Produktbestandteilen wie Software und Elektronik. Ferner kommt auch bei physischen Produktbestandteilen dem Produktdatenaustausch und der verteilten Zusammenarbeit der am PEP beteiligten Akteure große Bedeutung zu.

Weitere Effektivitäts- und Effizienzsteigerungen durch e-Business sind zu erwarten, wenn der Innovationsprozess insgesamt als webbasierter Prozess gestaltet und gelebt wird. Gleichzeitig ist aber darauf hinzuweisen, dass im ganzen Innovationsprozess immer wieder eine kritische

Abwägung zwischen Virtualisierung und Verteilung von Aufgaben sowie physisch-persönlicher Zusammenarbeit zu treffen ist. Es ist zu erwarten, dass die Notwendigkeit zur persönlichen Interaktion im Innovationsprozess auf absehbare Zeit erhalten bleiben wird; die Bedeutung neuer IuK-Technologien als ergänzende Kraft ist aber unverkennbar.

5.2 Rückschluss auf andere Branchen

Der branchenspezifische Blickwinkel dieser Arbeit, deren Erkenntnisse primär in der Automobilindustrie gelten, wurde in Abschnitt 2.3 ausführlich mit den Branchenspezifika dieser Industrie begründet. Aufgrund der branchenorientierten Vorgehensweise wurden Erkenntnisse möglich, die bei branchenübergreifender Betrachtung an Geltungskraft und Schärfe verloren hätten.

Insbesondere aufgrund der starken Ausprägung interorganisatorischer Beziehungen, bei der die Automobilindustrie eine Vorreiterrolle einnimmt, sind die Erkenntnisse nicht beliebig auf weniger vernetzte Branchen übertragbar.[811] Dies gilt besonders für die interorganisatorischen Verflechtungen im Innovationsprozess. Die innovationsbezogene Abgrenzung der Automobilindustrie zu anderen Branchen, die in Abschnitt 2.3.3.1 vorgenommen wurde, bleibt also gültig.

Nichtsdestoweniger mögen die in dieser Arbeit aufgezeigten Gestaltungs- und Steuerungsoptionen im e-Innovationsmanagement auch an anderen Branchen interessierten Wissenschaftlern und Führungskräften aus der Praxis Anregungen geben, die durch Analogie- und Rückschlüsse eine Übertragung zumindest ausgewählter Erkenntnisse ermöglichen. In diesem Sinne sollen nun einige Ansatzpunkte für Rückschlüsse auf andere Branchen diskutiert werden.

Die Erkenntnisse zur interorganisatorischen Vernetzung im Innovationsprozess, insbesondere zur Einbeziehung von Lieferanten und Dritten, können für alle Branchen fruchtbar sein, die eine mehr als durchschnittliche Vernetzung zwischen Lieferanten und Produzenten des Endprodukts aufweisen. Investitionsgüterindustrien wie etwa die chemische und die elektrotechnische Industrie oder der Maschinen- und Anlagenbau drängen sich als Beispiel auf. Die Marktseite des Innovationsprozesses unterscheidet sich in diesen Branchen jedoch beträchtlich von den hier angestellten Betrachtungen. So fehlt in diesen Branchen die emotional-subjektive Seite im Eigenschaftsdualismus von technisch-objektiven und emotional-subjektiven Aspekten des Endprodukts weitgehend. Adoption und Diffusion von

---

[811] Vgl. **WERTZ (Lieferanten-Produzenten, 2000)**, S. 174, der das interorganisatorische Beziehungsgeflecht in der Automobilbranche schon per se zum Anlass für eine branchenspezifische Betrachtung dieser Industrie nimmt.

Innovationen unterscheiden sich aufgrund verschiedenartiger Kaufentscheidungsprozesse und einer unterschiedlichen Struktur der zumeist institutionellen Endabnehmer der Produkte von den Gegebenheiten in der Automobilindustrie.

Umgekehrt verhält es sich mit den Zweigen der Konsumgüterindustrie. Sie vermarktet ihre Produkte direkt an private Endkunden,[812] so dass Adoptions- und Diffusionsprozesse von entscheidender Bedeutung sind. Die Bedeutung emotional-subjektiver Produkteigenschaften überwiegt jene von technisch-objektiven Eigenschaften bei weitem. Die Erkenntnis aus der Automobilbranche, dass – im Gegensatz zu Investitionsgüterbranchen – die subjektive Kundensicht für den Innovationserfolg entscheidend ist, gilt hier ganz besonders, wie auch allgemein vermutet werden kann, dass sich die Erkenntnisse aus der Marktphase des Innovationsprozesses gut übertragen lassen. Die Einsichten zu den vorgelagerten Phasen im Innovationsprozess, insbesondere zum PEP, sind nur bedingt übertragbar, da im Konsumgüterbereich andere, vor allem marketingorientierte Aspekte, wie z.B. Verpackung oder Form, zentrale Anforderungen an die Produktentstehung darstellen. Die Notwendigkeit zur intensiven datentechnischen Vernetzung unter Entwicklungspartnern, die aus der Komplexität und Spezifikationsintensität des Endprodukts Automobil resultiert und die ggf. in elektronisch unterstützte, verteilte Produktentwicklung mündet, ist von vergleichbar untergeordneter Bedeutung. Marktseitige e-Potenziale wie Innovationsportale oder virtuelle Gemeinschaften dürften jedoch auch für die Konsumgüterindustrie hoch interessant sein.

In der Pharmaindustrie wiederum zeigt sich die Innovationsnotwendigkeit vor allem in der faktischen Eigenschaftsdimension der Produkte (Wirksamkeit, Verträglichkeit). Für diese Branche erscheinen aufgrund der Vielzahl an zu generierenden Ideen (chemischen Formeln) im Innovationsprozess, von denen nur wenige zur Produktreife gelangen, insbesondere die Erkenntnisse zum Ideen- und Wissensmanagement interessant. Marktseitig bieten sich ferner z.B. e-Branding-Aktivitäten und die internetgestützte Zielgruppenansprache zur Übertragung an.

Selbstverständlich kann diese Auswahl an übertragbaren und nicht übertragbaren Erkenntnissen nur exemplarischen Charakter haben und als Anregung dienen. Es muss an anderen Branchen Interessierten überlassen bleiben, anhand einer industrie- und ggf. auch ressourcenökonomischen Betrachtung ihres Industriezweigs die spezifischen Eigenschaften der Branche und damit die Rahmenbedingungen, erforderlichen Modifikationen und Anwendungsmodalitäten für die Übertragbarkeit der hier vorgelegten Erkenntnisse zu untersuchen.

---

[812] Dies schließt selbstverständlich nicht aus, dass Zwischenstufen, insbesondere der Handel, einen integralen Bestandteil der Distributionspolitik darstellen.

5.3 Ausblick

Als Ausblick auf weiteren Forschungsbedarf ist zunächst hervorzuheben, dass die in dieser Arbeit genannten e-Potenziale der ständigen Beobachtung und Weiterentwicklung bedürfen, da sich die zugrunde liegenden IuK-Technologien weiter dynamisch fortentwickeln. Anwendungen, die heute vielleicht noch als abwegig erscheinen, mögen in Zukunft das Gleichgewicht zwischen persönlichem Kontakt und virtueller Interaktion weiter in Richtung auf die letztere verschieben. Bei der Umsetzung in der Unternehmenspraxis sollten alle Anstrengungen der Integration von konventionellen und e-Business-basierten Prozessen dienen, um so von den spezifischen Vorteilen beider zu profitieren.

Die zunehmende interorganisatorische Verflechtung im Innovationsprozess, die in dieser Arbeit umfassend thematisiert wurde und die durch neue Anwendungen von IuK-Technologien noch stärker an Bedeutung gewinnt, wirft ordnungspolitische und kartellrechtliche Fragen auf. Als Beispiele für viele andere seien hier nur die vorwettbewerbliche Zusammenarbeit, die gemeinsame Ideengenerierung, die vertragliche Zusicherung von Exklusivität, die Schaffung von datentechnischen de facto-Standards oder die gemeinsame Nutzung interorganisatorischer Marktplätze zu nennen. Viele dieser Handlungsoptionen bergen zumindest potenziell die Gefahr, in den Schumpeterschen Prozess der schöpferischen Zerstörung regulierend einzugreifen und dadurch die Schaffung des Neuen aus gesamtwirtschaftlicher Sicht zu behindern. Weiteren volkswirtschaftlichen und auch juristischen Arbeiten mag es vorbehalten bleiben, sich diesem Themenkreis zu widmen.

Von großem Interesse sind auch Untersuchungen, welche die hier anhand der Automobilindustrie vorgestellten Erkenntnisse auf andere Branchen übertragen. Selbstverständlich sind dann ausführliche Zusatzüberlegungen bezüglich Anwendungsbedingungen und Schlussfolgerungen anzustellen. Erste diesbezügliche Hinweise, die jedoch notwendigerweise nur Anregungscharakter haben können, wurden in Abschnitt 5.2 gegeben.

Aus Sicht des Verfassers wäre es auch sinnvoll, die in dieser Arbeit vorgestellte Vorgehensweise, nämlich das Aufzeigen von Gestaltungs- und Steuerungsoptionen für betriebswirtschaftliche Themenfelder und deren anschließende Untersuchung auf e-Potenziale, auf weitere Sachverhalte außerhalb des Innovationsmanagements auszudehnen. Es darf angenommen werden, dass eine solche Vorgehensweise eine übertrieben positive oder negative Bewertung des e-Business unwahrscheinlich macht und sich somit auch in anderen Bereichen der Betriebswirtschaftslehre als fruchtbare Hilfe bei der Einschätzung von e-Potenzialen erweisen wird.

LITERATURVERZEICHNIS

ABERNATHY, W. J., UTTERBACK, J. M. **(Process and Product Innovation, 1975)**, A Dynamic Model of Process and Product Innovation, in: Omega: The International Journal of Management Science, Oxford 1975, Vol. 3, No. 6, S. 639-656.

ACCENTURE GMBH, FACHHOCHSCHULE INGOLSTADT (HRSG.) **(Zulieferer- und Herstellermarken, 2001)**, Die Rolle von Zulieferer- und Herstellermarken beim Neuwagenkauf: eine Verbraucherbefragung, München 2001.

ADAM, D. **(Produktionsmanagement, 1997, zuerst: 1976)**, Produktionsmanagement, 8., vollständig überarbeitete und wesentlich erweiterte Auflage, Wiesbaden 1997, zuerst: 1976.

ADOLPHS, B. **(Geschäftsbeziehungen, 1997)**, Stabile und effiziente Geschäftsbeziehungen: eine Betrachtung von vertikalen Koordinationsstrukturen in der deutschen Automobilindustrie, Lohmar u.a. 1997.

AITKEN, M., BASKARAN, S., LAMARRE, E., SILBER, M., WATERS, S. **(License, 2000)**, A License to Cure, in: The McKinsey Quarterly, New York January 2000, Vol. 37, No. 1, S. 80-89.

AITKEN, M., HOLT, F. **(Direct Drug Marketing, 2000)**, A Prescription for Direct Drug Marketing, in: The McKinsey Quarterly, New York April 2000, Vol. 37, No. 2, S. 82-91.

ALBACH, H. **(Ansprache, 1991)**, Eröffnungsansprache, in: Betriebswirtschaftslehre und ökonomische Theorie: Wissenschaftliche Tagung des Verbandes der Hochschullehrer für Betriebswirtschaft e.V. in Frankfurt am Main 1990, hrsg. v. D. Ordelheide, B. Rudolph u. E. Büsselmann, Stuttgart 1991, S. 3-9.

ALBACH, H. **(Differenzierung, 1990)**, Das Management der Differenzierung – ein Prozeß aus Kreativität und Perfektion, in: Zeitschrift für Betriebswirtschaft, August 1990, 60. Jg., H. 8, S. 773-788.

ALBACH, H. **(Gutenberg, 1997)**, Gutenberg und die Zukunft der Betriebswirtschaftslehre, in: Zeitschrift für Betriebswirtschaft, Dezember 1997, 67. Jg., H. 12, S. 1257-1283.

ALBACH, H. **(Zeit und Wettbewerb, 1993)**, Information, Zeit und Wettbewerb, Berlin 1993.

ALBACH, H., AKADEMIE DER WISSENSCHAFTEN ZU BERLIN (HRSG.) **(Technical Innovation, 1993)**, Culture and Technical Innovation: a Cross-cultural Analysis and Policy Recommendations, Reihe: Research Report, Bd. 9, Berlin u.a. 1993.

ALBERS, S., BROCKHOFF, K., HAUSCHILDT, J. **(Technologie und Innovation, 2000)**, Betriebswirtschaftslehre für Technologie und Innovation – eine Leistungsbilanz, Kiel 2000.

ALBERS, S., EGGERS, S. **(Produktinnovations-Prozesse, 1990)**, Vorteilhafte organisatorische Gestaltungsmaßnahmen von Produktinnovations-Prozessen in Groß- und Mittelbetrieben: erste Ergebnisse einer empirischen Untersuchung, Lüneburg 1990.

ALLEN, T. J. (Flow of Technology, 1984, zuerst: 1977), Managing the Flow of Technology, Taschenbuchausgabe, Cambridge u.a. 1984, zuerst: 1977.

ALLEN, T. J. (Technology Management, 1998), Technology Management Research in the New Millenium, in: Innovationsforschung und Technologiemanagement: Konzepte, Strategien, Fallbeispiele, hrsg. v. N. Franke u. C.-F. von Braun, Berlin u.a. 1998, S. 9-16.

AMABILE, T. M. (Creativity, 1998), How to Kill Creativity, in: Harvard Business Review, Boston September/October 1998, Vol. 76, No. 5, S. 76-87.

ANDREW, J. P., BLACKBURN, A., SIRKIN, H. L. (Electronic Marketplaces, 2000), Electronic Marketplaces: Surviving the Shakeout, Zugriff unter http://www.bcg.com am 06.08.2001.

ARMBRECHT, W., KRAMHÖLLER, R. (Innovation, 2001), Forum der Eberhard von Kuenheim Stiftung: Innovation durch Teamleistung – Fortschritt bedarf der Kommunikation in Netzwerken, in: Universitas, Oktober 2001, 56. Jg., H. 10, S. 1046-1055.

ARMSTRONG, A. G., HAGEL, J. III (On-line Communities, 1999), The Real Value of On-line Communities, in: Creating Value in the Network Economy, hrsg. v. D. Tapscott, Boston 1999, S. 173-185.

A. T. KEARNEY, INC. (HRSG.) (B2B Exchanges, 2000), High-Tech B2B Exchanges: Understanding the Key Players, Trends, and Implications, Chicago u.a. 2000.

A. T. KEARNEY, INC. (HRSG.) (B2B Foundation, 2000), Building the B2B Foundation: Positioning Net Market Makers for Success, Chicago u.a. 2000.

A. T. KEARNEY, INC. (HRSG.) (Role of Brands, 1998), The Role of Brands in the Digital Economy, Chicago u.a. 1998.

ATZLER, K. (Automobilhersteller und Zulieferer, 1997), Automobilhersteller und Zulieferer im Spannungsfeld von Differenzierung und Kosten, in: Automobilhersteller, Zulieferer und Händler als Wertschöpfungskette: 5. Automobilhersteller- und -zulieferer-Kongreß, hrsg. v. Handelsblatt Veranstaltungen, Düsseldorf 1997, Beitr. Nr. 13, S. 1-26.

AUDRETSCH, D. B. (Patents, 1993), The Competitive and Technological Effects of Patents: a Critical Assessment of the Relevant Literature in Industrial Economics, Berlin 1993.

BACKHAUS, K. (Investitionsgütermarketing, 1990, zuerst 1982), Investitionsgütermarketing, 2., völlig neu bearbeitete Auflage, München 1990, zuerst 1982.

BACKHAUS, K., BÜSCHKEN, J. (Unsatisfying Relationships, 1999), The Paradox of Unsatisfying but Stable Relationships – a Look at German Car Suppliers, in: Journal of Business Research, New York November 1999, Vol. 46, No. 3, S. 245-257.

BACKHAUS, K., GRUNER, K. (Produktlebenszyklen, 1997), Die Beschleunigung von Produktlebenszyklen, in: Zeitschrift für Betriebswirtschaft, Ergänzungsheft 1/1997: Marketing, hrsg. v. H. Albach, Wiesbaden 1997, S. 157-186.

BAIN, J. S. **(Barriers, 1956)**, Barriers to New Competition: Their Character and Consequences in Manufacturing Industries, Reihe: Series of Studies on Competition and Monopoly in American Industry, Bd. 3, Cambridge 1956.

BAIN, J. S. **(Industrial Organization, 1968, zuerst: 1959)**, Industrial Organization, 2. Auflage, New York u.a. 1968, zuerst: 1959.

BAKOS, Y. **(Friction-free Markets, 1998)**, Towards Friction-free Markets: the Emerging Role of Electronic Marketplaces on the Internet, in: Communications of the ACM, August 1998, Vol. 41, No. 8, S. 35-42.

BALLNUS, R. **(EDI und e-Commerce, 2000)**, Erfolg mit EDI und e-Commerce: Handlungsempfehlungen für die Abstimmung und Organisation interorganisationaler Netzwerke, Marburg 2000.

BARNEY, J. **(Firm Resources, 1991)**, Firm Resources and Sustained Competitive Advantage, in: Journal of Management, March 1991, Vol. 17, No. 1, S. 99-120.

BATES, M., RIZVI, S. S. H., TEWARI, P., VARDHAN, D. **(Fast, 2001)**, How Fast is Too Fast?, in: The McKinsey Quarterly, New York July 2001, Vol. 38, No. 3, S. 52-61.

BÄUCKER, A. **(Fachschau, 2001)**, Mehr Simulation und Präzision: über 90 Stände auf der FV-Fachschau Fertigungstechnik in Schwieberdingen, in: Bosch-Zünder, Stuttgart Juli 2001, 81. Jg., H. 7/8, S. 10.

BAUER, C. **(Virtual Reality, 1996)**, Nutzenorientierter Einsatz von Virtual Reality im Unternehmen: Anwendungen, Wirtschaftlichkeit, Anbieter, München 1996.

BAUER, H. H., FISCHER, M. **(Markteintrittsreihenfolge, 2000)**, Die empirische Typologisierung von Produktlebenszyklen und ihre Erklärung durch die Markteintrittsreihenfolge, in: Zeitschrift für Betriebswirtschaft, September 2000, 70. Jg., H. 9, S. 937-958.

BAUER, R. **(BMW Marktplatz, 2000)**, Der elektronische Marktplatz des Technischen Einkaufs von BMW und seiner Zulieferer, in: e-Einkauf und e-Handel in der Automobilindustrie, hrsg. v. IIR Deutschland, Sulzbach 2000, Beitr. Nr. 3, S. 1-46.

BAUR, C. **(Make-or-Buy, 1990)**, Make-or-Buy-Entscheidungen in einem Unternehmen der Automobilindustrie: empirische Analyse und Gestaltung der Fertigungstiefe aus transaktionskostentheoretischer Sicht, Reihe: Unternehmensentwicklung, Bd. 8, München 1990.

BEAR, STEARNS & CO., INC. (HRSG.) **(Internet, 2000)**, Internet/e-Commerce: e-Business Intermediaries, New York 2000.

BECKER, H. **(Faszination Automobil, 1997)**, Faszination Automobil – Motor der Gesellschaft, in: Strukturwandel mitgestalten! Rahmenbedingungen und Zukunftsperspektiven für Automobilhersteller, Importeure, Zulieferer und Handel: ‚Drittes automobilwirtschaftliches Symposium', hrsg. v. W. Meinig u. H. Mallad, Bamberg 1997, S. 213-220.

BECKER, S. **(Produktinnovation im Automobilbereich, 2000)**, Methoden der Produktinnovation im Automobilbereich: konzeptionelle und experimentelle Analyse von Nutzerbedürfnissen im Entwicklungsprozeß, in: Zeitschrift für die gesamte Wertschöpfungskette Automobilwirtschaft, Januar 2000, 3. Jg., H. 1, S. 24-32.

BECKER, W. **(Produktentstehungsprozess, 2001)**, Veränderung im Produktentstehungsprozess und ihre Folgen für die Zulieferintegration, in: Automobil-Forum 2001, hrsg. v. d. Zeitschriften Automobil-Produktion u. Automobile Management International, Landsberg am Lech 2001, Beitr. Nr. 12, S. 1-14.

BECKER, W. **(Strategisches Management, 1998, zuerst: o.J.)**, Strategisches Management, 4. Auflage, Bamberg 1998, zuerst: o.J.

BEINHOCKER, E. D., KAPLAN, S. **(Strategic Planning, 2002)**, Tired of Strategic Planning?, in: The McKinsey Quarterly, New York 2002, Vol. 39, Special Edition: Risk and Resilience, S. 48-57.

BENSAOU, M. **(Buyer-Supplier Relationships, 1999)**, Portfolios of Buyer-Supplier Relationships, in: Sloan Management Review, Cambridge Summer 1999, Vol. 40, No. 4, S. 35-44.

BERLECON RESEARCH GMBH (HRSG.) **(B2B-Marktplätze, 2000)**, B2B-Marktplätze in Deutschland: Status Quo – Chancen – Herausforderungen, Berlin 2000.

BERRYMAN, K., HECK, S. **(B2B, 2001)**, Is the Third Time the Charm for B2B?, in: The McKinsey Quarterly, New York April 2001, Vol. 38, No. 2 Special Edition: On-line Tactics, S. 18-22.

BHANDARI, M., GARG, R., GLASSMAN, R., MA, P. C., ZEMMEL, R. W. **(Health Care, 1999)**, A Genetic Revolution in Health Care, in: The McKinsey Quarterly, New York October 1999, Vol. 36, No. 4, S. 58-67.

BLEYER, K. **(Globalisierung, 2000)**, Innovation und Globalisierung als Kernstrategien eines Systemlieferanten der Automobilindustrie, in: Zeitschrift für die gesamte Wertschöpfungskette Automobilwirtschaft, Oktober 2000, 3. Jg., H. 4, S. 22-27.

BLOCH, M., PIGNEUR, Y., SEGEV, A. **(Business Value, 1996)**, On the Road of Electronic Commerce – a Business Value Framework, Gaining Competitive Advantage and Some Research Issues, Berkeley 1996.

BMW AG (HRSG.) **(FIZ, 2002)**, Innovationsnetzwerk: Forschungs- und Innovationszentrum (FIZ), Zugriff unter http://www.bmwgroup.com/d/0_0_www_bmwgroup_com/7_innovation/7_4_innovationsnetzwerk/7_4_2_forschung.shtml am 17.09.2002.

BMW AG (HRSG.) **(Innovation, 2001)**, Innovation: Übersicht, Zugriff unter http://www.bmwgroup.com/d/0_0_www_bmwgroup_com/7_innovation/7_innovation.shtml am 04.09.2001.

BMW AG (HRSG.) **(via, 2001)**, virtuelle innovations agentur (via), Zugriff unter http://www.zulieferer.bmw.de/dialog/via/ am 30.06.2001.

BOBROWSKI, P., BRETSCHNEIDER, S. **(Adoption, 1994)**, Internal and External Interorganizational Relationships and their Impact on the Adoption of New Technology: an Exploratory Study, in: Technological Forecasting and Social Change, New York 1994, Vol. 46, No. 2, S. 197-211.

BÖCKER, F. (Innovationspolitik, 1991), Verhaltenswissenschaftlich fundierte Innovationspolitik, in: Betriebswirtschaftslehre und ökonomische Theorie: Wissenschaftliche Tagung des Verbandes der Hochschullehrer für Betriebswirtschaft e.V. in Frankfurt am Main 1990, hrsg. v. D. Ordelheide, B. Rudolph u. E. Busselmann, Stuttgart 1991, S. 371-392.

BOGASCHEWSKY, R., KRACKE, U. (Internet – Intranets – Extranets, 1999), Internet – Intranets – Extranets: strategische Waffen für die Beschaffung, Reihe: BME-Expertenreihe, Bd. 3, Gernsbach 1999.

BOGASCHEWSKY, R., MÜLLER, H., BME (HRSG.) (b2b-Marktplatzüberblick, 2001), b2b-Marktplätze im Überblick: Kenngrößen, Leistungsfähigkeit, Funktionen: Querschnittsanalyse zum b2b-Marktplatzführer, Frankfurt am Main 2001.

BOHNE, F. (Komplexitätsmanagement, 1998), Entwicklungsbegleitendes Komplexitätsmanagement bei BMW – Konzept und Methoden zur Gestaltung der Kosten der Vielfalt, in: Effektive Entwicklung und Auftragsabwicklung variantenreicher Produkte: allgemeiner Maschinenbau, Anlagenbau, Fahrzeugtechnik, Tagung der VDI-Gesellschaft Entwicklung, Konstruktion Vertrieb, Reihe: VDI-Berichte, Bd. 1434, Düsseldorf 1998, S. 15-37.

BOLT.COM (HRSG.) (Bolt Cars, 2002), Bolt Cars, Zugriff unter http://cars.bolt.com am 18.03.2002.

BONGARTZ, U. (Strategische Ressourcen, 1997), Strategische Ressourcen und erhaltbare Wettbewerbsvorteile: die ressourcenorientierte Sicht am Beispiel der Treasury, in: Zeitschrift für Betriebswirtschaft, Ergänzungsheft 1/1997: Marketing, hrsg. v. H. Albach, Wiesbaden 1997, S. 21-43.

BOUNCKEN, R. B. (Kernkompetenzen, 2000), Dem Kern des Erfolges auf der Spur? State of the Art zur Identifikation von Kernkompetenzen, in: Zeitschrift für Betriebswirtschaft, Juli/August 2000, 70. Jg., H. 7/8, S. 865-885.

BOUTELLIER, R., GASSMANN, O., VON ZEDTWITZ, M. (Managing Innovation, 1999), Managing Global Innovation – Uncovering the Secrets of Future Competitiveness, Berlin u.a. 1999.

BOUTELLIER, R., LOCKER, A. (Beschaffungslogistik, 1998), Beschaffungslogistik: mit praxiserprobten Konzepten zum Erfolg, München u.a. 1998.

BOUTELLIER, R., VÖLKER, R. (Innovative Produkte, 1997), Erfolg durch innovative Produkte: Bausteine des Innovationsmanagements, München u.a. 1997.

BRACZYK, H.-J., FUCHS, G., WOLF, H.-G. (Introduction, 1999), Introduction, in: Multimedia and Regional Economic Restructuring, hrsg. v. H.-J. Braczyk, G. Fuchs u. H.-G. Wolf, Reihe: Routledge Studies in the Modern World Economy, Bd. 21, London u.a. 1999, S. 1-10.

BRÄUNLING, G., MAAS, M. (Öffentliche Forschung, 1989), Nutzung der Ergebnisse aus öffentlicher Forschung und Entwicklung in der Bundesrepublik Deutschland, Reihe: Innovation und Technologietransfer, hrsg. v. d. Kommission der Europäischen Gemeinschaften, Luxemburg 1989.

BRESSLER, S. E., GRANTHAM, C. E. SR. **(Communities of Commerce, 2000)**, Communities of Commerce: Building Internet Business Communities to Accelerate Growth, Minimize Risk, and Increase Customer Loyalty, New York u.a. 2000.

BROADVIEW INTERNATIONAL, LLC (HRSG.) **(Market Maps of B2B, 2000)**, e-Business Perspective: Market Maps of B2B Digital Marketplaces and Web-enabled Supply Demand Management Companies, Zugriff unter http://www.netmarketmakers.com/reports am 06.03.2000.

BROCKHOFF, K. **(Ergebnisse, 1996)**, Ergebnisse der Tagung: die Bedeutung der betriebswirtschaftlichen Ausbildung für den Standort Deutschland, in: Zeitschrift für Betriebswirtschaft, Ergänzungsheft 1/1996: Betriebswirtschaftslehre und der Standort Deutschland, hrsg. v. H. Albach u. K. Brockhoff, Wiesbaden 1996, S. 137-139.

BROCKHOFF, K. **(Externer Erwerb, 1995)**, Zur Theorie des externen Erwerbs neuen technologischen Wissens, in: Zeitschrift für Betriebswirtschaft, Ergänzungsheft 1/1995: Effizienzsteigerung im Innovationsprozeß, hrsg. v. H. Albach, Wiesbaden 1995, S. 27-41.

BROCKHOFF, K. **(Forschung und Entwicklung, 1999, zuerst: o.J.)**, Forschung und Entwicklung: Planung und Kontrolle, 5., ergänzte und erweiterte Auflage, München u.a. 1999, zuerst: o.J.

BROCKHOFF, K. **(Grundlagenforschung, 1999)**, Zum Transfer von Ergebnissen öffentlicher Grundlagenforschung in die Wirtschaft, in: Zeitschrift für Betriebswirtschaft, November 1999, 69. Jg., H. 11, S. 1331-1350.

BROCKHOFF, K. **(Patentdatenbanken, 2000)**, Die Auswahl von Patentdatenbanken für das Technologiemanagement, in: Aktuelle Tendenzen im Innovationsmanagement: Festschrift für Werner Popp zum 65. Geburtstag, hrsg. v. G. E. Häfliger u. J. D. Meier, Heidelberg 2000, S. 93-102.

BROCKHOFF, K. **(Research, 1999)**, Research in the Company of the Future, in: The Company of the Future: Markets, Tools, and Strategies, hrsg. v. H. G. Danielmeyer u. Y. Tadeka, Berlin u.a. 1999, S. 49-89.

BROCKHOFF, K. **(Schnittstellen, 1994)**, Management organisatorischer Schnittstellen: unter besonderer Berücksichtigung der Koordination von Marketingbereichen mit Forschung und Entwicklung, Reihe: Berichte aus den Sitzungen der Joachim-Jungius-Gesellschaft der Wissenschaften e.V. Hamburg, Jg. 12, H. 2, Göttingen 1994.

BROCKHOFF, K. **(Schnittstellenmanagement, 1989)**, Schnittstellenmanagement: Abstimmungsprobleme zwischen Marketing und Forschung und Entwicklung, Reihe: Management von Forschung, Entwicklung und Innovation, Bd. 1, hrsg. v. K. Brockhoff u. M. Domsch, Stuttgart 1989.

BROCKHOFF, K., CHAKRABARTI, A. K., HAUSCHILDT, J. **(Foreword, 1999)**, Foreword, in: The Dynamics of Innovation: Strategic and Managerial Implications, hrsg. v. K. Brockhoff, A. K. Chakrabarti u. J. Hauschildt, Berlin u.a. 1999, S. V-X.

BROWN, S. L., TILTON, A., WOODSIDE, D. M. **(On-line Communities, 2002)**, The Case for On-line Communities, in: The McKinsey Quarterly, New York January 2002, Vol. 39, No. 1 Web Exclusive, Zugriff unter http://www.mckinseyquarterly.com am 06.02.2002.

BUCHNER, M. (Kundenfang, 2000), Auf Kundenfang per Computer, in: Impulse, 2000, o.Jg., H. 5, S. 98-105.

BÜCHNER, M.-G. (Marktorientiertes Management, 1999), Marktorientiertes Management technologischer Innovationen im Handel, St. Gallen 1999.

BULLINGER, H.-J. (Technologiemanagement, 1994), Einführung in das Technologiemanagement: Modelle, Methoden, Praxisbeispiele, Stuttgart 1994.

BUNGARD, W., HOFMANN, K. (Innovationsmanagement, 1995), Innovationsmanagement in der Automobilindustrie: mitarbeiterorientierte Gestaltung von Modellwechseln, Reihe: Arbeits- und Organisationspsychologie in Forschung und Praxis, Bd. 3, hrsg. v. W. Bungard, Weinheim 1995.

BÜRGEL, H. D., HALLER, C., BINDER, M. (F&E-Management, 1996), F&E-Management, München 1996.

BÜRGEL, H. D., HALLER, C., BINDER, M. (F&E-Prozess, 1995), Die japanische Konkurrenz: Anstöße für Überlegungen zur Effektivitäts- und Effizienzsteigerung des westlichen F&E-Prozesses, in: Zeitschrift für Betriebswirtschaft, Ergänzungsheft 1/1995: Effizienzsteigerung im Innovationsprozeß, hrsg. v. H. Albach, Wiesbaden 1995, S. 1-26.

BUSCHER, U. (Time to Market, 2000), Time to Market, in: Management und Zeit, hrsg. v. U. Götze, B. Mikus u. J. Bloech, Heidelberg 2000, S. 221-244.

CELLA, C., BEZOS, J., O'REILLY, T. (Patent Reform, 2000), BountyQuest Launches Patent Reform, Zugriff unter http://www.bountyquest.com/bqcorp/bqcorp.htm am 23.10.2000.

CERN (HRSG.) (WWW, 2002), A CERN Invention you are Familiar with: the World Wide Web, Zugriff unter http://public.web.cern.ch/Public/ACHIEVEMENTS/web.html am 10.02.2002.

CHANDLER, A. D. JR. (Introduction, 1996), Introduction: Entrepreneurial Achievements, in: Dædalus: Journal of the American Academy of Arts and Sciences, Cambridge Spring 1996, Vol. 125, No. 2: Managing Innovation, S. IX-XXIX.

CHANDLER, A. D. JR. (Strategy and Structure, 1962), Strategy and Structure: Chapters in the History of the Industrial Enterprise, Cambridge 1962.

CHARAN, R. (Kultur, 2001), Wider eine Kultur der Entschlusslosigkeit, in: Harvard Business Manager, September 2001, 23. Jg., H. 5, S. 34-43.

CHATTERJEE, A., JAUCHIUS, M. E., KAAS, H.-W., SATPATHY, A. (Auto Branding, 2002), Revving up Auto Branding, in: The McKinsey Quarterly, New York January 2002, Vol. 39, No. 1, S. 134-143.

CHATTERJEE, A., KUMARESH, T. V., SATPATHY, A. (Hand, 2001), Biting the Hand That Feeds You, in: The McKinsey Quarterly, New York October 2001, Vol. 38, No. 4, S. 28-29.

CHIDAMBER, S. R., KON, H. B. (Technology-Push, Demand-Pull, 1994), A Research Retrospective of Innovation Inception and Success: the Technology-Push, Demand-Pull

Question, in: International Journal of Technology Management, Geneva 1994, Vol. 9, No. 1, S. 94-113.

CHMIELEWICZ, K. **(Wissenschaftstheorie, 1978)**, Anmerkungen zur Konstruktiven Wissenschaftstheorie und Betriebswirtschaftslehre, in: Betriebswirtschaftslehre als normative Handlungswissenschaft: zur Bedeutung der Konstruktiven Wissenschaftstheorie für die Betriebswirtschaftslehre, hrsg. v. H. Steinmann, Reihe: Schriftenreihe der Zeitschrift für Betriebswirtschaft, Bd. 9, hrsg. v. E. Gutenberg, Wiesbaden 1978, S. 145-159.

CHOI, S.-Y., WHINSTON, A. B. **(Digital Economy, 2000)**, The Future of the Digital Economy, in: Handbook on Electronic Commerce, hrsg. v. M. J. Shaw, R. W. Blanning, T. J. Strader u. A. B. Whinston, Berlin u.a. 2000, S. 3-24.

CLARKE, R. **(Definitions, 2000)**, Electronic Commerce Definitions, Canberra 2000.

COASE, R. H. **(Firm, 1937)**, The Nature of the Firm, in: Economica, November 1937, Vol. 4, S. 386-405.

COENENBERG, A. G., PRILLMANN, M. **(Variantenmanagement, 1995)**, Erfolgswirkungen der Variantenvielfalt und Variantenmanagement, in: Zeitschrift für Betriebswirtschaft, November 1995, 65. Jg., H. 11, S. 1231-1253.

CON MOTO STRATEGIE & REALISIERUNG UNTERNEHMENSBERATUNG GMBH (HRSG.) **(Electronic Procurement, 2000)**, Electronic Procurement – Kostensenkung durch den Einkauf, Vortrag auf dem Einkaufsleiter-Forum 2000, Mainz 2000.

COOPER, R. G. **(Erfolg, 2001)**, Erfolg nach Plan, in: Wissenschaftsmanagement: Zeitschrift für Innovation, September/Oktober 2001, 7. Jg., H. 5, S. 6-7.

COOPER, R. G. **(Product Innovation, 2000)**, Product Innovation and Technology Strategy, in: Research Technology Management, Washington, D.C. January/February 2000, Vol. 43, No. 1, S. 38-41.

COURT, D. C., LEITER, M. G., LOCH, M. A. **(Brand Leverage, 1999)**, Brand Leverage, in: The McKinsey Quarterly, New York April 1999, Vol. 36, No. 2, S. 100-110.

COVISINT, LLC (HRSG.) **(Covisint, 2002)**, Covisint, Zugriff unter http://www.covisint.com am 10.08.2002.

CRIMSON CONSULTING GROUP, INC. (HRSG.) **(Online Exchanges, 2000)**, Realizing the Potential of Online Exchanges, Los Altos 2000.

CRONIN, M. J. **(Internet, 1995, zuerst: 1994)**, Doing More Business on the Internet, 2., überarbeitete Auflage, New York u.a. 1995, zuerst: 1994.

CÜRTEN, J. **(Porsche, 1999)**, Porsche – the Excitement Company, in: Zeitschrift für die gesamte Wertschöpfungskette Automobilwirtschaft, Januar 1999, 2. Jg., H. 1, S. 43.

DAFT, R. **(Nonbureaucratic Structure, 1982)**, Bureaucratic versus Nonbureaucratic Structure and the Process of Innovation and Change, in: Research in the Sociology of Organizations, Stamford 1982, Vol. 1, S. 129-166.

DAIMLER-BENZ AG (HRSG.) **(Entwicklungszentrum, 1998)**, Design-Gebäude Daimler-Benz Sindelfingen: Entwicklungs- und Vorbereitungszentrum, Stuttgart 1998.

DAIMLERCHRYSLER AG (HRSG.) **(e-Business, 2000)**, Einfluß von e-Business und e-Commerce auf Absatz und Beschaffung, in: Zeitschrift für die gesamte Wertschöpfungskette Automobilwirtschaft, Juli 2000, 3. Jg., H. 3, Schwerpunkt „Internet", S. 10-12.

DAIMLERCHRYSLER AG (HRSG.) **(eCAPS, 2000)**, Electronic Corporate Automated Purchasing System (eCAPS): das Beschaffungssystem für C-Teile, Stuttgart, Auburn Hills 2000.

DAIMLERCHRYSLER AG (HRSG.) **(E-Klasse, 2002)**, Produktionsrekord: Nach sechs Monaten 100.000ste Mercedes-Benz E-Klasse in Sindelfingen gefertigt, Zugriff unter http://www.daimlerchrysler.com/news/top/2002/t20903_g.htm am 09.09.2002.

DAIMLERCHRYSLER AG (HRSG.) **(Forschungsabkommen, 2002)**, Neues Forschungsabkommen mit der Stanford University, in: Headline, Stuttgart, Auburn Hills Mai 2002, o.Jg., H. 10, S. 11.

DAIMLERCHRYSLER AG (HRSG.) **(Forschungspreis, 2001)**, Forschungspreis 2001 vergeben, in: Headline, Stuttgart, Auburn Hills Dezember 2001, o.Jg., H. 22, S. 7-8.

DAIMLERCHRYSLER AG (HRSG.) **(Geschäftsbericht 2001, 2002)**, Geschäftsbericht für das Geschäftsjahr 2001, Stuttgart, Auburn Hills 2002.

DAIMLERCHRYSLER AG (HRSG.) **(Geschäftsbericht 2000, 2001)**, Geschäftsbericht für das Geschäftsjahr 2000, Stuttgart, Auburn Hills 2001.

DAIMLERCHRYSLER AG (HRSG.) **(Hightech, 2000)**, Hightech unter Teck, in: Headline, Stuttgart, Auburn Hills Februar 2000, o.Jg., H. 3, S. 5.

DAIMLERCHRYSLER AG (HRSG.) **(Hightech Report, 2002)**, Hightech Report: Forschung und Technik, Ausgabe 1/2002, Stuttgart, Auburn Hills 2002.

DAIMLERCHRYSLER AG (HRSG.) **(Ideenmanagement, 2002)**, Ideenmanagement bringt DaimlerChrysler Einsparungen in Höhe von 62 Mio. Euro, Zugriff unter http://www.daimlerchrysler.com/news/top/2002/t20829_g.htm am 02.09.2002.

DAIMLERCHRYSLER AG (HRSG.) **(Interaktive Betriebsanleitung, 2001)**, Interaktive Betriebsanleitung für die SL-Klasse, Zugriff unter http://www.mercedes-benz.de/betriebsanleitung/sl-klasse am 24.09.2001.

DAIMLERCHRYSLER AG (HRSG.) **(Mercedes-Benz Portal, 2002)**, Mercedes-Benz Portal, Zugriff unter http://www.mercedes-benz.t-online.de am 20.04.2002.

DAIMLERCHRYSLER AG (HRSG.) **(Praxiserprobung, 2000)**, Maybach: Praxiserprobung gestartet, in: Headline, Stuttgart, Auburn Hills Dezember 2000, o.Jg., H. 22, S. 6.

DAIMLERCHRYSLER AG (HRSG.) **(Produktentstehungsprozeß, 2000, zuerst: o.J.)**, Qualität für Markterfolge: der neue Produktentstehungsprozeß für Mercedes-Benz PKW, 3. Auflage, Stuttgart, Auburn Hills 2000, zuerst: o.J.

DAIMLERCHRYSLER AG (HRSG.) (Segmentierung, 2002), Segmentierung des Weltautomobilmarktes, in: Headline, Stuttgart, Auburn Hills Mai 2002, o.Jg., H. 10, S. 4-5.

DAIMLERCHRYSLER AG (HRSG.) (Serienreife, 2000), Auf dem Weg zur Serienreife, in: Headline, Stuttgart, Auburn Hills Februar 2000, o.Jg., H. 4, S. 10.

DAIMLERCHRYSLER AG (HRSG.) (Virtuelle Autoshow, 2002), Virtuelle Autoshow im Internet, in: Headline, Stuttgart, Auburn Hills Januar 2002, o.Jg., H. 2, S. 10.

DAMANPOUR, F., GOPALAKRISHNAN, S. (Organizational Adaptation, 1999), Organizational Adaptation and Innovation: The Dynamics of Adopting Innovation Types, in: The Dynamics of Innovation: Strategic and Managerial Implications, hrsg. v. K. Brockhoff, A. K. Chakrabarti u. J. Hauschildt, Berlin u.a. 1999, S. 57-80.

DAY, J. D., MANG, P. Y., RICHTER, A., ROBERTS, J. (Innovative Organization, 2001), The Innovative Organization: Why New Ventures Need More Than a Room of Their Own, in: The McKinsey Quarterly, New York April 2001, Vol. 38, No. 2, S. 20-31.

DAYAL, S., LANDESBERG, H., ZEISSER, M. (Digital Brands, 2000), Building Digital Brands, in: The McKinsey Quarterly, New York April 2000, Vol. 37, No. 2, S. 42-51.

DELOITTE CONSULTING, DELOITTE & TOUCHE, LLP (HRSG.) (B2B Antitrust, 2000), B2B Antitrust: Opening Moves in the Game, New York u.a. 2000.

DEUTSCH, M. (Electronic Commerce, 1999, zuerst: 1998), Electronic Commerce: zwischenbetriebliche Geschäftsprozesse und neue Marktzugänge realisieren, 2., verbesserte Auflage, Braunschweig u.a. 1999, zuerst: 1998.

DEUTSCHE BANK AG (HRSG.) (B2B, 2000), B2B e-Commerce: Introducing Net Markets, London 2000.

DEUTSCHE BANK AG (HRSG.) (New Economy, 2000), New Economy, London 2000.

DIEBOLD GMBH (HRSG.) (Kfz-Zuliefererindustrie), Kooperationen in der Kfz-Zuliefererindustrie: Umfrage-Ergebnisse, Eschborn u.a. 1996.

DIEZ, W. (Modellzyklen, 1990), Modellzyklen als produktpolitisches Entscheidungsproblem: Erfahrungen und Perspektiven in der deutschen Automobilindustrie, in: Zeitschrift für betriebswirtschaftliche Forschung, 1990, 42. Jg., H. 3, S. 263-275.

DIEZ, W. (Plattform-Strategien, 1999), Plattform-Strategien: Irrweg oder Königsweg in der Modellpolitik, Reihe: Arbeitspapiere, Nr. 2/1999, Nürtingen 1999.

DIEZ, W., SCHWARZ, M. (Markenmanagement, 2000), Markenmanagement in der Automobilwirtschft, Reihe: Beiträge zum Automobilvertrieb heute und morgen, Nr. 4, Nürtingen u.a. 2000.

DIRUF, G. (Innovative Logistikstrategien, 1998, zuerst: 1994), Computergestützte Informations- und Kommunikationssysteme der Unternehmenslogistik als Komponenten innovativer Logistikstrategien, in: Logistik: Gestaltung von Logistiksystemen, hrsg. v. H. Isermann, 2., überarbeitete und erweiterte Auflage, Landsberg am Lech 1998, zuerst: 1994, S. 181-196.

Dodt, A., Stein, L., Strack, S. (Silicon Valley, 1999), Do-it-yourself Silicon Valley: Using Business Plan Competitions to Spur Innovation, in: The McKinsey Quarterly, New York July 1999, Vol. 36, No. 3, S. 60-69.

Domsch, M. E., Ladwig, D. H., Siemers, S. H. A. (Partizipation, 1995), Innovation durch Partizipation: eine erfolgversprechende Studie für den Mittelstand, Reihe: Management von Forschung, Entwicklung und Innovation, Bd. 14, hrsg. v. K. Brockhoff u. M. Domsch, Stuttgart 1995.

Dörr, M., Tebartz, S. (Neuproduktanlauf, 1999), Neuproduktanlauf in der Automobilindustrie: Herausforderungen für Marketing und Produktion, in: Zeitschrift für die gesamte Wertschöpfungskette Automobilwirtschaft, Oktober 1999, 2. Jg., H. 4, S. 24-27.

Drucker, P. F. (Discipline of Innovation, 1998, zuerst: 1985), The Discipline of Innovation, in: Harvard Business Review, Boston November/December 1998, Vol. 76, No. 6, zuerst: 1985, S. 149-157.

Dudenhöffer, F. (Beziehungen, 1998), Abschied vom Massenmarketing: Systemmarken und Beziehungen erobern Märkte, Düsseldorf u.a. 1998.

Dudenhöffer, F. (Konzentrationsprozesse, 2001), Konzentrationsprozesse in der Automobilindustrie: Stellgrößen für die Rest-Player, in: Zeitschrift für Betriebswirtschaft, April 2001, 71. Jg., H. 4, S. 393-412.

Dudenhöffer, F. (Markenmanagement, 1999), Ideale Plattform fürs Markenmanagement, in: VDI nachrichten, Düsseldorf November 1999, o.Jg., o.S.

Dudenhöffer, F. (Wertstrategien, 2000), Wert- statt Kostenstrategien, in: Automotive Engineering Partners: das Magazin für Automobilentwicklung, 2000, o.Jg., H. 5, S. 12-17.

Dye, R. (Mundpropaganda, 2001), Mundpropaganda – ein starker Umsatzmotor, in: Harvard Business Manager, Mai 2001, 23. Jg., H. 3, S. 9-17.

Dyer, J. H. (Supplier Networks, 1996), Specialized Supplier Networks as a Source of Competitive Advantage: Evidence from the Automotive Industry, in: Strategic Management Journal, April 1996, Vol. 17, No. 4, S. 271-291.

Ealey, L. A., Mercer, G. A. (Telematics, 1999), Telematics: Where the Radio Meets the Road, in: The McKinsey Quarterly, New York April 1999, Vol. 36, No. 2, S. 6-17.

Ealey, L. A., Troyano-Bermúdez, L. (Automotive Industry, 2000), The Automotive Industry: a 30,000-mile Checkup, in: The McKinsey Quarterly, New York January 2000, Vol. 37, No. 1, S. 72-79.

Ealey, L. A., Troyano-Bermúdez, L. (Commodity, 1996), Are Automobiles the Next Commodity?, in: The McKinsey Quarterly, New York October 1996, Vol. 33, No. 4, S. 63-75.

Edwards, R. (Virtual Collocation, 1997), Process Leadership through Virtual Collocation in a Global Enterprise, in: Telekooperation und virtuelle Unternehmen, hrsg. v. A. Picot, Reihe: Forum Telekommunikation, Bd. 9, Heidelberg 1997, S. 39-50.

EICHHORN, J.-P. (Innovationsprozeß, 1996), Chancen- und Risikomanagement im Innovationsprozeß: Lernen aus Flops zur erfolgreichen Umsetzung von Innovationen, Reihe: Europäische Hochschulschriften – Volks- und Betriebswirtschaft, Bd. 1818, Frankfurt am Main u.a. 1996.

EICHLER, U. (SupplyOn, 2001), SupplyOn – der Internet-Marktplatz der Zulieferer, in: Automobil-Forum 2001, hrsg. v. d. Zeitschriften Automobil-Produktion u. Automobile Management International, Landsberg am Lech 2001, Beitr. Nr. 14, S. 1-26.

ELECTRONIC MARKET CENTER, INC. (HRSG.) (B2B Exchanges, 2000), Valuing the New Industrial Model: B2B Internet Exchanges, Philadelphia 2000.

EMARKETER, INC. (HRSG) (B2B Report, 2001), The e-Commerce: B2B Report, New York 2001.

ENDERS, A., FROMME, H., ROPPKA, T. (e-CRM, 2000), e-CRM: Web-basierte Systeme, in: CRM-Report Special, 2000, o.Jg., o.H., S. 40-43.

ENGELHARDT, K. (Finanzierung von Entwicklungsprojekten, 2001), Die Finanzierung von Entwicklungsprojekten, in: 3. Internationales Automobil-Forum Graz, hrsg. v. d. Zeitschrift Automobil-Produktion, Landsberg am Lech 2001, Beitr. Nr. 7, S. 1-12.

ERNST, D., HALEVY, T., MONIER, J.-H. J., SARRAZIN, H. (e-Alliances, 2001), A Future for e-Alliances, in: The McKinsey Quarterly, New York April 2001, Vol. 38, No. 2 Special Edition: On-line Tactics, S. 92-102.

ERNST, H., SCHNOOR, A. (Produkt-Vorankündigungen, 2000), Einflußfaktoren auf die Glaubwürdigkeit kundenorientierter Produkt-Vorankündigungen: ein signaltheoretischer Ansatz, in: Zeitschrift für Betriebswirtschaft, Dezember 2000, 70. Jg., H. 12, S. 1331-1350.

FABUS, T. (Innovation GM, 2001), Innovation in GM's Global Supplier Base, Zugriff unter http://www.automotivesourcing.com am 01.03.2001.

FAIX, A. (Patentpolitik, 2001), Attraktivität und Stärke bestimmen: Patentpolitik auf der Grundlage der Patentportfolio-Analyse, in: Wissenschaftsmanagement: Zeitschrift für Innovation, Januar/Februar 2001, 7. Jg., H. 1, S. 14-18.

FIAT S.P.A. (HRSG.) (Autonomy, 2002), Fiat Autonomy, Zugriff unter http://www.fiatautonomy.com/english/index.htm am 13.05.2002.

FIAT S.P.A. (HRSG.) (Auto Press, 2002), Fiat Auto Press, Zugriff unter http://www.fiatautopress.com am 13.05.2002.

FOSTER, R. N. (Innovation, 1986), Innovation: die technologische Offensive, Wiesbaden 1986.

FOSTER, R. N., KAPLAN, S. (Creative Destruction, 2001), Creative Destruction, in: The McKinsey Quarterly, New York July 2001, Vol. 38, No. 3, S. 40-51.

FRANCK, E., OPITZ, C. (Hochschulen, 1999), Hochschulen als „Sortiereinrichtungen" in Humankapitalmärkten, in: Zeitschrift für Betriebswirtschaft, November 1999, 69. Jg., H. 11, S. 1313-1330.

FRANK, H.-J. (Dynamische Zulieferer, 2001), Deutsche Autoindustrie: große Erfolge dank dynamischer Zulieferer, in: Deutsche Bank – Unternehmer spezial, 2001, o.Jg., S. 20-23, Zugriff unter http://www.dbresearch.com am 15.02.2001.

FRAUNHOFER-INSTITUT FÜR SYSTEMTECHNIK UND INNOVATIONSFORSCHUNG IM AUFTRAG DES BUNDESMINISTERIUMS FÜR BILDUNG, WISSENSCHAFT, FORSCHUNG UND TECHNOLOGIE (HRSG.) (Delphi Ergebnisse, 1998), Delphi '98 Umfrage: Studie zur globalen Entwicklung von Wissenschaft und Technik: Zusammenfassung der Ergebnisse, Karlsruhe 1998.

FRAZER, A. (B2B Relationship, 2001), Transitioning from the B2B Transaction Economy to the B2B Relationship Economy, Zugriff unter http://www.netmarketmakers.com/b2bstrategies am 05.06.2001.

FREILING, J. (Abhängigkeit der Zulieferer, 1995), Die Abhängigkeit der Zulieferer: ein strategisches Problem, Wiesbaden 1995.

FUCHS, G., WOLF, H.-G. (Net City Stuttgart, 1999), Stuttgart: from the "car city" to the "net city"?, in: Multimedia and Regional Economic Restructuring, hrsg. v. H.-J. Braczyk, G. Fuchs u. H.-G. Wolf, Reihe: Routledge Studies in the Modern World Economy, Bd. 21, London u.a. 1999, S. 298-319.

FULLER, B. C., MURRAY, S. A., DAIMLER-BENZ RESEARCH AND TECHNOLOGY NORTH AMERICA, INC. (HRSG.) (Bay Area, 1998), Bay Area Innovation: "Independents" in the New Economy, Palo Alto 1998.

FUSFELD, H. I., HAKLISCH, C. S. (Kollektive Industrieforschung, 1986), Kollektive Industrieforschung, in: Innovationsmanagement, hrsg. v. Harvard Manager, Bd. 1, Hamburg 1986, S. 121-128.

GARTNER GROUP, INC. (HRSG.) (Speed of Hype, 1999), Travelling at the Speed of Hype – Gartner Group Predicts an End to e-Business by 2008, Zugriff unter http://gartner11.gartnerweb.com/public/static/aboutgg/pressrel/hype110299.html am 14.05.2002.

GASSMANN, O. (Dezentrale Innovationsprozesse, 2001), e-Technologien in dezentralen Innovationsprozessen, in: Zeitschrift für Betriebswirtschaft, Ergänzungsheft 3/2001: e-Business – Management mit e-Technologien, hrsg. v. H. Albach u. H. Wildemann, Wiesbaden 2001, S. 73-90.

GAUVIN, S., SINHA, R. K. (Innovativeness, 1993), Innovativeness in Industrial Organizations: a Two-stage Model of Adoption, in: International Journal of Research in Marketing, North-Holland 1993, Vol. 10, S. 165-183.

GEMÜNDEN, H. G., HEYDEBRECK, P., HERDEN, R. (Interweavement, 1992), Technological Interweavement: a Means of Achieving Innovation Success, in: R&D Management, Oxford October 1992, Vol. 22, No. 4, S. 359-376.

GEMÜNDEN, H. G., WALTER, A. (Beziehungspromotoren, 1999, zuerst: 1998), Beziehungspromotoren: Schlüsselpromotoren für zwischenbetriebliche Innovationsprozesse, in: Promotoren: Champions der Innovation, hrsg. v. J. Hauschildt u. H. G. Gemünden, 2., erweiterte Auflage, Wiesbaden 1999, zuerst: 1998, S. 111-132.

GENTSCH, P. **(Innovationsprozesse, 2001)**, Wissenserwerb in Innovationsprozessen: Methoden und Fallbeispiele für die informationstechnologische Unterstützung, Wiesbaden 2001.

GERPOTT, T. J., WINZER, P. **(Simultaneous Engineering, 2000)**, Simultaneous Engineering: Kritische Analyse eines Planungs- und Organisationsansatzes zur Erfolgsverbesserung industrieller Produktinnovationen, in: Management und Zeit, hrsg. v. U. Götze, B. Mikus u. J. Bloech, Heidelberg 2000, S. 245-265.

GERSCH, M. **(Geschäftsbeziehungen, 1997)**, Vernetzte Geschäftsbeziehungen: die Nutzung von EDI als Instrument des Geschäftsbeziehungsmanagement, Reihe: Bochumer Beiträge zur Unternehmensführung und Unternehmensforschung, Bd. 52, hrsg. v. W. B. v. Colbe u.a., Wiesbaden 1998.

GESCHKA, H. **(Kreativitätstechniken, 1986)**, Kreativitätstechniken, in: Das Management von Innovationen, hrsg. v. E. Staudt, Frankfurt am Main 1986, S. 147-160.

GIERL, H. **(Leapfrogging, 1997)**, Neue Technologien und Leapfrogging der Nachfrager, in: Zeitschrift für Betriebswirtschaft, Oktober 1997, 67. Jg., H. 10, S. 1073-1091.

GIERL, H., HELM, R., SATZINGER, M. **(Signale, 1999)**, Technologische Innovationen und asymmetrische Information: die Eignung verschiedener Signale für Anbieter unterschiedlicher Technologiegenerationen, in: Zeitschrift für Betriebswirtschaft, Oktober 1999, 69. Jg., H. 10, S. 1181-1205.

GIERSCHNER, H.-C. **(Innovationsprozesse, 1991)**, Information und Zusammenarbeit bei Innovationsprozessen, Reihe: Europäische Hochschulschriften – Volks- und Betriebswirtschaft, Bd. 1198, Frankfurt am Main u.a. 1991.

GOLDMAN, SACHS & CO. (HRSG.) **(B2B: 2B or not 2B?, 2000)**, B2B: 2B or not 2B? The Second Survey, New York u.a. 2000.

GOLDMAN, SACHS & CO. (HRSG.) **(B2B: 2B or not 2B?, 1999)**, B2B: 2B or not 2B? Version 1.1, New York u.a. 1999.

GOLDMAN, SACHS & CO. (HRSG.) **(Internet Portals, 1999)**, Internet Portals in Europe, New York u.a. 1999.

GÖPFERT, I. **(Entwicklung der Logistik, 1999)**, Stand und Entwicklung der Logistik: Herausbildung einer betriebswirtschaftlichen Teildisziplin, in: Logistik Management: Zeitschrift der Kommission Logistik im Verband der Hochschullehrer für Betriebswirtschaft e. V., Januar 1999, 1. Jg., H. 1, S. 19-33.

GÖPFERT, I. **(Zukunftsforschung Logistik, 2000, zuerst: 1999)**, Die Anwendung der Zukunftsforschung für die Logistik, in: Logistik der Zukunft – Logistics for the Future, hrsg. v. I. Göpfert, 2., aktualisierte und erweiterte Auflage, Wiesbaden 2000, zuerst: 1999, S. 39-77.

GÖPFERT, I., NEHER, A., JUNG, K.-P. **(Fließsyteme, 2000, zuerst: 1999)**, Konkretisierung und empirische Fundierung des Modells zur Beschreibung und Erklärung von Fließsystemen am Beispiel der Beschaffungslogistik in der Automobilindustrie, in: Logistik der Zukunft – Logistics for the Future, hrsg. v. I. Göpfert, 2., aktualisierte und erweiterte Auflage, Wiesbaden 2000, zuerst: 1999, S. 241-257.

GOTTSCHALK, B. (Marktveränderungen, 2001), Die mittelständischen Zulieferer im Spannungsfeld von Performance, Marktveränderungen und Konzentrationstendenzen, in: Automobil-Forum 2001, hrsg. v. d. Zeitschriften Automobil-Produktion u. Automobile Management International, Landsberg am Lech 2001, Beitr. Nr. 2, S. 1-11.

GRESCH, P. (Elektronik im Kfz, 2002), Wachsende Elektronik im Kfz – Herausforderungen an die Hersteller-Zulieferer-Zusammenarbeit, in: 3. deutscher Automobilhersteller- und Zuliefererkongress Carmotives 2002, hrsg. v. IIR Deutschland, Sulzbach 2002, Beitr. Nr. B1, S. 1-56.

GRUNER, K., HOMBURG, C. (Kundeneinbindung, 1999), Innovationserfolg durch Kundeneinbindung, in: Zeitschrift für Betriebswirtschaft, Ergänzungsheft 1/1999: Innovation und Investition, hrsg. v. H. Albach, Wiesbaden 1999, S. 119-142.

GUTENBERG, E. (Betriebswirtschaftslehre als Wissenschaft, 2000, zuerst: 1957), Betriebswirtschaftslehre als Wissenschaft: Akademische Festrede, in: Geschichte der Betriebswirtschaftslehre: kommentierte Meilensteine und Originaltexte, hrsg. v. K. Brockhoff, Wiesbaden 2000, zuerst: 1957, S. 9-28.

HAERTSCH, P. (Wettbewerbsstrategien, 2000, zuerst: 2000), Wettbewerbsstrategien für Electronic Commerce: eine kritische Überprüfung klassischer Strategiekonzepte, 2. Auflage, Reihe: Electronic Commerce, Bd. 2, Lohmar u.a. 2000, zuerst: 2000.

HAGEL, J. III, ARMSTRONG, A. G. (Virtual Communities, 1997), Net Gain: Expanding Markets Through Virtual Communities, in: The McKinsey Quarterly, New York January 1997, Vol. 34, No. 1, S. 140-153.

HAMMANN, P., LOHRBERG, W. (Beschaffungsmarketing, 1986), Beschaffungsmarketing: eine Einführung, Stuttgart 1986.

HANSELL, S. (Online Exchanges, 2000), Assessing the Online Exchanges: from one Expert, a Mixed Grade, in: The New York Times, 07.06.2000, o.S.

HANSEN, M. A., MATHEWS, B. A., MOSCONI, P. A., SANKARAN, V. (Buyer's Guide to B2B, 2001), A Buyer's Guide to B2B Markets, in: The McKinsey Quarterly, New York April 2001, Vol. 38, No. 2 Special Edition: On-line Tactics, S. 33-36.

HARHOFF, D., REITZIG, M. (Patente, 2001), Strategien zur Gewinnmaximierung bei der Anmeldung von Patenten, in: Zeitschrift für Betriebswirtschaft, Mai 2001, 71. Jg., H. 5, S. 509-529.

HARNISCHFEGER, U. (Marken- und Produktpositionierung, 2000), Marken- und Produktpositionierung: Marketing-Konzeption für Zulieferer im Aftermarket, in: Zeitschrift für die gesamte Wertschöpfungskette Automobilwirtschaft, April 2000, 3. Jg., H. 2, S. 14-17.

HARTMANN, M. H. (Web-based Controlling, 2001), Web-based Controlling für das Innovationsmanagement, in: Kostenrechnungspraxis, Sonderheft 2/2001: e-Business & Controlling: Einordnung – Umsetzung – externe Sichtweise – funktionales e-Controlling, hrsg. v. J. Weber u. M. Schumann, Wiesbaden 2001, S. 81-85.

HAUSCHILDT, J. (Innovationsmanagement, 1997, zuerst: 1993), Innovationsmanagement, 2., völlig überarbeitete und erweiterte Auflage, München 1997, zuerst: 1993.

HAUSCHILDT, J. **(Widerstand, 1999)**, Widerstand gegen Innovationen – destruktiv oder konstruktiv, in: Zeitschrift für Betriebswirtschaft, Ergänzungsheft 2/1999: Innovation und Absatz, hrsg. v. H. Albach, Wiesbaden 1999, S. 1-21.

HAUSCHILDT, J., CHAKRABARTI, A. K. **(Arbeitsteilung, 1999, zuerst: 1998)**, Arbeitsteilung im Innovationsmanagement, in: Promotoren: Champions der Innovation, hrsg. v. J. Hauschildt u. H. G. Gemünden, 2., erweiterte Auflage, Wiesbaden 1999, zuerst: 1998, S. 67-87.

HEINEN, E. **(Industriebetriebslehre, 1991, zuerst: 1972)**, Industriebetriebslehre als entscheidungsorientierte Unternehmensführung, in: Industriebetriebslehre: Entscheidungen im Industriebetrieb, hrsg. v. E. Heinen, 9., vollständig neu bearbeitete und erweiterte Auflage, Wiesbaden 1991, zuerst: 1972, S. 1-71.

HEINEN, E. **(Unternehmenskultur, 1987)**, Unternehmenskultur als Gegenstand der Betriebswirtschaftslehre, in: Unternehmenskultur: Perspektiven für Wissenschaft und Praxis, hrsg. v. E. Heinen, München u.a. 1987, S. 1-48.

HEITMANN, H. **(Markenstrategien, 2000)**, Erfolg durch geeignete Markenstrategien, in: Zeitschrift für die gesamte Wertschöpfungskette Automobilwirtschaft, Januar 2000, 3. Jg., H. 1, S. 50-53.

HELM, R. **(Innovationen, 2001)**, Planung und Vermarktung von Innovationen: die Präferenz von Konsumenten für verschiedene Innovationsumfänge unter Berücksichtigung des optimalen Stimulationsniveaus und marktbezogener Einflussfaktoren, Reihe: Betriebswirtschaftliche Abhandlungen, Neue Folge, Bd. 120, Stuttgart 2001.

HERDEN, R. **(Technologieorientierte Außenbeziehungen, 1992)**, Technologieorientierte Außenbeziehungen im betrieblichen Innovationsmanagement: Ergebnisse einer empirischen Untersuchung, Reihe: Wirtschaftswissenschaftliche Beiträge, Bd. 65, hrsg. v. W. A. Müller, Heidelberg 1992.

HERMANNS, A., SAUTER, M. **(Grundlagen, 2001, zuerst: 1999)**, e-Commerce – Grundlagen, Einsatzbereiche und aktuelle Tendenzen, in: Management-Handbuch Electronic Commerce, hrsg. v. A. Hermanns u. M. Sauter, 2., völlig überarbeitete und erweiterte Auflage, München 2001, zuerst: 1999, S. 15-32.

HERSTATT, C. **(Anwender als Quellen, 1991)**, Anwender als Quellen für die Produktinnovation, Zürich 1991.

HERSTATT, C., LÜTHJE, C., LETTL, C. **(Fortschrittliche Kunden, 2002)**, Wie fortschrittliche Kunden zu Innovationen stimulieren, in: Harvard Business Manager, Januar 2002, 24. Jg., H. 1, S. 60-68.

HERTLING, S. **(Wirtschaftsfaktor Internet, 1999)**, Das Internet als Wirtschaftsfaktor in Deutschland, Reihe: Media-Studien, H. 7, hrsg. v. R. Steinmetz, Leipzig 1999.

HERZOG, R. **(Berliner Rede, 1997)**, Ansprache von Bundespräsident Roman Herzog im Hotel Adlon am 26. April 1997: Aufbruch ins 21. Jahrhundert, Zugriff unter http://www.deuropa.de/d/herzog/berlin.htm am 10.03.2001.

HEUSER, T., KRALJIC, P., STUCHTEY, M. R. **(Job Creation, 2000)**, A Plan for German Job Creation, in: The McKinsey Quarterly, New York July 2000, Vol. 37, No. 3, S. 16-18.

HEYDE, W., LAUDEL, G., PLESCHAK, F., SABISCH, H. **(Innovationen, 1991)**, Innovationen in Industrieunternehmen: Prozesse, Entscheidungen und Methoden, Wiesbaden 1991.

HINTERHUBER, H. H., STUHEC, U. **(Kernkompetenzen, 1997)**, Kernkompetenzen und strategisches In-/Outsourcing, in: Zeitschrift für Betriebswirtschaft, Ergänzungsheft 1/1997: Marketing, hrsg. v. H. Albach, Wiesbaden 1997, S. 1-20.

HIRN, W. **(Vorbild Autoindustrie, 2002)**, Vorbild Autoindustrie: wie das Internet die Beziehung zwischen Herstellern, Kunden und Zulieferern effizienter gestaltet, in: netmanager: Wirtschaft im Internet, Januar 2002, 2. Jg., H. 1, S. 14-23.

HIRSCHBACH, O., HEIDINGSFELDER, M. **(Integration des Kunden, 1996)**, Integration des Kunden in die Fahrzeugentwicklung, in: Customizing in der Weltautomobilindustrie: kundenorientiertes Produkt- und Dienstleistungsmanagement, hrsg. v. F. W. Peren u. H. H. A. Hergeth, Frankfurt am Main u.a. 1996, S. 123-131.

HOFFMAN, M. **(e-Commerce, 2001)**, The Cornerstone of e-Commerce, Zugriff unter http://www.netmarketmakers.com/b2bstrategies am 05.06.2001.

HOFFMAN, W., KEEDY, J., ROBERTS, K. **(Return of B2B, 2002)**, The Unexpected Return of B2B, in: The McKinsey Quarterly, New York July 2002, Vol. 39, No. 3, S. 96-105.

HOFFMANN, M. **(Kooperative, verteilte Produktentwicklung, 2000)**, Integratives Konstruktionssystem für die kooperative, verteilte Produktentwicklung in multimedialen Konstruktionskonferenzen: ein Beitrag zum Simultaneous Engineering, Reihe: Fortschritts-Berichte VDI, Reihe 20 Rechnerunterstützte Verfahren, Nr. 310, Düsseldorf 2000.

HÖGL, S. **(Verbraucher, 1996)**, Vom Reißbrett in die Köpfe der Verbraucher: Einsatz innovativer Marktforschung in der Automobilindustrie, in: Customizing in der Weltautomobilindustrie: kundenorientiertes Produkt- und Dienstleistungsmanagement, hrsg. v. F. W. Peren u. H. H. A. Hergeth, Frankfurt am Main u.a. 1996, S. 293-302.

HOMBURG, C., JENSEN, O. **(Kundenorientierte Vergütungssysteme, 2000)**, Kundenorientierte Vergütungssysteme: Voraussetzungen, Verbreitung, Determinanten, in: Zeitschrift für Betriebswirtschaft, Januar 2000, 70. Jg., H. 1, S. 55-74.

HORN, T. **(Internet – Intranet – Extranet, 1999)**, Internet – Intranet – Extranet: Potentiale im Unternehmen, München u.a. 1999.

HORVÁTH, P., KNUST, P., SCHINDERA, F. **(e-Controlling, 2001)**, Internet-Geschäfte erfordern ein wirksames e-Controlling, in: Harvard Business Manager, September 2001, 23. Jg., H. 5, S. 44-54.

HOTZ-HART, B. **(Innovations-Netzwerke, 2001)**, Innovations-Netzwerke und Regionen im Zeitalter der Globalisierung, in: Innovationsräume: woher das Neue kommt – in Vergangenheit und Gegenwart, hrsg. v. R. C. Schwinges, P. Messerli u. T. Münger, Zürich 2001, S. 155-169.

HUBBERT, J. **(Automobilindustrie und Innovation, 1998)**, Die Automobilindustrie im Spannungsfeld zwischen Innovation und Risiko, in: Zeitschrift für die gesamte Wertschöpfungskette Automobilwirtschaft, Juli 1998, 1. Jg., H. 3, S. 44-48.

HUMMEL, J. **(Geschäftsmodelle im Internet, 2002)**, Auswahl und Gestaltung transaktionsorientierter Geschäftsmodelle im Internet – eine Betrachtung aus Sicht der neuen Institutionenökonomie, in: Zeitschrift für Betriebswirtschaft, Juli 2002, 72. Jg., H. 7, S. 713-733.

HUXOLD, S. **(Produktinnovationen, 1990)**, Marketingforschung und strategische Planung von Produktinnovationen: ein Früherkennungsansatz, Reihe: Technological Economics, Bd. 38, Berlin 1990.

HYPOVEREINSBANK AG (HRSG.) **(Logistik, 2000)**, Logistik: das Rückgrad der New Economy, München 2000.

HYPOVEREINSBANK AG (HRSG.) **(Trend-Book 2001, 2001)**, Trend-Book 2001, München 2001.

HYPOVEREINSBANK AG, MERCER MANAGEMENT CONSULTING (HRSG.) **(Automobiltechnologie 2010 Summary, 2001)**, Automobiltechnologie 2010: Technologische Veränderungen im Automobil und ihre Konsequenzen für Automobilhersteller, -zulieferer und -ausrüster: Management-Summary, München 2001.

HYPOVEREINSBANK AG, MERCER MANAGEMENT CONSULTING (HRSG.) **(Automobiltechnologie 2010 Überblick, 2001)**, Automobiltechnologie 2010: Technologische Veränderungen im Automobil und ihre Konsequenzen für Automobilhersteller, -zulieferer und -ausrüster: Überblick, München 2001.

IANSITI, M., MACCORMACK, A. **(Developing on Internet Time, 1999)**, Developing Products on Internet Time, in: Creating Value in the Network Economy, hrsg. v. D. Tapscott, Boston 1999, S. 91-106.

IFFLAND, K. **(Einkauf im Wandel, 1997)**, Innovationsmanagement und Globalisierung – der Einkauf im Wandel, in: Strukturwandel mitgestalten! Rahmenbedingungen und Zukunftsperspektiven für Automobilhersteller, Importeure, Zulieferer und Handel: ‚Drittes automobilwirtschaftliches Symposium', hrsg. v. W. Meinig u. H. Mallad, Bamberg 1997, S. 119-144.

IFFLAND, K. **(Purchasing, 1997)**, Purchasing, in: Automotive Sourcing, London 1997, Vol. 4, No. 3, S. 54-65.

JAWORSKI, B. J., KOHLI, A. K. **(Market Orientation, 1993)**, Market Orientation: Antecedents and Consequences, in: Journal of Marketing, New York July 1993, Vol. 57, No. 3, S. 53-70.

JENNER, T. **(Markteinführung von Innovationen, 2001)**, Escalating Commitment bei der Markteinführung von Innovationen, in: Zeitschrift für Betriebswirtschaft, Februar 2001, 71. Jg., H. 2, S. 143-160.

JENSEN, C. J. **(Vertikale Absatzsysteme, 2001)**, Kundenorientierung in vertikalen Absatzsystemen: Bedeutung der Hersteller-Händler-Zusammenarbeit am Beispiel der Automobilwirtschaft, Wiesbaden 2001.

JOHANSSON, J. K., NONAKA, I. **(Japanese Way, 1996)**, Relentless: the Japanese Way of Marketing, New York 1996.

KALAKOTA, R., WHINSTON, A. B. (Electronic Commerce, 1997), Electronic Commerce: a Manager's Guide, Reading u.a. 1997.

KÄLLENIUS, O. (Online Bidding, 2001), e-Business/Online Bidding im Materialeinkauf Pkw – Erfahrungen mit Auktionen, in: Die neue Dimension im Einkauf, hrsg. v. d. Zeitschriften Automobil-Entwicklung u. Automobil-Produktion, Landsberg am Lech 2001, Beitr. Nr. 12, S. 1-22.

KALUZA, B., BLECKER, T. (Technologiemanagement in virtuellen Unternehmen, 2000), Technologiemanagement in Produktionsnetzwerken und virtuellen Unternehmen, in: Zeitschrift für Betriebswirtschaft, Ergänzungsheft 2/2000: Virtuelle Unternehmen, hrsg. v. H. Albach, D. Specht u. H. Wildemann, Wiesbaden 2000, S. 137-156.

KANO, N. (Quality, 1984), Attractive Quality and Must Be Quality, in: Quality, 1984, Vol. 14, No. 2, S. 39-48.

KAPLAN, S., GARICANO, L. (B2B e-Commerce, 2000), A Framework for Analyzing B2B e-Commerce, Chicago 2000.

KAPLANER, K. (Digitale Marktplätze, 2001), Wie verändern digitale Marktplätze die Automobilindustrie?, in: 3. Internationales Automobil-Forum Graz, hrsg. v. d. Zeitschrift Automobil-Produktion, Landsberg am Lech 2001, Beitr. Nr. 15, S. 1-15.

KASREL, B., BERNOFF, J., MONSON, E., GERSON, M. (P2P, 2001), P2P's Pervasive Future, Zugriff unter http://www.forrester.com am 07.05.2001.

KELLY, K. (NetEconomy, 1999), NetEconomy: Zehn radikale Strategien für die Wirtschaft der Zukunft, München u.a. 1999.

KEUSSEN, M. (Ingenieurfirmen, 1994), Technologietransfer durch Ingenieurfirmen: eine empirische Analyse der F&E-Kooperation zwischen Industrieunternehmen und Ingenieurfirmen, Reihe: Europäische Hochschulschriften – Volks- und Betriebswirtschaft, Bd. 1528, Frankfurt am Main u.a. 1994.

KIM, W. C., MAUBORGNE, R. (Value Innovation, 1999), Strategy, Value Innovation, and the Knowledge Economy, in: Sloan Management Review, Cambridge Spring 1999, Vol. 40, No. 3, S. 41-54.

KIPFERLER, A. (e-Beschaffung, 2000), e-Beschaffung – die Basis für eine tiefgehende Veränderung der Autoindustrie?, in: e-Einkauf und e-Handel in der Automobilindustrie, hrsg. v. IIR Deutschland, Sulzbach 2000, Beitr. Nr. 2, S. 1-34.

KIRCHMANN, E. M. W. (Innovationskooperation, 1994), Innovationskooperation zwischen Herstellern und Anwendern, Reihe: Betriebswirtschaftslehre für Technologie und Innovation, Bd. 3, hrsg. v. K. Brockhoff, Wiesbaden 1994.

KLAUS, P. (Materielles Internet, 2000), Zum „materiellen Internet": Herausforderungen des e-Commerce an die Logistik, in: Entwicklungsperspektiven im Electronic Business: Grundlagen – Strukturen – Anwendungsfelder, hrsg. v. W. Scheffler u. K.-I. Voigt, Wiesbaden 2000, S. 133-151.

KLAUS, P. **(Prozeßansatz, 1998, zuerst: 1994)**, Jenseits einer Funktionenlogistik: der Prozeßansatz, in: Logistik: Gestaltung von Logistiksystemen, hrsg. v. H. Isermann, 2., überarbeitete und erweiterte Auflage, Landsberg am Lech 1998, zuerst: 1994, S. 61-78.

KLUGE, J., DEGER, R., WUNRAM, J. **(Can Germany Innovate, 1996)**, Can Germany Still Innovate?, in: The McKinsey Quarterly, New York April 1996, Vol. 33, No. 2, S. 142-153.

KLUGE, J., MEFFERT, J., STEIN, L. **(German Innovation, 2000)**, The German Road to Innovation, in: The McKinsey Quarterly, New York April 2000, Vol. 37, No. 2 Special Edition: Europe in Transition, S. 98-105.

KNOLMAYER, G. F. **(Online-Veröffentlichung, 2000)**, Die Diffusion von Innovationen am Beispiel der Online-Veröffentlichung von Dissertationen, in: Aktuelle Tendenzen im Innovationsmanagement: Festschrift für Werner Popp zum 65. Geburtstag, hrsg. v. G. E. Häfliger u. J. D. Meier, Heidelberg 2000, S. 329-351.

KOCKS, K. **(Öffentlichkeitsarbeit, 1998)**, Grundlagen und Erfolgsperspektiven der Öffentlichkeitsarbeit in der deutschen Automobilindustrie, in: Zeitschrift für die gesamte Wertschöpfungskette Automobilwirtschaft, Januar 1998, 1. Jg., H. 1, S. 62.

KOHLI, C. **(Preannouncements, 1999)**, Signaling New Product Introductions: a Framework Explaining the Timing of Preannouncements, in: Journal of Business Research, New York September 1999, Vol. 46, No. 1, S. 45-56.

KONICKI, S. **(Covisint's Rough Road, 2000)**, Covisint's Rough Road: the Automobile Industry's Ambitious Online Exchange Faces Big Challenges, Zugriff unter http://www.informationweek.com/798/covisint.htm am 15.05.2000.

KOPPELMANN, U. **(Beschaffungsmarketing, 1995, zuerst: 1993)**, Beschaffungsmarketing, 2., überarbeitete und erweiterte Auflage, Berlin u.a. 1995, zuerst: 1993.

KRIEGESMANN, B. **(Unternehmensgründungen, 2000)**, Unternehmensgründungen aus der Wissenschaft – eine empirische Analyse zu Stand, Entwicklungen und institutionellen Rahmenbedingungen in außeruniversitären Forschungseinrichtungen, in: Zeitschrift für Betriebswirtschaft, April 2000, 70. Jg., H. 4, S. 397-414.

KROKER, M., SCHAUDWET, C. **(e-Business, 2001)**, e-Business: neues Leben in der Wüste, in: Wirtschaftswoche, 30. August 2001, o.Jg., H. 36, S. 50-55.

KÜHN, R., JENNER, T. **(Kundenorientierung, 2000)**, Bedeutung und Umsetzung der Kundenorientierung im Rahmen des Innovationsmanagements, in: Aktuelle Tendenzen im Innovationsmanagement: Festschrift für Werner Popp zum 65. Geburtstag, hrsg. v. G. E. Häfliger u. J. D. Meier, Heidelberg 2000, S. 103-118.

KUPSCH, P. U., MARR, R., PICOT, A. **(Innovationswirtschaft, 1991, zuerst: 1972)**, Innovationswirtschaft, in: Industriebetriebslehre: Entscheidungen im Industriebetrieb, hrsg. v. E. Heinen, 9., vollständig neu bearbeitete und erweiterte Auflage, Wiesbaden 1991, zuerst: 1972, S. 1069-1156.

KURZ, A. **(Rechnerunterstütztes Ideen-Management, 1998)**, Rechnerunterstütztes Ideen-Management für die innovative Produktplanung, Reihe: Forschungsberichte aus dem

Institut für Rechneranwendung in Planung und Konstruktion der Universität Karlsruhe, Bd. 98,4, Aachen 1990.

LaBahn, D. W., Krapfel, R. **(Early Supplier Involvement, 2000)**, Early Supplier Involvement in Customer New Product Development: a Contingency Model of Component Supplier Intentions, in: Journal of Business Research, New York March 2000, Vol. 47, No. 3, S. 173-190.

Lachenauer, R., Williams, D. E., Becker, M. **(Internet Brand, 2001)**, How the Internet Can Boost Your Brand, Zugriff unter http://www.bcg.com am 06.08.2001.

Lamming, R. **(Beyond Partnership, 1993)**, Beyond Partnership: Strategies for Innovation and Lean Supply, New York u.a. 1993.

Large, R. **(Partnerschaftliche Beziehungen, 1999)**, Partnerschaftliche Lieferanten-Abnehmer-Beziehungen und Reduktion von Unsicherheit: Informationsökonomische Überlegungen zur industriellen Beschaffung von spezifischem Produktionsmaterial, in: Logistik Management: Zeitschrift der Kommission Logistik im Verband der Hochschullehrer für Betriebswirtschaft e. V., Oktober 1999, 1. Jg., H. 4, S. 253-263.

Lay, G., Wallmeier, W. **(Automobilzulieferindustrie, 2000)**, Strategien und Leistungsindikatoren der deutschen Automobilzulieferindustrie, in: Zeitschrift für die gesamte Wertschöpfungskette Automobilwirtschaft, April 2000, 3. Jg., H. 2, S. 6-12.

Leister, R.-D. **(e-Business, 2001)**, Wie „Cool" ist e-Business?, in: Zeitschrift für Betriebswirtschaft, Mai 2001, 71. Jg., H. 5, S. 495-508.

Lessat, V., Hemer, J., Eckerle, T. H., Kulicke, M., Licht, G., Nerlinger, E. u.a. **(Technologieorientierte Unternehmensgründungen, 1999)**, Beteiligungskapital und technologieorientierte Unternehmensgründungen: Markt – Finanzierung – Rahmenbedingungen, Wiesbaden 1999.

Loebert, R. **(Systemlieferantenstrategie, 1998)**, Marktorientierte Systemlieferantenstrategie, Wiesbaden 1998.

Lücke, W. **(Gutenberg, 1997)**, Die prägende Wirkung der Lehre Gutenbergs für die Entwicklung der Betriebswirtschaftslehre, in: Zeitschrift für Betriebswirtschaft, Dezember 1997, 67. Jg., H. 12, S. 1245-1256.

Ludwig, M. A. **(Beziehungsmanagement im Internet, 2000)**, Beziehungsmanagement im Internet: eine Analyse der Informationsbedürfnisse auf Konsumgütermärkten und der Möglichkeiten ihrer Befriedigung durch Beziehungsmanagement unter Nutzung des Internets, Reihe: Wirtschaftsinformatik, Bd. 29, hrsg. v. D. Seibt, U. Derigs u. W. Mellis, Lohmar u.a. 2000.

Ludwig, R. **(Präsenz im Netz, 2001)**, Präsenz im Netz zeigen: Verbreitung von Forschungsergebnissen über das Internet, in: Wissenschaftsmanagement: Zeitschrift für Innovation, September/Oktober 2001, 7. Jg., H. 5, S. 8-12.

Lynn, G. S., Morone, J. G., Paulson, A. S. **(Produktinnovationen, 1997)**, Wie echte Produktinnovationen entstehen, in: Innovationsmanagement, hrsg. v. Harvard Business Manager, Bd. 3, Hamburg 1997, S. 9-19.

MAAS, J. **(Sparks, 1999)**, Book Review: When Sparks Fly: Igniting Creativity in Groups, in: Sloan Management Review, Cambridge Fall 1999, Vol. 41, No. 1, S. 97-98.

MACHARZINA, K. **(Unternehmensführung, 1995, zuerst: 1993)**, Unternehmensführung: das internationale Managementwissen: Konzepte – Methoden – Praxis, 2., aktualisierte und erweiterte Auflage, Wiesbaden 1995, zuerst: 1993.

MARCH, J. G., SIMON, H. A. **(Organisation und Individuum, 1976, zuerst: 1958)**, Organisation und Individuum: Menschliches Verhalten in Organisationen, Reihe: Führung – Strategie – Organisation, Bd. 3, hrsg. v. M. Hofmann, Wiesbaden 1976, zuerst: 1958.

MARKETSCIENCE (HRSG.) **(Marketplace, 2000)**, Integration is the Key to Marketplace Success, San Francisco u.a. 2000.

MARTIN, W. **(Kundenbeziehung, 2000)**, Neuer Blickwinkel auf die Kundenbeziehung, in: acquisa, 2000, o.Jg., H. 4, S. 76-79.

MATTES, F. **(Business-to-Business, 1999)**, Electronic Business-to-Business: e-Commerce mit Internet und EDI, Stuttgart 1999.

MAYER, H.-J. **(Systemintegration, 1999)**, Systemintegration von Mechanik und Elektronik, in: Auto-Motive Millenium: Qualitätsfaktor Kommunikation, hrsg. v. W. Meinig u. H. Mallad, Bamberg 1999, S. 199-226.

MCDONALD, F. **(Power in Partnership, 1999)**, The Importance of Power in Partnership Relationships, in: Journal of General Management, Henley-on-Thames Autumn 1999, Vol. 25, No. 1, S. 43-59.

MCFADZEAN, E., SOMERSALL, L., COKER, A. **(Creative Problem Solving, 1998)**, Creative Problem Solving Using Unrelated Stimuli, in: Journal of General Management, Henley-on-Thames Winter 1998, Vol. 24, No. 2, S. 36-50.

MCKINSEY & COMPANY, INC. – PURCHASING AND SUPPLY MANAGEMENT PRACTICE, CENTER FOR ADVANCED PURCHASING STUDIES (CAPS) RESEARCH (HRSG.) **(B2B e-Marketplaces, 2000)**, Coming into Focus: Using the Lens of Economic Value to Clarify the Impact of B2B e-Marketplaces, New York u.a. 2000.

MCWILLIAM, G. **(Online-Communities, 2001)**, Online-Communities geben Marken mehr Schub, in: Harvard Business Manager, März 2001, 23. Jg., H. 2, S. 72-85.

MEFFERT, H. **(Betriebswirtschaftliche Ausbildung, 1996)**, Zur Lage der betriebswirtschaftlichen Ausbildung an deutschen Universitäten, in: Zeitschrift für Betriebswirtschaft, Ergänzungsheft 1/1996: Betriebswirtschaftslehre und der Standort Deutschland, hrsg. v. H. Albach u. K. Brockhoff, Wiesbaden 1996, S. 21-27.

MEFFERT, H. **(Interaktive elektronische Medien, 2000)**, Neue Herausforderungen für das Marketing durch interaktive elektronische Medien, Reihe: BWL aktuell, Nr. 6, Klagenfurt 2000.

MEFFERT, H. **(Marketing, 1986, zuerst: 1977)**, Marketing: Grundlagen der Absatzpolitik: mit Fallstudien Einführung und Relaunch des VW-Golf, 7., überarbeitete und erweiterte Auflage, Wiesbaden 1986, zuerst: 1977.

MEINIG, W. **(Automobilwirtschaft, 1995)**, Grundbegriffe der Automobilwirtschaft, Bamberg 1995.

MEINIG, W. **(Simultaneous Engineering, 1998)**, Simultaneous Engineering, in: Zeitschrift für die gesamte Wertschöpfungskette Automobilwirtschaft, Januar 1998, 1. Jg., H. 1, S. 60-61.

MEINIG, W., FORSCHUNGSSTELLE AUTOMOBILWIRTSCHAFT BAMBERG (HRSG.) **(Supplier Satisfaction, 2001)**, SSI: Supplier Satisfaction Index 2001: die Zufriedenheit von Zulieferunternehmen der deutschen Automobilindustrie: eine empirische Analyse, Bamberg 2001.

MEINIG, W., HEß, W. **(Wirtschaftszweiglehre Automobilwirtschaft, 1998)**, Zum Wissenschaftsverständnis der Wirtschaftszweiglehre Automobilwirtschaft, in: Sonderbeilage zur Zeitschrift für die gesamte Wertschöpfungskette Automobilwirtschaft, Juli 1998, 1. Jg., H. 3, S. 1-8.

MERRIFIELD, D. B. **(Innovation Management, 1999)**, Innovation Management in the 7th "Great Epoch", in: Research Technology Management, Washington, D.C. September/October 1999, Vol. 42, No. 5, S. 10-14.

MEYER, L. **(Kurze Wege, 2001)**, Abstatt – der Standort der kurzen Wege: Bau des neuen Entwicklungszentrums, in: Bosch-Zünder, Stuttgart Dezember 2001, 81. Jg., H. 12, S. 4.

MEYER, L. **(Zündkerze, 2001)**, 100 Jahre Zündkerze, in: Bosch-Zünder, Stuttgart Dezember 2001, 81. Jg., H. 12, S. III.

MICHAEL, M. **(Ideenproduktion, 1973)**, Produktideen und „Ideenproduktion", Reihe: Die Betriebswirtschaft in Forschung und Praxis, Bd. 12, hrsg. v. E. Heinen, Wiesbaden 1973.

MILBERG, J. **(Premium-Hersteller, 2001)**, Zukunftssicherung eines Premium-Herstellers, in: 3. Internationales Automobil-Forum Graz, hrsg. v. d. Zeitschrift Automobil-Produktion, Landsberg am Lech 2001, Beitr. Nr. 4, S. 1-11.

MILLIGAN, B. **(New Product Launches, 1999)**, Get Involved Early with New Product Launches, in: Purchasing, Boston October 1999, Vol. 127, No. 6, S. 24-26.

MILLING, P., MAIER, F. **(Diffusion, 1996)**, Invention, Innovation und Diffusion: eine Simulationsanalyse des Managements neuer Produkte, Reihe: Abhandlungen aus dem Industrieseminar der Universität Mannheim, H. 48, hrsg. v. G. v. Kortzfleisch, H. Bergner u. P. Milling, Berlin 1996.

MINX, E., DAIMLERCHRYSLER AG (HRSG.) **(Delta-Report, 2002)**, Delta-Report: Gesellschaft und Technik 2001/02, Berlin 2002.

MINX, E., DAIMLERCHRYSLER AG (HRSG.) **(Delta-Report, 2001)**, Delta-Report: Gesellschaft und Technik 2000/01, Berlin 2001.

MINX, E., MEYER, H., DAIMLER-BENZ AG (HRSG.) **(Produktfolgenabschätzung, 1998)**, Produktfolgenabschätzung im Rahmen des Innovationsmanagements: Voraussetzungen, Vorgehensweise und Erfahrungen, Berlin 1998.

MORGAN, L. (Wisdom, 2001), 2001: Wisdom Wins, Zugriff unter http://www.netmarketmakers.com/b2bstrategies am 05.06.2001.

MÜLLER, K. O. W. (Schumpeter, 1990), Joseph A. Schumpeter: Ökonom der neunziger Jahre, Berlin 1990.

MÜLLER, R. (Globalisierung, 1997), Was wird aus unserer Arbeit? Auswirkungen der Globalisierung auf die Arbeitsplätze in Deutschland am Beispiel Adam Opel AG, in: Automobilhersteller, Zulieferer und Händler als Wertschöpfungskette: 5. Automobilhersteller- und -zulieferer-Kongreß, hrsg. v. Handelsblatt Veranstaltungen, Düsseldorf 1997, Beitr. Nr. 5, S. 1-22.

MÜLLER-MERBACH, H. (Wettbewerbsposition Deutschlands, 1987), Die Wettbewerbsposition Deutschlands in den industriellen Wachstumsfeldern, in: Innovation und Wettbewerbsfähigkeit: Wissenschaftliche Tagung des Verbandes der Hochschullehrer für Betriebswirtschaft e.V. an der Universität Mannheim 1986, hrsg. v. E. Dichtl, W. Gerke u. A. Kieser, Wiesbaden 1987, S. 247-269.

MUMMERT + PARTNER UNTERNEHMENSBERATUNG AG (HRSG.) (Virtuelle Marktplätze, 2000), B2B auf virtuellen Marktplätzen: Momentaufnahmen und Zukunftszenarien, Hamburg u.a. 2000.

MÜTZE, S. (Schumpeter, 1990), Strukturwandel und Wirtschaftsentwicklung bei J. A. Schumpeter: kritische Würdigung und Alternativen, Reihe: Europäische Hochschulschriften – Volks- und Betriebswirtschaft, Bd. 1071, Frankfurt am Main u.a. 1990.

NALEBUFF, B., BRANDENBURGER, A. (Coopetition, 1996), Coopetition – kooperativ konkurrieren: mit der Spieltheorie zum Unternehmenserfolg, Frankfurt am Main usw. 1996.

NATTERMANN, P. M. (Strategy, 2000), Best Practice ≠ Best Strategy, in: The McKinsey Quarterly, New York April 2000, Vol. 37, No. 2, S. 22-31.

NECKER, T. (Automobilstandort, 1997), Der Automobilstandort Deutschland zur Jahrtausendwende, in: Strukturwandel mitgestalten! Rahmenbedingungen und Zukunftsperspektiven für Automobilhersteller, Importeure, Zulieferer und Handel: ‚Drittes automobilwirtschaftliches Symposium', hrsg. v. W. Meinig u. H. Mallad, Bamberg 1997, S. 71-81.

NEFIODOW, L. A. (Kondratieff, 1999, zuerst: 1996), Der sechste Kondratieff: Wege zur Produktivität und Vollbeschäftigung im Zeitalter der Information, 3., überarbeitete Auflage, Sankt Augustin 1999, zuerst: 1996.

NEUMANN, G. (Automobil, 1999), Von der Wissenschaft in die automobile Praxis: Schwächen und Chancen des Technologietransfers in Deutschland, in: Zeitschrift für die gesamte Wertschöpfungskette Automobilwirtschaft, Juli 1999, 2. Jg., H. 3, S. 10-14.

NIESCHLAG, R., DICHTL, E., HÖRSCHGEN, H. (Marketing, 1991, zuerst: o.J.), Marketing, 16., durchgesehene Auflage, Berlin 1991, zuerst: o.J.

NITTKA, I. **(Venture Capital, 2000)**, Informelles Venture Capital am Beispiel von Business Angels, Reihe: Wissenschaft für die Praxis: Abteilung 1: Forschung, Bd. 12, Stuttgart 2000.

ORAM, A. **(Preface, 2001)**, Preface, in: Peer-to-peer: Harnessing the Benefits of a Disruptive Technology, hrsg. v. A. Oram, Sebastopol u.a. 2001, S. VII-XV.

ORGANISATION FOR ECONOMIC CO-OPERATION AND DEVELOPMENT (OECD) (HRSG.) **(Frascati Manual, 1993, zuerst: 1963)**, Frascati Manual 1993: Measurement of Scientific and Technical Activities – Proposed Standard Practice for Surveys of Research and Experimental Development, 5. Auflage, Paris 1993, zuerst: 1963.

OSSADNIK, W., DORENKAMP, A., ELLINGHORST, A. **(Zulieferbeziehungen, 2001)**, Transaktionskosten bei Zulieferbeziehungen in der Automobilindustrie, in: Zeitschrift für Betriebswirtschaft, August 2001, 71. Jg., H. 8, S. 869-891.

OSTLE, D. **(Lopez Era, 1999)**, VW brings Lopez Era to an End, in: Automotive News Europe, London December 1999, Vol. 4, No. 25, S. 1 u. S. 22.

O.V. **(7er, 2002)**, BMW 7er, Zugriff unter http://www.7er.com/index.php am 09.10.2002.

O.V. **(Autoindustrie im Internet, 2002)**, Die Autoindustrie sucht im Internet den schnellen Erfolg, in: Frankfurter Allgemeine Zeitung, 17.01.2002, S. 23.

O.V. **(Automakers, 1998)**, Automakers Place Their Bets on Supply, in: Purchasing, Boston February 1998, Vol. 124, No. 2, S. 32S4-32S7.

O.V. **(Ballard, 2001)**, DaimlerChrysler und Ford erhöhen ihre Anteile an Ballard, Zugriff unter http://www.daimlerchrysler.com am 08.10.2001.

O.V. **(BMW Product Development, 2002)**, BMW Product Development, Zugriff unter http://www.autointell.com/european_companies/BMW/fiz.htm am 17.09.2002.

O.V. **(BMW-Treff, 2002)**, BMW-Treff: der Treffpunkt für alle BMW-Fans und -Fahrer, Zugriff unter http://www.auto-treff.com/bmw/links.php am 02.09.2002.

O.V. **(Curve, 2002)**, Curve – Powered by Vauxhall, Zugriff unter http://www.curve.com /en/curve.jhtml am 09.10.2002.

O.V. **(Deutschland, 2002)**, Deutschland packt's an, Zugriff unter http://www.deutschland-packts-an.de am 17.01.2002.

O.V. **(Elektronik-Pannen, 2002)**, Elektrik und Elektronik im Auto für viele Pannen verantwortlich, in: Die Welt, 30.09.2002, o.S.

O.V. **(FlexRay, 2002)**, FlexRay: The Communication System for Advanced Automotive Control Applications , Zugriff unter http://www.flexray-group.com am 06.06.2002.

O.V. **(Handy-Nutzer, 2002)**, Wie sieht der typische Handy-Nutzer aus?, Zugriff unter http://www.funkschau.de/media/brandheiss/handynutzer.htm am 19.01.2002.

O.V. **(Hausausstellungen, 1999)**, Hausausstellungen: mehr Nähe zum Kunden, in: Automobil-Produktion, Oktober 1999, 13. Jg., H. 5, S. 126-128.

o.V. (Innoguide, 2001), Innoguide – für die leistungsfähige Bewertung Ihrer Innovationen, Zugriff unter http://www.innoguide.com am 21.11.2001.

o.V. (Internet-Auto, 2001), Werbeschlacht um Internet-Auto, in: auto motor und sport, 27.06.2001, o.Jg., H. 14, S. 12.

o.V. (Marktplatz der Informationen, 2000), Wissen für Entwickler: Marktplatz der Informationen, in: InformationWeek, 24.02.2000, o.Jg., H. 7, Zugriff unter http://www.informationweek.de/index.php3?/channels/channel15/000746a.htm am 17.12.2000.

o.V. (Mega-Supplier, 1999), Will Direct Contacts Become a Mega-Supplier Domain?, in: Automobile Management International, Februar 1999, 4. Jg., H. 1, S. 8-11.

o.V. (Online Brainstorming, 2001), Globrain Online Brainstorming, Zugriff unter http:// www.globrain.de am 21.11.2001.

o.V. (Opel, 2001), Starker Auftritt bei Opel, in: Bosch-Zünder, Stuttgart Juli 2001, 81. Jg., H. 7/8, S. 6.

o.V. (Opel-Einkauf, 1999), Opel-Einkauf: Mit Zuckerbrot und Peitsche, in: Automobil-Produktion, Juni 1999, 13. Jg., H. 3, S. 38.

o.V. (Open Source, 2002), Open Source Bewegung: Microsoft kopiert die Linux-Idee, Zugriff unter http://www.t-online.de am 17.04.2002.

o.V. (Praxiseinsatz, 2001), DaimlerChrysler Brennstoffzellen-Fahrzeug im Praxiseinsatz beim Hermes Versand Service, Zugriff unter http://www.daimlerchrysler.com am 06.08.2001.

o.V. (Relaunch E-Klasse, 1999), Relaunch E-Klasse: Härter als ein Neuanlauf, in: Automobil-Entwicklung, September 1999, 1. Jg., H. 5, S. 12-16.

o.V. (Rotstift, 2002), Erfolgreicher Rotstift macht DaimlerChrysler attraktiv, in: Die Welt, 21.06.2002, o.S.

o.V. (Single-Sourcing, 1999), Single Sourcing? More Than Ever!, in: Automobile Management International, Februar 1999, 4. Jg., H. 1, S. 12-19.

o.V. (Strategie DaimlerChrysler, 1999), Strategie DaimlerChrysler: Markentrennung geht vor Synergie, in: Automobil-Produktion, Oktober 1999, 13. Jg., H. 5, S. 28-40.

o.V. (Supply Relationships, 1998), Strong Supply Relationships Reduce Cost, Spark Innovation, in: Purchasing, Boston January 1998, Vol. 124, No. 1, S. 45-46.

o.V. (Weltpremiere, 2002), Weltpremiere: erstes Auto mit integrierten UMTS-Services, Zugriff unter http://www.daimlerchrysler.com am 10.06.2002.

o.V. (Zukunft, 2001), Mehr Seriosität gefordert: Zukunft des e-Business, in: TransGlobal: DaimlerChrysler Global Transport Review, Stuttgart, Auburn Hills Oktober 2001, o.Jg., H. 4, S. 60-65.

PANKE, H. (Automobilindustrie, 1999), Die Automobilindustrie als treibende Kraft, in: Zeitschrift für die gesamte Wertschöpfungskette Automobilwirtschaft, April 1999, 2. Jg., H. 2, S. 28-33.

PARKER, A., TORRIS, T., YLÄNKÖ, P., ACKERS, G. (EDI to Net, 2000), Europe's EDI to Net Migration, Zugriff unter http://www.forrester.com am 07.05.2001.

PETER, W. (Partnerschaft, 1999), Partnerschaft in Entwicklung und Fertigung als Chance für weltweites Wachstum, in: Zeitschrift für die gesamte Wertschöpfungskette Automobilwirtschaft, Januar 1999, 2. Jg., H. 1, S. 6-13.

PETERS, J. (Market Power, 1998), Supplier and Buyer Market Power, Appropriability, and Innovation Activities: Evidence for the German Automobile Industry, Reihe: Volkswirtschaftliche Diskussionsreihe, Beitr. Nr. 173, Augsburg 1998.

PETERS, J. (Technologische Leistungsfähigkeit, 1997), Zur technologischen Leistungsfähigkeit deutscher Automobilzulieferer: eine empirische Untersuchung in der deutschen Automobilzulieferindustrie: Bericht zum Forschungsprojekt „Automobil und Innovation", Augsburg 1997.

PETERS, J., BECKER, W. (Betriebliche Innovationsaktivitäten, 1999), Hochschulkooperationen und betriebliche Innovationsaktivitäten: Ergebnisse aus der deutschen Automobilzuliefererindustrie, in: Zeitschrift für Betriebswirtschaft, November 1999, 69. Jg., H. 11, S. 1293-1311.

PFEFFERLE, K. (e-Relationship, 2000), Kundenbindung via Web: von e-Commerce zur e-Relationship, in: CRM-Report Special, 2000, o.Jg., o.H., S. 44-46.

PFEIFFER, W., METZE, G., SCHNEIDER, W., AMLER, R. (Technologie-Portfolio, 1991, zuerst: 1982), Technologie-Portfolio zum Management strategischer Zukunftsgeschäftsfelder, 6., durchgesehene Auflage, Reihe: Innovative Unternehmensführung: Planung, Durchführung und Kontrolle von Innovationen, Bd. 7, hrsg. v. W. Pfeiffer, Göttingen 1991, zuerst: 1982.

PFOHL, H.-C. (Logistikkette, 1994), Interorganisatorische Probleme in der Logistikkette, in: Management der Logistikkette: Kostensenkung – Leistungssteigerung – Erfolgspotential, hrsg. v. H.-C. Pfohl, Reihe: Unternehmensführung und Logistik, Bd. 7, Berlin 1994, S. 201-251.

PFOHL, H.-C. (Logistiksysteme, 1996, zuerst: 1985), Logistiksysteme: betriebswirtschaftliche Grundlagen, 5., überarbeitete und erweiterte Auflage, Berlin u.a. 1996, zuerst: 1985.

PICOT, A., LAUB, U.-D., SCHNEIDER, D. (Innovative Unternehmensgründungen, 1989), Innovative Unternehmensgründungen: eine ökonomisch-empirische Analyse, Berlin u.a. 1989.

PICOT, A., REICHWALD, R., WIGAND, R. T. (Grenzenlose Unternehmung, 2001, zuerst: 1996), Die grenzenlose Unternehmung: Information, Organisation und Management: Lehrbuch zur Unternehmensführung im Informationszeitalter, 4., vollständig überarbeitete und erweiterte Auflage, Wiesbaden 2001, zuerst: 1996.

PIËCH, F. (Junges Produkt, 1998), Leben für das junge Produkt – der Produktsprung von Volkswagen, in: Zeitschrift für die gesamte Wertschöpfungskette Automobilwirtschaft, Juli 1998, 1. Jg., H. 3, S. 50-53.

PILLER, F., SCHODER, D. (Mass Customization und e-Commerce, 1999), Mass Customization und Electronic Commerce: eine empirische Einschätzung zur Umsetzung in deutschen Unternehmen, in: Zeitschrift für Betriebswirtschaft, Oktober 1999, 69. Jg., H. 10, S. 1111-1136.

PILLER, T. (Gewagt, 2002), Nichts gewagt und nichts gewonnen: Fiat steckt mit seinen Autos in der Krise, in: Frankfurter Allgemeine Sonntagszeitung, 09.06.2002, Nr. 23, S. 38.

PLESCHAK, F., SABISCH, H. (Innovationsmanagement, 1996), Innovationsmanagement, Stuttgart 1996.

POESTGES, A. (e-Procurement, 2000), e-Procurement-Projekte effizient realisieren: Methoden und Vorgehensweisen, in: e-Einkauf und e-Handel in der Automobilindustrie, hrsg. v. IIR Deutschland, Sulzbach 2000, Beitr. Nr. 1, S. 1-73.

POHLMANN, M., APELT, M., BUROH, K., MARTENS, H. (Industrielle Netzwerke, 1995), Industrielle Netzwerke: antagonistische Kooperationen an der Schnittstelle Beschaffung-Zulieferung, München u.a. 1995.

POLLMANN, W. (Knowledge Management, 2001), Knowledge Management heißt das Zauberwort, in: Umweltbericht 2001: Magazin, hrsg. v. DaimlerChrysler AG, Stuttgart, Auburn Hills 2001, S. 31.

PORTER, M. E. (Bewährte Strategien, 2001), Bewährte Strategien werden durch das Internet noch wirksamer, in: Harvard Business Manager, September 2001, 23. Jg., H. 5, S. 64-81.

PORTER, M. E. (Wettbewerbsvorteile, 1986), Wettbewerbsvorteile: Spitzenleistungen erreichen und behaupten, Frankfurt am Main u.a. 1986.

PORTER, M. E., STERN, S., COUNCIL ON COMPETITIVENESS (HRSG.) (Innovation Index, 1999), The new Challenge to America's Prosperity: Findings from the Innovation Index, Washington, D.C. 1999.

PRAHALAD, C. K., HAMEL, G. (Core Competence, 1990), The Core Competence of the Corporation, in: Harvard Business Review, Boston May/June 1990, Vol. 68, No. 3, S. 79-91.

PREISSLER, H., RESKE, J., DAIMLERCHRYSLER AG (HRSG.) (OEM/Zulieferer, 2000), OEM/Zulieferer-Beziehungen im Kontext wettbewerblicher, technologischer und gesellschaftlicher Herausforderungen, Berlin 2000.

PRIBYL, W. (Elektronik, 2001), Elektronik verschiebt Zulieferstrukturen – Mikroelektronik als Innovationselement der Automobilindustrie, in: 3. Internationales Automobil-Forum Graz, hrsg. v. d. Zeitschrift Automobil-Produktion, Landsberg am Lech 2001, Beitr. Nr. 13, S. 1-44.

PRIEMER, B. (BMW, 2001), BMW Siebener: das BMW-Flaggschiff in neuer Form mit innovativen Technik-Konzepten, in: auto motor und sport, 27.06.2001, o.Jg., H. 14, S. 14-18.

QUICKEN, M. (SupplyOn, 2001), SupplyOn – der Internetmarktplatz der Zulieferer, in: 3. Internationales Automobil-Forum Graz, hrsg. v. d. Zeitschrift Automobil-Produktion, Landsberg am Lech 2001, Beitr. Nr. 17, S. 1-22.

RAFFÉE, H. (Gegenstand, 1993, zuerst: 1984), Gegenstand, Methoden und Konzepte der Betriebswirtschaftslehre, in: Vahlens Kompendium der Betriebswirtschaftslehre: Band 1, hrsg. v. M. Bitz, K. Dellmann, M. Domsch u. H. Egner, 3., überarbeitete und erweiterte Auflage, München 1993, zuerst: 1984, S. 1-46.

RAHMEN, J. (Leipziger Messe, 1999), Marktverantwortung Messe: die Leipziger Messe GmbH als Mittler für Technologie und Innovationen, in: Auto-Motive Millenium: Qualitätsfaktor Kommunikation, hrsg. v. W. Meinig u. H. Mallad, Bamberg 1999, S. 359-381.

RAISCH, W. D. (eMarketplace, 2001), The eMarketplace: Strategies for Success in B2B e-Commerce, Zugriff unter http://www.netmarketmakers.com/b2bstrategies am 05.06.2001.

RAPP, F. (Kritik der Technik, 1986), Kritik und Rechtfertigung der Technik, in: Das Management von Innovationen, hrsg. v. E. Staudt, Frankfurt am Main 1986, S. 23-33.

REEG, M. (Liefer- und Leistungsbeziehungen, 1998), Liefer- und Leistungsbeziehungen in der deutschen Automobilindustrie: strukturelle Veränderungen aus unternehmerischer und wirtschaftspolitischer Sicht, Reihe: Volkswirtschaftliche Schriften, H. 482, Berlin 1998.

REEKERS, N. (EDI Use, 1994), The Distribution of the Benefits and Drawbacks of EDI Use in the European Automotive Industry, in: Electronic Markets – Electronic Linking of Organizations, September 1994, Vol. 4, No. 2, S. 5-6, Zugriff unter http://www.businessmedia.org/netacademy/publications.nsf am 15.08.2001.

REICHWALD, R., MÖSLEIN, K. (Telekooperation, 1996), Auf dem Weg zur virtuellen Organisation: wie Telekooperation Unternehmen verändert, in: Zukunftsperspektiven der digitalen Vernetzung, hrsg. v. G. Müller, U. Kohl u. R. Strauß, Heidelberg 1996, S.209-234.

REICHWALD, R., MÖSLEIN, K. (Verteilte Organisationsstrukturen, 2000), Nutzenpotentiale und Nutzenrealisierung in verteilten Organisationsstrukturen, in: Zeitschrift für Betriebswirtschaft, Ergänzungsheft 2/2000: Virtuelle Unternehmen, hrsg. v. H. Albach, D. Specht u. H. Wildemann, Wiesbaden 2000, S. 117-136.

REINERTSEN, D. G. (Fuzzy Front End, 1999), Taking the Fuzziness out of the Fuzzy Front End, in: Research Technology Management, Washington, D.C. November/December 1999, Vol. 42, No. 6, S. 25-31.

REINHART, G. (Aufschwung, 1997), Mit Schwung zum Aufschwung – kreatives Agieren statt optimierendes Reagieren, in: Mit Schwung zum Aufschwung: Information – Inspiration – Innovation: Münchener Kolloquium ’97, hrsg. v. G. Reinhart u. J. Milberg, Landsberg am Lech 1997, S. 9-16.

Reiß, M. (Instrumente, 1997), Instrumente der Implementierung, in: Change Management: Programme, Projekte und Prozesse, hrsg. v. M. Reiß, L. von Rosenstiel u. A. Lanz, Reihe: USW-Schriften für Führungskräfte, Bd. 31, Stuttgart 1997, S. 91-107.

Rexrodt, G. (Industriestandort, 1997), Industriestandort Deutschland im internationalen Wettbewerb, in: Automobilhersteller, Zulieferer und Händler als Wertschöpfungskette: 5. Automobilhersteller- und -zulieferer-Kongreß, hrsg. v. Handelsblatt Veranstaltungen, Düsseldorf 1997, Beitr. Nr. 3, S. 1-8.

Ries, A., Trout, J. (Positioning, 1986, zuerst: 1982), Positioning: the Battle for your Mind, New York 1986, zuerst: 1982.

Riesenbeck, H. (Kundenorientierung, 1999), Von der Produkt- zur Kundenorientierung, in: McKinsey akzente, Oktober 1999, o.Jg., H. 13, S. 2-7.

Riffner, B., Weidelich, R. (Lieferantenmanagement, 2001), Professionelles Lieferantenmanagement: so arbeiten Kunden und Lieferanten erfolgreich zusammen, Köln 2001.

Ring, T. (Fiat Internet, 2001), Internet and the Relationship with the Customer: the Fiat Auto Experience, in: e-Business-Strategien in der Automobilindustrie, hrsg. v. Handelsblatt Veranstaltungen, Düsseldorf 2001, Beitr. Nr. 9, S. 1-24.

Ritter, T. (Innovationserfolg, 1998), Innovationserfolg durch Netzwerk-Kompetenz: Effektives Management von Unternehmensnetzwerken, Reihe: Neue betriebswirtschaftliche Forschung, Bd. 254, Wiesbaden 1998.

Rivette, K. G., Kline, D. (Intellectual Property, 2000), Discovering New Value in Intellectual Property, in: Harvard Business Review, Boston January/February 2000, Vol. 78, No. 1, S. 54-66.

Rogers, E. M. (Diffusion of Innovations, 1983, zuerst: 1962), Diffusion of Innovations, 3. Auflage, New York u.a. 1983, zuerst: 1962.

Rogers, E. M. (Diffusion of Innovations, 1962), Diffusion of Innovations, New York u.a. 1962.

Roland Berger & Partner GmbH (Hrsg.) (Automotive Supplier Industry, 2000), Nine Mega-Trends Re-shape the Automotive Supplier Industry – a Trend Study to 2010, München u.a. 2000.

Roland Berger & Partner GmbH (Hrsg.) (B2B Platforms, 2000), B2B Platforms – Market Report, London 2000.

Rosenburg, T. L. (Leidenschaft, 1998), Mobilität als Leidenschaft, in: Zeitschrift für die gesamte Wertschöpfungskette Automobilwirtschaft, Oktober 1998, 1. Jg., H. 4, S. 60-67.

Rosenkranz, S. (Innovation und Kooperation, 1993), Innovation und Kooperation bei vertikaler Produktdifferenzierung, Berlin 1993.

Roussel, P. A., Saad, K. N., Erickson, T. J., Arthur D. Little, Inc. (Hrsg.) (Third Generation R&D, 1991), Third Generation R&D, Boston 1991.

RUDNITZKI, J. **(Automobilhersteller, 2001)**, Alte und neue Herausforderungen an Automobilhersteller und Zulieferer, in: Automobil-Forum 2001, hrsg. v. d. Zeitschriften Automobil-Produktion u. Automobile Management International, Landsberg am Lech 2001, Beitr. Nr. 3, S. 1-15.

SABISCH, H. **(Produktinnovationen, 1991)**, Produktinnovationen, Reihe: Sammlung Poeschel, Bd. 136, Stuttgart 1991.

SAGE, L. A., ERNST & YOUNG LLP (HRSG.) **(Innovation Race, 2000)**, Winning the Innovation Race: Lessons from the Automotive Industry's Best Companies, New York u.a. 2000.

SATTLER, H., SCHIRM, K. **(Produkt-Vorankündigungen, 1999)**, Der Einfluß von Marken auf die Glaubwürdigkeit von Produkt-Vorankündigungen, in: Zeitschrift für Betriebswirtschaft, Ergänzungsheft 2/1999: Innovation und Absatz, hrsg. v. H. Albach, Wiesbaden 1999, S. 63-87.

SCHÄFFER, U., WEBER, J. **(e-Business Controlling, 2001)**, Controlling von e-Business, in: Kostenrechnungspraxis, Sonderheft 2/2001: e-Business & Controlling: Einordnung – Umsetzung – externe Sichtweise – funktionales e-Controlling, hrsg. v. J. Weber u. M. Schumann, Wiesbaden 2001, S. 5-11.

SCHALK, H. J., TÄGER, U. C. **(Innovierende und imitierende Unternehmen, 1999)**, Wissensverbreitung und Diffusionsdynamik im Spannungsfeld zwischen innovierenden und imitierenden Unternehmen: neue Ansätze für die Innovationspolitik, Reihe: ifo Studien zur Innovationsforschung, Bd. 7, München 1999.

SCHEER, A.-W. **(Industrielle Geschäftsprozesse, 1998, zuerst: 1995)**, Wirtschaftsinformatik: Referenzmodelle für industrielle Geschäftsprozesse, 2., durchgesehene Auflage der Studienausgabe, Berlin u.a. 1998, zuerst: 1995.

SCHEFFLER, W., VOIGT, K.-I., THIELL, M., WEBER, R. **(Entwicklungsperspektiven, 2000)**, Entwicklungsperspektiven im Electronic Business, in: Entwicklungsperspektiven im Electronic Business: Grundlagen – Strukturen – Anwendungsfelder, hrsg. v. W. Scheffler u. K.-I. Voigt, Wiesbaden 2000, S. 3-18.

SCHEWE, G. **(Imitationsmanagement, 1992)**, Imitationsmanagement: Nachahmung als Option des Technologiemanagements, Reihe: Management von Forschung, Entwicklung und Innovation, Bd. 10, hrsg. v. K. Brockhoff u. M. Domsch, Stuttgart 1992.

SCHEWE, G., SACHSE, D. **(Organisatorische Umsetzung, 1999)**, Organisatorische Umsetzung strategischer Entscheidungen, in: Zeitschrift für Betriebswirtschaft, Oktober 1999, 69. Jg., H. 10, S. 1137-1157.

SCHIEMER, P. **(Markenetablierung, 2002)**, Markenetablierung in der Automobilindustrie am Beispiel smart, in: 3. deutscher Automobilhersteller- und Zuliefererkongress Carmotives 2002, hrsg. v. IIR Deutschland, Sulzbach 2002, Beitr. Plenum Nr. 6, S. 1-30.

SCHIMMEL-SCHLOO, M. **(e-Business, 2000)**, There's no Business without e-Business, in: acquisa, 2000, o.Jg., H. 4, S. 44-46.

SCHLAICH, G. **(Benchmarking, 1998)**, Benchmarking: Methodik und Erfahrungen in der Produktionsstufe der Daimler-Benz AG, in: Zeitschrift für die gesamte Wertschöpfungskette Automobilwirtschaft, April 1998, 1. Jg., H. 2, S. 14-23.

SCHMID, B. F. **(Digital Economy, 2001)**, What's New in the Digital Economy, in: Electronic Markets – Anniversary Edition: Business Models, April 2001, Vol. 11, No. 1, S. 44-51, Zugriff unter http://www.electronicmarkets.org/netacademy/publications.nsf am 15.08.2001.

SCHMID, B. F. **(Elektronische Märkte, 2000)**, Die marktbezogene Basis des Electronic Commerce – Merkmale und Funktionen elektronischer Märkte, in: Electronic Commerce: Grundlagen und Perspektiven, hrsg. v. C. Wamser, München 2000, S. 51-67.

SCHMID, M. R. **(Innovationsprozeß, 1999)**, Wissensmanagement im Innovationsprozeß: ein empirisch fundierter Beitrag zur Gestaltung und Umsetzung des Wissensmanagement-Ansatzes im produktorientierten Ideenmanagement bei DaimlerChrysler, Bielefeld 1999.

SCHODER, D. **(Electronic Business, 2001)**, Ökonomische Grundlagen und Management-Perspektive des Electronic Business, Zugriff unter http://www.whu.edu/ebusiness/lehre.htm am 10.09.2001.

SCHOLZ, J. **(Zulieferkooperationen, 2000)**, Zulieferkooperationen: Strategie und Prozeß müssen stimmen, in: Verträge in der Zulieferindustrie: Kongreß, hrsg. v. Euroforum, Stuttgart 2000, S. 1-42.

SCHÖPF, H.-J. **(Ideen umsetzen, 2002)**, Mehr Ideen schneller umsetzen, in: Automobil-Produktion, April 2002, 16. Jg., H. 2, S. 36.

SCHREMPP, J. E. **(Brief des Vorstandsvorsitzenden, 2001)**, Brief des Vorstandsvorsitzenden, in: Geschäftsbericht für das Geschäftsjahr 2000, hrsg. v. DaimlerChrysler AG, Stuttgart, Auburn Hills 2001, S. 2-9.

SCHREMPP, J. E. **(Innovation, 2002)**, Innovation als Erfolgsfaktor, in: Headline, Stuttgart, Auburn Hills Juni 2002, o.Jg., H. 12, S. 4-5.

SCHREMPP, J. E. **(Interview, 2002)**, Jürgen E. Schrempp im Focus-Interview, in: Focus, Februar 2002, o.Jg., H. 7, S. 222-228.

SCHUBERT, P. **(e-Business-Begriffswelt, 2000)**, Einführung in die e-Business-Begriffswelt, in: e-Business erfolgreich planen und realisieren: Case Studies von zukunftsorientierten Unternehmen, hrsg. v. P. Schubert u. R. Wölfle, München u.a. 2000, S. 1-12.

SCHUMPETER, J. A. **(Creative Response, 1988, zuerst: 1951)**, The creative Response in Economic History, in: Essays on Entrepreneurs, Innovations, Business Cycles, and the Evolution of Capitalism, hrsg. v. R. V. Clemence, Reprint, New Brunswick u.a. 1988, zuerst: 1951, S. 221-231.

SCHUMPETER, J. A. **(Kapitalismus, Sozialismus und Demokratie, 1993, zuerst: 1942)**, Kapitalismus, Sozialismus und Demokratie, 7., erweiterte Auflage, Tübingen u.a. 1993, zuerst: 1942.

SCHUMPETER, J. A. (Wirtschaftliche Entwicklung, 1964, zuerst: 1912), Theorie der wirtschaftlichen Entwicklung – eine Untersuchung über Unternehmergewinn, Kapital, Kredit, Zins und den Konjunkturzyklus, 6. Auflage, Berlin 1964, zuerst: 1912.

SCHWEITZER, M. (Gegenstand, 1997, zuerst: 1983), Gegenstand und Methoden der Betriebswirtschaftslehre, in: Allgemeine Betriebswirtschaftslehre: Band 1: Grundfragen, hrsg. v. F. X. Bea, E. Dichtl u. M. Schweitzer, 7., neu bearbeitete und erweiterte Auflage, Reihe: UTB für Wissenschaft: Uni-Taschenbücher, Bd. 1081, Stuttgart 1997, zuerst: 1983, S. 23-80.

SEIFFERT, U. (Elektrik im Automobil, 1998), Veränderung der Elektrik, Aktuatorik und Sensorik im Automobil, in: Zeitschrift für die gesamte Wertschöpfungskette Automobilwirtschaft, Juli 1998, 1. Jg., H. 3, S. 54-59.

SEITZ, H.-J. (Produktzyklen, 1995), Vorsprung durch kurze Produktzyklen: Simultaneous Engineering, Landsberg am Lech 1995.

SHAPIRO, C., VARIAN, H. R. (Internet-Business, 1999), Online zum Erfolg: Strategie für das Internet-Business, München 1999.

SHAW, M. J. (Electronic Commerce, 2000), Electronic Commerce: State of the Art, in: Handbook on Electronic Commerce, hrsg. v. M. J. Shaw, R. W. Blanning, T. J. Strader u. A. B. Whinston, Berlin u.a. 2000, S. 3-24.

SIEBEL, T. M., HOUSE, P. (Cyber Rules, 2000), Cyber Rules: die neuen Regeln für Spitzenerfolg im e-Business, Landsberg am Lech 2000.

SIEGWART, H. (Anwendungsorientierung, 1985), Anwendungsorientierung, Systemorientierung und Integrationsleistung einer Managementlehre, in: Integriertes Management: Bausteine des systemorientierten Managements: Festschrift zum 65. Geburtstag von Prof. Dr. Dr. h.c. Hans Ulrich, hrsg. v. G. J. B. Probst u. H. Siegwart, Reihe: Schriftenreihe Unternehmung und Unternehmungsführung, Bd. 14, Bern u.a. 1985, S. 93-109.

SMITH, M. D., BAILEY, J., BRYNJOLFSSON, E. (Digital Markets, 1999), Understanding Digital Markets: Review and Assessment, Zugriff unter http://e-commerce.mit.edu/papers/ude am 07.11.1999.

SOBEK, D. K. II, WARD, A. C., LIKER, J. K. (Toyota's Principles, 1999), Toyota's Principles of Set-based Concurrent Engineering, in: Sloan Management Review, Cambridge Winter 1999, Vol. 40, No. 2, S. 67-83.

SOELLNER, F. N., MARKHAM, W. (Procurement, 2000), From Best Practices to Next Practices: Procurement in the Decade Ahead, in: Executive Agenda, Chicago Second Quarter 2000, Vol. 3, No. 1, S. 5-17.

SPIEGEL, B. (Ganzheitliches Produkterlebnis, 1998), Das Automobil als ganzheitliches Produkterlebnis, in: Zeitschrift für die gesamte Wertschöpfungskette Automobilwirtschaft, April 1998, 1. Jg., H. 2, S. 58-63.

SPÖTTL, G., BECKER, M. (Know-How-Verlagerungen, 1999), Implikationen für den Kfz-Service durch Know-How-Verlagerungen in der Automobilindustrie, in: Zeitschrift für die gesamte Wertschöpfungskette Automobilwirtschaft, Juli 1999, 2. Jg., H. 3, S. 42-51.

STAERKLE, R. **(Organisationskultur, 1985)**, Wechselwirkungen zwischen Organisationskultur und Organisationsstruktur, in: Integriertes Management: Bausteine des systemorientierten Managements: Festschrift zum 65. Geburtstag von Prof. Dr. Dr. h.c. Hans Ulrich, hrsg. v. G. J. B. Probst u. H. Siegwart, Reihe: Schriftenreihe Unternehmung und Unternehmungsführung, Bd. 14, Bern u.a. 1985, S. 529-553.

STAUCH, T. **(Phasen, 1991)**, Phasen und Faktoren einer erfolgreichen Implementierung von Innovationen, in: Betriebliches Innovationsmanagement: die Gestaltung von Innovationsprozessen: Grundlagen, Konzepte, Erfahrungen, hrsg. v. H. Wicher, Ammersbek bei Hamburg 1991, S. 137-142.

STAUDT, E., BOCK, J., MÜHLEMEYER, P., KRIEGESMANN, B. **(Anreizsysteme, 1990)**, Anreizsysteme als Instrument des betrieblichen Innovationsmanagements, in: Zeitschrift für Betriebswirtschaft, November 1990, 60. Jg., H. 11, S. 1183-1204.

STAUDT, E., KOTTMANN, M. **(Innovatoren, 2001)**, Deutschland gehen die Innovatoren aus: Zukunftsbranchen ohne Zukunft?, Frankfurt am Main 2001.

STEIN, L. **(Venture-Capitalists, 1999)**, McKinsey Perspectives: Großunternehmen als Venture-Capitalists?, Zugriff unter http://www.manager-magazin.de am 23.10.2000.

STEINMANN, H. **(Handlungswissenschaft, 1978)**, Betriebswirtschaftslehre als normative Handlungswissenschaft, in: Betriebswirtschaftslehre als normative Handlungswissenschaft: zur Bedeutung der Konstruktiven Wissenschaftstheorie für die Betriebswirtschaftslehre, hrsg. v. H. Steinmann, Reihe: Schriftenreihe der Zeitschrift für Betriebswirtschaft, Bd. 9, hrsg. v. E. Gutenberg, Wiesbaden 1978, S. 73-102.

STEINMANN, H., BÖHM, H., BRAUN, W., GERUM, E., SCHREYÖGG, G. **(Praxis, 1976)**, Betriebswirtschaftslehre und Praxis – Vorüberlegungen auf der Grundlage der Konstruktiven Philosophie und Wissenschaftstheorie, in: Zum Praxisbezug der Betriebswirtschaftslehre in wissenschaftstheoretischer Sicht, hrsg. v. H. Ulrich, Bern u.a. 1976, S. 51-92.

STEINMANN, H., SCHREYÖGG, G. **(Management, 1991, zuerst: 1990)**, Management: Grundlagen der Unternehmensführung: Konzepte, Funktionen und Praxisfälle, 2., durchgesehene Auflage, Wiesbaden 1991, zuerst: 1990.

STEPHENS, INC. (HRSG.) **(e-Procurement, 1999)**, e-Procurement: a Guide to Buy-Side Applications, Little Rock 1999.

STEVENS, T. **(Camera, Innovation, 1999)**, Lights, Camera, Innovation!, in: Industry Week, Cleveland July 1999, Vol. 248, No. 14, S. 32-38.

STOJEK, M., ULBRICH, T. **(e-Loyalty, 2001)**, e-Loyalty: Kundengewinnung und -bindung im Internet, Landsberg am Lech 2001.

STRAUß, R. E., SCHODER, D. **(e-Reality 2000, 2000)**, e-Reality 2000 – Electronic Commerce von der Vision zur Realität: Status, Entwicklung, Problemstellungen, Erfolgsfaktoren sowie Management-Implikationen des Electronic Commerce: Teaser-Charts, Frankfurt am Main 2000.

STRECKER, H. (Wertschöpfungspartnerschaft, 1999), Wertschöpfungspartnerschaft bei Kfz-Komponenten und Systemen, in: Zeitschrift für die gesamte Wertschöpfungskette Automobilwirtschaft, Juli 1999, 2. Jg., H. 3, S. 6-9.

STRITZKE, H. (Internetgestütztes Informations- und Kommunikationssystem, 1999), Internetgestütztes Informations- und Kommunikationssystem für verteilte Projektteams am Beispiel der Produktentstehung, Reihe: Fortschritts-Berichte VDI, Reihe 10 Informatik/Kommunikationstechnik, Nr. 569, Düsseldorf 1999.

STUCHTEY, M. R. (Clusters, 2001), Can Firms Build Clusters? Appropriation of Localised Externalities and Rational Behaviour of Firms, Reihe: Wirtschaftsgeographie und Wirtschaftsgeschichte, Bd. 7, Lohmar u.a. 2001.

SUBRAMANIAN, A. (Innovativeness, 1996), Innovativeness: Redefining the Concept, in: Journal of Engineering and Technology Management, 1996, Vol. 13, S. 223-243.

SUCHLA, E. (BMW e-Business, 2001), e-Business bei BMW – eine ganzheitliche Antwort auf die Herausforderung der New Economy, in: e-Business-Strategien in der Automobilindustrie, hrsg. v. Handelsblatt Veranstaltungen, Düsseldorf 2001, Beitr. Nr. 3, S. 1-15.

SUPPLYON AG (HRSG.) (SupplyOn, 2002), SupplyOn, Zugriff unter http://www.supplyon.com am 10.08.2002.

SUTTON, R. I. (Kreativität, 2002), Der Kreativität den Boden bereiten, in: Harvard Business Manager, März 2002, 24. Jg., H. 2, S. 9-17.

TEBBE, K. (Produktinnovationsprozesse, 1990), Die Organisation von Produktinnovationsprozessen, Reihe: Betriebswirtschaftliche Abhandlungen, Neue Folge, Bd. 85, Stuttgart 1990.

THEUVSEN, L. (Transaktionskostenansatz, 1997), Interne Organisation und Transaktionskostenansatz, in: Zeitschrift für Betriebswirtschaft, September 1997, 67. Jg., H. 9, S. 971-996.

THIEME, R. (Entwicklungsphilosophie, 1999), Vom Werkzeug bis zum Komplettfahrzeug: Entwicklungs- und Produktionsphilosophie der Wilhelm Karmann GmbH, in: Zeitschrift für die gesamte Wertschöpfungskette Automobilwirtschaft, April 1999, 2. Jg., H. 2, S. 45.

THIERAUF, R. J. (Virtual Reality, 1995), Virtual Reality Systems for Business, Westport u.a. 1995.

THOM, N. (Innovationsmanagement, 1980, zuerst: 1976), Grundlagen des betrieblichen Innovationsmanagements, 2., völlig neu bearbeitete Auflage, Königstein/Taunus 1980, zuerst: 1976.

THOM, N. (Innovationsprozesse, 1976), Zur Effizienz betrieblicher Innovationsprozesse: Vorstudie zu einer empirisch begründeten Theorie des betrieblichen Innovationsmanagements, Reihe: Kölner Wirtschafts- und Sozialwissenschaftliche Abhandlungen, Bd. 20, Köln 1976.

THOM, N., ETIENNE, M. **(Innovationsklima, 2000)**, Organisatorische und personelle Ansatzpunkte zur Förderung eines Innovationsklimas in Unternehmen, in: Aktuelle Tendenzen im Innovationsmanagement: Festschrift für Werner Popp zum 65. Geburtstag, hrsg. v. G. E. Häfliger u. J. D. Meier, Heidelberg 2000, S. 269-281.

THOME, R., SCHINZER, H. **(Anwendungsbereiche, 2000, zuerst: 1997)**, Anwendungsbereiche und Potentiale, in: Electronic Commerce: Anwendungsbereiche und Potentiale der digitalen Geschäftsabwicklung, hrsg. v. R. Thome u. H. Schinzer, 2., völlig überarbeitete und erweiterte Auflage, München 2000, zuerst: 1997, S. 1-25.

TIMMERS, P. **(Electronic Commerce, 1999)**, Electronic Commerce: Strategies and Models for Business-to-Business Trading, Chichester u.a. 1999.

TORRES, A. **(Intellectual Assets, 1999)**, Unlocking the Value of Intellectual Assets, in: The McKinsey Quarterly, New York October 1999, Vol. 36, No. 4, S. 28-37.

TRIEBEL, C. **(Vertikale F&E-Projekte, 1995)**, Die organisatorische Gestaltung vertikaler F&E-Projekte: ein situativer Ansatz zur Realisierung von Wettbewerbsvorteilen, Reihe: Bochumer wirtschaftswissenschaftliche Studien, Bd. 142, Bochum 1995.

TÜMPEN, M., ALTHAMMER, C. **(DaimlerChrysler Venture, 2001)**, Beteiligungsmanagement und Controlling von e-Business-Unternehmen bei DaimlerChrysler Venture, in: Kostenrechnungspraxis, Sonderheft 2/2001: e-Business & Controlling: Einordnung – Umsetzung – externe Sichtweise – funktionales e-Controlling, hrsg. v. J. Weber u. M. Schumann, Wiesbaden 2001, S. 52-58.

TURPIN, T., GARRETT-JONES, S., RANKIN, N. **(Innovation Networks, 1996)**, Bricoleurs and Boundary Riders: Managing Basic Research and Innovation Knowledge Networks, in: R&D Management, Oxford July 1996, Vol. 26, No. 3, S. 267-282.

TWISS, B. C. **(Technological Innovation, 1992, zuerst: 1974)**, Managing Technological Innovation, 4. Auflage, London usw. 1992, zuerst: 1974.

ULRICH, H. **(Management, 1984)**, Management, Reihe: Schriftenreihe Unternehmung und Unternehmungsführung, Bd. 13, Bern u.a. 1984.

ULRICH, H., KRIEG, W., MALIK, F. **(Praxisbezug, 1976)**, Zum Praxisbezug einer systemorientierten Betriebswirtschaftslehre, in: Zum Praxisbezug der Betriebswirtschaftslehre in wissenschaftstheoretischer Sicht, hrsg. v. H. Ulrich, Bern u.a. 1976, S. 135-151.

ULRICH, H., PROBST, G. J. B. **(Ganzheitliches Denken, 1995, zuerst: 1988)**, Anleitung zum ganzheitlichen Denken und Handeln: ein Brevier für Führungskräfte, 4., unveränderte Auflage, Bern u.a. 1995, zuerst: 1988.

ULRICH, P., HILL, W. **(Wissenschaftstheoretische Grundlagen, 1979)**, Wissenschaftstheoretische Grundlagen der Betriebswirtschaftslehre, in: Wissenschaftstheoretische Grundfragen der Wirtschaftswissenschaften, hrsg. v. H. Raffée u. B. Abel, München 1979, S. 161-190.

UPTON, D. M., MCAFEE, A. **(Virtual Factory, 1999)**, The Real Virtual Factory, in: Creating Value in the Network Economy, hrsg. v. D. Tapscott, Boston 1999, S. 69-89.

UTTERBACK, J. M. **(Innovation in Industry, 1974)**, Innovation in Industry and the Diffusion of Technology, in: Science, February 1974, Vol. 183, S. 658-662.

VAHS, D., BURMESTER, R. **(Innovationsmanagement, 1999)**, Innovationsmanagement: von der Produktidee zur erfolgreichen Vermarktung, Stuttgart 1999.

VDA (HRSG.) **(Auto 2001, 2001)**, Auto 2001: Jahresbericht Verband der Automobilindustrie e.V. (VDA), Frankfurt am Main 2001.

VDA (HRSG.) **(Auto 2000, 2000)**, Auto 2000: Jahresbericht Verband der Automobilindustrie e.V. (VDA), Frankfurt am Main 2000.

VDA (HRSG.) **(Partnerschaft, 2001)**, Gemeinsam zum Erfolg: Grundsätze zur Partnerschaft zwischen den Automobilherstellern und ihren Zulieferern, Frankfurt am Main 2001.

VDA (HRSG.) **(Standort Deutschland, 1996)**, Produzieren am Standort Deutschland, Frankfurt am Main 1996.

VIDAL, M. **(Pioniervorteile, 1995)**, Strategische Pioniervorteile, in: Zeitschrift für Betriebswirtschaft, Ergänzungsheft 1/1995: Effizienzsteigerung im Innovationsprozeß, hrsg. v. H. Albach, Wiesbaden 1995, S. 43-58.

VOIGT, K.-I. **(Zeitwettbewerb, 2000)**, Zeitwettbewerb, in: Management und Zeit, hrsg. v. U. Götze, B. Mikus u. J. Bloech, Heidelberg 2000, S. 193-220.

VOIGT, K.-I. **(Zeitwettbewerb, 1998)**, Strategien im Zeitwettbewerb: Optionen für Technologiemanagement und Marketing, Reihe: Betriebswirtschaftliche Forschung zur Unternehmensführung, Bd. 35, Wiesbaden 1998.

VOLVO CAR CORPORATION (HRSG.) **(Concept Lab, 2002)**, Volvo Concept Lab, Zugriff unter http://www.conceptlabvolvo.com/de am 18.03.2002.

VON BELOW, W. **(Altauto-Richtlinie, 2001)**, Die Altauto-Richtlinie, in: 3. Internationales Automobil-Forum Graz, hrsg. v. d. Zeitschrift Automobil-Produktion, Landsberg am Lech 2001, Beitr. Nr. 14, S. 1-12.

VON ESEBECK, G., TEGEL, O. **(Hersteller-Zulieferer-Kooperationen, 1996)**, Optimierung von Hersteller-Zulieferer-Kooperationen, in: VDI-Berichte, 1996, o.Jg., Nr. 1289, S. 69-81.

VON HIPPEL, E. **(Lead Users, 1984)**, Novel Product Concepts from Lead Users: Segmenting Users by Experience, Cambridge 1984.

VON HIPPEL, E. **(Sources of Innovation, 1988)**, The Sources of Innovation, New York u.a. 1988.

VON ZEDTWITZ, M. **(Knowledge Sourcing, 1999)**, Daimler-Benz: Global Knowledge Sourcing and Research, in: Managing Global Innovation – Uncovering the Secrets of Future Competitiveness, hrsg. v. R. Boutellier, O. Gassmann u. M. von Zedtwitz, Berlin u.a. 1999, S. 453-480.

WALLAU, F. **(Altautoentsorgung, 1996)**, Altautoentsorgung und Kreislaufwirtschaft, in: Zeitschrift für Betriebswirtschaft, Ergänzungsheft 2/1996: Betriebliches Umweltmanagement, hrsg. v. H. Albach u. H. Dyckhoff, Wiesbaden 1996, S. 97-120.

WALTER, N. **(Industriestandort Deutschland, 2002)**, Die Zukunft des Industriestandortes Deutschland, in: 3. deutscher Automobilhersteller- und Zuliefererkongress Carmotives 2002, hrsg. v. IIR Deutschland, Sulzbach 2002, Beitr. Plenum Nr. 1, S. 1-24.

WALTER, W. **(Ideenfindungsprozesse, 1997)**, Erfolgversprechende Muster für betriebliche Ideenfindungsprozesse: ein Beitrag zur Steigerung der Innovationsfähigkeit, Reihe: Forschungsberichte aus dem Institut für Werkzeugmaschinen und Betriebstechnik der Universität Karlsruhe, Bd. 75, hrsg. v. H. Weule, Karlsruhe 1997.

WALTER-BUSCH, E. **(Selbstverständnis, 1985)**, Zur Sozialgeschichte des wissenschaftstheoretischen Selbstverständnisses der Betriebswirtschaftslehre, in: Integriertes Management: Bausteine des systemorientierten Managements: Festschrift zum 65. Geburtstag von Prof. Dr. Dr. h.c. Hans Ulrich, hrsg. v. G. J. B. Probst u. H. Siegwart, Reihe: Schriftenreihe Unternehmung und Unternehmungsführung, Bd. 14, Bern u.a. 1985, S. 113-134.

WAMSER, C. **(Electronic Commerce, 2000)**, Electronic Commerce – theoretische Grundlagen und praktische Relevanz, in: Electronic Commerce: Grundlagen und Perspektiven, hrsg. v. C. Wamser, München 2000, S. 3-27.

WARNECKE, H.-J. **(Fraktale Fabrik, 1992)**, Die fraktale Fabrik: Revolution der Unternehmenskultur, Berlin u.a. 1992.

WASCHKE, T., METZNER, A., CARSTEN, S., WEBER, F. **(Perspektiven, 2000)**, Perspektiven der mobilen Gesellschaft, Berlin 2000.

WEBER, J. **(Flußprinzip, 1994)**, Logistikmanagement – Verankerung des Flußprinzips im Führungssystem des Unternehmens, in: Logistik: Beschaffung, Produktion, Distribution, hrsg. v. H. Isermann, Landsberg am Lech 1994, S. 45-55.

WEBER, J., KUMMER, S. **(Logistikmanagement, 1998, zuerst: 1994)**, Logistikmanagement: Führungsaufgaben zur Umsetzung des Flußprinzips im Unternehmen, 2., aktualisierte und erweiterte Auflage, Reihe: Sammlung Poeschel, Bd. 141, Stuttgart 1998, zuerst: 1994.

WEIBER, R. **(Diffusion, 1992)**, Diffusion von Telekommunikation: Problem der kritischen Masse, Reihe: Neue betriebswirtschaftliche Forschung, Bd. 101, Wiesbaden 1992.

WEIBER, R. **(Electronic Business, 2000)**, Herausforderung Electronic Business: Mit dem Informations-Dreisprung zu Wettbewerbsvorteilen auf den Märkten der Zukunft, in: Handbuch Electronic Business: Informationstechnologien – Electronic Commerce – Geschäftsprozesse, hrsg. v. R. Weiber, Wiesbaden 2000, S. 1-35.

WEIBER, R., POHL, A. **(Leapfrogging, 1996)**, Leapfrogging-Behavior – ein adoptionstheoretischer Erklärungsansatz, in: Zeitschrift für Betriebswirtschaft, Oktober 1996, 66. Jg., H. 10, S. 1203-1222.

WENDT, R. **(Basistrends, 2001)**, Basistrends in der Automobilproduktion, in: 3. Internationales Automobil-Forum Graz, hrsg. v. d. Zeitschrift Automobil-Produktion, Landsberg am Lech 2001, Beitr. Nr. 3, S. 1-14.

WERNERFELT, B. **(Resource-based View, 1995)**, The Resource-based View of the Firm: Ten Years After, in: Strategic Management Journal, 1995, Vol. 16, No. 5, S. 171-174.

WERNERFELT, B. **(Resource-based View, 1984)**, A Resource-based View of the Firm, in: Strategic Management Journal, 1984, Vol. 5, No. 2, S. 171-180.

WERTZ, B. **(Lieferanten-Produzenten, 2000)**, Management von Lieferanten-Produzenten-Beziehungen: eine Analyse in der deutschen Automobilindustrie, Wiesbaden 2000.

WILDEMANN, H. **(Entwicklungsstrategien, 1993)**, Entwicklungsstrategien für Zulieferunternehmen, München 1993.

WILDEMANN, H. **(Logistik-Prozeßmanagement, 1997)**, Logistik-Prozeßmanagement, München 1997.

WILHELM, B. E. **(Innovationsprozess, 2000)**, Systemversagen im Innovationsprozess: zur Reorganisation des Wissens- und Technologietransfers, Wiesbaden 2000.

WILLIAMSON, O. E. **(Economic Institutions, 1987, zuerst: 1985)**, The Economic Institutions of Capitalism: Firms, Markets, Relational Contracting, Taschenbuchausgabe, New York u.a. 1987, zuerst: 1985.

WILLIAMSON, O. E. **(Markets and Hierarchies, 1975)**, Markets and Hierarchies: Analysis and Antitrust Implications: a Study in the Economics of Internal Organization, New York u.a. 1975.

WILLIAMSON, O. E. **(Transaktionskostenökonomik, 1996, zuerst: 1989)**, Transaktionskostenökonomik, 2. Auflage, Reihe: Ökonomische Theorie der Institutionen, Bd. 3, hrsg. v. H. Dietl, C. Erlei, M. Erlei u. M. Leschke, Hamburg 1996, zuerst: 1989.

WINTER, J. **(Virtual Reality, 1998)**, Einsatz von Virtual Reality in der Marketingforschung der Automobilindustrie, in: Zeitschrift für die gesamte Wertschöpfungskette Automobilwirtschaft, Juli 1998, 1. Jg., H. 3, S. 36-42.

WIRTZ, B. W. **(Virtuelle Organisationsnetzwerke, 2000)**, Wissensmanagement und kooperativer Transfer immaterieller Ressourcen in virtuellen Organisationsnetzwerken, in: Zeitschrift für Betriebswirtschaft, Ergänzungsheft 2/2000: Virtuelle Unternehmen, hrsg. v. H. Albach, D. Specht u. H. Wildemann, Wiesbaden 2000, S. 97-115.

WITTE, E. **(Promotoren-Modell, 1999, zuerst: 1998)**, Das Promotoren-Modell, in: Promotoren: Champions der Innovation, hrsg. v. J. Hauschildt u. H. G. Gemünden, 2., erweiterte Auflage, Wiesbaden 1999, zuerst: 1998, S. 9-41.

WÖHE, G., DÖRING, U. **(Betriebswirtschaftslehre, 1996, zuerst: 1960)**, Einführung in die allgemeine Betriebswirtschaftslehre, 19., überarbeitete und erweiterte Auflage, München 1996, zuerst: 1960.

WOLLSEIFFEN, B. (Fertigungstiefenplanung, 1999), Lean Production und Fertigungstiefenplanung, Reihe: Produktionswirtschaft und Industriebetriebslehre, Bd. 2, hrsg. v. J. Schlüchtermann, Lohmar u.a. 1999.

WOMACK, J. P., JONES, D. T., ROOS, D. (Machine that Changed, 1990), The Machine that Changed the World, New York u.a. 1990.

WOOD, J. C. (Commentary, 1991), General Commentary, in: J. A. Schumpeter: Critical Assessments, hrsg. v. J. C. Wood, Vol. I, London u.a. 1991, S. 1-5.

ZAHN, E. (Strategieinnovation, 2001), Strategiekompetenz und Strategieinnovation für den dynamischen Wettbewerb, in: Controlling, August/September 2001, 13. Jg., H. 8/9, S. 413-418.

ZAHN, E. (Strategische Innovationen, 2000), Strategische Innovationen für den dynamischen Wettbewerb, in: Aktuelle Tendenzen im Innovationsmanagement: Festschrift für Werner Popp zum 65. Geburtstag, hrsg. v. G. E. Häfliger u. J. D. Meier, Heidelberg 2000, S. 155-171.

ZÄPFEL, G., WASNER, M. (Logistikketten, 2000), Modellierung von Logistikketten und Möglichkeiten der Optimierung, gezeigt an einem Praxisfall der Stahllogistik, in: Zeitschrift für Betriebswirtschaft, März 2000, 70. Jg., H. 3, S. 267-288.

ZDROWOMYSLAW, N., RETHMEIER, B., HUBER, P., KASCH, R. (Hochschulen und Wirtschaft, 1999), Zusammenarbeit von Hochschulen und Wirtschaft: Erhöhung der Wettbewerbsfähigkeit sowie Wissens- und Personaltransfer durch Hochschulkontakte (Teil 2), in: Der Betriebswirt, Januar/Februar/März 1999, 40. Jg., H. 2, S. 15-18.

ZIEBART, W. (Gemeinsam entwickeln, 1998), Gemeinsam entwickeln – sicherer und schneller zum Markt, in: Tagung Fortschritte in der Automobil-Entwicklung: Entwicklungsperspektiven für Automobilhersteller und Zulieferer, hrsg. v. d. Zeitschriften Automobil-Entwicklung u. Automobil-Produktion, Landsberg am Lech 1998, Beitr. Nr. 1, S. 1-15.

ZU KNYPHAUSEN-AUFSEß, D. (Regionalnetzwerke, 1999), Entwicklung von Regionalnetzwerken, in: Zeitschrift für Betriebswirtschaft, Mai/Juni 1999, 69. Jg., H. 5/6, S. 593-616.

AUSGEWÄHLTE VERÖFFENTLICHUNGEN

EUL VERLAG

TECHNOLOGIEMANAGEMENT, INNOVATION UND BERATUNG

Herausgegeben von Prof. Dr. Dr. h. c. Norbert Szyperski, Köln, vBP StB Prof. Dr. Johannes Georg Bischoff, Wuppertal, und Prof. Dr. Heinz Klandt, Oestrich-Winkel

Band 18
Rüdiger Schubert
Lernziele für Unternehmungsgründer – Dargestellt am Beispiel der Tourismusbranche
Lohmar – Köln 1997 ◆ 500 S. ◆ € 46,- (D) ◆ ISBN 3-89012-544-1

Band 19
Christoph Röhrle
Ein entscheidungsunterstützendes System zur Bewertung von Forschungs- und Entwicklungsprojekten – Ein PC-gestützter Prototyp
Lohmar – Köln 1997 ◆ 404 S. ◆ € 44,- (D) ◆ ISBN 3-89012-566-2

Band 20
Anne Böhm
Geschäftsbeziehungen zwischen Bank und Existenzgründer
Lohmar – Köln 1999 ◆ 408 S. ◆ € 49,- (D) ◆ ISBN 3-89012-688-X

Band 21
Franz Feldmann
Betriebs- und regionalwirtschaftliche Effekte von Technologieparks
Lohmar – Köln 1999 ◆ 252 S. ◆ € 39,- (D) ◆ ISBN 3-89012-693-6

Band 22
Thorsten Meis
Existenzgründung durch Kauf eines kleinen oder mittleren Unternehmens
Lohmar – Köln 2000 ◆ 428 S. ◆ € 51,- (D) ◆ ISBN 3-89012-734-7

Band 23
Bernd Heitzer
Finanzierung junger innovativer Unternehmen durch Venture Capital-Gesellschaften
Lohmar – Köln 2000 ◆ 280 S. ◆ € 43,- (D) ◆ ISBN 3-89012-795-9

Band 24
Andreas Stephan Beyer
Wertorientiertes Innovationsmanagement
Lohmar – Köln 2002 ◆ 312 S. ◆ € 48,- (D) ◆ ISBN 3-89936-019-2

Band 25
Bettina Hoffmann-Ripken
Innovationsstrategien – Kognitionstheoretische Perspektive mit Fallbeispielen aus der Medienindustrie
Lohmar – Köln 2003 • 366 S. • € 53,- (D) • ISBN 3-89936-130-X

Band 26
Carsten Breckner
E-Innovationsmanagement in der Automobilindustrie
Lohmar – Köln 2004 • 288 S. • € 48,- (D) • ISBN 3-89936-216-0

PLANUNG, ORGANISATION UND UNTERNEHMUNGSFÜHRUNG

Herausgegeben von Prof. Dr. Dr. h. c. Norbert Szyperski, Köln, Prof. Dr. Winfried Matthes, Wuppertal, Prof. Dr. Udo Winand, Kassel, Prof. (em.) Dr. Joachim Griese, Bern, PD Dr. Harald F. O. von Kortzfleisch, Kassel, Prof. Dr. Ludwig Theuvsen, Göttingen, und Prof. Dr. Andreas Al-Laham, Stuttgart

Band 85
Felix Zimmermann
Vertrauen in Virtuellen Unternehmen
Lohmar – Köln 2003 • 272 S. • € 46,- (D) • ISBN 3-89936-077-X

Band 86
Beate Degen
Responsible Care© in Investments
Lohmar – Köln 2003 • 314 S. • € 48,- (D) • ISBN 3-89936-087-7

Band 87
Harald Wüllenweber
Mehr Kundenbindung durch Organisationales Lernen – Konzept – Modellierung – empirische Befunde
Lohmar – Köln 2003 • 354 S. • € 52,- (D) • ISBN 3-89936-106-7

Band 88
Carolina Catrin Schnitzler
Unternehmenskultur in Internet-Unternehmen – Gestaltungsmöglichkeiten durch Gründer und Führungskräfte
Lohmar – Köln 2003 • 284 S. • € 48,- (D) • ISBN 3-89936-111-3

Band 89
Jens Kiefel
Unternehmenssteuerung im Informationszeitalter – Gestaltung zwischen systemischer Machbarkeit und ökonomischer Rationalität
Lohmar – Köln 2003 • 360 S. • € 53,- (D) • ISBN 3-89936-134-2

Band 90
Matthias Kern
Lean Information System – Problemorientierte Gestaltung von Informationssystemen unter besonderer Berücksichtigung von Lean Management
Lohmar – Köln 2003 • 372 S. • € 54,- (D) • ISBN 3-89936-141-5

Band 91
Jochen Großpietsch
Supply Chain Management in der Konsumgüterindustrie
Lohmar – Köln 2003 • 254 S. • € 46,- (D) • ISBN 3-89936-145-0

Band 92
Stefan Sekul
Ökologisches Konfliktmanagement
Lohmar – Köln 2003 • 286 S. • € 48,- (D) • ISBN 3-89936-163-6

Band 93
Bernd Bräuer
Wissensmanagementstrategietypen in temporär intendierten Unternehmensnetzwerken
Lohmar – Köln 2003 • 410 S. • € 56,- (D) • ISBN 3-89936-179-2

Band 94
Frank Czymmek
Ökoeffizienz und unternehmerische Stakeholder
Lohmar – Köln 2003 • 266 S. • € 47,- (D) • ISBN 3-89936-180-6

Band 95
Florian Kelber
Turnaround Management von Dotcoms
Lohmar – Köln 2004 • 432 S. • € 56,- (D) • ISBN 3-89936-203-9

ELECTRONIC COMMERCE

Herausgegeben von Prof. Dr. Dr. h. c. Norbert Szyperski, Köln, Prof. Dr. Beat F. Schmid, St. Gallen, Prof. Dr. Dr. h. c. mult. August-Wilhelm Scheer, Saarbrücken, Prof. Dr. Günther Pernul, Regensburg, und Prof. Dr. Stefan Klein, Münster

Band 18
Daniel Hunziker
Bricks & Clicks im E-Business
Lohmar – Köln 2003 • 228 S. • € 44,- (D) • ISBN 3-89936-054-0

Band 19
Jens Ochel
Senioren im Internet
Lohmar – Köln 2003 • 258 S. • € 46,- (D) • ISBN 3-89936-062-1

Band 20
Arne Schulke
Kooperation zwischen traditionellen Unternehmen und E-Business Startups – Eine Analyse aus Sicht des strategischen Managements
Lohmar – Köln 2003 • 286 S. • € 47,- (D) • ISBN 3-89936-075-3

Band 21
Diana Rätz
Erfolgspotenzial elektronischer B2B-Marktplätze – Theorie – Empirie – Fallstudien
Lohmar – Köln 2003 • 278 S. • € 48,- (D) • ISBN 3-89936-114-8

Band 22
Wolfgang Güttler
Die Adoption des Electronic Commerce im deutschen Einzelhandel
Lohmar – Köln 2003 • 320 S. • € 52,- (D) • ISBN 3-89936-121-0

Band 23
Andreas P. Schwab
Elektronische Verhandlungen in der Beschaffung
Lohmar – Köln 2003 • 278 S. • € 48,- (D) • ISBN 3-89936-147-4

Band 24
Hilda Joffe
Teilmärkte des Internets in Japan – Eine Analyse der Märkte für Mobiltelefone, Convenience Stores und Spielekonsolen unter Beachtung kultureller Einflussfaktoren auf die Entstehung dieser Teilmärkte
Lohmar – Köln 2003 • 254 S. • € 46,- (D) • ISBN 3-89936-159-8

Band 25
Fredj Dridi
Sicherheitsarchitektur für Internetbasierte Informationssysteme – Entwurf und Implementierung im Rahmen des E-Government-Projektes Webocracy
Lohmar – Köln 2003 • 218 S. • € 44,- (D) • ISBN 3-89936-166-0

WIRTSCHAFTSINFORMATIK

Herausgegeben von Prof. Dr. Dietrich Seibt, Köln, Prof. Dr. Hans-Georg Kemper, Stuttgart, Prof. Dr. Georg Herzwurm, Dresden, und Prof. Dr. Dirk Stelzer, Ilmenau

Band 38
Stefan Schäfer
Einführung von E-Business-Systemen in deutschen Unternehmen – Fallstudien, Expertenbefragung und DAX100-Umfrage
Lohmar – Köln 2002 • 492 S. • € 53,- (D) • ISBN 3-89012-949-8

Band 39
Matthias Lohse
Intranets – Konzept und Wege zur Realisierung
Lohmar – Köln 2002 • 270 S. • € 46,- (D) • ISBN 3-89012-970-6

Band 40
Christian Seel
Visuelle Simulation von Dienstleistungsprozessen
Lohmar – Köln 2002 • 262 S. • € 46,- (D) • ISBN 3-89012-998-6

Band 41
Manfred Esser
Komplexitätsbeherrschung in dynamischen Diskurswelten – Ein Metamodell zur Modellierung betrieblicher Informationssysteme
Lohmar – Köln 2002 • 280 S. • € 46,- (D) • ISBN 3-89936-036-2

Band 42
Anja Lohse
Integration unterschiedlich strukturierter Daten
Lohmar – Köln 2003 • 234 S. • € 45,- (D) • ISBN 3-89936-135-0

Band 43
Christian Lenz
Empfängerorientierte Unternehmenskommunikation – Einsatz der Internet-Technologie am Beispiel der Umweltberichterstattung
Lohmar – Köln 2003 ♦ 384 S. ♦ € 55,- (D) ♦ ISBN 3-89936-137-7

Band 44
Henning Baars
Videokonferenzsysteme im Kontext betrieblicher Anwendungsszenarien – Architekturgestaltung, Akzeptanz, Nutzen
Lohmar – Köln 2003 ♦ 646 S. ♦ € 73,- (D) ♦ ISBN 3-89936-146-6

Weitere Schriftenreihen:

UNIVERSITÄTS-SCHRIFTENREIHEN

- Reihe: Steuer, Wirtschaft und Recht
Herausgegeben von vBP StB Prof. Dr. Johannes Georg Bischoff, Wuppertal, Dr. Alfred Kellermann, Vorsitzender Richter (a. D.) am BGH, Karlsruhe, Prof. (em.) Dr. Günter Sieben, Köln, und WP StB Prof. Dr. Norbert Herzig, Köln

- Reihe: Schriften zu Kooperations- und Mediensystemen
Herausgegeben von Prof. Dr. Volker Wulf, Siegen, Prof. Dr. Jörg Haake, Hagen, Prof. Dr. Thomas Herrmann, Dortmund, Prof. Dr. Helmut Krcmar, München, Prof. Dr. Johann Schlichter, München, Prof. Dr. Gerhard Schwabe, Zürich, und Dr.-Ing. Jürgen Ziegler, Stuttgart

- Reihe: Telekommunikation @ Medienwirtschaft
Herausgegeben von Prof. Dr. Dr. h. c. Norbert Szyperski, Köln, Prof. Dr. Udo Winand, Kassel, Prof. (em.) Dr. Dietrich Seibt, Köln, Prof. Dr. Rainer Kuhlen, Konstanz, Dr. Rudolf Pospischil, Bonn, Prof. Dr. Claudia Löbbecke, Köln, und Prof. Dr. Christoph Zacharias, Köln

- Reihe: E-Learning
Herausgegeben von Prof. (em.) Dr. Dietrich Seibt, Köln, Prof. Dr. Freimut Bodendorf, Nürnberg, Prof. Dr. Dieter Euler, St. Gallen, und Prof. Dr. Udo Winand, Kassel

- Reihe: InterScience Reports
Herausgegeben von Prof. Dr. Dr. h. c. Norbert Szyperski, Köln, PD Dr. Harald F. O. von Kortzfleisch, Kassel, und Prof. (em.) Dr. Dietrich Seibt, Köln

- Reihe: FGF Entrepreneurship-Research Monographien
Herausgegeben von Prof. Dr. Heinz Klandt, Oestrich-Winkel, Prof. Dr. Dr. h. c. Norbert Szyperski, Köln, Prof. Dr. Michael Frese, Gießen, Prof. Dr. Josef Brüderl, Mannheim, Prof. Dr. Rolf Sternberg, Köln, Prof. Dr. Ulrich Braukmann, Wuppertal, und Prof. Dr. Lambert T. Koch, Wuppertal

- Reihe: Kleine und mittlere Unternehmen
Herausgegeben von Prof. Dr. Jörn-Axel Meyer, Flensburg

- Reihe: Wissenschafts- und Hochschulmanagement
Herausgegeben von Prof. Dr. Detlef Müller-Böling, Gütersloh, und Prof. Dr. Reinhard Schulte, Lüneburg

- Reihe: Personal und Organisation
Herausgegeben von Prof. Dr. Fred G. Becker, Bielefeld, und Prof. Dr. Jürgen Berthel, Siegen

- Reihe: Finanzierung, Kapitalmarkt und Banken
Herausgegeben von Prof. Dr. Hermann Locarek-Junge, Dresden, Prof. Dr. Klaus Röder, Münster, und Prof. Dr. Mark Wahrenburg, Frankfurt

- Reihe: Marketing
Herausgegeben von Prof. Dr. Heribert Gierl, Augsburg, und Prof. Dr. Roland Helm, Jena

- Reihe: Marketing, Handel und Management
Herausgegeben von Prof. Dr. Rainer Olbrich, Hagen

- Reihe: Produktionswirtschaft und Industriebetriebslehre
Herausgegeben von Prof. Dr. Jörg Schlüchtermann, Bayreuth

- Reihe: Europäische Wirtschaft
Herausgegeben von Prof. Dr. Winfried Matthes, Wuppertal

- Reihe: Katallaktik – Quantitative Modellierung menschlicher Interaktionen auf Märkten
Herausgegeben von Prof. Dr. Otto Loistl, Wien, und Prof. Dr. Markus Rudolf, Koblenz

- Reihe: Quantitative Ökonomie
Herausgegeben von Prof. Dr. Eckart Bomsdorf, Köln, Prof. Dr. Wim Kösters, Bochum, und Prof. Dr. Winfried Matthes, Wuppertal

- **Reihe: Internationale Wirtschaft**
  Herausgegeben von Prof. Dr. Manfred Borchert, Münster, Prof. Dr. Gustav Dieckheuer, Münster, und Prof. Dr. Paul J. J. Welfens, Wuppertal

- **Reihe: Studien zur Dynamik der Wirtschaftsstruktur**
  Herausgegeben von Prof. Dr. Heinz Grossekettler, Münster

- **Reihe: Versicherungswirtschaft**
  Herausgegeben von Prof. (em.) Dr. Dieter Farny, Köln, und Prof. Dr. Heinrich R. Schradin, Köln

- **Reihe: Wirtschaftsgeographie und Wirtschaftsgeschichte**
  Herausgegeben von Prof. Dr. Ewald Gläßer, Köln, Prof. Dr. Josef Nipper, Köln, Dr. Martin W. Schmied, Köln, und Prof. Dr. Günther Schulz, Bonn

- **Reihe: Wirtschafts- und Sozialordnung: FRANZ-BÖHM-KOLLEG – Vorträge und Essays**
  Herausgegeben von Prof. Dr. Bodo B. Gemper, Siegen

- **Reihe: WISO-Studientexte**
  Herausgegeben von Prof. Dr. Eckart Bomsdorf, Köln, und Prof. (em.) Dr. Dr. h. c. Dr. h. c. Josef Kloock, Köln

- **Reihe: Kunstgeschichte**
  Herausgegeben von Prof. Dr. Norbert Werner, Gießen

- **Reihe: Rechtswissenschaft**

FACHHOCHSCHUL-SCHRIFTENREIHEN

- **Reihe: Institut für betriebliche Datenverarbeitung (IBD) e. V. im Forschungsschwerpunkt Informationsmanagement für KMU**
  Herausgegeben von Prof. Dr. Felicitas Albers, Düsseldorf

- **Reihe: FH-Schriften zu Marketing und IT**
  Herausgegeben von Prof. Dr. Doris Kortus-Schultes, Mönchengladbach, und Prof. Dr. Frank Victor, Gummersbach

- **Reihe: Medienmanagement**
  Herausgegeben von Prof. Dr. Thomas Breyer-Mayländer, Offenburg

- **Reihe: FuturE-Business**
  Herausgegeben von Prof. Dr. Michael Müßig, Würzburg-Schweinfurt

- **Reihe: Controlling Forum – Wege zum Erfolg**
  Herausgegeben von Prof. Dr. Jochem Müller, Ansbach

- **Reihe: Unternehmensführung und Controlling in der Praxis**
  Herausgegeben von Prof. Dr. Thomas Rautenstrauch, Bielefeld

- **Reihe: Economy and Labour**
  Herausgegeben von EUR ING Prof. Dr.-Ing. Hans-Georg Nollau MBCS, Regensburg

- **Reihe: Institut für Regionale Innovationsforschung (IRI)**
  Herausgegeben von Prof. Dr. Rainer Voß, Wildau

- **Reihe: Interkulturelles Medienmanagement**
  Herausgegeben von Prof. Dr. Edda Pulst, Gelsenkirchen

PRAKTIKER-SCHRIFTENREIHEN

- Reihe: Transparenz im Versicherungsmarkt
Herausgegeben von *ASSEKURATA* GmbH, Köln

- Reihe: Betriebliche Praxis
Herausgegeben von vBP StB Prof. Dr. Johannes Georg Bischoff, Wuppertal

- Reihe: Regulierungsrecht und Regulierungsökonomie
Herausgegeben von Piepenbrock ♦ Schuster, Düsseldorf

EINZELSCHRIFTEN